轻小型无人机遥感发展报告

廖小罕　周成虎　主编

科 学 出 版 社
北　京

内 容 简 介

本书对我国轻小型无人机遥感发展进行了剖析，总结其发展历程，重在现状分析，也对其趋势进行预判。全书分绪论及上、中、下三篇。绪论对无人机平台、遥感载荷及遥感应用进行了概述；上篇回顾了无人机平台的发展，分析了无人机测控与任务规划的产品及其技术特点，总结了轻小型无人机管理规范与标准的现状；中篇介绍了光学、激光雷达、成像光谱仪等目前主要遥感载荷的发展、产品及其技术特点；下篇从应用角度，分析了轻小型无人机遥感的数据获取、处理和服务技术现状，梳理了轻小型无人机遥感当前的主要应用领域及案例。

本书可供遥感、地理信息系统、地理、测绘、海洋、环境及无人机应用等领域相关科研人员、教师和研究生等，以及相关政府、企事业有关人员阅读和参考。

图书在版编目(CIP)数据

轻小型无人机遥感发展报告／廖小罕，周成虎主编．—北京：科学出版社，2016.1

ISBN 978-7-03-046681-5

Ⅰ.①轻… Ⅱ.①廖… ②周… Ⅲ.①无人驾驶飞机-航空遥感-研究报告 Ⅳ.①TP72

中国版本图书馆CIP数据核字（2015）第306514号

责任编辑：杨帅英 崔慧娴／责任校对：张小霞
责任印制：吴兆东／封面设计：图阅社

科学出版社 出版
北京东黄城根北街16号
邮政编码：100717
http://www.sciencep.com
北京建宏印刷有限公司 印刷
科学出版社发行 各地新华书店经销
*
2016年1月第 一 版 开本：889×1194 1/16
2023年7月第四次印刷 印张：22 1/2
字数：670 000

定价：298.00元

编　委　会

前　言

作为采集地球数据及其变化信息的重要技术手段，遥感在资源探测、环境监测等方面得到广泛应用。近年来轻小型无人机遥感异军突起，发展异常迅猛。由于其不受轨道及重访周期制约，具有云下作业、厘米级超高分辨率数据获取和小时级响应的能力，正在被越来越多的行业和应用领域所认可。

我国轻小型无人机遥感在2008年汶川地震应急中大显身手后，也已在重大突发事件和自然灾害的应急响应、国土资源调查与监测、海洋测绘、农业植保、环境保护、交通、能源、反恐等方面得到全面应用。比如在玉树、鲁甸、尼泊尔地震以及天津港特大爆炸事故应急中；又比如在安全与反恐方面，获取了大毒枭糯康营房基地高精度数据，对远海如钓鱼岛进行了多期高精度数据获取行动等。

2015年，我国遥感应用专业级轻小型无人机已超过3000架。目前，整个行业既处于井喷期，也处于瓶颈时期。突出表现在技术上急需科技推动，急需协同攻关，以推动平台和载荷进一步吻合应用场景；急需出台切合轻小型无人机遥感的标准和规范，急需提供管理技术和信息服务技术，以规范飞行作业各环节，以提高数据的使用效率等。

为促进技术发展，国家遥感中心成立了轻小型无人机遥感应用专家工作组，通过全国实地考察、走访和调查研究及文献资料整理，梳理了轻小型无人机遥感的国内外发展过程、主要技术、主流产品等，历时年余，几易其稿，编撰了本书。

本书共计14章，分绪论及上、中、下三篇。其中，第1章绪论从轻小型无人机平台、遥感载荷、遥感应用三个方面概括了轻小型无人机遥感的发展现状，并对其发展趋势进行了分析。

上篇论述轻小型无人机遥感平台的发展，由第2～4章组成。其中，第2章论述了无人机的定义、分类、发展历程和国内外现状，介绍了轻小型无人机主要气动布局类型，以及适用于轻小型无人机平台的动力、导航、飞行控制等系统的技术特点；第3章从状态监控、数据链路、任务规划、动态组网四个方面介绍无人机遥感测控系统的发展，并分析了轻小型无人机常用的惯性/卫星组合导航系统以及飞行控制系统产品的发展现状；第4章从轻小型无人机遥感的角度，对国内外关于无人机及其子系统、遥感作业及信息处理、无人机遥感管理及应用的现行标准进行梳理和分析。

中篇论述轻小型无人机遥感载荷的发展，由第5～11章组成。其中，第5～10章分别介绍了光学、红外谱段、激光雷达、成像光谱、合成孔径雷达及航空物探载荷的技术发展和主要产品；第11章选取了微波辐射计载荷、微波GNSS-R载荷和大气载荷这三种典型的在研载荷，分别从原理、研发现状和趋势三个方面进行介绍。

下篇论述轻小型无人机遥感应用的发展，由第12～14章组成。其中，第12章主要阐述当前轻小型无人机遥感数据的获取过程，相应数据处理方法、技术、流程及软件等；第13章介绍轻小型无人机遥感在应急响应、国土测绘、资源调查与监测等领域的应用，以及大众社会化应用情况等；第14章介绍了轻小型无人机遥感信息服务技术系统国内案例，及国内外可用于轻小型无人机遥感数据管理与信息服务的系统或软件。

全书由廖小罕、周成虎和苏奋振统稿完成。第1章由廖小罕和苏奋振统稿，编委会全体成员参与撰写。上篇由齐贤德和万志强统稿完成，其中第2章由王剑、张旭东、王璠、尹航、王明珠撰写，王秀丽、何俊提供了部分材料；第3章由张霄、王悦、郭若辰、王岩等编写；第4章由万志强、卢海英、章异赢、张啸迟、王泽溪等编写。中篇由肖青和陈秀万统稿完成，其中第5章由龚建华、汪承义、金鼎坚、戴玉成、于淼、梁剑鸣等撰写；第6章主要由方俊永、赵冬、李春来等撰写，苏艳梅、谢峰、张晓红、王潇、刘凯等参与部分内容编写；第7章主要由王成、朱精果等撰写，刁晓环、刘汝卿、钟若飞、苏伟、庞勇、夏少波、聂胜、王平华、黎东、李旺等参与部分内容编写；第8章由王跃明、谢峰、郎均慰、邵红兰、刘成玉等撰写；第9章由梁兴东、乔明、董勇伟、王逸萧、姜文等撰写，李炎磊、冀广宇、杨振理、汪丙南等参与部分内容编写；第10章由郭子琪、黄大年、尹长春、焦健、于显利等撰写，孟庆敏提供了部分资料；第11章由李浩、李紫薇、于暘、谢品华、李昂、徐晋等撰写，杨东凯、万玮提供了部分材料。下篇由李英成和丁晓波统稿完成，由丁晓波、刘飞、吴文周、石伟、杨必胜、赵建华、支晓栋等撰写。

尽管编委会暨轻小型无人机遥感应用专家工作组走访了全国许多轻小型无人机遥感的参与机构、公司和专家，进行了国内外轻小型无人机遥感平台、载荷和应用案例的摸底调查，并开展了全国轻小型无人机遥感系统信息库、操控师信息库、成果数据信息库等建设工作，力图使本书的编写具有坚实的调查研究基础，以避免挂一漏万或一叶障目现象。但由于轻小型无人机遥感的发展风起云涌，其平台、载荷和应用的发展日新月异，从业的机构、公司和专家越来越多，应用的领域也越来越广。由此，难免有所遗漏或谬误，特请读者批评指正。本书引用或转载出于非商业性的教育和科研之目的，如涉及版权等问题，请与编委会联系。

廖小军　周成虎

2015年8月30日

目　　录

中 篇

下　篇

第1章 绪　论

轻小型无人机遥感是我国当前和未来获取厘米级超高分辨率、小时级即时响应遥感数据的主要途径，是空间对地观测体系不可或缺的组成部分，是我国完整的空间对地观测基础设施体系的重要组成部分，是实现高频次、超高分辨率遥感数据获取的关键，是实现即时全方位空间信息提供的关键，也是即时全方位覆盖，实现新时代空间信息产业革命的关键所在。

在国家科技项目支持下，在巨大的市场需求下，我国轻小型无人机遥感技术及应用取得了突飞猛进的发展，其在2008年汶川地震应急服务中大显身手，由此拉开了我国轻小型无人机遥感应用令人瞩目的序幕。此后，轻小型无人机遥感系统以其全天候、全天时、实时化、高分辨率、灵活机动、高性价比等优势，在应急、减灾、农林、国土、测绘、海洋、反恐等方面的发展势头迅猛，2015年我国遥感应用专业级轻小型无人机已超过3000架。整个行业既处于井喷时期，也处于瓶颈时期，主要表现在技术急需新突破，行业急需好规范。

未来，面向超高分辨率地理空间数据获取、重大突发事件快速应急响应、重点与热点地区资源环境信息获取等国家重大需求，通过突破轻小型遥感无人机多型设计与组网处理、载荷微型化和应用网络化等关键技术，在移动互联、物联网背景下，将更快速、更便捷、更精准地提供超高分辨率空间信息，为我国快速城镇化、产业转移、反恐维稳、周边行动提供坚实的技术能力和精细数据支撑能力，使其成为国家发展与国际权益斗争的科技保障新手段。汇同云计算与大数据技术，将直接推动全国低空无人机的有效管控，推动对地观测和大众精准感知服务的革命性变革，改变人们生活及出行方式，推动我国建成世界领先的空间信息产业，在未来5年内形成年产值超千亿美元的朝阳产业。

1.1 发展现状

卫星遥感受其本身重访周期的限制，加之光学遥感器易受云层等影响，无法实现实时观测，难以获取全部地区的高分辨率影像。航空遥感虽然不受重访周期限制，但申请中高空飞行空域十分不便，起降条件要求高，而且气象条件影响也很大。而相比较轻小型无人机技术与全球定位系统技术、遥感技术的结合，其具备的快速反应和云下高分辨率特点使其应用范围越来越广，渗透至国民经济建设各领域。本节将从轻小型无人机平台、遥感载荷及遥感应用三方面阐述当前轻小型无人机遥感发展现状。

1.1.1 轻小型无人机平台

小型化、高性能动力装置的成熟，以及高精度、多功能、低成本导航飞控系统的进步，一方面使传统无人机的体型得以小型化；另一方面使传统航模具有更高更好的性能。未来无人机平台将更加小型化、智能化和实用化，在操控性上将更加方便易学，在安全上将更具有可预测性和低风险性。

1）布局形式

按气动布局，轻小型无人机可分为固定翼、旋翼、扑翼和复合式布局等类型。目前轻小型遥感无人机多数为常规布局、鸭式布局、飞翼布局的固定翼类无人机，少数为直升机和多旋翼布局的旋翼类无人机。固定翼无人机大都采用弹射、短距滑跑或手抛起飞，伞降、短距滑跑降落或撞网回收，无人直升机和多旋翼无人机具备垂直起降能力，使用灵活方便。

2）动力装置

目前，轻小型无人机动力装置以小型活塞发动机和电动动力为主。小型活塞发动机主要为航模用甲醇机或汽油机，其中“DLE”等国产小型活塞发动机已占据半壁江山。大部分电推进型无人机的动力都以聚合物锂离子电池为主，目前国内民用无人机的锂电池供货厂商有格瑞普、欣旺达（无电芯能力）、新能源科技有限公司（Amperex Technolgy Limited）、瑟福、力神等。当前，可将锂离子电池按一体化设计，加工成无人机的结构件，以有效减轻飞机结构重量，增加结构空间。此外，油、电混合动力在多旋翼无人机上也已经得到应用。

3）导航方式

目前，轻小型无人机主要采用卫星、惯性、地磁或组合导航。卫星导航使用最多的是美国的GPS导航系统和我国北斗导航系统。目前北斗导航系统已在我国及周边区域使用，其独特的短报文通信能力可在地面监控能力范围外对无人机进行监控。基于微机械惯性器件的惯性导航系统已经在轻小型无人机上大量应用，使用卫星导航作为修正，完全能够满足飞行控制和导航的精度需求。但由于元器件生产工艺上的差距，用于测绘载荷的高精度微机械惯性器件主要还依赖于进口。

4）飞行控制

无人机的操控方式分为自主控制、指令控制（人机混控）和人工控制三种方式。飞控系统是无人机自主飞行的核心，担负着姿态控制、航迹控制、载荷设备控制、故障检测等重要任务，决定着飞行稳定和安全性，具有高度集成的特点。轻小型无人机受其尺寸、成本的限制，飞控系统一般由低成本的传感器以及低功耗嵌入式处理器组成，其关键器部件和解算方法也日趋成熟，北京零度智控、北京普洛特、成都纵横等公司的市场产品日渐丰富。

5）数据链路

目前，适用于轻小型无人机使用的数据传输系统通视条件下作用距离超过200km，传输速率可达200kb/s；图像传输系统通视条件下作用距离超过100km，传输速率可达10Mb/s。

6）规范与标准

目前国内尚未有专门针对轻小型无人机遥感的标准体系，仅有部分军用无人机、民用无人机和航空遥感的标准，对于轻小型无人机遥感系统针对性并不强。美国、欧洲等国家和地区针对无人机研究和应用早于我国，已开始制定或起草民用无人机的相关标准，但同样尚未形成完整体系；目前我国已经启动针对轻小型无人机及其遥感标准的研究和制定。我国即将颁布《无人驾驶航空器飞行管理规定》，该规定是国内无人机行业的基础法规，将对我国无人机的研发、生产、使用、管理产生重要影响。轻小型无人机遥感相关标准的制定工作必须严格依照该规定进行。

1.1.2 遥感载荷

小型无人机遥感的功能载荷，主要有光学影像和视频设备、红外探测、激光测距、孔径雷达、电子对抗任务载荷等。随着电子、电池、芯片等技术的发展，一些载荷体积、质量和功耗水平都足够低的载荷不断涌现，特别是光学载荷已经在各行业及领域得到了切实的应用。

（1）轻小型无人机遥感载荷不断涌现并展示了较强的应用潜力。轻小型无人机平台的出现以及飞控和飞行保障能力的增强，使得轻小型无人机遥感成为可能。基于数据需求，一些轻小型光学遥感载荷在轻小型无人机平台上得以实际应用，在抗震救灾、环境治理、农业植保和土地确权等多个领域得到很好应用。随后，其他一些小型载荷（如红外、多光谱载荷）逐渐被研发成功并逐步得到应用，而成像光谱、激光雷达、SAR（Synthetic Aperture Radar）载荷的一些应用案例在各种文献中也能够发现，有些已经成为较为成熟的商业载荷，如成像光谱德国 Cubert UHD185，激光雷达 Riegl VUX-1 等载荷已经投放市场。微型 SAR 载荷有些型号（如 NanoSARMISAR）已经研发成功并开始量产。

（2）轻小型无人机载荷处于初级阶段，可实际应用传感器的种类较单一。由于飞行平台的商载能力、供电和安全性等方面的限制，目前可实际应用的传感器尚显单一。据抽样统计，全国民用轻小型无人机航摄系统的载荷传感器中，数码相机占 77%，视频摄像机占 7%，多光谱相机占 4%，红外辐射计占 3%，其他传感器占比均小于 2%。光学相机和视频摄像机得益于地表民用光学设备的成熟，应用广泛。随着消费类无人机的兴起，摄像机和照相机复合作为载荷正越来越普遍。在专业方面，除有关高校和科研院所搭载热红外成像仪、多光谱相机、高光谱相机外，实际应用尚不普遍，主要原因在于这些设备正走向微型化，功能、性能或价格方面尚离应用需求有一定距离。例如，多光谱相机及红外相机大多采用工业设备改造后用于遥感数据获取；成像光谱仪由于未能与高性能辅助设备（GPS（Global Positioning System）、POS（Packet Over SONET/SDH）、云台等）进行高度集成，数据后处理能力和应用还有一定限制；机载激光雷达目前已经有美国 Velodyne HDL32E、Riegl VUX-1、L'Avion Jaune 公司的 YellowScan 等多款（3kg）产品问世，但是每套系统的价格昂贵，接近或者超过百万人民币，不利于推广使用。

（3）轻小型无人机载荷的数据处理模型和软件有所欠缺。目前针对轻小型无人机多种载荷的专用数据处理软件还比较欠缺，大多沿用传统有人机的处理流程和软件，并未针对无人机遥感飞行和设备的特点进行设计与优化。而轻小型无人机由于本身姿态稳定性原因以及搭载重量和空间尺寸的限制，其空中姿态变动较大，有些姿态参数甚至需要采用新方法、新途径获取，由此需要针对新型数据获取方式研发新的数据处理模型或软件，以快速准确地获得地表信息。

1.1.3 遥感应用

我国对轻小型无人机遥感的需求迫切而巨大，促使其发展活跃、势头迅猛，已广泛应用于经济社会的众多行业，目前在应用方面我国处于世界先进水平。但就经济规模而言，目前的应用仍然处于起步阶段，尚未形成产业效应。此外，尚需要制定相应的管理办法和标准规范，尤其是研制针对轻小型无人机的空管技术手段，保障低空安全和作业有序。

（1）面向行业的轻小型无人机遥感应用，以获取 0.05～0.2m 高分辨率遥感影像，生产加工地理信息为主，是当前最主要的市场应用，广泛支持国民经济建设和社会发展所需。目前市场有专业轻小型无人机约 3000 架，估计未来 5 年的装备需求总量超过 30000 架。轻小型无人机遥感数据的处理方面，目前大多采用传统遥感数据处理的技术和平台，但开始出现一些专门针对轻小型无人机数据的处理平台。

（2）近年来轻小型无人机遥感在汶川、玉树、鲁甸、尼泊尔地震以及天津港特重大爆炸事故等突发灾害的减灾救灾应急方面有突出表现，充分体现了轻小型无人机反应快、作业便捷、数据精准的特点；在安全与反恐方面，充分展现了轻小型无人机噪声和雷达反射面小的特点，获取了大毒枭糯康营房基地高精度数据，对钓鱼岛进行了多期高精度数据获取行动，为我国国家行动提供了重要的技术和数据支撑。

（3）随着飞控、链路、导航等元器件的微小化和成本下行，面向百姓大众的消费类轻小型无人机遥感呈井喷发展，突出体现在运动、娱乐、影视广告制作等方面。目前已经形成年销售约 80 万架以上的规模，在百姓大众中具有广泛基础，推广比较容易，符合互联网模式。

（4）在对我国轻小型无人机遥感应用发展进行梳理的基础上，国家遥感中心构建了全国轻小型遥感无人机信息库、操控手信息库和轻小型无人机遥感数据产品信息库，在互联网上提供对全国轻小型遥感无人机型号、厂家、载荷、性能的查询检索服务，提供登记的无人机操控手信息查询服务，提供轻小型无人机遥感数据产品覆盖范围、空间分辨率、成像时间、数据精度、数据持有等信息的登记与检索服务。

1.2 发展趋势

虽然美国、欧洲推出的多种轻小型无人机遥感系统在集成度、控制技术和高精度观测等方面世界领先，但是受经济发展和需求制约一直没有大规模应用。国内轻小型无人机遥感技术在2005年左右伴随数码相机和自动驾驶两项核心技术突破而逐步达到世界先进水平。随着市场需求的扩大，一些有实力的公司将介入该领域并带来巨大变革，使无人机遥感系统准入门槛和研制成本大幅度降低。本节将从无人机平台、遥感载荷及无人机遥感应用三方面阐述轻小型无人机遥感应用的未来发展。

1.2.1 轻小型无人机平台

目前轻小型无人机平台的研制生产技术和人员储备主要来自两方面，一是来自传统无人机及有人机领域，二是来自航模及现代电子技术领域。受作业环境不同要求和任务对象不同需求，轻小型无人机发展趋势大体可以概括为平台系列化、动力装置小型化、测控精准化、平台载荷一体化等。

1）无人机平台系列化

针对城市、平原、山地、高原、海洋等不同任务地点的环境适应性要求，以及国土测绘、抗灾抢险、农林应用、海洋监测、电力巡线等不同遥感任务的特点，轻小型遥感无人机平台将呈现系列化发展趋势。例如，对于固定翼无人机，用于高海拔地区、飞行高度7000～10000m的平台将更多地走向实际应用；续航时间超过20～30h的轻小型无人机将走向市场；飞行速度将从目前的100km/h左右覆盖更低和更高的飞行速度。

对于旋翼类无人机，将具备自主起降能力，飞行高度将可超过5000m，50～100kg级平台发展成熟并投入应用，电池动力无人机载重将超过10kg，飞行时间将超过1h；混合动力多旋翼载重将超过15kg，飞行时间将超过2h。

2）动力装置的小型化与高性能

在活塞发动机方面，小型四冲程往复式活塞发动机和小型旋转活塞式发动机将拥有自主知识产权的成熟、可靠产品，涡轮增压技术实现突破，将进一步提升发动机性能。小型重油活塞发动机国产化实现突破，实现小批量应用。

在涡轮发动机方面，微型涡喷和涡轴发动机国产化产品走向成熟，具备发电能力能够为机载设备供电，具备出色的低温起动能力以满足高寒地区使用。随着小型化燃料电池、高能聚合物电池、油电组合动力装置进入实用阶段，将极大地提升电池动力无人机的载荷能力和续航时间，消费类无人机市场也将进一步扩大。

3）导航飞控系统成本下行和功能提升完善上行

在导航与姿态控制方面，光纤陀螺成本不断降低，逐步满足大批量生产和使用需求，能够在轻小型无人机平台推广应用；高精度微机电元器件实现国产化和批量生产，低成本、高精度微机电航姿系统将能够大量使用；基于三维地理信息的惯性与地形匹配组合导航在轻小型无人机平台上得到实现。

在飞控系统硬件上，陀螺仪、加速度计、任务计算机、通信电台、卫星导航接收机、执行机构控制板及相应电路一体化集成设计和制造，实现全系统功能集成化，特别是依托大规模工业化生产推动，基于手机类平台的开放操作系统将与传统飞控平台逐步融合。在飞行控制能力方面，实现各类无人机平台的自主起降控制，组网飞行和编队飞行控制，具备空中防撞预警能力，旋翼类无人机具备障碍物识别和规避能力。

4）数据链路及控制站的功能提升

数据链路的研究和开发成为无人机平台向前发展的关键，通信带宽和作用距离均进一步提高，红外通信系统和光学通信系统将得到发展，一站多机数据链路系统的出现将实现一个地面指控站同时指控多架无人机的情形，组网将成为现实。因此，北斗短报文的通信链路的相关接口和协议将得到重视。

5）飞行平台智能化

随着人工智能和模糊控制等先进科技手段逐渐应用于轻小型无人机平台，其智能化趋势愈加明显。智能化首先体现在位置感知、障碍规避功能和故障自适应控制，这些功能将赋予小型无人机灵活机动能力和更好的安全性；智能化还体现在能自动识别物体、对象物或空中物体，能自主根据任务飞行控制实现目标动态跟踪监测；网络化也是无人机向智能化发展的重要方向，无人机在空中可实现互识别，并可组网进行飞行，成为空间大数据的一个个重要的节点。

6）规范与标准的出台

适用于或针对于轻小型无人机生产、飞行、作业、信息处理和服务的规范、标准等将得到更多的重视，并将逐步出台相关的管理办法、技术规程和标准规范，新的或相应的管理单元或部门将产生或介入，低空无人机系统的有效管制体系将逐步形成，轻小型无人机遥感行业的发展将从遍地开花走向管理有序，均衡发展。

1.2.2 遥感载荷

无人机遥感载荷产品在涌现，其性能在提高，应用范围和领域也在扩展。在未来趋势方面，值得一提的是，由于核心芯片技术和加工工艺等原因，在传统的卫星或航空遥感载荷方面，我国与发达国家尚存差距，但轻小型无人机载荷复杂程度相对较低，且很多功能可即时试验，开发成本也相对较低，同时我国应用需求巨大，这对于我国来说无疑是契机。随着微电子技术、计算机技术、通信技术的发展以及各种数字化、质量轻、体积小、探测精度高的新型传感器的不断问世，轻小型无人机遥感载荷的发展趋势可以总结为以下三个方面。

1）载荷的微型化

以微电子技术、自动化技术、信息技术等为代表的先进制造技术为实现传感器集成工艺的微小型化提供了很好的条件，如多芯片组件（Multi-Chip Module，MCM）技术可将多个芯片和其他元器件组装在同一块多层互连基板上，然后进行封装，从而形成高密度和高可靠性的微电子组件。此外，微机电系统（Micro-Electro-Mechanical System，MEMS）快速发展，基于 MEMS 技术的加速度计、陀螺仪和微型 IMU 逐渐涌现，使得多旋翼等轻小型飞行器的自动控制可以实现，同时也为轻小型无人机遥感应用微型载荷的研发和进一步小型化带来可能。可以预计，各种遥感载荷的重量将从现在的 5 ~ 10kg 逐渐向 3kg 以下发展，光学载荷更可达到 500g 以下的水平。例如在 SAR 方面，美国 ImSAR 公司设计 2009 研发目前世界上最轻最小的 SAR 系统——NanoSAR。该系统采用 FMCW 体制，在轻小型高隔离度天线设计技术、微小型射频技术等方面取得了巨大的研究进展。该系统工作在 X 和 Ku 波段，总质量约 1.5kg，总功耗小于 30W，最高分辨率达到 0.3m，作用距离达到 4km，测绘带最大为 1km，系统发射功率为 1W。在激光雷达领域，美国 Velodyne 也推出了系列化产品，如 HDL32、VLP-16 等，作用距离为 100m，质量仅 1.2kg。

2）多载荷的集成化

多载荷的集成化包括两个方面，一是传感器的集成，如相机与激光雷达的集成，相机与摄像机的集成；二是传感器与姿态控制或参数记录系统的集成。随着各种电子设备的微型化或芯片化，无人机有效载荷的设计正在向多任务、模块化、开放式架构发展，一些载荷内部集成大容量存储，并与 GPS、POS 等辅助设备高度集成正成为新的载荷研制思路。与此同时，为了实现多类型传感器载荷的协同工作、相互检校、相互定标、参数补充及精度提高，多传感器的集成也具有很好的应用前景，一些研究机构正尝试将光学相机、成像光谱仪、激光雷达等传感器进行集成。

3）载荷与平台的一体化

载荷与轻小型飞行平台的一体集成是轻小型无人机系统从专业用户向普通用户转化的一个重要体现。轻小型无人机平台自身的市场有限，其在遥感领域所能体现的真正价值在于能够搭载何种载荷进行遥感应用。在最初的发展阶段，轻小型无人机遥感是依据无人机的载荷、供电和自主控制能力寻找能用的载荷，实现初步数据的获取，数据获取能力和质量受无人机平台限制。

随着轻小型无人机平台制造技术的提升以及成本的降低，针对各种载荷无人机平台设计能力愈发成熟。通过载荷与平台的一体化设计，将提供给用户一套包含飞行控制平台、载荷与载荷控制云台、辅助定姿定位系统和通信与数传系统，以及在线和离线数据处理系统等高度集成的轻小型遥感系统。用户将不再受复杂的系统集成和数据后处理问题困扰，极大地降低用户的使用门槛，将促进轻小型无人机遥感系统在更多领域的应用。最典型范例就是大疆公司，通过无人机+云台+相机一体化模式，成功使多旋翼无人机从玩具成为会飞的相机。

1.2.3 遥感应用

在巨大的社会需求牵引下，在无人机平台和载荷技术推动下，轻小型无人机遥感应用的深度和广度将进一步拓展，遥感数据的获取将更加快捷、规范，成果信息的获得将更加快速和自动，地表数据的社会化服务将更加智能和易于访问。

（1）“互联网+”时代，轻小型无人机的遥感行为将与互联网结合更加紧密，遥感成为互联网的感知节点，将极大地丰富互联网地理信息服务的现时性和精细度，在互联网的推动下，无人机成为地表即时感知的触手，使得地表感知和地理信息服务更加到位、更加社会化和普适化，并将产生诸多富有想象力的应用和商业模式。

（2）随着载荷尺寸小型化，轻小型无人机遥感载荷的性能开始接近传统航空载荷能力，特别是集成大面阵、多视角、SAR、Lidar 等高端传感器以及高精度稳定云台和 POS 装备的出现，轻小型无人机遥感将进一步挤压高分辨率卫星和有人机航空遥感市场，形成航天、航空和低空遥感三分天下且相互补充的局面。

（3）随着技术的进步，特别是飞控和导航精度的提高、消费相机几何精度的提高及新能源技术产品，如石墨烯电池的批量化生产，消费类无人机将进一步介入传统的专业遥感领域，完成更多小范围、快速、低成本作业，这部分市场将被进一步挖掘。

（4）轻小型无人机的便捷和高空间分辨率能力，将进一步推动倾斜摄影和三维立体建模，将逐步替代或部分替代传统街景技术和街景信息服务，孕育新的空间信息服务市场。

（5）轻小型无人机的独立作业模式，将在新的组网技术支撑下形成可覆盖全国的轻小型无人机遥感网，形成快速、云下、厘米级、小时级的地表空间信息的获取能力，在移动互联下形成动态获取、动态分发及大众服务的能力。在现代信息共享技术支撑下，当前的局部单点数据保有将向区域或大范围数据联结和共享发展。

（6）轻小型无人机遥感参与行业部门应用及业务的程度会逐步加深，将从目前应急救灾服务、测绘业务逐步渗透到所有与地理信息有关行业的业务运行系统中，成为各行业信息采集、设计施工、运行管理、监测服务、成果展示的核心业务，如农村土地确权、国土资源调查项目、智慧城市，乃至“一带一路”及相关基础设施投资项目等。

（7）随着轻小型无人机遥感实践的增多、管理经验的丰富以及空中定姿定位及数据链路技术的发展，一系列有针对性的管理办法、标准规范以及监管系统等将被推出，当前的“黑飞”和“灰飞”现象将被进一步规范化、程序化，管理效率、技术办法和安全保障的问题将逐步解决，轻小型无人机遥感潜力将进一步释放。

上篇

第2章　轻小型无人机平台

轻小型无人机是指质量小于100kg，涵盖部分小型无人机和微型无人机，起飞、降落（回收）方式方便灵活、无特殊要求，主要用于军警民遥感测绘，兼顾军警民等其他应用的无人机，有时根据需要也将质量100~200kg的无人机纳入该范畴。轻小型无人机发展在2015年呈井喷之势，各种产品层出不穷，主要得益于原大中型无人机构成件的小型化和消费类航模的高端化和智能化。本章讲述无人机的定义、分类、发展历程和国内外现状，介绍轻小型无人机主要气动布局类型以及适用于轻小型无人机平台的动力、导航、飞行控制等主要系统的技术特点及发展。

2.1　无人机历程

本节主要描述从靶机进化到具备有人机类似功能的无人机的发展过程，主要内容包括无人机定义、不同历史时期名称的演化、不同的分类方法、发展历程的四个阶段，以及无人机在国内外军事、民用和消费三方面的发展现状。为了更准确地理解无人机发展历史过程，本节的回顾并不限于轻小型无人机。

2.1.1　无人机定义

在我国，习惯上将无人驾驶飞行器称为无人机，通常引用的英文名称为Unmanned Aerial Vehicle（UAV），不同文献上对于无人机的定义描述也不尽相同，2002年1月我国出版的《国防科技名词大典航空卷》，将无人机定义为“不用驾驶员或者驾驶（操作）员不在机上的飞机”。

目前在学术界得到普遍认同的是2002年1月美国联合出版社出版的《国防部词典》中对无人机的定义：“无人机是指由动力驱动、不搭载操作人员的一种空中飞行器，采用空气动力为飞行器提供所需的升力，能够自主或遥控飞行，既能一次性使用也能进行回收，能够携带杀伤性或非杀伤性任务载荷。弹道或半弹道飞行器、巡航导弹和炮弹不能看作无人机。”

根据上述定义，能够搭载有效任务载荷的无线电遥控动力航空模型也应划入无人机的范畴。在实际应用中，由于具备成本低、使用灵活的特点，航空模型搭载照相设备等任务载荷，由操作手遥控或利用加装的飞控系统自主控制飞行，在测绘等应用领域已经发挥了重要作用。同时，航空模型的加工、生产技术和安装、调试的方法、技巧，为小型低速无人机的发展提供了很大的帮助。

由于无人机的使用需要一整套装置和设备，所以无人机与其配套的控制站、起飞（发射）回收装置以及无人机的运输、储存、检测设备统称为无人机系统。

在国外，无人机在不同的历史时期有着不同的称谓。20世纪20年代初使用的是Pilotless Airplane；30年代中期，由于靶机的大量使用，无人机被称作Drone，到了1950年进一步演化为无线电控制空中目标（Radio Controlled Aerial Target，RCAT）；50年代中期，增加了侦察功能的无人机叫做无人侦察机（Surveillance Drone）；60年代中期，则被称作专用飞机（Special Purpose Aircraft，SPA），不过不久又出现了遥控飞行器（Remotely Piloted Vehicle，RPV）的名称；80年代中后期，无人机又先后被称作无人驾驶飞行器（Unmanned Aircraft，UMA）和自主飞行器（Automatically Piloted Vehicle，APV）；今天最常用的 Unmanned Aerial Vehicle（UAV）出现在 90 年代初，随后几年又在此基础上派生出了“战术无人机”（Unmanned Tactical Aircraft，UTA）和无人战斗机（Unmanned Combat Air Vehicle，UCAV）。

随着无人机技术的进步和应用领域的拓展，无人机概念的内涵也在不断丰富。美国国防部从 2000 年开始已先后发布了 7 个版本的无人机发展路线图，2000 版和 2002 版的名称为 Unmanned Aerial Vehicle Roadmap；2005 版名称变为 Unmanned Aircraft System Roadmap，开始把浮空器（包含无人飞艇和系留气球）纳入发展规划，并从系统角度对无人机互操作性进行了分析、评价和预测；2007 版开始，名称则变为 Unmanned System Roadmap，将无人机系统（Unmanned Aerial System，UAS）、无人驾驶地面车辆（Unmanned Ground Vehicle，UGV）、无人驾驶海上航行器（Unmanned Marine Vehicle，UMV）的发展合并到一个全面的无人系统路线图中。

2.1.2 无人机分类

按使用功能划分，无人机可分为军用无人机、民用无人机和消费无人机。军用无人机又可分为侦察无人机、电子对抗无人机、通信中继无人机、攻击无人机及无人靶机等类型；民用无人机可分为巡查、监视、测绘和探测无人机以及农用无人机等；消费无人机主要用于个人航拍、游戏等休闲用途。

按气动布局划分，无人机可分为固定翼类无人机、旋翼类无人机、扑翼类无人机和复合式布局无人机等。固定翼类无人机飞行时靠动力装置产生前进的推力或者拉力，产生升力的主翼面相对于机身固定不变，主要有常规布局、鸭式布局、无尾或飞翼布局、三翼面等形式；旋翼类无人机产生升力的旋翼桨叶在飞行时相对于机身是旋转运动的，又可分为无人直升机、多旋翼无人机和无人旋翼机，前两种形式的无人机旋翼由动力装置直接驱动，可垂直起降和悬停，无人旋翼机的旋翼则是无动力驱动；扑翼类无人机靠机翼像小鸟的翅膀一样上下扑动来获取升力和动力，适合于小型和微型的无人机；复合式布局无人机由基本布局类型组合而成，主要包括倾转旋翼无人机和旋翼/固定翼无人机等。

按质量划分，无人机可分为微型无人机、小型无人机、中型无人机和大型无人机。微型无人机质量一般小于 1kg，尺寸在 15cm 以内。小型无人机质量一般在 1 ~ 200kg，中型无人机质量一般在 200 ~ 500kg，大型无人机质量一般大于 500kg。

按飞行速度划分，无人机可分为低速无人机、亚音速无人机、超音速无人机和高超音速无人机。低速无人机速度一般小于 0.3Ma，亚音速无人机速度一般在 0.3 ~ 0.7Ma，超音速无人机速度一般在 1.2 ~ 5Ma，高超音速无人机飞行马赫数一般大于 5。

按活动半径划分，无人机可分为超近程无人机、近程无人机、短程无人机、中程无人机和远程无人机。超近程无人机活动半径在 5 ~ 15km，近程无人机活动半径在 15 ~ 50km，短程无人机活动半径在 50 ~ 200km，中程无人机活动半径在 200 ~ 800km，远程无人机活动半径大于 800km。

按飞行高度划分，无人机可分为超低空无人机、低空无人机、中空无人机、高空无人机和超高空无人机。超低空无人机飞行高度小于 100m，低空无人机飞行高度一般在 100 ~ 1000m，中空无人机飞行高度一般在 1000 ~ 7000m，高空无人机飞行高度一般在 7000 ~ 18000m，飞行高度在 18000m 之上为超高空无人机。

2.1.3 无人机的发展历程

1917 年，英国皇家航空研究院（Royal Aircraft Establishment）初步将空气动力学、轻型发动机和无线电三者结合起来，研制出世界上第一架无人驾驶飞机。同年 12 月，美国发明家 Elmer Sperry 在军方支持下使用自己发明的陀螺仪和美国西部电气公司开发的无线电控制系统成功完成了“空中鱼雷”的首飞。“空中鱼雷”见图 2.1。

图 2.1 斯佩里（Sperry）的“空中鱼雷”

总的来说，无人机的发展经历了四个阶段。自无人机诞生后，至 20 世纪 60 年代，无人机主要用作靶机，处于靶机起步阶段；60 年代之后研制重点为无人侦察机和电子战类无人机，并在战场上崭露头角，80 年代开始进入民用领域，该时期处于初步实用阶段；自 90 年代海湾战争开始，无人机在现代高技术局部战争中得到全面应用，军用无人机开始成体系建设发展；进入 21 世纪后，察打一体无人机投入实战应用，无人作战飞机、空天无人机飞速发展，同时，无人机在民用领域逐步得到广泛应用并形成产业，处于迅速崛起阶段。2010 年来，无人机发展进入军警民全领域应用的蓬勃发展阶段，未来不可限量。

1. 靶机起步阶段（1917~1963 年）

1921 年英国研制成功世界上第一架可付诸实用的无人靶机，该靶机可在 1830m 高度以 160km/h 的速度飞行。此后，英国一直孜孜不倦地发展无人机相关技术。1932 年，英国 Home 舰队携带“费利王后”靶机赴地中海试验，检验靶机飞行性能和舰队防空火力效能，不过富有戏剧性的是，“费利王后”靶机在 Home 舰队密集防空火力中飞行了 2h 居然毫发未损，这不仅表明当时海军防空武器的低效，同时也充分说明了靶机的实用价值。1933 年英国研制成功著名的“蜂后”（Queen Bee）靶机，随即投入批量生产，十年间共计生产 420 架，每架都有不少于 20 架次的飞行记录，图 2.2 为英国官兵正在遥控“蜂后”靶机飞行。随着英国靶机的投入使用，无人机作为靶机开始被人们认识和发展。苏联于 1934 年研制成功了 ПО-2 靶机，美国也于 1940 ~ 1941 年开始研发生产系列靶机。

第二次世界大战之后，导弹的发展促进了靶机的研究与发展，其中最负盛名的有美国特里达因·瑞安公司研制的“火蜂”（Firebee）系列靶机和诺斯罗普公司的“石鸡”（Chuker）系列靶机（图 2.3），两型靶机的订货均超过了 7000 架。此外，法国研制成 CT-20 和 CT-22 靶机，意大利研制成“米拉奇”系列靶机，澳大利亚研制成“金迪威克”靶机，中国研制成长空系列靶机，其他

图 2.2 “蜂后”靶机

图 2.3 水面发射的“石鸡”靶机

如加拿大、以色列、日本、南非、德国也相继研制成多种靶机。

无人靶机的发展带动了无人机关键技术的进步，为无人机功能和应用领域的进一步拓展奠定了技术基础。至今，新型靶机仍在不断研发中，其技术研究仍将直接影响未来无人机的发展。

2. 初步实用阶段（1964～1990 年）

越南战场是军用无人机发展史上的第一次大规模实战应用。越战初期，美军先后损失作战飞机2500 余架，死伤飞行员 5000 余名。为了能以较小的代价摸清北越部队情况，美军决定使用无人机代替有人机实施侦察。1964～1975 年的 11 年间，美军出动“瑞安 147”系列无人侦察机和“QH-

50”系列无人直升机共3435架次，获得的空中照片占美军侦察总数的80%，收到明显成效；其中2873次安全返回，损失率仅有16%。图2.4为美军挂载“瑞安147”无人侦察机的C-130运输机。

图2.4　挂载4架“瑞安147”无人侦察机的C-130运输机

1973年第四次中东战争中，以色列沿苏伊士运河大量使用“BQM-74C”多用途无人机模拟有人作战机群，掩护有人作战飞机超低空突防，成功地摧毁了埃及沿运河部署的地空导弹基地，扭转了被动的战局。

1982年6月9日，以色列与黎巴嫩在贝卡谷地交战中，首先利用“侦察兵”“猛犬”和“大力士”无人机诱骗叙军“萨姆-6”地空导弹的制导雷达开机，获得了雷达的工作参数并测定了其准确位置，而后使用集束炸弹、常规炸弹和精确制导炸弹进行狂轰滥炸，仅用短短的6min，19个“萨姆”导弹阵地便化为乌有。这个举世瞩目的成功战例引起了世界各国的高度重视，无人机也因此声名鹊起。

与此同时，无人机在民用领域也开始了应用尝试。例如，20世纪80年代，我国就将自行开发的无人机应用于地图测绘和地质勘探中；在国外，Yamaha公司受日本农业部委托，于1987年采用摩托车发动机生产出20kg级喷药无人直升机“R-50”，成为首个将无人机用于农业领域的国家。

3. 迅速崛起阶段（1991~2009年）

20世纪90年代以来的历次高技术局部战争给无人机提供了更加广阔的舞台。在海湾战争中，美军借鉴以色列的成功经验，动用了几乎所有已服役的无人侦察机，如“先锋”“短毛猎犬”和“指针”等。这些无人侦察机在侦察、监视、目标捕获、战场管理、舰炮火力支援和战损评估等方面发挥了极其重要的作用。无人机在伊军大约1000km的前沿阵地上昼夜侦察，提供了大量有效的战场情报，并首次提供了实时图像，引导地面部队摧毁了伊军120多门火炮、7个弹药库、一个炮兵旅和一个机步连；此外，无人机还作为空袭诱饵，配合反辐射导弹攻击伊军的指挥和防空系统。

在科索沃战争期间，无人机得到了更加广泛的应用，主要执行中低空侦察和战场监视、电子干扰、损伤评估、目标定位、气象资料收集、散发传单、营救飞行员等方面任务。参战的各国无人机共有七种约200~300架。这是历次局部战争中使用无人机数量最多的一次，也是发挥作用最大的一次。

在2001年阿富汗战争中，美国动用了“全球鹰”和“捕食者”无人机，对地面进行全天照相侦察。美军在“捕食者”无人机上加装了“海尔法”导弹，指挥官通过数据链在本土遥控指挥，成功击毙“基地”二号人物穆罕默德阿提夫，由此开创了无人机携带武器执行对地攻击任务的先河，成为军事历史上一个重要的转折点。战争期间，美军无人机共发射了约115枚“海尔法”导弹，并为有人飞机投掷激光制导炸弹指示攻击目标525次。

在2003年的伊拉克战场，美军部署了56架大型无人机以及60余架各型战术无人机，共发射62枚“海尔法”导弹，为激光制导炸弹指示目标146次。同时，无人机在伊拉克战争中又恢复执行传统的侦察任务，为战地司令官提供了大量战场信息。

在民用领域，无人机也越来越多地运用在各行各业中。日本经过20多年的发展，已经拥有2300余架注册农用无人直升机，操作人员14000多人，成为世界上农用无人机喷药第一大国。在国内，中国测绘科学研究院于1999年完成了无人机遥感系统关键技术研究与验证试验，同时研制出无人机遥感检测系统；国内多家公司与科研单位也相继开始对无人机低空遥感开展研究与应用，从此无人机遥感的研究逐渐壮大。

2004年中国气象局批准了气象无人机在人工影响天气中应用开发项目，并逐步投入实际应用。2008年初，中国首次将无人机遥感应用于冻雨灾害抢险救灾，为决策部门提供了重要的基础资料，并获得了显著的效果。汶川地震发生后，多型无人机迅速投入灾区，为灾难救助和灾后重建评估提供了第一手资料，发挥了积极作用。

4. 全民应用阶段（2010～）

在军事领域，无人作战飞机和空天无人机的飞速发展，使无人机逐步成为军事装备体系中的关键力量和维护国家安全的战略制高点；在民用领域，无人机多行业的应用推动了社会进步，逐步成为促进社会经济发展的重要增长点。

2011年2月，美国海军无人作战飞机X-47B在加利福尼亚爱德华兹空军基地成功实现首飞。2013年7月，X-47B成功在“乔治·布什”号航空母舰上实现拦阻着舰，标志着美国海军已经掌握了无人机在航母上起飞、降落的关键技术，极大地提高了航空母舰的安全性、信息获取和实时打击能力以及作战力量部署的灵活性。

2010年3月至5月，美国先后试验试飞了HTV-2猎鹰高超音速无人机和X-37B空天无人机；2012年12月至2014年10月，X-37B在第三次飞行试验中共计在轨时间671天，标志着无人机开始向更高、更远、更快的空天领域发展。

在民用领域，无人机已经深入生产和生活的各个方面，更出现了一些创新性的应用。自2008年汶川地震，每一次地震灾害，轻小型无人机遥感均表现出轻便快速的特质，为救灾减灾提供了重要及时的高分辨率影像数据。例如，2014年8月云南鲁甸地震中，无人机第一时间拍摄了高分辨率影像图，快速了解房屋损毁、道路受阻、水位上涨及堰塞湖的情况。农用无人机利用搭载的高精度摄像机，实现对农作物生长以及周围土壤、水分等环境的实时监测，并据此播种、浇水、施肥、喷洒农药等。通过无人机的航测航探发现矿藏和其他资源，并随时监测当地的地质状况，指导矿产资源的开采。在日常使用中，无人机可以对公路、铁路、高压电线和油气管路等重要公共设施进行巡逻，减少事故发生。此外，国内外都在开始试验无人机包裹投递服务。

2.1.4 国外无人机现状

目前，世界范围内大约有30多个国家研制生产了超过300型军用无人机，有40多个国家装备使用了80多型军用无人机。随着技术的进步，军用无人机的任务模式不断扩展，在战争中发挥越来越大的作用。同时，作为科技发展的新宠儿，无人机的应用早已超越了军事范畴，已经渗透到人类生活的方方面面。下面从军用无人机、民用无人机两方面来介绍当前国外无人机的发展、应用现状。

1. 国外军用无人机现状

当前世界各国无人机发展中，美军占据无人机发展的制高点，并已形成完备的装备体系。美国空军在现役 MQ-1B“捕食者”、MQ-9A“死神”和 RQ-4B“全球鹰”等基础上，大力发展无人作战飞机、临近空间无人机。未来 10 年，美空军有人战斗机将减少 40%，无人机将在现有基础上增加 4 倍，其中攻击类无人机将增加 6 倍。美国空军无人机当前装备和研发情况如下。

1）微、小型无人机

“龙眼”（Dragoneye）无人机为连、排、班级装备（图 2.5），可以被应用在城市作战环境中，通过巡逻提供额外的安全保障，也可以在执行掩护任务时提供路径侦察。该型无人机任务半径 5km，续航时间 30 ~ 60min。

图 2.5 “龙眼”无人机

美国的“大黄蜂Ⅲ”为手抛式、水平着陆型无人机，配备综合光电摄像设备，可与红外成像仪更换使用，能够全天候执行 4.8km 范围内的低空侦察和监视任务，续航时间 3 ~ 5h。

“扫描鹰”为弹射式小型无人机，利用空中天钩回收，搭载装有惯性稳定平台的光电/红外摄像机，同时可利用 GPS 导航系统执行实时战场态势感知任务，低空任务范围可达 109km，最大续航时间 15h。图 2.6 为在军舰上起飞的“扫描鹰”无人机。

图 2.6 “扫描鹰”无人机海上弹射起飞

2）中型无人机

MQ-1“捕食者”为多用途长航时无人机（图2.7），配挂武器并携带光电/红外任务载荷及信号情报任务载荷，可以在距起降基地约161km的雷达视距内飞行，也可通过卫星数据链做超视距飞行，飞行员和无人机根据任务情况可以进行操控转换。“捕食者”无人机可携带450磅有效载荷，续航时间大于24h。

图2.7 MQ-1“捕食者”无人机

MQ-9“死神”无人机为“捕食者”的升级版（图2.8），全机七个外挂点，配挂多种武器并装有光电/红外任务载荷、激光目标指示器、激光照射器以及合成孔径雷达，主要承担持续性打击任务，同时还能执行情报、监视和侦察任务。该型无人机可携带4枚500磅或8～10枚250磅弹药，无外挂续航时间可达30h。

图2.8 MQ-9“死神”无人机

3）大型无人机

RQ-4“全球鹰”无人机（图2.9）支持视距和超视距操作，可向美空军分布式通用地面站和包括陆军战术开发系统在内的其他节点发送数据。“全球鹰”有RQ-4A和RQ-4B两种基本机型，RQ-4A无人机装有光电、红外和合成孔径雷达传感器；部分RQ-4B无人机装有战场机载通信节点，并配备多平台雷达技术嵌入计划的任务载荷，或者配装高分辨率合成孔径雷达、远距高清晰相机和地面移动目标指示器等设备，地面站包含起降控制单元（部署于前线）和任务控制单元（部署于本土）两个部分。“全球鹰”无人机使用升限 19810m，最大航程大于 22000km，最大续航时间 36h。

图 2.9 RQ-4“全球鹰”无人机

4）无人作战飞机

X-47B 无人作战飞机是由诺斯罗普·格鲁曼公司为美国海军开发研制一型试验验证机（图 2.10），采用飞翼式布局，采用涡喷发动机推进，为高亚音速飞行器，现已经完成自主着舰和空中加油试验。其飞行高度 12000m，满载起飞质量 15890kg，有效任务载荷 1800kg，不进行空中加油的最大航程接近 6500km，具有更大载荷和较小的雷达散射特征，主要执行攻击、电子攻击和压制/摧毁敌防空设施任务，可搭载任务载荷深入敌纵深执行任务。

图 2.10 X-47B 无人作战飞机

5）空天无人机

X-37B 是由美国波音公司研制的可重复使用的空天无人机（图 2.11），由火箭发射进入太空，能在地球卫星轨道上飞行，结束任务后还能自动返回地面，被认为是未来太空战斗机的雏形。

由于 X-37B 最高速度能达到 25 倍音速以上，且具有强大的机动性以及变轨能力，常规军用雷达技术无法捕捉，能够做到对全球任何目标实施“一小时打击”，既可用于洲际轰炸和战略侦察，又可作为航天运载工具或太空兵器。其主要任务有运输、发射小卫星、攻击敌国卫星、打击地面目标、快速投送兵力等。

图 2.11　X-37B 空天无人机

2. 国外民用无人机的现状

在过去的 20 年间，世界各国都在积极拓展民用无人机的应用范围，在电力及石油管线巡查、应急通信、气象监视、农林作业、海洋水文监测、矿产勘探等领域应用无人机的技术效果和经济效益都非常看好。此外，无人机在灾害评估、生化探测及污染采样、遥感测绘、缉毒缉私、边境巡逻、治安反恐、野生动物保护等方面也有着良好的应用前景。以美国、俄罗斯、欧洲、日本等发达国家为例，介绍无人机在这些国家的应用现状。

1）美国民用无人机应用现状

美国已将无人机越来越多地运用在各行各业。美国国家航空航天局（NASA）成立了一个无人机应用中心，专门开展无人机的各种民用研究。它同美国海洋与大气管理局（NOAA）合作，利用无人机进行天气预报、地球变暖和冰川消融等科学研究，并且用来勘察森林火灾情况，协助救火指挥官部署消防力量。

美国国家航天航空局利用改进全球鹰无人机起飞升空对飓风“纳丁”进行长时间监测，利用高空长时间的无人机监测来收集数据，从而对热带风暴强度的演化过程开展研究，如图 2.12 所示。此外，无人机在美国被广泛地用于土地管理、农田植被数据监测和野生动物监测等领域。在商业领域，美国是目前世界上航拍公司最多的国家；另外，利用无人直升机航拍进行商业广告制作，电影场景航拍等技术也都走在世界的前列。

2）俄罗斯民用无人机应用现状

2001 年的莫斯科航空航天博览会上展出了俄罗斯的无人机系统——格兰特，由俄罗斯名为“21 世纪新人”的科研生产设计中心研发。格兰特无人机系统可执行环境监视，森林防护，输油管、仓库和道路的状态监视，火灾和水灾破坏区的确定，地震等自然灾害后果调查。

A-03 Nart 是由俄罗斯 Antigrad Air 公司研发的多用途无人机，可执行如灾难性自然天气事件的预防，在干旱地区人工降雨，监控道路、水面和陆地表面、天气和环境条件等任务。

俄罗斯联邦测绘局大量利用无人机航拍技术来完成俄罗斯国家地图和地图集；2009 年俄罗斯科学家利用无人机航拍的照片对贝加尔湖地区进行科研考察研究。当前，无人机航拍技术也加入到森

图 2.12　美国国家海洋和大气管理局使用无人机追踪飓风

林防火、海上搜救和极地考察等方面。

3）欧洲民用无人机应用现状

欧洲在民用无人机方面雄心勃勃，决心要赶超美国，力争占领民用无人机发展的中心舞台。2006 年制定并多方集资付诸实施“民用无人机发展路线图”，首期跨度为 6 年，并计划成立一个泛欧民用无人机协调组织，主要职责是进行市场评估、技术监视、空域管制、适航安全、标准制定、通用接口、成本控制等方面的试验研究。

德国邮政敦豪集团（DeutschePost，DHL）也在测试使用无人机将快件投递上门。巡线维护工作现代化的重要性越来越得到电力专家的重视，最早利用无人直升机巡线的是英国威尔士大学和英国 EA 电力咨询公司。此外，英国的航拍技术广泛应用于商业广告、旅游业、新闻媒体等各个方面。

4）日本民用无人机应用现状

世界上第一台农用无人机出现在 1987 年，Yamaha 公司受日本农业部委托，生产出 20kg 级喷药无人机“R-50”（图 2.13），经过近 20 多年的发展，目前日本拥有 2346 架已注册农用无人直升机，操作人员 14163 人，成为世界上农用无人机喷药第一大国。

图 2.13　Yamaha RMAX 农用无人机

2.1.5 国内无人机现状

我国于20世纪50年代后期才开始无人机研制，60年代初研制和生产了低速遥控靶机，70年代研制成功“长虹”无人机，80年代发展成功“长空1号”系列无人机。进入21世纪后，国内无人机发展呈现井喷态势，军用和民用无人机都得到了飞速发展，近年来更是引领了消费无人机的发展潮流。下面从军用无人机、民用无人机、消费无人机三个方面来介绍当前国内无人机的发展现状。

1. 国内军用无人机的现状

随着军事需求的牵引和无人机技术的发展，我国也紧跟国际前沿大力开展军用无人机的研发和应用。鉴于保密原因，下面以“长空”靶机、“长虹”无人机、“彩虹”系列无人机等几种公开报道的机型和参加抗战阅兵无人机为例介绍当前国内军用无人机的发展现状。

1）“长空1号”无人机

“长空1号”无人机是一种采用涡轮喷气发动机为动力装置的靶机。20世纪60年代，由于苏联援助的取消、专家的撤离，空军试验用的拉-17无人靶机严重缺乏，国家下决心研制自己的无人靶机，从而促生了“长空1号”（图2.14）。

图2.14 长空1号靶机

“长空1号”推重比较大，是一款高空高速靶机，主要用于导弹打靶或防空部队训练，具有多种改进型：CK-1为基本型中高空靶机；CK-1A为取样机，用于核武器试验的取样工作；CK-1B为低空靶机，供低空防空武器系统鉴定用；CK-1C为高机动型，具有高机动盘旋能力，供空对空导弹和歼击机鉴定试验用；CK-1E为超低空型靶机，用于模拟20世纪80年代起威胁越来越大的超低空武器。

2）“长虹”无人机

“长虹”无人机由北京航空航天大学1969年开始研制的一款高空发射的多用途无人机，1972年首飞，1980年完成定型。该无人机采用大展弦比后掠中单翼，一台涡喷发动机置于机身中前段下方，采用载机投放的发射方式；在到达回收区域时，该机将展开降落伞由直升机使用中空回收系统（MARS）进行回收。该机可用于军事侦察、高空摄影、靶机等军事用途，也可用于地球勘探、大气采样等科学研究。“长虹”无人机实用升限17500m，最大航程2500km，最大续航时间3h。图2.15为航空博物馆展出的“长虹”无人机。

图2.15 “长虹”无人机

3）ASN-206无人机

ASN-206为多用途无人驾驶飞机，是西北工业大学研制的ASN系列无人机中的经典产品，1994年12月完成研制工作。该机是一种配套完整、功能齐全、性能先进、适合野外条件使用的无人机。该无人机采用后推式双尾撑结构形式，装有1台HS-700型四缸二冲程活塞式发动机，巡航时间为4～8h，航程150km。ASN-206的侦察监视设备包括垂直相机和全景相机、红外探测设备、电视摄像机，定位校射设备等。该型无人机可以用于昼夜空中侦察、战场侦察、目标定位、炮火定位、边境巡逻、核辐射取样、空中摄影和探矿以及电子战等。图2.16为2009年国庆阅兵无人机方阵中的ASN-206无人机。

图2.16 ASN-206无人机

4）“攻击-1”无人机

“攻击-1”无人机是中国空军装备的一型察打一体无人机。该型无人机采用单发、大展弦比、平直翼、V型尾翼气动布局设计，配备光电侦察监视设备和多型武器，目前已形成战斗力，可担负低威胁环境下战场重点区域持久侦察、监视和攻击、毁伤效能评估等任务，是中国空军一款重要的武器装备。图2.17为珠海航展上的“攻击-1”无人机。

图 2.17 珠海航展上的“攻击-1”无人机

5）“彩虹-3”无人机

“彩虹-3”无人机是由中国航天科技集团公司十一院自主研发的中程无人机（图 2.18）。该无人机装有照相、摄像设备，SAR 雷达，通信设备，拥有 4 个武器挂架，可以在最外侧两个挂架上各携带一枚轻型精确制导炸弹。除了常规侦查以外，可以对地面固定和低移动目标精确打击，也可执行要地巡逻、对犯罪分子进行跟踪监视等任务。“彩虹-3”无人机最大任务载荷 180kg，最大续航时间 16h。

图 2.18 “彩虹-3”无人机

6）“彩虹-4”无人机

“彩虹-4”无人机是在“彩虹-3”基础上根据国内外客户需求而研发的一款新型无人机产品。作为多用途的中空长航时无人机系统，“彩虹-4”无人机有效任务载荷 345kg，最大航程 5000km，最大续航时间 40h。该型无人机通视条件下控制半径 250km，通过卫星数据链则可达到 2000km。图 2.19 为珠海航展上展出的“彩虹-4”无人机。

图 2. 19　珠海航展上的“彩虹-4”无人机

7）BZK-005 无人机

BZK-005 型无人机（图 2. 20）是哈飞与北航联合设计的一种具有隐身能力的中高空远程无人侦察机系统飞行器。该机采用螺旋桨推进式布局，机身为以骨架承力为主的薄壁式结构。从百度百科的数据看，BZK-005 型无人机最大升限 8000m，巡航速度 150～180km/h，续航时间 40h，最大搭载质量 150kg，可以携带一个大型的光电吊舱，包括昼夜电视摄像机、红外摄像机等。

2013 年 9 月 9 日，日本防卫省表示疑似是中国军方的 BZK-005 远程侦察无人机进入日方所谓“东海上空的日本防空识别区”，中方回应称是年度计划安排，符合相关国际法和国际实践。

图 2. 20　抗战阅兵上的 BZK-005 无人机

8）“利剑”无人机

“利剑”隐身无人攻击机（图 2. 21）是由中航工业沈阳飞机设计研究所主持设计，中航工业洪都公司制造。该项目于 2009 年启动，2013 年 11 月 21 日“利剑”隐身无人攻击机在西南某试飞中心成功完成首飞。

“利剑”无人机采用翼身融合的飞翼布局，雷达反射信号特征非常低，具备良好的隐形能力及战场生存能力，从而可以对敌后纵深高价值地面目标进行精确打击。有国外媒体评论，“利剑”无人机的成功试飞标志着中国成为新一个展示喷气动力、低雷达特征的无人作战飞机的重要航空航天强国。

图2.21 “利剑”无人机

2. 国内民用无人机的应用

进入21世纪后，我国无人机发展呈现井喷态势，除航空、航天所属的厂所和高校外，众多民营企业纷纷加入到研发行列，民用无人机的研发和应用可谓是如火如荼，无人机遥感、消费娱乐等领域的应用已经走在了世界前列。下面以遥感技术应用、农田喷洒应用、交通运输应用等为例，介绍当前国内民用无人机的应用现状。

1）无人机遥感技术的应用

我国多部门从20世纪90年代开始着手研究民用无人机遥感，比如中国测绘科学研究院，在1994年完成无人机遥感系统关键技术研究与验证试验，同时研制出无人机遥感检测系统；相继国内多家公司与科研单位开始对无人机低空遥感进行研究与应用，从此无人机遥感的研究逐渐壮大。

2003年，贵州航空集团与北京大学联合研制多用途无人机遥感系统，利用无人机进行了多次航空遥感、气象、探矿、灾害监测、边境、海关巡查等研究性试飞，专为民用研制的“黔中1”无人机于2008年8月顺利实现首飞，并参加了珠海航展。青岛海洋局还开发了名为“天骄”的小型无人机遥感系统。天津航天科工集团三院研发了一型名为“刀锋”的民用无人机。2009年5月，中国科学院沈阳自动化研究所披露已研制成一种称为空中机器人的民用无人机。沈阳航天中测科技有限公司于2006年9月启动，经过3年的研制和工程应用，开发了低空无人机测绘遥感系统，形成了“垂直尾”“倒V尾”“双发”三种型号的系列无人机测绘遥感系统产品，完成了我国西部1∶5万无图区10个县城区域的无人机数码航摄任务。

国内无人机遥感也在逐步地应用到各行各业中，在对抗自然灾害方面充分发挥了自己的特点，从而在灾后的灾情评估方面发挥了重要作用。在近些年的汶川、玉树、雅安地震、舟曲泥石流以及云南鲁甸地震等重大自然灾难中，无人机已经成为了一支独特的应急监测和救援队伍。除此之外，在电力、通信、气象、农林、海洋、勘探等领域，各省市也都有应用或尝试。

2）无人机在农田喷洒方面的应用

当前我国拥有农用有人驾驶固定翼喷洒飞机140余架、直升机60余架，主要对森林、农垦区进行大规模的农田喷洒作业，但仍有较多地区不适合使用大型有人喷洒飞机，因此无人机喷洒成了一个新兴的农用设备产业。虽然农业用喷洒无人机在我国仍处于刚刚起步的阶段，但喷洒无人机的应用将成为近年来发展最快的一个新兴领域。

3）无人机在交通运输方面的应用

作为国内最具创新精神的快递公司，顺丰也开始测试无人机配送。顺丰相关负责人表示，“无人机”由顺丰自主研发，采用八旋翼，内置导航系统，工作人员预先设置目的地和路线，“无人机”将自动到达目的地，误差在2m以内。顺丰的无人机配送主要针对偏远地区的网点之间配送，以减少人力、运力成本。

另外，一些科研院所也在进行相关的研究。其中来自哈尔滨工业大学的大学生创业团队研发的无人机配送项目“Linkall”，就提出了一整套配送服务方案，试图用技术来弥补配送过程中的各种问题。

民用无人机市场在世界各国都还处于初始阶段，这对中国来说是一个很好的机会，廉价的生产成本也是我国有众多厂家看重无人机市场前景的一个重要原因。除了一些科研院所外，一些民营企业也看好无人机的商业前景，争相开始研制无人机，在全国范围内就有上百家单位在生产自己的无人机，相信以人为本的现在和未来，会有更多更完善的无人机在各个领域发挥作用。

2.1.6 消费类无人机的兴起

消费类无人机一般采用成本较低的多旋翼平台，主要用于航拍、游戏等休闲用途。国内消费级无人机市场的爆发在 2012 年左右。在此之前，无人机主要应用于工业级领域，消费级市场主要是针对一些航模爱好者、发烧友等。消费级市场出现向上爆发性增长的拐点为 2011 年深圳市大疆创新科技有限公司将多旋翼无人机飞行平台和多旋翼飞控推向消费级市场，而 2013 年大疆一体化的整机 Phantom Vision 的面世，更是将航拍推向普通大众。

大疆 DJI 无人机被广泛运用于大众航拍以及一些热播影视节目的航拍，并且很受专业及业余级摄影师们的喜欢。其产品线涵盖中端价位的“精灵”（Phantom）系列以及高端市场的“悟”（Inspire）系列。

2015 年全球无人机市场迎来广泛关注，消费级无人机市场更是引人注目。除大疆创新外，国内零度智控、亿航科技也开始进军消费级无人机，互联网巨头小米、腾讯也通过收购团队切入这一市场。国外有 3DRobotics、Parrot 在做无人机，POV 相机巨头 GoPro 也将在 2015 年晚些时候推出配备高清摄像头的四旋翼。另外，还有很多尚未出名的小团队也在开发消费级无人机。因此，整个市场呈现出一片火热的状态。

2.2 轻小型无人机布局及其特点

本节重点介绍固定翼、旋翼类、非常规布局轻小型无人机及微型无人机的概念和特点，以及典型轻小型无人机的性能。其中，固定翼无人机包含正常式布局、鸭式布局和飞翼布局；旋翼类布局无人机包括单旋翼带尾桨无人机、共轴双旋翼无尾桨无人机和带尾桨无人机及多旋翼无人机；非常规布局无人机包括鸭式旋翼/机翼（CRW）无人机和倾转旋翼无人机；微型无人机包括固定翼无人机、旋翼无人机和扑翼无人机等。

2.2.1 固定翼轻小型无人机

固定翼无人机经过不断地创新和发展，已有很多种布局形式。根据机翼和尾翼的相对位置，可分为正常式布局（后置平尾）、鸭式布局、无尾布局、三翼面布局、连接翼布局及飞翼布局等。正常式布局具有良好的大迎角特性和中、低空机动性，其缺点是在配平状态尾翼会带来升力损失；鸭式布局具有高机动性能，其缺点在于鸭翼位置与主翼的配置较难，大迎角时飞机上仰力矩大；无尾布局由于没有前翼和尾翼，跨、超声速时阻力小，结构简单，质量较轻，缺点是纵向操纵及配平仅靠机翼后缘的升降舵实现，尾力臂较短，操纵效率低，配平阻力大；三翼面布局是在正常式布局的基础上增加了前翼，因此它综合了正常式和鸭式布局的优点，其缺点是因增加了前翼而使零升阻力和重量增加。

1. 正常式布局

多数轻小型无人机的布局形式为正常式布局，即飞机的水平尾翼和垂直尾翼均在机翼后面的飞机尾部，机翼是产生升力的主要部件。这种无人机在飞行时，靠动力装置产生前进的推力或者拉力，产生升力的主翼面相对于机身固定不变。

中测新图（北京）遥感技术有限公司研发的ZC-7型正常式布局无人机（图2.22），最大任务载荷5kg，巡航速度30m/s，最大升限4000m，续航时间2h，抗风能力12m/s；该公司研发的HD-2型无人机最大升限5000m，续航速度110km/h，续航时间16h，任务半径可达750km。

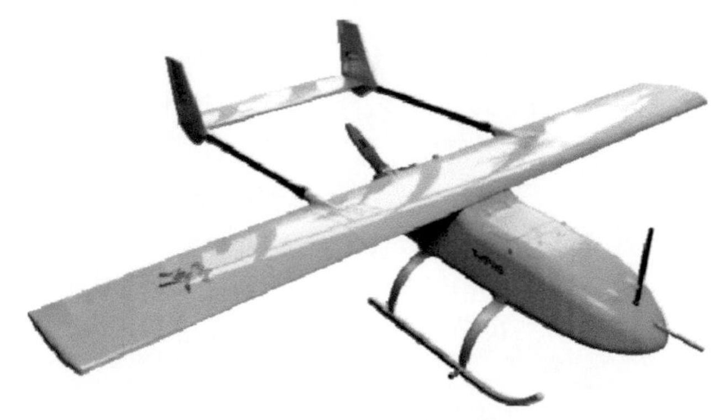

图2.22　ZC-7型无人机

2. 鸭式布局

鸭式布局也是无人机（图2.23）常选用的一种布局形式，其优点为前翼不会受到翼身组合体的阻滞作用和下洗作用干扰，操纵效率较高；前翼、主翼产生的都是正升力，全机升阻比大，因而具有良好的续航性能和起飞着陆性能。

图2.23　法国“雀鹰”B无人机

3. 飞翼布局

飞翼布局具有升阻比大、气动效率高、载荷分布均匀、结构效率高、有效载荷量大、隐身性能好等突出的优点。飞翼布局全机没有平尾、垂尾、鸭翼等安定面，甚至没有明显的机身，其结构效率较高，可以实现更大的载油量和更大的起飞质量，这意味着飞翼布局的航程和航时必然比常规布局的大。但是采用这种布局，飞机势必会失去原来常规飞机中由平尾和垂尾所提供的气动力和气动力矩，所以无尾飞翼布局的飞行品质相对较差，特别是没有对航向稳定起决定性作用的垂尾，航向稳定性导数接近于零，因此部分飞翼布局无人机增加了垂直尾翼或翼尖小翼，用以增加航向稳定性和操纵性。

天津全华时代航天科技发展有限公司研发的飞翼式布局蝠鲼无人机，最大起飞质量 12kg，最大有效载荷 3.5kg，巡航速度 100km/h，续航时间 4h，采用车载起飞，伞加气囊回收。图 2.24 为蝠鲼无人机的车载起飞。

图 2.24　蝠鲼无人机

2.2.2　无人直升机

作为无人机家族中的重要成员，无人直升机具有垂直起降、悬停、低空低速过场等飞行能力，可以在复杂地形进行起降而不需跑道，这些优势使其能够顺利完成许多常规固定翼飞行器所不易完成的任务。

根据平衡直升机主旋翼反扭矩的方式不同，无人直升机的典型布局有单旋翼带尾桨式、共轴双旋翼式、共轴双旋翼带尾桨式等。

1. 单旋翼带尾桨式直升机特点及发展情况

单旋翼带尾桨式结构技术成熟、维修方便，可充分借鉴有人驾驶直升机的经验。单旋翼带尾桨式结构型的无人直升机通过主旋翼产生飞行升力并操纵直升机俯仰和滚转运动，由尾桨升力产生偏航力矩来平衡旋翼反扭矩而实现航向操纵。

在国内，青岛宏百川公司 5-A-01 伞降无人直升机（图 2.25）装配 2 台涡轮轴发动机，飞行高度可达 7000m，最大起飞质量 80kg，续航时间可达 1.5h。该机使用独特设计的“降落伞应急故障安全系统”，遇到突发事件时可有效实现无人机伞降。

北京航景创新科技有限公司研发的 FWH-160 型无人直升（图 2.26）机配装 190CC 汽油发动机，实用升限 3000m，最大起飞质量 55kg，任务载荷 25kg，续航时间 2h，抗风能力达到 5 级。

图 2.25　青岛宏百川公司 5-A-01
伞降无人直升机

图 2.26　北京航景创新科技有限公司
FWH-160 型无人直升机

当然，单旋翼带尾桨式直升机也有缺点，主要表现为尾桨上，尾桨不产生升力，只产生一定的推力或拉力去平衡旋翼的反扭矩并用于改变飞行方向，结果会浪费许多功率能量。此外，尾桨在旋翼和机身尾涡的不良气动环境里工作，降低了其气动效率以及增大了尾桨载荷和振动。暴露在外的尾桨桨叶不利于飞行安全和地面安全，在起飞、着陆和近地飞行时容易与障碍物相撞而引起直升机事故。

2. 共轴式直升机特点及发展情况

与常规单旋翼带尾桨布局相比，共轴式无人直升机由于取消了尾桨，使得其纵向尺寸仅为常规布局的 60%；在气动特性方面，两副旋翼全部用来提供升力，使得悬停效率提高，空气动力分布也比较对称，旋翼直径相对较小；而在操稳特性方面，由于纵、横向操纵力臂较长，且各轴转动惯量明显减小，使得其纵、横及航向操纵能力均得到提升。无尾桨设计避免了其受到附加的侧力及俯仰力矩影响，一定程度上简化了操纵过程。以上优点使得共轴式直升机具有较好的发展优势，近几年迅速发展起来的微型直升机中，共轴式布局也是相当受欢迎的一类。

我国在共轴式直升机的研制方面取得了一系列显著的成果。北京航空航天大学（简称北航）自 20 世纪 80 年代以来，先后研制了多款有人及无人共轴式直升机，如 1995 年首飞的我国首架自行设计的共轴式无人直升机“海鸥”（图 2.27）以及目前已在某些领域得到应用的 FH-1 型小型共轴式直升机等。

图 2.27　北航研制的“海鸥”共轴式无人直升机

北京中航智科技有限公司研发的 TD 系列共轴无人直升机（图 2.28），有效任务载荷 30～100kg，续航时间 1.5～5h，是国内目前发展较好的系列共轴无人直升机。

图 2.28　中航智公司 TD220 共轴无人直升机

还有其他形式，如共轴双旋翼带尾桨式无人直升机，与单旋翼带尾桨布局无人直升机相比，共轴双旋翼带尾桨式飞行惯性小，自身稳定性好，安全性高；同级别的动力有效载荷更大；共轴双旋翼相互平衡扭转力矩，因而降低了尾桨操作和结构强度要求。与共轴双旋翼无人直升机相比，共轴双旋翼带尾桨式能完成与单桨无人直升机同样的机动飞行。目前，国内共轴双旋翼带尾桨式无人直升机正处在研发阶段，已经取得了重大突破。

沈阳通飞航空科技有限公司研发的共轴双旋翼带尾桨式无人直升机（图 2.29），最大起飞质量 25kg，任务载荷 5～10kg，巡航速度 40～60kg/h，最大平飞速度 80kg/h，最大飞行高度 1800m，续航时间 1h。

图 2.29　沈阳通飞航空科技有限公司共轴双旋翼带尾桨式无人直升机

尽管共轴式直升机的发展已取得不少成果，但无论是结构设计、旋翼气动建模，还是动力学特性分析、控制设计，仍存在许多问题亟待解决。在无人直升机自主飞行领域，相比在常规单旋翼布局、四旋翼布局等机型上所取得的丰硕成果及经验积累，对于共轴式布局的研究还有待进一步深入。

上篇

2.2.3 多旋翼无人机

以四旋翼无人机为代表的多旋翼无人机在布局上属于非共轴式碟形旋翼飞行器，多个旋翼对称分布。与传统的单旋翼飞行器相比，多旋翼飞行器由于取消尾桨，不仅可以更加节能，而且减少了飞行器的体积；四旋翼飞行器通过调节四个旋翼的转速来调节飞行器姿态，无需单旋翼直升机的倾角调节装置，在机械设计上更加简单；多个旋翼共同提供升力，桨叶可以做得更小，易于小型化。因此，多旋翼无人机具有广泛的应用前景和研究价值。

1. 四旋翼无人机的发展和应用

四旋翼无人机的四个旋翼呈现十字交叉结构，四个旋翼由四个电机控制，分别位于十字支架的四个顶端，前端旋翼和后端旋翼沿着逆时针旋转，左端旋翼和右端旋翼沿着顺时针旋转，以平衡旋翼旋转时产生的反扭力矩。通过改变每个电机的转速来实现飞行器的垂直起降、悬停、俯仰、偏航等姿态和运动状态的控制，见图 2.30。

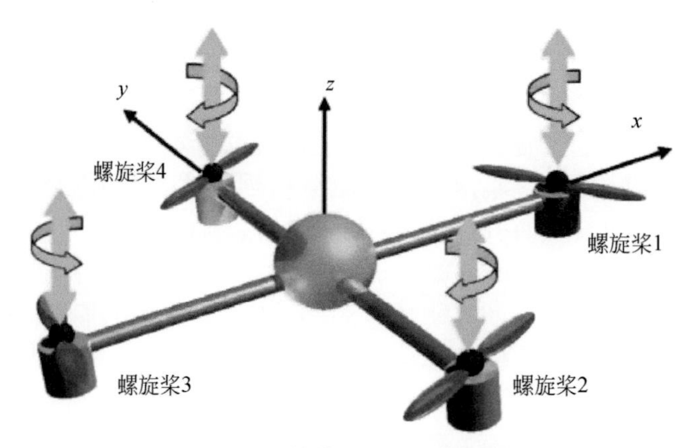

图 2.30　四旋翼无人机工作示意图

与常规的旋翼式飞行器相比，四旋翼无人机的结构简单、成本低廉，可应用领域广泛，主要体现在：①旋翼尺寸小，且不需要专门的反扭矩桨，飞行安全性高，特别适合在近地面环境（如室内、隧道等）中执行监视任务，可以对细小环节进行侦察；②结构紧凑，动力装置效率高，有效载荷大，可作为高清摄像机等设备的搭载平台；③结构对称，制造和控制简单，拆卸方便，易于维护，成本低，安全性好。

1921 年，George de Bothezat 为美国陆军航空勤务部设计并制造了一架实验型四旋翼无人机，并进行多次试飞，但由于该飞行器结构和控制非常复杂，需要飞行员做许多工作，仍无法很好地控制其稳定飞行。由于飞行控制技术和传感器技术发展还无法达到四旋翼无人机的控制要求，单纯依靠人工控制实现稳定飞行几乎不可能实现，所以后来的几十年里，四旋翼载人飞行器发展几乎都陷入停滞。

进入 21 世纪之后，随着电子技术的发展，微处理器的广泛应用以及控制理论的逐渐成熟，使得原本只存在于概念与试验阶段的四旋翼直升机有了实际应用的可能，四旋翼无人机成为研究热点之一，并广泛应用于军事、商业和工业领域。其中应用比较成熟的大多是遥控航模四旋翼飞行器，如 Draganflyer 系列、Xaircraft 系列等。

Draganflyer X4 是美国 Draganfly Innovation 公司设计的一种超级遥控摄像无人飞机，拥有良好的稳定性，可用于测量、工业测绘、军事侦察、空中摄影等；机载高性能处理器可以运行数千行代码、接收传感器的输出信息并加以处理。操作者可以使用手持遥控器控制飞行方向、速度大小，调整飞行高度，也可以自动平衡、定点悬浮等。

麻省理工大学针对多机协同飞行、动态连续执行任务等问题设立了无人机集群健康管理计划（UAV SHMP）。该计划由一台地面无人车和多架四旋翼无人机组成，通过地面基站对四旋翼无人机进行控制，已实现了四旋翼无人机的编队飞行，见图2.31。

图2.31 麻省理工大学四旋翼无人机多机编队飞行

斯坦福大学的四旋翼无人机Mesicopter是目前微型四旋翼无人机的代表型号之一。该无人机为正方形边框机架，边长仅为16mm，目前该机已在支架上完成飞行试验，终极目标是实现微型四旋翼无人机的自主飞行和编队飞行，见图2.32。

图2.32 Mesicopter微型四旋翼无人机

国际空中机器人竞赛（IARC）的举办进一步推动了四旋翼飞行器的发展，从最初的遥控飞行演变为如今的自主飞行、目标识别和多机器人协同等复杂任务，空中机器人的科技含量和技术水准已经达到了非常高的水平。麻省理工学院的Abraham等组成的队伍借助德国Ascending Technologies公司生产的四旋翼无人机，成功完成了IARC的第五代任务，即不依靠GPS进入建筑物内部，穿过复杂的室内环境，搜索指定目标，并将图像返回建筑物外的监控站，这把无人机的室内导航、总体设计、飞行控制和系统集成等技术推进到一个更高水平。

在国内，许多高校也对四旋翼无人机进行了研究，并取得大量成果。浙江大学的四旋翼无人机实现了人的意念控制，为四旋翼无人机成为残疾人的辅助工具迈出了重要一步，拓展了四旋翼无人机的应用方向。

目前占据全球民用小型消费无人机约70%市场份额的深圳大疆公司，针对大众用户开发了到手即飞的“精灵”（Phantom）系列和“悟”（Inspire）系列四旋翼无人机，针对专业用户开发了八旋翼“筋斗云”系列和六旋翼“风火轮”系列无人机，并开发了DJI SDK平台，用户可根据自身需求，运用此开发工具对大疆精灵实现个性化定制，从而使航拍能在各个领域发挥作用，见图2.33。

深圳一电航空技术有限公司开发了F50和F100集成式多旋翼无人机，其中F50型最大巡航速

图 2. 33　大疆精灵 3 四旋翼无人机

度 80km/h，最大飞行高度 7000m，最大续航时间 60min，可抗 6 级风；F100 型最大巡航速度则提高到 100km/h，是国内飞行性能较好的四旋翼无人机平台，见图 2. 34。

图 2. 34　F100 四旋翼无人机

2. 混合动力多旋翼无人机

2015 年年初，Draper 实验室和 MIT 的研究人员成立的 Top Flight 公司研制出了一种六旋翼混合动力无人机。只需要 1 加仑汽油便可以飞行 2. 5h、约 160km 的距离，载荷达 20 磅，这一飞行时间是相同载荷小型无人直升机的 2 倍，比目前市场上最流行的四旋翼无人机多出数倍。图 2. 35 为互联网转载的试验用六旋翼无人机。

图 2. 35　互联网转载的试验用六旋翼无人机

该型无人机使用一种比较简单的混合动力引擎——串联式油电混合系统，配有功率为 5000W 的混合动力引擎，由 16000mA 的锂聚电池和 3 加仑的油箱提供动力。汽油引擎和旋翼之间没有机械连接，而是由汽油发电机为电池充电、电池再发动电力引擎。动力可来自电池、汽油发电机或者由两者同时提供，比单一的汽油引擎更小型、更高效。

2.2.4 复合式布局无人机

复合式布局无人机由基本布局类型组合而成，典型的布局形式有鸭式旋翼/机翼（CRW）无人机、倾转旋翼无人机等，其将直升机的垂直起降、悬停等灵活性、固定翼飞机的快速性和航程远等特点结合在了一起。

1. 鸭式旋翼/机翼（CRW）无人机

鸭式旋翼/机翼无人机将直升机的垂直起降能力和固定翼飞机良好的巡航能力结合在一起，其机翼既能够像直升机的旋翼一样旋转，又能够在飞行中锁定成固定翼的作用，将它用作机翼来实现高速前飞，而鸭翼和尾翼既可提供额外的升力又可作为操纵面。我国西工大研制的“灵龙”无人机首次实现了该型布局无人机的自主控制飞行。图 2.36 为西工大“灵龙”无人机在 2011 年首届中航工业杯无人机赛上的飞行展示。

图 2.36　西工大“灵龙”鸭式旋翼/机翼无人机

2. 倾斜旋转翼无人机

倾转旋翼无人机兼具直升机的灵活性和固定翼飞机的快速性、航程远等特点，可以悬停和采用固定翼模式飞行，它将两个带发动机舱的旋翼安装在机翼两侧翼尖部位，通过倾转旋翼作用方向，使其在起降阶段起类似直升机桨叶的作用，产生升力；而在飞行阶段起螺旋桨作用，产生动力，带动无人机前飞，升力仍由机翼产生。例如，美国贝尔直升机公司为海岸警卫队设计的“鹰眼”倾转旋翼无人机（图 2.37），作为其“深水”计划中用于巡逻艇的无人机。该机机长 5.18m，翼展 4.63m，总重 1293kg，续航时间 5.5h。

图 2.37 “鹰眼”倾转旋翼无人机

2.2.5 微型无人机

微型无人机的突出特点是体积小、质量轻、成本低、机动灵活以及携带方便，在地面复杂环境中能绕过障碍实施侦察或通信，可利用有利的地形地貌快速高效地完成通信中继、环境研究、自然灾害监视和救援、地面勘测等任务。微型飞行器按构造类型可分成固定翼机型、旋翼机型和扑翼机型。

1. 固定翼机型

固定翼机型类似于一般的螺旋桨飞机，其飞行原理类似普通固定翼飞机，因其气动力雷诺数小，技术实现上有自身特点，代表机型有美国的“大黄蜂”微型无人机等，见图 2.38。

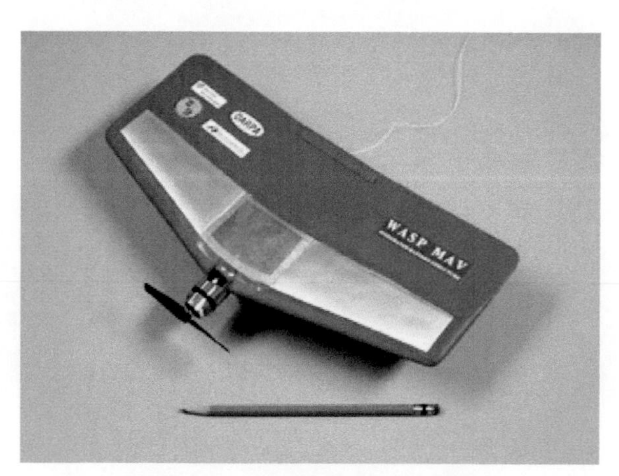

图 2.38 “大黄蜂”微型无人机

2. 旋翼机型

与固定翼微型飞行器相比，旋翼微型飞行器最大优点是能够垂直起降和悬停，因此比较适宜在室内等狭小空间或较复杂地形环境中使用。旋翼微型飞行器是在改变旋翼拉力和本身重力关系的基础上实现升降、悬空与飞行的。为了抵消单旋翼产生的扭矩，多采用双旋翼、多旋翼布局，主要机型有法国的 Hover eye 和德国的 MD4-200 等，见图 2.39。

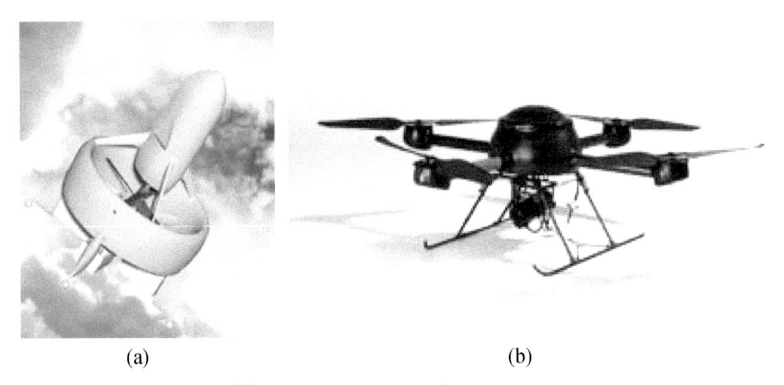

(a) (b)

图 2.39 Hover eye 和 MD4-200

3. 扑翼机型

扑翼机型是一种仿生物飞行方式的微型飞行器，其升力和推力是由扑翼的上下扑动产生的，并能像鸟一样实现各种姿态的飞行。这种类型无人机的优点是在低速低空飞行时效率较高，具有很强的机动性，能够在空中悬停，适合于小型和微型的无人机，主要机型有美国的“微型蝙蝠”（Micro Bat）、“昆虫飞行器”（Entomopter）等，见图 2.40。

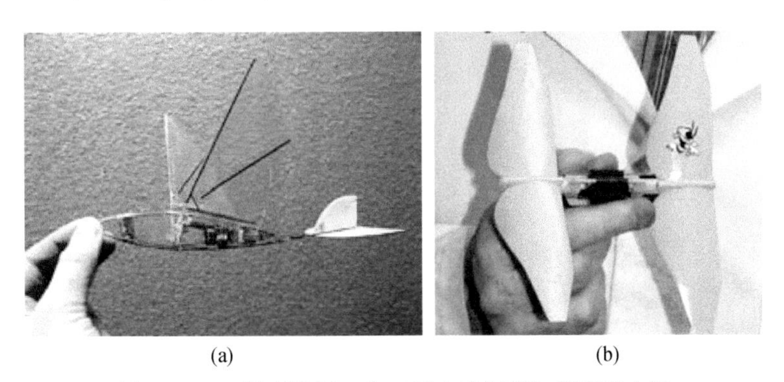

(a) (b)

图 2.40 “微型蝙蝠”和“昆虫飞行器”微型无人机

2.3 无人机动力装置

动力装置为无人机提供满足飞行速度、高度要求的推力或电力输出，是无人机实现飞行的基础。本节从小型活塞式发动机、微型涡轮发动机和电池动力三个方面，对适用于轻小型无人机的动力装置进行了介绍。

2.3.1 活塞式发动机

活塞式航空发动机是一种以燃油为燃料、将热能转变成机械能的内燃机，必须带动螺旋桨等推进器才能为无人机提供动力。活塞航空发动机的一个循环包括进气、压缩、燃烧、膨胀和排气五个过程，根据活塞运动形式分为往复式活塞发动机和旋转活塞发动机。

1. 往复式活塞发动机

日常生活中使用的汽车、摩托车发动机均属于往复式活塞发动机，其工作的五个过程可以在两个或四个行程内完成，分别称为两冲程发动机或四冲程发动机，且大多安装有增压器，使空气进入汽缸以前先经过增压器增压，增加进入汽缸的空气量。图 2. 41 为航模用小型往复式活塞发动机，图 2. 42 是往复式活塞发动机的四个行程示意图。

图 2. 41　航模用小型往复式活塞发动机

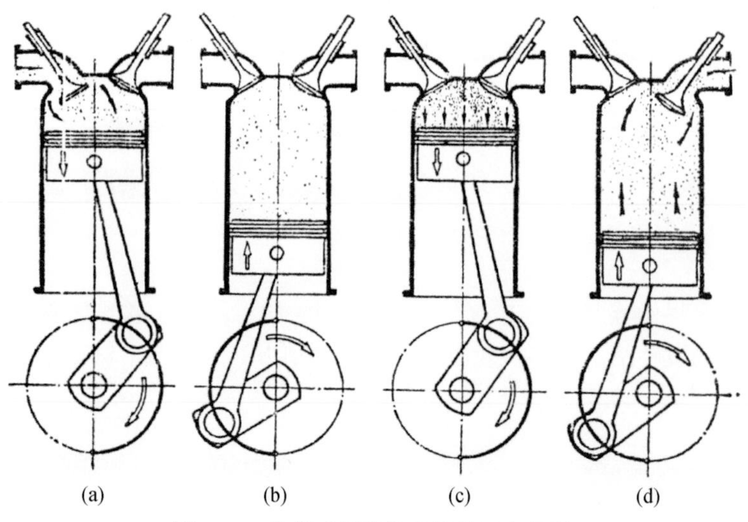

图 2. 42　往复式活塞发动机的四个行程

往复式活塞发动机的主要优点是效率高、耗油低，在无人机上得到广泛应用。小型二冲程发动机体积小、质量轻、结构简单、使用维护方便，能满足一般小型低空短航时无人机的要求。但由于二冲程发动机缸数和冷却的限制，进一步提高功率有很大困难，而且二冲程活塞式发动机耗油率较高、废气涡轮增压系统难以实现，无法满足中高空长航时无人机的要求。相比之下，四冲程发动机具有较大的功率、较低的耗油率、优良的高空性能和较高的可靠性。

目前，国内大部分轻小型无人机采用的小型往复式活塞发动机为德国 3W 系列和中国 DLE 系列，其中，由弥勒浩翔科技有限公司生产的 DLE 系列活塞发动机，其凭借优异的性能得到国内外用户的广泛好评，是目前唯一进入国际赛事的中国造发动机。

2. 旋转活塞发动机

旋转活塞发动机又称作转子发动机，与往复式活塞发动机工作原理相同，都是依靠空气燃料混合气燃烧产生的膨胀压力以获得转动力，但旋转活塞发动机采用三角转子的偏心旋转运动来控制压缩和排放，而不需要曲柄连杆机构，通过气口换气而不需要复杂的气阀配气机构，因此旋转活塞发动机的结构大为简化，而且明显地具有质量轻、体积小、比功率高、零件小、制造成本低、运转平衡、高速性能良好等优点。图 2.43 为旋转活塞发动机结构图，图 2.44 是往复式活塞发动机与旋转活塞发动机工作行程对比示意图。

图 2.43　旋转活塞发动机

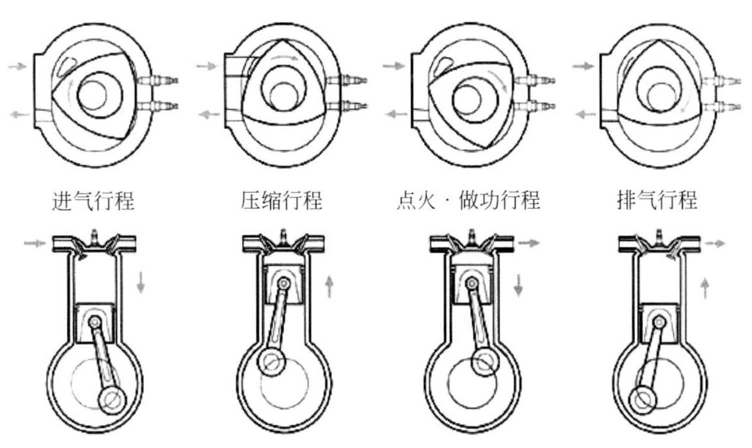

图 2.44　两型活塞发动机工作行程对比示意图

在国外，20 世纪 90 年代初英国 UEL（UAV ENGINES LrH））公司成立，从 Norton 公司买了三角转子发动机的技术和生产权，经多年的努力，目前 UEL 公司已成功开发了单转子风冷和双转子液冷两大系列发动机，功率范围为 20～90，全部用于小型无人机，主要用户有以色列、美国、英国、韩国、印度等国家。在国内，西北工业大学成功研制出 Z2G 小型旋转活塞发动机，并投入实际应用。

2.3.2 涡轮发动机

由于绝大多数活塞发动机只适用于低速、低空的无人机，对于更大使用范围的无人机而言，燃气涡轮发动机是首选的动力装置。对于轻小型无人机平台而言，小型涡轴发动机主要用于无人直升机，微型涡喷发动机主要用于固定翼无人机。

1. 微型涡喷发动机

一般将推力量级在 100 daN 及以下的涡喷发动机称为微型涡喷发动机。微型涡喷发动机由于具有结构相对简单、加速快、经济性较好等特点，在军用和民用都有广泛的应用。

涡喷发动机通常由进气道、压气机、燃烧室、涡轮和尾喷管等组成，其工作过程的原理是热力循环。该循环包括三个热力过程，即空气在进气道和压气机内的压缩过程，空气在燃烧室与燃料混合燃烧的加热过程，以及所形成的高温高压燃气在涡轮的排气装置内的膨胀过程。高温高压燃气拥有的膨胀功远大于压气机需要的空气压缩功，燃气在喷管内膨胀时几乎所有的剩余势能都转换成了动能，燃气流加速到很高的速度，从而产生推力。微型涡轮喷气发动机结构示意图见图 2.45。

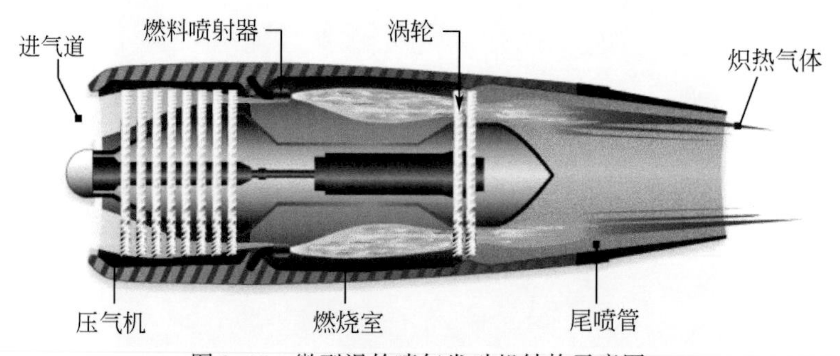

图 2.45 微型涡轮喷气发动机结构示意图

法国和美国是世界上最早研制微小型涡喷发动机的国家，也是型号品种最多、技术最先进的国家。例如，法国透博梅卡公司的“玛波尔”系列发动机被用于无人靶机中；法国微型涡喷发动机公司从 1960 年开始小型涡喷发动机的研究，TRI60 系列涡喷发动机在导弹、靶机和遥控飞机等领域有了广泛应用，并远销美国、欧洲、新加坡等国家和地区。此外，该公司研制的 TRS18 系列涡喷发动机为许多无人机提供动力，如法国“米索巴克”无人机、意大利的“奎宿九星”无人机等。

目前，国内涡喷动力轻小型无人机主要使用的是荷兰 AMT 系列、德国 Jetcat 系列等发动机。深圳安托山公司和兵器集团 559 所先后引进了荷兰 AMT 公司 20kg 和 40kg 级推力发动机生产线。此外，总参 60 所、北京洪恩动力公司、中国科学院高能物理研究所、西北工业大学等国内多家单位和企业先后研发了 20kg、40kg、60kg 微型涡喷发动机。图 2.46 是德国 JETCAT 公司的 17.8kg、23.5kg、30.6kg 推力的微型涡喷发动机。

图 2.46　德国 JETCAT 公司的 17.8kg、23.5kg、30.6kg 推力的微型涡喷发动机

2. 微型涡轴发动机

涡轮轴发动机，简称涡轴发动机，是一种输出轴功率的涡轮喷气发动机。法国于 20 世纪 50 年代初研制成功世界上第一架直升机用航空涡轮轴发动机。目前国外涡轴发动机正向第四代发展，设计从几十轴马力直到几千轴马力，基本上具备了包括各种功率的军用和民用配套发动机。

与一般航空喷气发动机一样，涡轴发动机也有进气装置、压气机、燃烧室、涡轮及排气装置等五大机件。涡轴发动机利用一个不与压气相连的自由涡轮带动直升机的旋翼，从而把功率传出去。涡轴发动机结构示意图见图 2.47 和图 2.48。

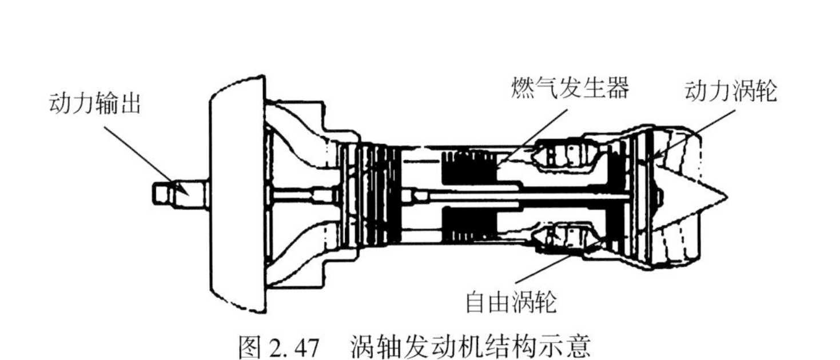

图 2.47　涡轴发动机结构示意

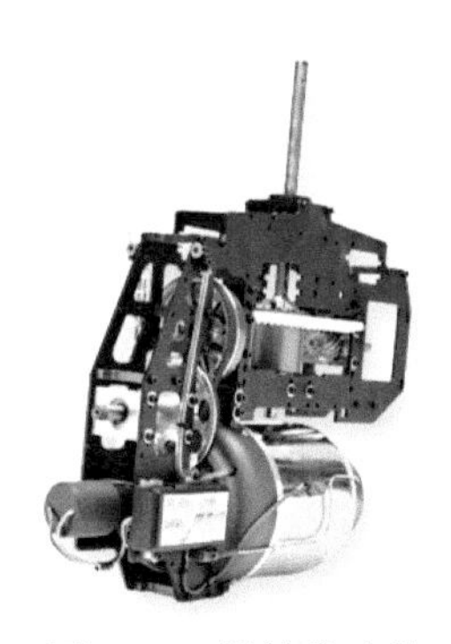

图 2.48　涡轴发动机

2.3.3　电池动力与电动马达

目前，以电池为动力的轻小型无人机主要以聚合物锂离子电池为主，使用上方便可靠，但使用时间短，限制了无人机的航程。燃料电池以及蓄电池和燃料电池混合动力刚刚开始在无人机上应用，技术上有待进一步的发展；而新型石墨烯电池实验阶段的成功有望使轻小型无人机电池动力实现突破，成为新的发展点。

当前轻小型无人机使用的电动马达普遍选用无刷直流电机，与电子调速器配套使用，具有良好的启动和调速性能，使用方便、环保，且输出功率不受海拔高度影响。随着电动马达向高可靠性、高比功率、低成本方向的不断发展，电子调速器的功率和调节精度也随之不断提高。

1. 蓄电池

锂离子电池（Lithium Ion Battery，LIB）是继镍镉电池、镍氢电池之后的第三代小型蓄电池，具有工作电压高、能量大、放电电位曲线平稳、自放电小、循环寿命长、低温性能好、无记忆、无污染等突出的优点。目前，大多数电推进型无人机的动力都以锂离子电池为主。锂离子电池可以分为一次电池和二次电池两种类型，常用的锂蓄电池有 $Li-MnO_2$ 一次电池、锂-亚硫酰氯电池、锂-二氧化硫电池和聚合物锂离子电池等。

锂二次电池的研究始于20世纪60、70年代，具有比较高的比能量和优良的循环使用性能，特别是聚合物锂离子电池，随着技术的不断发展，越来越适合作为轻小型无人机的动力源。

由于电池部分重量在整个无人机平台中所占比例很大，而新的高能量密度电池目前还没有明显的突破，因此采用结构能源技术就成为解决此问题的一条有效途径。这种技术将具有较高能量密度的锂离子电池经特殊设计和加工，制造成无人机的结构件，具有结构和功能一体化的效果，可以有效地减轻飞机结构重量，满足无人机长时飞行的需求。

当前的新型锂电池主要有凝胶或全固态聚合物电解质锂离子电池，这种电池更加安全，可根据需要制成各种形状；美国Moltech公司采用独特的薄膜技术研制出具有高比能、高放电率、安全、无污染的新型锂硫二次电池，比能量大、放电倍率高，可耐过充电及过放电而无须采取防护措施。

2. 燃料电池

燃料电池（Fuel Cell，FC）是把燃料中的化学能通过电化学反应直接转换为电能的发电装置，发电过程需要具备相对复杂的系统，通常包括燃料供应、氧化剂供应、水热管理及电控等子系统，其工作方式与内燃机类似，理论上只要外部不断供给燃料与氧化剂，燃料电池就可以持续发电，因此具有能量转换效率高、寿命长、比功率高的特点，而且对环境无污染。然而，燃料电池仍存在许多缺点，如元件价格较高，电池的工作温度控制要求高，运行时产生的热量和水需妥善处理等。

美国国防高级研究计划局正在关注一种能够在80℃下运行的高温燃料电池，目前这种燃料电池以丙烷为原料，最终将使用常用的煤油为原料，以方便使用。

3. 蓄电池和燃料电池混合电源系统

波音公司成功试飞一种采用Dimona电动机的有人驾驶双座滑翔机，该飞机采用质子交换膜燃料电池/锂电池混合电动力推进系统。波音公司确信，这种燃料电池可以为小型有人或无人驾驶飞机提供动力。

我国台湾研制的一款蓄电池和燃料电池混合动力的无人机不久前进行了成功首飞，其动力系统采用了燃料电池和锂电池组成的混合动力系统。锂电池主要在起飞和爬升时工作，巡航时则由燃料电池出力。其中PhyX-1000型燃料电池的额定功率为1000W，辅以5400mA时的锂电池，起飞时可以输出2kW的功率，巡航功率则保持在800W。PhyX系列的燃料电池由于采用了自主开发的空冷自增湿技术，大幅度省却了各类辅助设备，使得燃料电池的体积和重量得到了有效控制，同时还保证了燃料电池极高的性能。相比于传统燃料电池，其重量减轻了50%以上。

4. 石墨烯电池

石墨烯（Graphene）是一种二维碳材料，是单层石墨烯、双层石墨烯和多层石墨烯的统称，于2004年问世，其发现者英国曼彻斯特大学安德烈-海姆教授于2010年获得诺贝尔物理学奖。

西班牙Graphenano公司同西班牙科尔瓦多大学合作研究出首例石墨烯聚合材料电池，其储电量是目前市场最好产品的3倍，用此电池提供电力的电动车最多能行驶1000km，而其充电时间不到8min。美国俄亥俄州的Nanotek仪器公司利用锂离子在石墨烯表面和电极之间快速大量穿梭运动的特性开发出的新型电池，可把数小时的充电时间压缩至不到1min。

目前的电池产业正处于铅酸电池和传统锂电池发展均遇瓶颈的阶段，新型石墨烯电池实验阶段的成功无疑将成为电池产业的一个新的发展点，产品成熟后也必将促进电池动力轻小型无人机的性能大幅提升和飞速发展。

2.4 轻小型无人机导航技术

无人机导航是指无人机依赖机载电子设备和飞控系统等实现无人机的姿态和位置解算、路径规划以及控制到达或着陆的过程。本节重点介绍可用于轻小型无人机的无线电导航、惯性导航、卫星导航、多普勒导航、天文和组合导航的概念、特点和应用。

2.4.1 卫星导航

卫星导航是接收导航卫星发送的导航定位信号，并以导航卫星作为动态已知点，实时测定运动载体的在航位置和速度，进而完成导航与定位。目前世界上能够使用的卫星导航技术有美国的 GPS 导航、俄罗斯的 GLONASS（Global Navigation Satellite System）导航和中国的北斗导航，欧洲的伽利略（Galilio）导航也是一种正在研发中的卫星导航技术。

目前在世界范围内使用最多的 GPS 系统由三大部分组成：GPS 卫星星座（空间部分），地面监控部分（控制部分）和 GPS 信号接收机（用户部分）。GPS 卫星星座由高度为 20187km 的 21 颗工作卫星和 3 颗在轨备份卫星组成，24 颗卫星均匀分布在轨道倾角为 55°的等间隔近圆轨道上，每条轨道上均匀配置 4 颗工作卫星，相邻轨道面的邻近卫星的相位差为 30°，见图 2.49。这样的卫星分布，除个别地区外，可保证地球上和近地空间任意位置用户在任何时刻均可同时观测到至少 4 颗 GPS 卫星，实现了全球覆盖、全天候、高精度、连续实时导航定位。

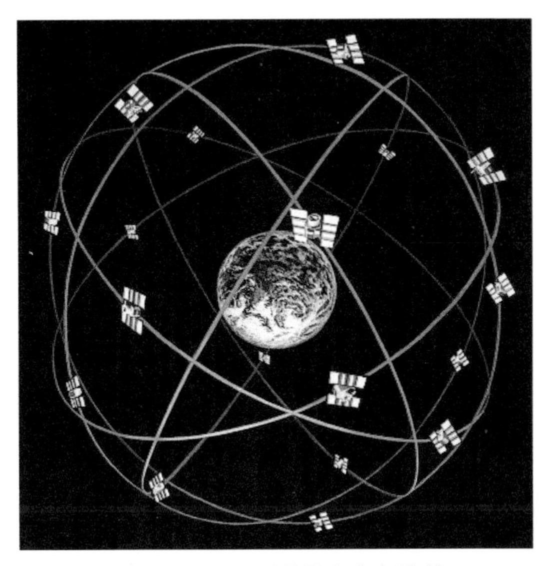

图 2.49　GPS 卫星星座分布示意

俄罗斯 GLONASS 全球导航卫星系统于 1996 年 1 月开始运行，但近年来由于维护问题，其正常使用已受到影响。

北斗卫星导航系统是我国自行研制的全球卫星定位与通信系统，是继美国全球卫星定位系统和俄罗斯全球卫星导航系统之后第三个成熟的卫星导航系统。系统由空间端、地面端和用户端组成，未来可在全球范围内全天候、全天时为各类用户提供高精度、高可靠定位、导航、授时服务，并具有短报文通信能力。该功能在无人机有效监控区域外的使用更有实用价值，在这些区域可通过北斗的短报文功能实现对无人机的监控。

北斗短报文的通讯链路已经具备，需要解决的问题是无人机监管的飞行诸元定义、数据协议，研制无人机飞行诸元机载发射装置、地面接收装置，研究建立无人机运行综合管理平台系统，利用平台系统管理无人机系统资源、飞行任务数据库、飞行监管记录数据库、结合空管数据库等，发挥无人机遥感系统产业化应用效能，确保飞行安全和管理有序。现在，使用我国的北斗导航定位设备是无人机应该大力推广的时代任务。

2.4.2 惯性导航

惯性导航是以牛顿力学定律为基础，依靠安装在载体（如飞机、舰船、火箭等）内部的加速度计测量载体在三个轴向运动的加速度，经积分运算得出载体的瞬时速度和位置以及测量载体姿态的一种导航方式。本节以微机电惯性测量单元和光学陀螺为重点，介绍适用于轻小型无人机的惯性导航设备。

1. 惯性导航概述

按惯性测量装置在载体上的安装方式分，惯性导航系统有两大类：平台式惯性导航系统和捷联式惯性导航系统。由于平台式惯性导航系统结构复杂、尺寸大，所以轻小型无人机基本上不采用平台式惯性导航系统。

捷联惯性导航系统是一种没有实体平台的惯性导航系统，通常由陀螺仪、加速度计和导航计算机等组成，陀螺仪和加速度计直接装在机体上，加速度计测量加速度在机体三个轴上的分量，陀螺仪的敏感轴与机体固连，位置陀螺仪利用陀螺的定轴性测量机体的姿态角，速率陀螺仪利用陀螺的进动性测量机体的瞬时角速度，导航计算机则把加速度计、陀螺仪输出在机体坐标系的加速度、机体姿态角或瞬时角速度通过坐标变换转换到制导系统中，实际上替代了复杂的陀螺稳定平台功能。图2.50为传统机电式捷联惯性导航系统。

图2.50 传统机电式捷联惯性导航系统

惯性导航系统包含许多元部件，其中最重要、技术含量最高的是陀螺仪，其精度是惯性导航系统精度的决定因素。经过半个多世纪的技术发展，陀螺仪技术从传统的以旋转刚体的进动性敏感惯性运动的机电装置（如单自由度液浮陀螺、二自由度动力调谐陀螺）发展到已广泛应用的萨格奈克

(Sagnac) 效应的光学陀螺 (如激光陀螺、光纤陀螺), 直至目前正迅速兴起的应用精密机械、微电子学、半导体集成电路工艺等新技术的前沿性新技术——微机电仪表, 如硅微机械陀螺、微机械加速度计等。

2. 光学陀螺

激光陀螺与光纤陀螺都是基于萨格奈克效应的光学陀螺。基于激光陀螺和光纤陀螺的捷联惯性导航系统具有固态化、抗恶劣环境、无加速度误差项、快速启动、大测量范围、高可靠、长寿命等一系列优点。

20 世纪 60 年代, 美国研制成功激光陀螺。激光陀螺检测的是由于转动引起的频差, 其光路是精密加工的玻璃腔体, 所以总长度有限, 使激光陀螺难以在低角速率下达到高分辨率, 这就是所谓的闭锁效应。因此, 要采用机械抖动的方法来解决这个问题, 而且加工、装配工艺也比较复杂, 影响了其成本的进一步降低。从目前综合性价比和技术水平看, 激光陀螺主要用于中高精度领域, 如各类军民用飞机主惯导系统、中远程战术武器等。图 2. 51 为两型激光陀螺。

(a) (b)

图 2. 51 两型激光陀螺

光纤陀螺出现于 1976 年, 是新一代的光学陀螺。光纤陀螺检测的是由于转动引起的相位差, 其光路是由光纤绕制的多层环路, 长度可在很大范围内随意调整, 因此在结构设计及性能指标选择上相对更灵活, 可根据不同要求选择不同长度的光纤, 设计出不同性能的产品, 加工、装配工艺更简单, 更适合批量生产。图 2. 52 为三型光纤陀螺。

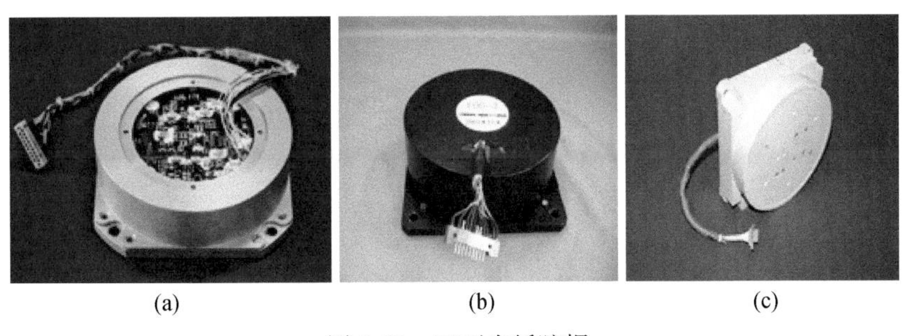

(a) (b) (c)

图 2. 52 三型光纤陀螺

在国内, 光纤陀螺的研究业已开始进入快速发展阶段, 北京航空航天大学、中国航天科工集团三院 33 所、航天时代电子公司均具备了光纤陀螺的批量生产能力, 产品也在多个领域得到应用。

3. 基于微机电系统的微型惯性测量单元

与传统惯性导航设备相比，微型惯性测量单元具有尺寸小、质量轻、成本低、功耗小、寿命长、可靠性高、动态范围宽、响应速度快等优点。微型惯性测量单元的出现，犹如从晶体管到集成电路一样，给惯性技术带来了一场革命。下面从微机电系统、微机械加速度计、微机械陀螺等方面介绍微机电惯性测量单元的特点。

1）微机电系统

微机电系统（Micro Electro Mechanical System，MEMS）就是通过微制造技术将机械单元、传感器、执行器、电路等集成在同一个基片上，完成一定功能的装置和系统，是微电子的微型化、集成化的概念在机电器件和系统领域内的延伸。微机电系统使用户不仅能得到高集成度的电子系统，也把机械系统缩小并集成到与电路相应的尺度内，从而实现一个完整的真正集成化的功能系统。

2）微机械加速度计

目前微机械加速度计的工作原理均基于牛顿第二定律。加速度计中间的敏感质量由四角的四个弹性梁支撑，弹性梁的另一端固定在基片上，敏感质量两侧的梳齿状结构为检测电容。当载体受到沿箭头所示方向的加速度时，敏感质量受惯性力的作用相对于基片反向运动，该运动导致敏感质量上的梳齿与基片上的梳齿的距离改变，从而导致电容改变，通过检测该电容的变化就可测量出加速度的大小和方向，见图 2. 53。

3）微机械陀螺

微机械陀螺根本上仍属于机械陀螺，工作原理基本上都采用科氏振动陀螺原理，简单地说就是用振动的振子代替机械转子陀螺中的连续旋转转子。

如图 2. 54 所示，振子由四个弹性梁支撑，弹性梁的另一端固定在基片上，振子左下和右上两个边上有梳齿状静电驱动器，施加交变电压可驱动振子沿左下角箭头所示方向振动，这相对于机械转子陀螺的转子自转。当载体受到垂直于振子表面的角速度时（图 2. 54 中向上箭头所示），振子则会受到沿右下角箭头所示方向的科氏力的作用，该科氏力也是交变的，其频率与振子振动频率相同，幅值与角速度的大小成正比，因此振子也会沿该力的方向振动，通过振子右下边和左上边的梳齿状检测电容可以检测出该振动，从而可以检测到角速度的大小和方向。

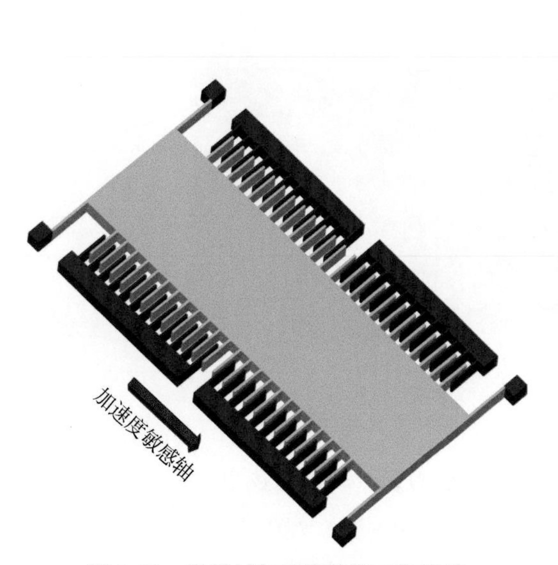

图 2. 53　微机械加速度计的工作原理

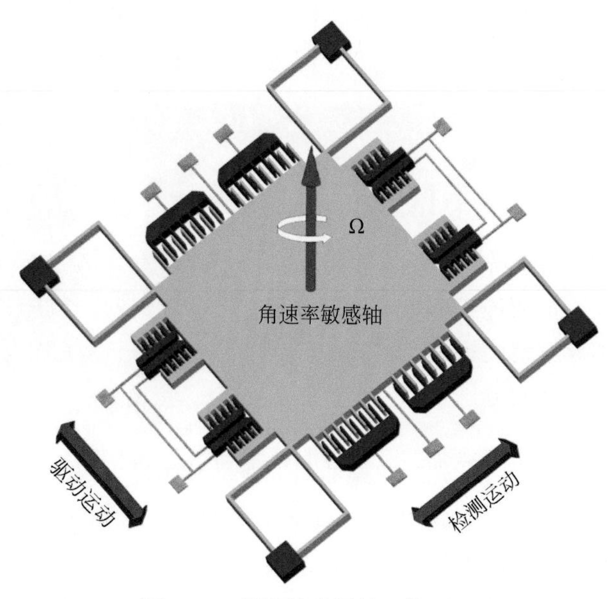

图 2. 54　微机械陀螺的工作原理

4）微机械惯性测量单元

微机械惯性元件中一个主要的基本器件是陀螺仪，自从 Draper Lab 从 1989 年发明世界上第一个微机械陀螺以来，世界上投入微机械陀螺研究的研究机构和大学多达上百家，在各个方面取得的成果也难以计数。

国内自“九五”以来也积极投入微机电领域研究，已有清华大学、北京大学、西北工业大学、东南大学等多家院校和中国航天科工集团三院 33 所、中国航天科技集团九院 704 所、中国航天时代电子公司以及中国航空研究院航空 618 所、中国电子科技集团公司第 13 所和中国电子科技集团公司第 26 所、中国科学院上海微系统与信息技术研究所等多家研究所在加工工艺、微机械加速度计、微机械陀螺和微机械惯性测量单元等方面做出了长足进步。

北京航景创新公司开发的 FWS-G1000 双 GPS 航姿参考系统（图 2.55），静态精度横滚和俯仰±0.2°，航向±0.2°（1.5m 基线长度），动态精度±1.0°RMS，测量范围所有轴向均为 360°，抗过载能力 15g。

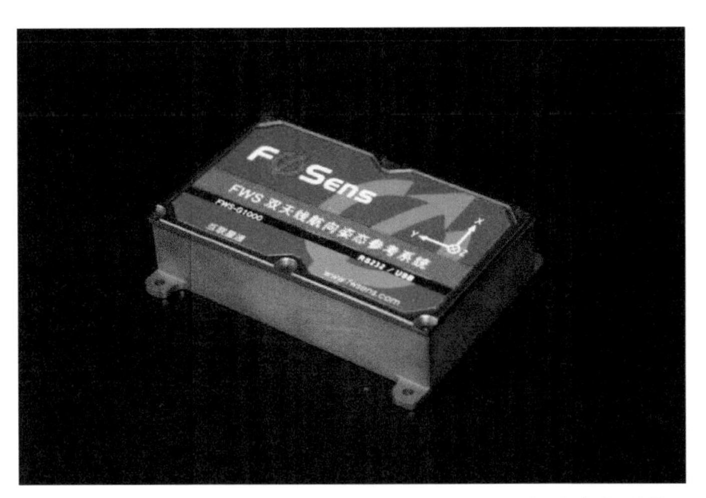

图 2.55　北京航景创新公司 FWS-G1000 双 GPS 航姿参考系统

当前，基于微机械惯性元件的航姿测量系统和飞行控制系统已经在轻小型无人机上得到大量应用，完全能够满足无人机平台飞行控制的需求。但由于元器件生产工艺上的差距，用于测绘载荷的高精度微机械惯性单元主要还依赖进口。

2.4.3　组合导航

组合导航是近代导航理论和技术发展的结果。每种单一导航系统都有各自的独特性能和局限性，把两种或多种单一导航系统组合在一起，就能利用多种信息源，互相补充，构成一种有多余度和导航精度更好的多功能系统。常见的组合导航系统有惯性导航/卫星导航、惯性导航/地形匹配等，下面分别予以介绍。

1. 惯性导航/卫星导航组合导航系统

惯性导航和卫星导航的组合导航系统是应用最为广泛的组合导航系统。该组合的优点表现在：对惯性导航系统可以实现惯性传感器的校准、惯性导航系统的空中对准、惯性导航系统高度通道的稳定等，从而可以有效地提高惯性导航系统的性能和精度；对卫星导航系统来说，惯性导航系统的辅助可以提高其跟踪卫星的能力，提高接收机动态特性和抗干扰性。另外，惯性导航/卫星导航组合还可以实现卫星导航系统完整性的检测，从而提高可靠性；惯性导航/卫星导航组合可以实现一体化，把卫星导航系统接收机放入惯性导航部件中，以进一步减少系统的体积、质量和成本，便于实现惯性导航和卫星导航系统同步，减小非同步误差。惯性导航/卫星导航组合导航系统是目前多数无人飞行器所采用的主流自主导航技术。

将卫星导航定位与微机电技术结合起来，可以取长补短，极大地提高输出数据更新率，防止导航定位误差随时间积累，并且提高了精度和可靠性，为低成本、轻小型导航与制导系统提供了一个非常有吸引力的方案，也是当前导航技术发展的主要方向之一。

2. 惯性导航/地形匹配组合导航系统

由于地形匹配定位的精度很高，因此可以利用这种精确的位置信息来消除惯性导航系统长时间工作的累计误差，提高惯性导航系统的定位精度。由于地形匹配辅助导航系统具有自主性和高精度的突出优点，将其应用于装载有多种图像传感器的无人机导航系统，构成惯性导航/地形匹配组合导航系统，将是地形匹配辅助导航技术发展和应用的未来趋势。

3. 惯性导航/地磁导航组合导航系统

利用地磁匹配技术的长期稳定性弥补惯性导航误差随时间累积的缺点，利用惯性导航系统的短期高精度弥补地磁匹配系统易受干扰等不足，则可实现惯性导航/地磁导航的组合导航系统，具备自主性强、隐蔽性好、成本低、可用范围广等优点，是当前导航研究领域的一个热点。

4. 卫星导航/航迹推算组合导航系统

在卫星导航系统失效或是发生卫星信号较差的情况下，依据大气数据计算机测得的空速、磁航向测得的正北航向以及当地风速风向，推算出地速及航迹角。由航迹推算系统确定无人机的位置和速度，当卫星导航系统定位信号质量较好时，利用卫星导航系统高精度的定位信息对航迹推算系统进行校正，从而构成了高精度、高可靠性的无人机导航定位系统，在以较高质量保证了飞行安全和品质的同时，有效降低了系统的成本，使无人机摆脱对雷达、测控站等地面系统的依赖。

5. 惯性导航/卫星导航/视觉辅助组合导航系统

惯性导航/卫星导航组合导航系统在无人机导航中应用最多，但是当无人机在低空飞行的环境下（山谷、城市及室内）不能有效获得卫星信号以校正惯性导航系统的累积误差，为此需要增强无人机对未知动态环境的感知能力，从而为合理的路径规划和准确的导航提供可靠丰富的环境信息。

立体视觉技术作为计算机视觉的重要分支，不仅隐蔽性好、功耗低、信息量丰富，而且可以确定场景中的三维深度信息，因此，其广泛应用于未知环境下无人机自主导航的关键信息获取成为当前的研究热点。

采用环境感知传感器与惯性导航相结合或完全依靠环境感知传感器的方式来获得低空无人机导航中的关键信息，按所采用环境感知传感器的类型可以将这些方法总体上分为三类：

（1）基于非视觉传感器的导航方法。这类方法往往具备全天候工作、获取信息精度较高的优点，但由于传感器的功耗和自重较大，一般的小型无人机难以承载，所以并未得到广泛应用。

（2）基于视觉传感器的导航方法。视觉传感器作为被动式感知测量，具有隐蔽性好、功耗低、信息量丰富等优点。此外，由于视觉传感器获得的信号具有很强的描述性，为后续的目标识别等处理提供了良好的基础，因而广泛应用于低空无人机导航中。

(3) 基于立体视觉技术的导航方法。立体视觉技术是一种重要的环境感知方法，它模拟人类视觉原理，能够在多种条件下灵活测量三维距离信息。

2.4.4 无线电导航

利用无线电方法确定飞机的距离、方向和位置，以引导飞机飞行的方法，称为无线电导航(Radio Navigation System，RNS)。由于无线电导航具有在任何气象条件下迅速、准确定位的优点，所以它在目前是应用得最广泛、普遍的一种导航方法，加上无线电导航设备日趋自动化，因此无线电导航设备及系统在导航技术中占有特殊的地位。

我国当前适合无人机使用的无线电导航装置主要有长河系统。早期的长河系统是一种双曲线导航系统，为海军舰艇航行所使用，2000 年以后使用卫星导航系统的时间基准对长河系统作了改进，使其既能使用双曲线位置线定位法（测距差法）导航定位，也能使用圆位置线定位法（测距法）导航定位，从而提高了长河系统的定位精度。随着机载设备的进一步小型化，长河系统可以作为一种导航资源加以利用。

2.5 轻小型无人机飞行控制

无人机的操控方式通常分为自主控制、指令控制和人工控制三种方式。自主控制也称程序控制，是指由飞控系统按照预先设定的航路和任务规划控制无人机飞行，无需人工参与；指令控制是指由操作员通过地面站发送遥控或遥调指令，无人机由飞控系统响应这些指令的控制方式；人工控制是完全由操作员通过操控设备来遥控无人机的飞行。本节重点介绍无人机飞控系统的功能、原理以及国内外轻小型无人机飞控系统的发展现状。

2.5.1 无人机飞行控制系统

飞行控制系统简称飞控系统，在无人机上的功能主要有两个：一是飞行控制，即无人机在空中保持飞机姿态与航迹的稳定，以及按地面无线电遥控指令或者预先设定好的高度、航线、航向、姿态角等改变飞机姿态与航迹，保证飞机的稳定飞行，这就是通常所谓的自动驾驶；二是飞行管理，即完成飞行状态参数采集、导航计算、遥测数据传送、故障诊断处理、应急情况处理以及任务设备的控制与管理等工作，这也是无人机进行无人飞行和完成既定任务的基础。

2.5.2 飞行控制系统的实现

飞控系统是无人机自主飞行的核心，担负着航迹规划、数据采集、控制律计算和故障检测等重要任务，决定着无人机的安全性和飞行任务的成败，因此可看成高度集成的飞行管理控制系统。本节描述无人机飞控系统的功能和原理，详细介绍国内外适用于轻小型无人机的成品飞控的性能指标及特点。

1. 飞控系统的功能和原理

飞控系统是一个典型的反馈控制系统，它代替驾驶员控制飞机的飞行。假设要求飞机做水平直线飞行，驾驶员是如何控制飞机的呢？飞机受干扰（如阵风）偏离原姿态（如飞机抬头），驾驶员用眼睛观察到仪表板上陀螺地平仪的变化，用大脑作出决定，通过神经系统传递到手臂，推动驾驶杆使升降舵向下偏转，产生相应的下俯力矩，飞机趋于水平。驾驶员又从仪表上看到这一变化，逐渐把驾驶杆收回原位，当飞机回到原水平姿态时，驾驶杆和升降舵面也回原位。飞控系统原理见图 2.56。

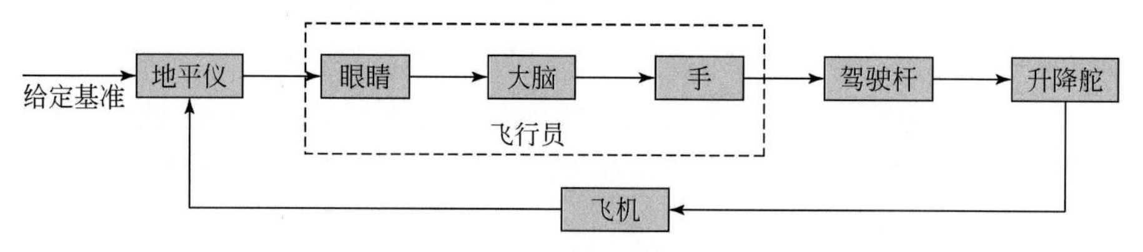

图 2.56　飞控系统原理

自动飞行的原理如下：飞机偏离原始状态，敏感元件感受到偏离方向和大小并输出相应信号，经放大、计算处理，操纵执行机构（如舵机），使控制面（如升降舵面）相应偏转。由于整个系统是按负反馈原则连接的，其结果是使飞机趋向原始状态。当飞机回到原始状态时，敏感元件输出信号为零，舵机以及与其相连接的舵面也回原位，飞机重新按原始状态飞行。由此可见，飞控系统中的敏感元件、放大计算装置和执行机构可代替驾驶员的眼睛、大脑神经系统与肢体，自动地控制飞机的飞行，因此这三部分构成了飞行控制系统的核心。飞控系统框图见图 2.57。

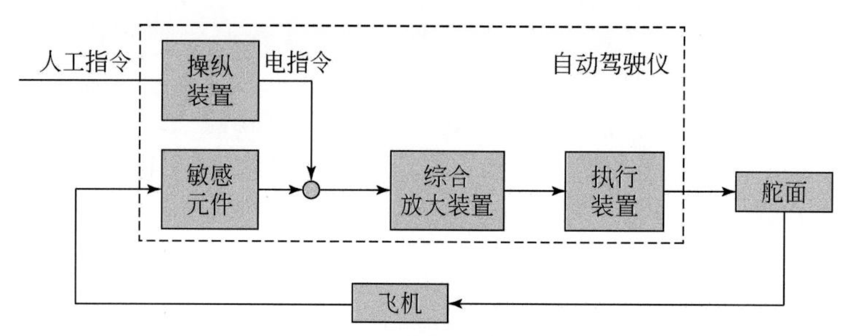

图 2.57　飞控系统框图

飞控系统与飞机组成一个回路。这个回路的主要功能是稳定飞机的姿态，或者说稳定飞机的角运动。敏感元件用来测量飞机的姿态角，由于该回路包含了飞机，而飞机的动态特性又随飞行条件（如速度、高度等）而异。放大计算装置对各个传感器信号的综合计算，即控制规律应满足各个飞行状态的要求，并可以设置成随飞行条件变化的增益程序。

如果用敏感元件测量飞机的重心位置，而飞机还包含了运动学环节（表征飞机空间位置几何关系的环节），这样组成的控制回路简称制导回路。这个回路的主要功能是控制飞行轨迹，如飞行高度的稳定和控制。

飞控系统功能的多样性对设计提出了较高的要求，不仅要具备丰富的硬件资源与外围设备接口，还要具有较强的数据处理能力，在规定控制周期内完成导航、控制的解算。小型无人机由于其尺寸、成本的限制，飞控系统一般由低成本的传感器以及低功耗的嵌入式处理器组成，利用这些传感器实现高精度飞控系统成为一个关键问题。近年来，以美国为代表的西方国家投入了大量的经费来研究小型飞控系统及其关键器部件，使其精度有了突飞猛进的提高，很多研究成果已转化成产品，并投入市场。

2. 国外轻小型无人机飞控系统现状

国外小型化无人机飞控技术发展较早，目前已有十几种较成熟的飞控产品，而且有些产品精度已可达战术级的水平。以下为几个国家和地区的典型飞控产品。

1）美国

AP50XL是一种用于小型无人机的飞控系统（图2.58），是美国UVA Flight Systems公司的主导产品，它包含多个低功耗处理器，集成有GPS、气压高度计、三轴惯性器件、双轴磁力计等多种传感器，提供标准的伺服控制系统（油门、升降、方向、副翼、伞降）和地面站通信接口，可完全满足小型飞行器所需要的两个主要功能，即稳定机身并进行导航和任务控制。

Kestrel Autopilot是美国Procerus公司专为小型无人机和微型无人机设计的目前市场上最轻小的全功能飞控（图2.59），可用于所有场合的监视和侦察。该飞控系统选用一片8位处理器作为中央处理器，集成有MEMS-IMU、静压和差压传感器和3个温度传感器，系统采用一种20点温度补偿器算法来补偿器件的漂移，提高飞行器状态的测量精度。

图2.58 AP50XL飞控

图2.59 Kestrel Autopilot v3.0

Piccolo系列高集成度飞控系统是由美国Cloud Cap公司研发的自动驾驶产品（图2.60）。Piccolo Ⅱ主要面向密集负载的应用，Piccolo SL基于小厚度EMI屏蔽外壳、灵活的IO配置方式而应用于小型固定翼与垂直起降飞机，Piccolo Nano是考虑到微型无人机空间有限而设计的小尺寸飞控系统。

图2.60 Piccolo系列产品

2）加拿大

加拿大MicroPilot公司生产的MP2128 LRC2、MP2128 HELI-LRC2飞控系统是一款远距离传输、高稳定性、集成化封闭式UAV飞控系统（图2.61），飞控系统地面单元与飞行单元均配置了数据传输单元 LRC，并且地面单元使用了标准无线调制解调器，使之具备了长距离通信的能力，通信距离可达 20km。MP2128 飞控系统集成了 3 轴陀螺仪、3 轴加速度计与 GPS 接收器，支持自主飞行、手动飞行、紧急飞行模式，并且可靠的飞行检测与静态分析程序保证 MP2128 飞控的高品质与飞行稳定性。

3）欧洲

WePilot1000 是瑞士生产的一款用于小型无人直升机的飞控系统，具有体积小、质量轻、功耗低的特点，内部集成 32 位 CPU 作为中央处理器，可在线存储大量的飞行参数。内部集成 GPS、IMU、磁罗盘、气压高度计和空速计等多种传感器，位置精度达到 3m，具有丰富的外围接口，可直接与无线链路、图像载荷等设备相连接。

CompaNav-2 是奥地利研制的一款航空用导航、姿态和航向参考系统，本身不具有控制能力，具有小体积、低功耗的特点，可用于各类固定翼和旋翼无人机。该系统采用惯性捷联算法，并用 Kalman 滤波进行数据融合，采用连续时间分析、机械化最优滤波方法，其导航解决方案优点显著，且价格具有竞争力。

APM 飞控是一个开源的自动驾驶系统（图 2.62），源于 PX4 软、硬件开源项目（遵守 BSD 协议）。该项目提供了硬件、固件、地面站软件学习、开发方案，支持固定翼飞机、多旋翼飞机、直升机、车、船与其他移动机器人平台。此项目完全开源，目的在于为学术爱好和工业团体提供一款低成本高性能的高端的飞控系统。APM 飞控开放源码由苏黎世联邦理工大学实验室、一些优秀的个人组成的团队开发并更新，提供对应于固定翼飞机、多旋翼飞机、直升机、车、船与其他移动机器人的定位与控制代码，代码运行高效的（RTOS）实时操作系统，呈现出高性能、灵活性和可靠性的车辆自主控制。Mission Planner 地面控制软件嵌入了谷歌地图，不仅具有设置机体及控制对象类型的功能，还具有记录和分析飞行路径、调节 PID 参数、无人机模拟飞行等功能。

图 2.61　MP2128 LRC2 和 MP2128 HELI-LRC2

图 2.62　APM 飞控

3. 国内轻小型无人机飞控系统现状

与国外同类产品相比，国内轻小型无人机飞控系统的硬件水平相当，而自主开发的软件使得飞控系统在使用的灵活性和功能拓展上具有更大的优势。以下是国内部分无人机飞控系统产品功能和性能指标的介绍。

1）双子星双余度飞控

双子星（GEMINI）双余度飞控是零度智控（北京）智能科技有限公司开发的一款多旋翼飞行控制系统（图 2.63）。GEMINI 飞控的 MC 及其他模块的双余度设计，在发生设备故障或意外时从设备接替主设备的机制，使其具备了极致的安全保障。

GEMINI 飞控为航拍摄影专用飞控系统，支持普通两轴舵机云台与零度系列三轴无刷云台，支持多款相机拍摄，支持 S-BUS 接收机遥控器与 S-BUS 总线接收机、普通接收机，具备配合 PC/平板/手机地面站软件，完成定义航点、自主飞行、移动设备调参和黑匣子等功能。GEMINI 可使用于九种常用多旋翼平台，不仅具备双余度安全飞行控制保障，而且配备开伞保护、断桨保护和失控保护等多重可靠保障。

GEMINI 飞控包括飞行控制器（双）、GPS-COMPASS 模块、WIFI 模块、LED 指示灯等组成部分，飞行控制器内置 IMU 单元，与 GPS-COMPASS 模块和 WIFI 模块连接即能实现组合导航与自主飞行。其中，GPS 模式下搭载 GEMINI 控制系统的多旋翼垂直方向悬停精度±0.5m，水平方向悬停精度±1.5m，飞机最大平飞速度 10.2m/s，最大升降速度±5m/s；整个控制模块体积小，集成度高，统一的插针方式与外部模块连接，设计精巧美观。GEMINI 各组成部分结构设计精巧，控制器尺寸 70.5mm×41mm×25mm，GPS+COMPASS 模块尺寸 55mm（直径）×11mm，WIFI 模块尺寸 65mm×40mm×14.4 mm，总质量 195g。

2）YS- X4 V2

YS- X4 V2 飞控是北京零度智控智能科技有限公司又一款专业级多旋翼飞控（图 2.64）。其设计理念与双子星相似，包括飞行控制器、GPS+COMPASS 模块、WIFI 模块、LED 指示灯等组成部分，与双子星相比不具备双余度设计，性能略低。搭载于多种常用多旋翼平台上，利用便捷的 WIFI 通讯，配合 PC/手机地面站软件或 PCM 遥控器，实现远程参数调试、定点飞行、航向锁定、精准定点悬停、指点飞行、航线飞行等功能，同时具备失控保护、断桨保护的防护措施。此款飞控体积小，质量轻，集成度高，安装便捷，真正实现了一体化设计。

飞行控制器模块之内集成三轴陀螺仪、三轴加速度计、气压计和内减震器，支持三种控制模式，遥控接收机方面支持 S-BUS、PPM 以及普通接收机，能搭载两轴增稳云台充当多旋翼的载体。其体积 74mm×41mm×25mm，质量 119g，功率小于 2.5W。外接 55mm（直径）×11mmGPS 模块，实现精准定点悬停，垂直方向悬停精度±1m，水平方向悬停精度±2m，飞机最大平飞速度 10.2m/s，最大升降速度±6m/s。

图 2.63　双子星双余度飞控

图 2.64　YS- X4 V2

3）YS09

YS09 固定翼飞控系统出自零度公司，是一款高性能、低成本和微型化的无人机飞行控制系统（图 2.65）。YS09 应用于不同飞行平台上，支持常规、V 尾、H 尾、三角尾类型，可控空速最高达 200m/s，可控飞行高度 20 ~ 5500m，广泛用于影像航拍、科研实验、战术侦察、森林防火、人工增雨、农业勘察、管道巡检等领域。

YS09 固定翼飞控系统集成低成本、低重量 IMU，动态精度±2°。集成 4Hz 更新率 GPS，可扩展差分 GPS、北斗、GLONASS 组合导航，通过 Kalman 滤波计算最贴近真实情况的飞机姿态。集成数字空速、气压传感器、可扩展无线电高度计，整合多种 PID 组合导航算法，导航（偏航距、直飞段）重复精度达±3m，定高（直飞段）重复精度达±2m。

YS09 配合 YS09 无人机地面站进行任务航路点设定，飞控系统具有较优控制方法，能够实时修改、上传航线，实时调整控制参数。YS09 遥控控制距离达 10～50km，在电磁环境地区仍能安全遥控，具有强抗干扰能力，其具备很高的运行指标与可靠性，已达军品装备验收标准，属于专业版无人机飞控系统。

4）A2

A2 多旋翼飞行控制器（图2.66），是深圳市大疆创新科技有限公司开发的一款成熟的工业级商用多旋翼平台飞行控制系统，能够在严苛环境下完成较完美的飞行控制及精准定位。A2 适用于九种常用多旋翼平台，配合 DJI 图传、iOSD、Futaba 遥控器、PC 与蓝牙地面站、ZENMUSE 全系列云台，能够实现除参数调整、自主飞行等基本功能以外的特性，如智能方向控制、热点环绕、智能起落架、失控返航和一键返航、断桨保护等。

A2 飞行控制器主要包含主控制器、IMU 模块、GPS-COMPASS PRO 模块、电源管理模块（PMU）。A2 主控内置大疆 2.4G 射频技术 DESST 接收系统，直接支持 Futaba FASST 系列遥控器，最大 16 通道，同时保留对 PPM 和 Futaba S-Bus、JR 或 SPEKTRUM 卫星外部接收机的支持，其尺寸 54mm×39mm×14.9mm。A2 IMU 模块在抗震方面表现优良，其内部传感器温度补偿算法以及工业化的精准校准算法，加上内部减震结构与材料，使得 IMU 在高震动、高机动的环境下仍能保持稳定输出，并且无需安装外框架或减震垫，只需简单粘贴安装，就可使模块体积缩小，重量减轻，其尺寸 41.3mm×30.5mm×26.3mm。GPS-COMPASS PRO 模块基于高增益、高性能的 GPS 天线与优化的定位算法模块，拥有很强的卫星信号捕获能力、更准确的位置和速度解算能力。GPS 此番优点，使得 A2 飞行控制器具备很强的位置锁定能力，A2 多旋翼飞行器平台垂直方向悬停精度±0.5m，水平方向悬停精度±1.5m，抗风能力小于 8m/s，最大升降速度±6m/s，其尺寸 62mm（直径）×14.3mm。

系统可扩展性能强，采用双 CAN 总线设计，并拥有 12 路输出通道，除支持 8 轴飞行器之外，作为通用输出接口，驱动 S800 EVO 的伸缩脚架、舵机云台、Z15 相机空中拍摄开关等。系统总质量 224g，功率 5W。另外，大疆公司提供对 A2 所有部件的全面在线固件升级和模块在线升级。

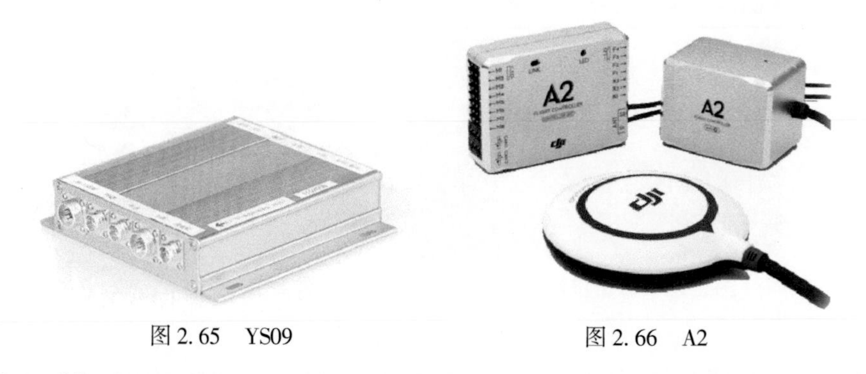

图 2.65　YS09　　　图 2.66　A2

5）WooKong-M

大疆 WooKong-M 多旋翼飞控是一款成熟的面向商用及工业用多旋翼平台的飞控系统（图2.67），为专业或业余、四桨到八桨多旋翼飞行器平台提供稳定的自主平衡和精准的 GPS 定位悬停功能。飞控主要包括主控制器、IMU 模块、GPS-COMPASS 模块、电源管理模块（PMU），支持 iPad 地面站与手机版调参软件，在友好的用户调参设置界面引导下，系统安装简易，可在线升级固件和软件。其具备一系列使用特性，如热点环绕、遥控器触发高度返航、智能方向控制、失控保护和自动返航及降落、断桨保护（六轴及以上的机型）、低电压保护功能，还能支持 iOSD MARK Ⅱ，以抓取飞行信息及数据。

WooKong-M 的 IMU 模块集成了高精度的感应器元件，运用先进的温度补偿算法和工业化的精准校准算法，内置减震设计，安装只需简单粘贴，极大地缩小了模块体积，减轻了质量，并且系统运行稳定、高效。IMU 尺寸 41mm×31mm×29mm。GPS-Compass 模块具备精准的 GPS 定位悬停性能，WooKong-M 多旋翼飞行器平台垂直方向悬停精度±0.5m，水平方向悬停精度±2m，抗风能力小于 8m/s，最大升降速度±6m/s，其尺寸 50mm（直径）×9mm。主控模块具备二轴云台增稳功能，支持普通接收机、PPM 及 S-BUS 接收机，多种飞行模式进行智能切换，模块尺寸 51mm×39.6mm×15.8mm。WooKong-M 各模块总质量 118g，系统功耗小于 5W，可实现搭载平台的高精度控制，是一款优秀的飞行控制系统。

6）UPx

UPx 多旋翼飞控是普洛特无人飞行器科技有限公司开发生产的飞控系统（图 2.68），系统包含导航传感器、GPS 模块、通信电台，可以控制十字形、X 形四到八轴飞行器。系统脱离遥控而使用地面站控制飞行器载体实现自主起飞、执行预设航线任务、指点飞行、自主回家与降落的飞行过程。地面站设置飞行路线和航点，可在飞行中实时修改飞行航点和更改飞行目标点，进行飞行多任务设置，且具备热点环绕功能。

UPx 内部集成高精度的 MEMS 芯片，外接 GPS 模块，利用优秀的姿态及控制算法完成 GPS 导航自动飞行功能。遥控飞行可使用普通遥控器 SBUS 模式或数字遥控器，具备 2 通道普通舵机信号输出，18 通道 SBUS 舵机信号输出以及高达 400Hz 多路电调信号输出。整个系统完成高精度的自主航线飞行，抗干扰性强，安全系数高。

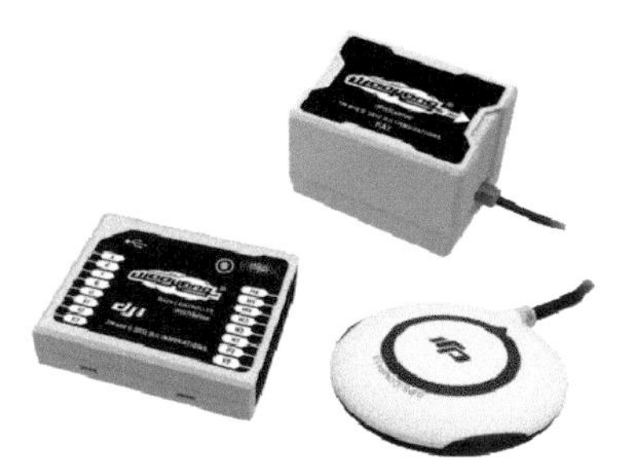

图 2.67 WooKong-M

图 2.68 UPx

7）GA-11

GA-11 是北京航空航天大学研制的一款高精度、强自主性的中小型无人机飞控系统（图 2.69）。其内部集成了三轴 MEMS 陀螺仪、三轴 MEMS 加速度计、温度传感器、气压计、GPS 等传感器，外部扩展仿生导航传感器、地磁传感器等。陀螺仪最大动态范围为 250°/s，加速度计最大量程为±5g。其软件算法采用 INS/GPS/地磁/仿生偏振抗干扰滤波器，系统横滚、俯仰、航向精度可达 0.2°，定位精度优于±1m。在 GPS 信号丢失情况下，横滚、俯仰精度优于 1.5°，航向精度优于 0.2°。GA-11 按照军用的电气与物理标准设计，考虑温度、湿度、振动、电磁干扰等环境因素，并通过了严酷飞行环境的性能检测实验。GA-11 配备全套地面站软件实现飞行管理。

8）FWPilot

FWPilot 是由北京航景创新科技有限公司自主研发的一款高精度、高性能、高可靠性功能强大的无人机飞控系统（图 2.70），它搭载了支持差分和可输出真航向信息的高端 GPS 板卡，可完成高精度导航和航空测量，FWPilot 提供了完整的固定翼无人机控制功能，包括自主起飞降落，快捷和复杂的任务规划，同时支持多种飞行控制模式，具有丰富的指令系统以及功能强大的地面站软件。

图 2.69　GA-11

图 2.70　FWPilot

系统集成了 3 轴陀螺仪/加速度计/磁力计，GPS 接收机，大气压力高度计、空速传感器，支持 RTK-20，RTK-2 以及 SBAS 等差分 GPS，20Hz 的 GPS 更新率。系统陀螺仪量程：1000°/s；加速度计量程：±8g；陀螺仪/加速度计采样更新率：200Hz；姿态静态精度：0.2°；姿态动态精度：1° RMS；大气机高度测量范围：0 ~ 12000m；大气机分辨率：2.5m；大气机压力相对精度：±25hPa；大气机压力绝对精度：±100hPa；大气机长期稳定性：100hPa（大于一个月）；大气机刷新频率：50Hz。抗过载性能：垂直轴向≥15g，横轴方向≥10g，纵轴方向≥10g。

第3章　轻小型无人机测控与任务规划

本章从状态监控、数据链路、任务规划、动态组网四个方面介绍无人机遥感测控系统的主要技术发展趋势，并总结了轻小型无人机常用的惯性/卫星组合导航系统以及飞行控制系统产品的发展现状。农林业遥感应用对轻小型无人机提出了长航时、超低空、轻小型、多机协同和复杂环境安全可靠等要求。国内外代表性公司的产品正向着更高性能、更高精度的方向发展：惯性/卫星组合系统航向、姿态测量精度将优于0.1°、单点定位精度达到亚米级，采用载波相位差分技术将达到厘米级水平；GPS受干扰环境下仍具有自主导航能力；控制系统在自由度缺失情况下具有一定的容错能力，支持多机编队技术；任务规划算法支持飞行与任务一体化规划模式，并考虑与有人机空管系统进行有机融合。地面控制站应支持信息输入的多源化，运用AR技术，与用户有更生动的互动与体验。

3.1　无人机状态监控与地面指控站

无人机状态监控系统主要功能在于采集飞机的飞行姿态参数、传感器状态以及执行机构的参数，并在地面监控系统中对相关信息进行处理后，由地面指控系统发送相关指令给无人机控制系统，从而实现无人机的飞行和作业控制等。

无人机状态监控系统主要包括电源系统、机载系统和地面系统。机载系统包括数据链路、卫星导航接收机等。地面监控系统包括地面控制站（数据链路终端、地面站配套软件及硬件），完成与机载系统的数据通信。系统各个组成部分通过总线进行通信，机载系统与地面系统通过无线链路进行通信。系统组成框图如图3.1所示。

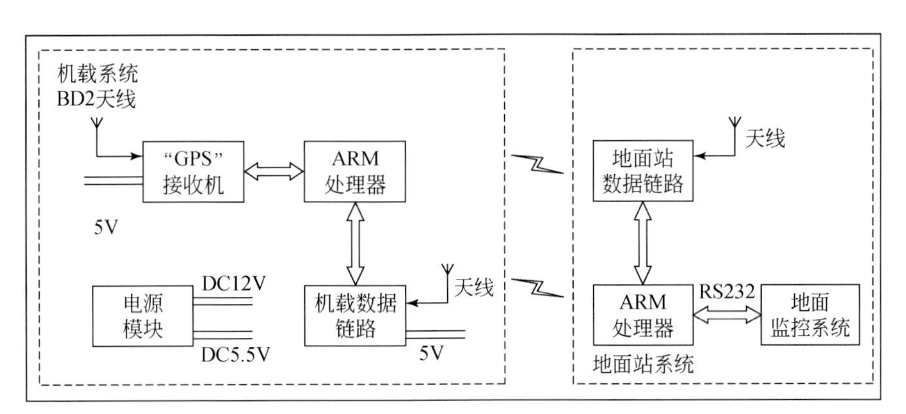

图3.1　无人机监控系统组成样例

无人机的飞行数据或参数按照数据类型可分为定性数据与定量数据。定性数据主要包括开关遥控指令、飞行状态及任务设备状态、故障类别名称及飞行时间（时、分、秒）等。定量数据主要包括飞机运动参数、发动机参数、机载设备参数、导航参数等。其中飞机运动参数包括三个姿态角（俯仰角、偏航角、滚转角），三个角速度（俯仰角速度、偏航角速度、滚转角速度），两个气流角（迎角和侧滑角），两个线性位移（纵向角方向的位移和侧向角方向的位移）及一个线速度（速度向量）；导航基本参数包括无人机的即时位置、速度和航向等。

3.1.1 无人机地面监控系统

无人机地面站的一项基本功能是状态监控，也被称作无人机的地面监控系统，如图3.2所示。无人机的地面监控系统是无人机控制验证系统及可视化的一部分，系统执行地面控制站的监控功能，为地面人员提供实时的、直观的无人机飞行信息，实现地面人员与无人机的高效沟通。无人机在实际飞行过程中，地面测控系统实时输出大量来自机载终端系统的飞行数据，要求操纵人员快速判断并做出反应，灵活及时地参与无人机的控制，这对无人机飞行操纵安全至关重要。

轻小型无人机地面站可以利用微软MFC设计的视图监控和控制软件，用图形和图像来表征飞行数据，将隐藏在大量数据中的信息以相对直观、易于领会的图形方式表达出来，形成人机交互界面，加快人们从数据中获取信息的速度。地面监控系统（图3.2）在Windows系统的便携式计算机上运行，利用无人机数据链路设备实现机载软件和地面站之间的通信，从而形成上行下行数据的传输通道。

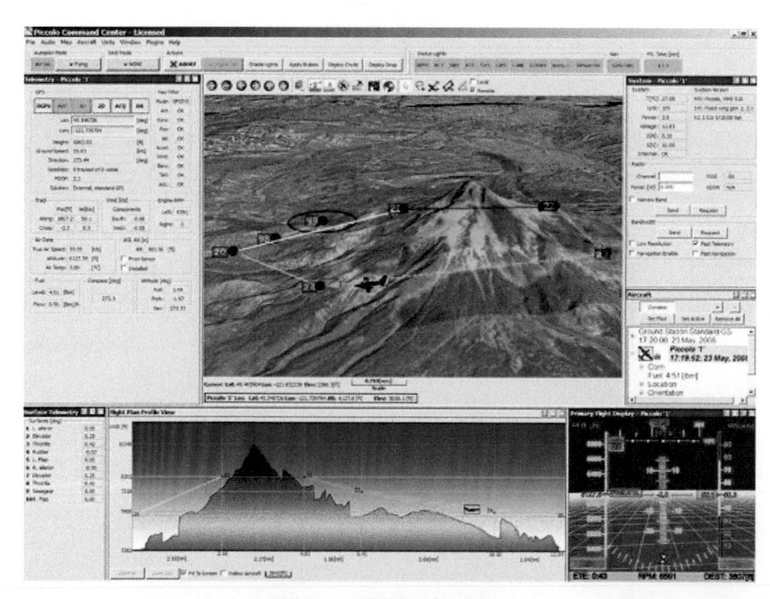

图3.2　地面监控系统

对于飞行数据中的定量数据，如无人机的三个姿态角信息通常可以用海鸥图符来可视化表示；无人机的速度、航向、高度可以用游标图符的游动指示。以上这些数据及可视化的图形图像都直接或间接地绘制在数字地图上，这样可以在显示无人机飞行航迹的同时，以开辟小窗口或切换新视图的方式实时获得无人机飞行过程中的其他信息，使得地面操作员对空中无人机的监控工作变得简单直观。

3.1.2 无人机地面指控站

无人机系统的控制是一种“人在回路”的控制。无人机没有驾驶员在机上操纵，需要地面人员进行操控。由于是无人驾驶飞行，在飞行前需要事先规划和设定它的飞行任务和航路。在飞行过程中，地面人员还要随时了解无人机的飞行情况，根据需要操控飞机调整姿态和航路，及时处理飞行中遇到的特殊状况，以保证飞行安全和飞行任务的完成。另外，地面操控人员还要通过数据链路操控机上任务载荷的工作状态，以确保遥感或侦察监视等任务的圆满完成。地面人员要完成这些指挥控制与操作功能，除了需要数据链路的支持以传输数据和指令外，还需要能够提供状态监控、任务规划与指挥控制等相应功能的设备或系统，这就是无人机的指挥控制站。无人机的指挥控制站经常被简称为地面指控站（GCS），如图3.3所示。

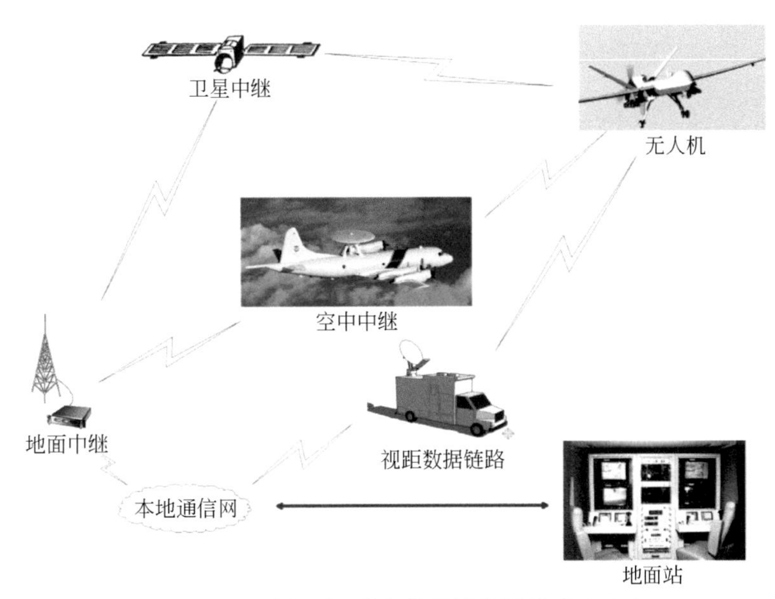

图3.3 无人机地面指挥控制站作用关系示意图

轻小型无人机地面指挥控制站的主要功能是进行无人机的状态监控、任务规划与指挥控制，包括指挥调度、任务规划、操作控制、显示记录等。指挥调度功能包括上级指令接收、系统联络和调度。任务规划功能包括飞行航路的规划与实时重规划以及任务载荷的工作规划与重规划。操作控制功能包括起飞着陆控制、飞行器操控、任务载荷操控和数据链路控制。显示记录功能包括飞行状态参数的显示记录、航迹的显示记录、载荷状态的显示记录。

无人机地面指控站有多种形式，如便携式、车载式和舰载式等。在小型无人机系统中，往往采用便携式地面站，有利于设备的高度集成，具有小型化、一体化及智能化的特点。对于大型无人机系统，地面指控站通常包括若干个功能不同的控制站，这些控制站通过通信设备连接起来，就构成了无人机的指挥控制系统。地面指控站一般包括指控中心站、无人机控制站、载荷控制站和单收站。一架无人机可由一个控制站完成所有的指挥控制工作，也可由几个控制站协同完成全部的指挥控制任务。以下简要介绍掌上型、便携式和大型地面指控站。

1）掌上型地面指控站

掌上微型地面指控站是为起飞质量从几百克到10kg的微型、手抛型等无人机专门开发的地面测控系统。该系统包括掌上计算机、地面遥控遥测软件、地面数传电台等几个部分，可以在手掌上执行无人机遥控遥测任务。内置的地面测控软件，集成了便携式地面站的功能，可以满足较高要求的任务执行。

2）便携式地面指控站

便携式地面指控站是为配合10～100kg起飞质量的无人机定制的。便携式地面指控站的主体是配置了指挥控制和任务规划软件的便携式计算机，利用无线数传电台或无线网络进行数据传输，操作人员通过键盘、鼠标和遥控器等设备完成指令设定与无人机操控。便携式地面站具有机动灵活、隐蔽性好及环境适应能力强的特点，多用于监视侦察、航空测绘以及科研试验等方面。

图3.4所示的便携式地面指挥站，采用闪存技术的电子硬盘作为主硬盘存储操纵系统及无人机地面控制系统软件，避免了传统硬盘怕震动的缺点，使系统更可靠，提高了飞行安全。箱子尺寸430mm×150mm×350mm，内置数传电台，使无人机测控系统集成到整个地面指控站中，配合天线外接端子，用户可以选择不同增益的天线；内置电源管理及电池供电系统，可保证1h的自供电，提供220V交流或12V直流，方便用户在外场使用发电机或12V蓄电池来延长供电时间；可插拔式硬盘设计作为副硬盘存储图像信息，具有提高数据存储容量、方便导出图像数据、提供地面站供电情况及缺电报警功能。

便携式地面指控站一般采用LCD显示器，这种显示器适合在野外强光环境下使用。无人机指令按键采用防误操纵按键，保证指令的正确性。360°的航向操纵盘，配合飞行控制系统的定向飞行功能，让飞行变得更轻松。

图3.4　便携式地面指挥站实物图

3）大型地面指控站

“捕食者”无人机地面指控站是一种典型的大型地面指挥站。美国空军的RQ-1“捕食者”无人机，是美军目前一种重要的远程中高度监视侦察系统，完整的系统由四架带传感器和数据链路的无人机、一个地面指控站和一个“捕食者”主卫星链路（“特洛伊精神”Ⅱ卫星通信系统）、有关地面保障设备和55名机组人员构成，续航时间24h，巡航速度126km/h。飞机本身装备了UHF和VHF无线电台以及频率为4.0～8.0GHz的C波段视距内数据链（图3.5）。

(a)

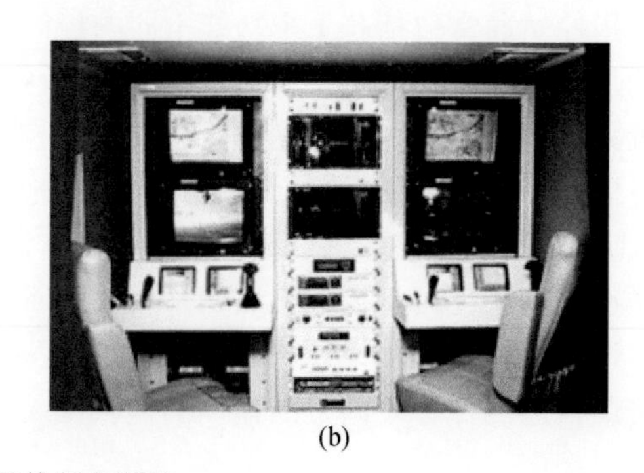
(b)

图3.5　具体任务调整

该地面指控站安装于长10m的独立拖车内，有遥控操作的飞行员和监视侦察操作手的坐席及控制台。波音公司开发控制台、两个合成孔径雷达控制台以及卫星通信、视距通信数据终端。地面站可将图像信息通过地面线路或“特洛伊精神”数据分派系统发送给操作人员。“特洛伊精神”采用一个5.5m Ku波段地面数据终端碟形天线和一个2.4m数据分派碟形天线。

“捕食者”无人机可以在粗略准备的地面起飞升空。起飞由遥控飞行员进行视距内控制，典型起降距离为667m左右。任务控制信息以及侦察图像信息由Ku波段卫星数据链传送，图像信号传到地面站后，可转送全球各地指挥部门，也可通过一个商业标准的全球广播系统发送给指挥用户，从而指挥人员可以实时控制“捕食者”进行摄影和视频图像侦察。

3.1.3 机载控制系统

机载控制系统由飞行控制模块、导航定位模块、通信设备和电源模块组成。机载系统中电子设备种类繁多，设备内部电路的供电需求各异，加上大电流与小电流电源分别供电，需要多个电源转换器进行电压转换。锂聚合电池具有供电电压可选、容量高、放电能力强、可循环充放电、体积小等优点，成为目前普遍使用的轻小型无人机电池。

导航定位模块为机载终端提供有效准确的位置、状态信息。目前轻小型无人机的导航技术为惯导/GPS组合导航系统。通信设备（数据链路设备）在无人机系统中占有非常重要的地位，用于实现无人机和地面站之间的信息传输。数据链路设备利用上下行链路传输无人机飞行数据，必要的时候可以采用中继链路。地面站数据链路设备接收后予以处理显示，形成人机交互界面，实现无人机的状态监控。

3.2 无人机数据链路

链路系统是无人机系统的重要组成部分，其主要任务是建立一个空地双向数据传输通道，用于完成地面控制站对无人机的远距离遥控、遥测和任务信息传输。遥控实现对无人机和任务设备进行远距离操作，遥测实现无人机状态的监测。任务信息传输则通过下行无线信道向测控站传送由机载任务传感器所获取的视频、图像等信息。

任务信息传输是无人机完成任务的关键，任务信息传输质量的好坏直接关系到发现和识别目标的能力。任务信息需要比遥控和遥测数据高得多的传输带宽（一般要几兆赫，最高的可达几十兆赫，甚至上百兆赫）。通常，任务信息传输和遥测可共用一个下行信道。

3.2.1 无人机链路系统组成

无人机数据链路一般由几个子系统组成。链路的机载部分包括机载数据终端（ADT）和天线。机载数据终端包括RF接收机、发射机以及用于连接接收机和发射机到系统其余部分的调制解调器，有些机载数据终端为了满足下行链路的带宽限制，还提供了用于压缩数据的处理器。天线采用全向天线，有时也要求采用具有增益的定向天线。

链路的地面部分也称地面数据终端（GDT）。该终端包括一副或几副天线、RF接收机和发射机以及调制解调器。若传感器数据在传送前经过压缩，则地面数据终端还需采用处理器对数据进行重建。地面数据终端可以分装成几个部分，一般包括一条连接地面天线和地面控制站的本地数据连线以及地面控制站中的若干处理器和接口。

上面描述的是链路系统的最基本组成。对于长航时无人机而言，为克服地形阻挡、地球曲率和大气吸收等因素的影响，并延伸链路的作用距离，中继是一种普遍采用的方式。图3.6为卫星中继的情形。当采用中继通信时，中继平台和相应的转发设备也是无人机链路系统的组成部分之一。无人机和地面站之间的作用距离是由无线电视距所决定的，按照无人机飞行高度在2000m以上

20000m 以下来计算，无人机视距链路的距离一般在 100～400km，如果超过这一距离或地面测控站与无人机之间有明显的地形阻挡，就必须规划中继链路。

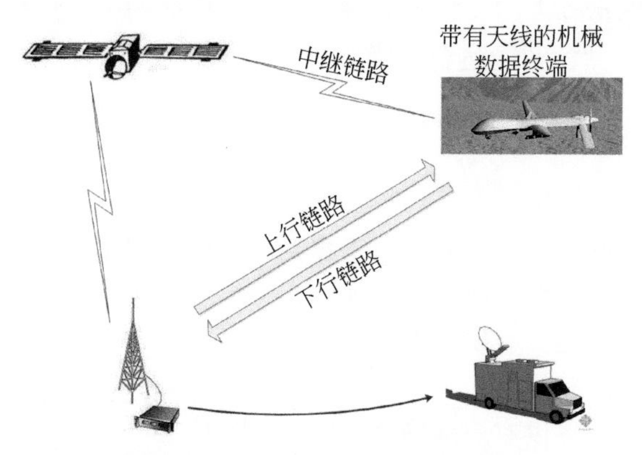

图 3.6　无人机链路系统基本构成

3.2.2　无人机链路信道传输特性

无人机地空数据传输过程中，无线信号会受到地形、地物以及大气等因素的影响，引起电波的反射、散射和绕射，形成多径传播，并且信道会受到各种噪声干扰，造成数据传输质量下降。在测控通信中，无线传输信道的影响随工作频段的不同而异，因此首先需要了解无人机测控使用的主要频段。

无人机测控链路可选用的载波频率范围很宽。低频段设备成本较低，可容纳的频道数和数据传输速率有限，而高频段设备成本较高，可容纳较多的频道数和较高的数据传输速率。无线电波的频率范围可按频段或波段划分，如表 3.1 所示。

表 3.1　无线电频段划分

序号	频段名称		频率范围
1	高频（HF）（短波）		3～30MHz
2	甚高频（VHF）（超短波）		30～300MHz
3	超高频（UHF）（分米波）		300～1000MHz
4	特高频	L	1～2GHz
5		S	2～4GHz
6	超高频（SHF）（厘米波）	C	4～8GHz
7		X	8～12GHz
8		Ku	12～18GHz
9		K	18～27GHz
10	极高频（EHF）（毫米波）	Ka	27～40GHz
11		V	40～75GHz
12		W	75～110GHz
13		缺	110～300GHz

无人机链路应用的主要频段为微波（300MHz～3000GHz），因为微波链路有更高的可用带宽，可传输视频画面，它所采用的高带宽和高增益天线抗干扰性能良好。不同的微波波段适用于不同的

链路类型，一般来说，VHF、UHF、L 和 S 波段较适用于低成本的近程、短程无人机视距链路；C、X 和 Ku 波段适用于短程、中程和远程无人机视距链路和空中中继链路；Ku、Ka 波段适用于中程、远程无人机的卫星中继链路。

3.2.3 无人机数据链路设备

小型无人机数据链系统大多采用 RC 遥控、无线数传电台、无线局域网和视频传输四种模式。考虑到无人机通信数据的多样性，通信系统通常是两种或两种以上数据链模式的结合。表 3.2 为世界主要无人机研究机构实际使用的数据链路模式。

表 3.2 小型无人机数据链路模式选择

研究机构	RC 遥控	无线数传电台	无线局域网	视频传输
亚利桑那州立大学	√	√	×	√
加州大学伯克利分校	√	×	√	×
南达科他矿业技术学院	√	√	√	×
罗斯-霍曼理工学院	√	×	√	×
斯蒙-福瑞兹大学	√	√	×	√
滑铁卢大学	√	√	×	×
柏林大学	√	√	×	×

1）RC 遥控

无人机的 RC 遥控与一般航模设备的遥控装置是一样的，主要用于视距范围内地面人员对无人机的手控操纵。由于无人机自主起降技术还不很成熟，而且无人机在空中出现异常状况时需要通过 RC 遥控迅速切换到手控状态，作为保证无人机安全的数据链，目前世界主要研究机构都配备了 RC 遥控模式。如图 3.7（a）所示的遥控装置是 FUTABA 的 14 通 T14SG，接收机是 R7008SB，晶振频率为 72MHz。虽然这款遥控装置有诸多性能，并且室外有效通信距离可达上千米，完全满足视距范围内的手控操作，但也有不足之处。其最大的缺点是容易受到外界干扰而造成“跳舵”，尤其是在大型基站发射塔或雷达附近，这对无人机而言无疑是最危险的。

图 3.7（b）为天地飞 WFT09SⅡ遥控，这款是国内比较早的应用于固定翼、直升机、滑翔机、车和船的 9 通道 2.4GHz 遥控设备，传输距离为 900m，支持双路 WFT095 接收机。天地飞是国内一款知名的 RC 遥控品牌，其也有新推出集图传显示、远程操控功能于一体的 RC 产品。

图 3.7（c）为华科尔 Devo F12E，是国内一款支持直升机、固定翼、滑翔机、多轴飞行器的 RC 遥控，它汇聚 12 通道 2.4GHz 遥控信号与 32 频道 5.8G 图传功能，双向远距离传输，传输距离可达 1.5km，接收机 Devo-RX1202 具备 12 通道传输。但是多数华科尔产品比较适合于操控新手，倾向于模型飞机的遥控。

2）无线数传电台

无线数传电台（Radio modem）是采用数字信号处理、数字调制解调等技术，具有前向纠错、均衡软判决等功能的无线数据传输电台。其传输速率在一般在 300～19200bps，发射功率最高可达数瓦甚至数十瓦，传输覆盖距离可达数十千米。数传电台主要利用超短波无线信道实现远程数据传输。

与常规的调频电台相比，数传电台增加了一个调制解调器 MODEM，可以实现数据在无线通信

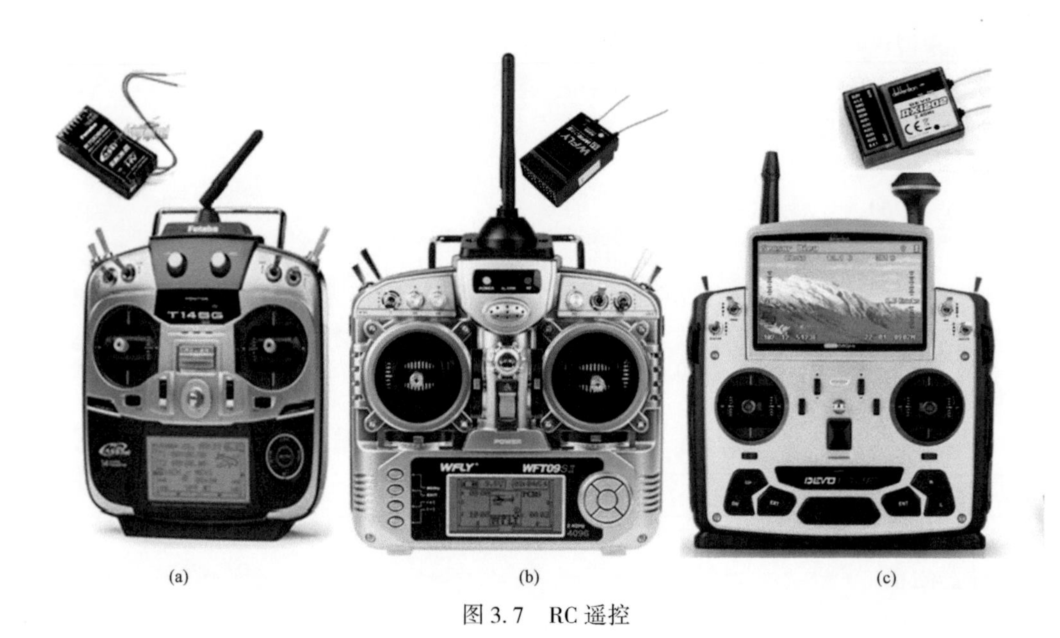

(a) (b) (c)

图 3.7　RC 遥控

信道上更可靠的传输。数传电台的调制方式对数据传输的可靠性有很大影响，数字调制有三种基本的调制方式：幅移键控（ASK）、频移键控（FSK）和相移键控（PSK）。由于这三种基本调制方式传输效率比较低，在此基础上又产生了一些抗干扰强、误码率低和频谱利用率高的新调制技术，如正交相移键控（QPSK）、正交调幅（QAM）和最小频移键控（MSK）等方式。虽然以上几种先进的调制方式有诸多优势，但必将增加设备的复杂性和成本。目前常用数传电台的调制方式为频移键控 FSK 调制方式。

MaxstreamXtend900M 数传模块为数传设备中的典型代表。如图 3.8 所示的数传模块分别是机载接收模块 XT90-SI-NA 和地面发射模块 Xtend-PKG，机载接收模块 XT90-SI-NA 体积小、质量轻，地面发射模块 Xtend-PKG 性能稳定，而且它们拥有行业领先的性能。与其他无线数传模块相比，这两款无线射频调制解调器具有极高的接收灵敏度，可以接收到其他模块不能接收到的信号，通信距离是工作在该频段的其他模块的 2～8 倍，最远可达 64km。其工作频率为 900MHz，且功率和波特率可调，并具有调频、地址对应和数据加密等功能，同时支持点对点、点对多点和多点对多点之间的数据传输。它的输入和输出均为标准的 RS232 接口，使用时只需要简单地将数据传送到一个调制解调器，数据将通过长距离无线连接传输到另一端，操作十分简单。其性能参数如表 3.3 所示。

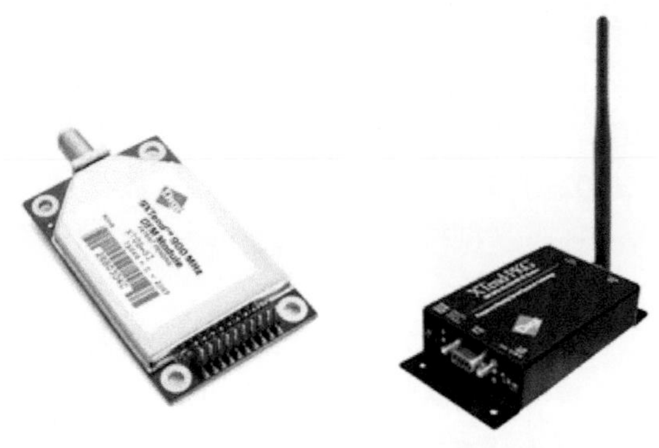

图 3.8　MaxstreamXtend900M 数传模块

表3.3 MaxstreamXtend900M数传模块技术参数

产品型号	XT90-SI-NA
室外传输距离	64km（高增益天线） 22km（偶极子天线）
室内传输距离	0.9km
传输速率（软件可调）	9600～115200bps
发射功率（软件可调）	1mW～1W
频率范围	902～928MHz
扩频方式	FHSS（Frequency Hopping Spread Spectrum）
调制模式	频移键控FSK
网络拓扑	点对点，点对多点和多站
加密模式	256位/128位AES加密
数据接口	RS-232/422/485，DB-9
电源电压	2.8～5.5V
接收电流	80mA
尺寸/质量	61mm×37mm×8.5mm/35g

3）无线局域网

无线局域网WLAN（WirelessLAN）是使用无线电波作为数据传送媒介的局域网，用户可以通过一个或多个无线接取器WAP（Wireless Access Points）接入无线局域网。目前无线局域网最通用的标准是IEEE定义的802.11系列标准。它的第一个版本802.11定义了介质访问接入控制层（MAC）和物理层，其中物理层定义了2.4GHz工作频率的两种无线调频方式和一种红外传输的方式，总数据传输速率为2Mbit/s。后来又增加了两个补充版本，即802.11a和802.11b，其中802.11a的物理层定义了5.8GHz的工作频率，数据传输速率可达54Mbit/s；802.11b的物理层定义了2.4GHz的工作频率，数据传输速率最高可达11Mbit/s，并得到了广泛应用。表3.4是以上几种标准的比较。

表3.4 无线局域网标准比较

标准	频率/GHz	带宽/（Mbit/s）	关键技术	业务
IEEE802.11	2.4	2	直接序列扩频	数据
IEEE802.11a	5.8	54	正交频分复用	数据、图像
IEEE802.11b	2.4	11	直接序列扩频	数据、图像
IEEE802.11g	2.4	54	正交频分复用	数据、图像

无线局域网具有以下优点：①可移动性和灵活性。无线局域网在无线信号覆盖区域内的任何一个位置都可以接入网络，并且可以自由移动。②安装便捷。无线局域网能够最大限度地减少网络布

线的工作量，通常只要安装一个或多个接入点设备，就能够建立覆盖整个区域的局域网络。③易于扩展。无线局域网有多种配置方式，可以很快从小型局域网扩展成为大型网络。由于无线局域网以上的诸多优点，其发展十分迅速，现在已经广泛应用在商务区、大学、科研机构、机场及其他公共区域。

然而无线局域网也存在一些缺陷，其不足之处主要体现在以下几个方面：①性能。无线局域网是依靠无线电波进行传输的，高山、建筑物和树木等障碍物都可能因为阻碍电磁波的传输而影响网络性能。②速率。与有线信道相比，无线信道的传输速率要低得多，因此只适合小规模网络应用。③传输距离。无线局域网的传输距离一般都比较短，所以一般情况下需要使用大功率天线，以增加传输距离。

在工程实践中，无线局域网是由地面笔记本工作站的无线网卡通过无线路由器与机载设备中的无线网络模块组成。表 3.5 是 PowerKingARG-1206 无线路由器的技术参数，安装平板天线 WLP-2450-10 后，其有效通信距离可达 2.5km 以上，可以满足小型无人机的实际需求。

表 3.5　PowerKingARG-1206 技术参数

支持标准	IEEE802.11b/g
频率范围	2.4 ~ 2.4846GHz ISMBand
输出功率	1.0W
敏感度	802.11b-80dBm@8%PER 802.11g-68dBm@8%PER
电源电压	DC12V
尺寸	135mm×91mm×24mm

3.3　无人机任务规划与指挥控制

无人机任务规划是根据无人机所要完成的任务、无人机数量及任务载荷的不同，对无人机完成具体任务的预先设定与统筹管理。其主要目标是依据环境信息，综合考虑无人机性能、到达时间、油耗、威胁及空域管制等约束条件，为无人机规划出一条或多条从起始点到目标点最优或满意的航路，并确定载荷的配置、使用及测控链路的工作计划，保证无人机圆满完成任务并安全返回基地。因为“无人”的特点，对任务规划系统的依赖更加强烈，任务规划系统是有效使用轻小型无人机的重要组成部分。

3.3.1　无人机任务规划的内容

无人机地面站通常配备有专门的任务规划系统。无人机任务规划系统除了具备任务规划系统的功能特点之外，其主要规划功能如图 3.9 所示。

（1）航路规划。规划无人机从起始点到目标点的航路，并对规划出的航路进行检验。首先，规划的航路必须满足无人机性能要求，如机动性能的限制，确保规划航路的可实现性；其次，规划航路必须具备良好的安全性，要考虑地形和碰撞回避，减少航路在时空域上的同步交叉。另外，航路

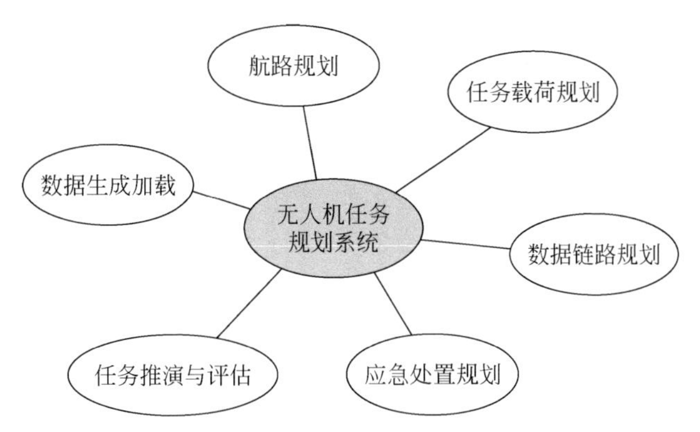

图3.9　无人机任务规划系统主要功能

规划的主要内容包括信息获取与处理、威胁突防模型和规划算法等。

（2）任务载荷规划。根据已知的数据信息，合理配置无人机任务载荷资源，确定载荷设备的工作模式。例如，规划侦察类载荷在不同任务执行阶段的工作状态和使用方式。

（3）数据链路规划。根据频率管控要求及电磁环境特点，制定不同飞行阶段测控链路的使用策略规划，包括视距或卫通链路的选择、链路工作频段、频点、使用区域、使用时段、功率控制以及控制权交接等。

（4）应急处置规划。规划不同任务阶段时的突发情况处置，针对性规划应急航路、返航航路、备降机场及链路问题应急处置等内容。

（5）任务推演与评估。在完成任务规划后，通过任务推演完成对无人机作业效果的预估和判断，并反馈指导决策，形成最终任务计划。对任务规划结果进行动态推演，能对拟制完成的任务计划进行正确分析，计算达成任务目标的程度，并以形象的方式表达任务规划意图。

（6）数据生成加载。能够将航路规划、载荷规划、链路规划和应急处置规划等内容和结果自动生成任务加载数据，并通过数据加载卡或无线链路加载到无人机相关的功能系统中。

任务规划可分为预先规划和实时规划。预先规划是在起飞前制定的，主要是综合任务要求、气象环境和已有的知识等因素，制定中长期任务规划。由于在实际情况中难以保证获得的环境信息不发生变化，同时由于任务的不确定性，无人机经常需要临时改变所担负的飞行任务，这就需要实时任务规划。实时规划是无人机在飞行过程中，根据实际的飞行情况和环境的变化制定出一条可飞航路，包括对预先规划的修改以及应急方案的选择等。

3.3.2　无人机任务规划流程

无人机任务规划的基本流程如图3.10所示。首先，通过任务接收与输入组件，接收来自上级指控系统发送的任务信息；然后，进行相关数据准备，分析任务目标，并根据实时变化或存储在数据库中的环境、气象、GIS、空中交通管制等信息形成约束条件；在上述基础上，进行航路规划、载荷使用规划和链路使用规划。航路规划包括任务区域内和巡航阶段在内的多机协同航路规划、应急返航/备降航路规划等，并进行航路冲突检测；载荷使用规划包含传感器及其他载荷规划等；链路使用规划包含对视距和超视距链路的使用规划以及链路的频谱管理等，可能还需要进行链路的威胁和抗干扰分析。至此，初步规划完成，通过任务预演实现对任务的安全性、完成度和效能等方面的综合评估，以确认规划效果，对不满足要求的部分做出调整，调整后满足要求的则按照标准文件格式直接输出任务规划结果，加载到无人机平台。当任务发生变化时，要进行实时任务重规划，包括整体或局部重规划。

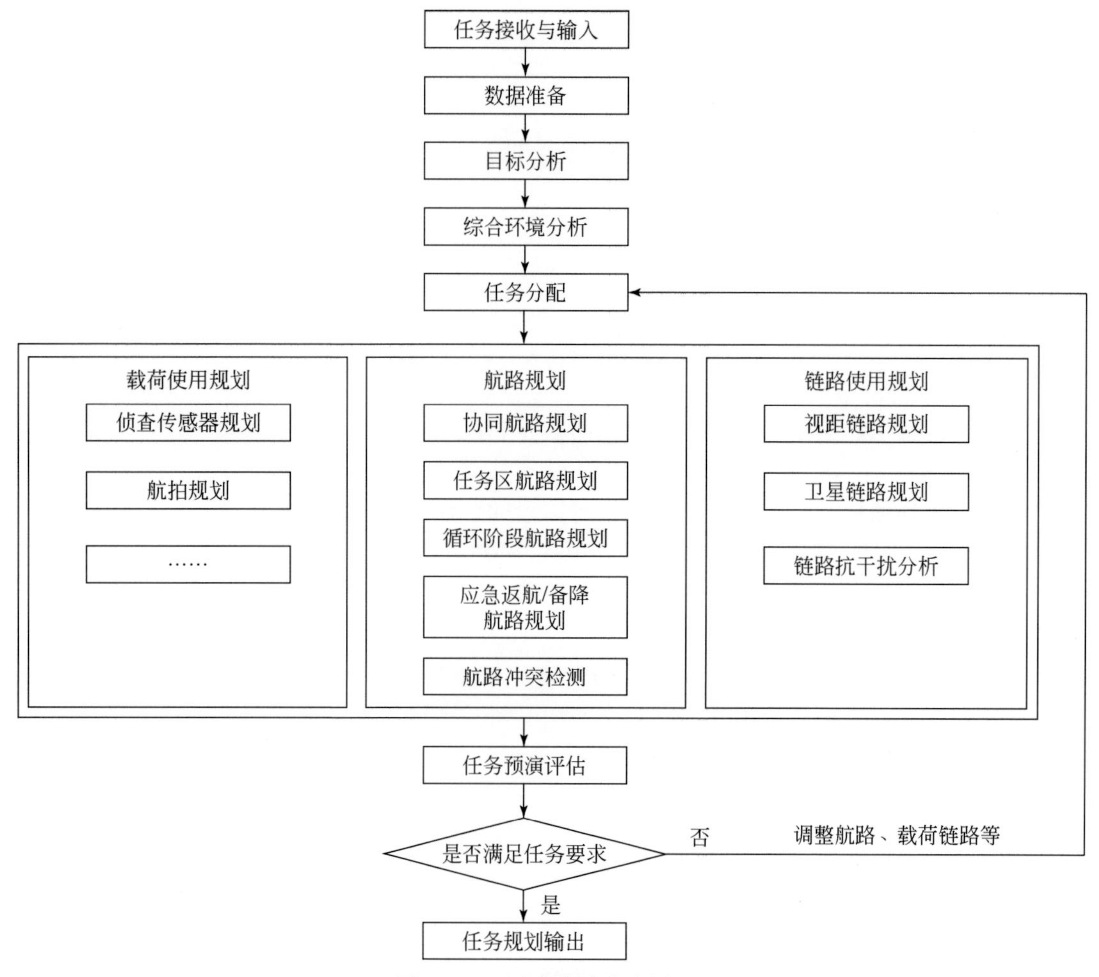

图 3.10　无人机任务规划流程

为提高任务成功率，实现无人机作业的优势互补，采用多架无人机协同作业已成为必然选择。在此种情况下，多无人机协同任务规划将成为任务规划的一个新的发展方向。它是在无人机规划与方案生成过程中集规划、仿真、评估为一体的多功能系统，通过系统运筹、合理规划使得多批次、多种类的无人机协调配合，充分发挥自身功用，科学利用资源，完成指派任务，从而获得整体最佳的作业效能。图 3.11 给出了一种多无人机任务规划系统的模块构成图。

3.3.3　无人机航路规划

航路规划是无人机任务规划系统的重要组成部分，也称航迹规划。其具体内容是指依据地形信息和作业目的，综合考虑无人机性能、到达时间、油耗、环境及飞行区域等约束条件，为无人机规划出一条或多条从起始点到目标点的最优或满意的航迹，保证无人机圆满完成飞行任务并安全返回，这就对航迹规划技术提出了很高的要求。

航迹规划包括飞行前航迹规划和航迹实时重规划两个方面。飞行前航迹规划是在无人机起飞完成任务前考虑所有已知的环境约束，借助计算机辅助手段寻找一条最优航迹作为预定航迹。飞行前航迹规划一般在无人机起飞前完成，对实时性没有太多的要求，故也称离线航迹规划。航迹实时重

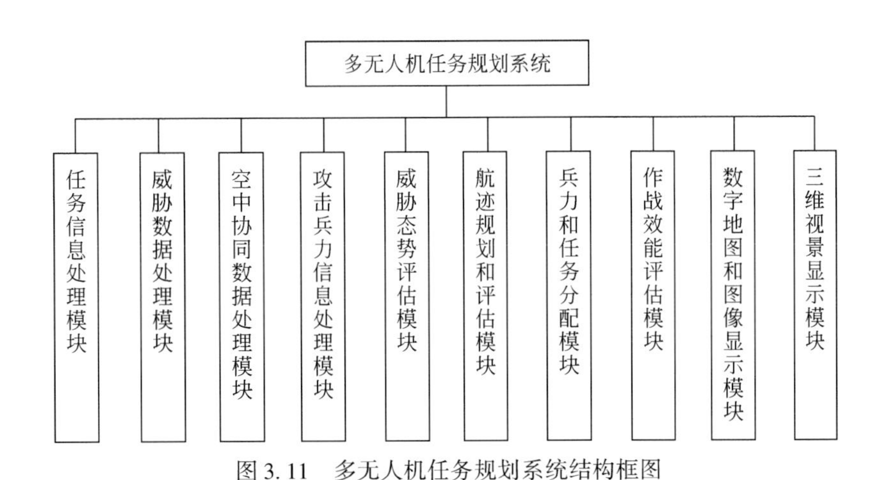

图3.11 多无人机任务规划系统结构框图

规划是在飞行过程中，一些事先未知的环境变化被飞机上的传感器探测到或通过通信链被无人机感知到时，由机上重规划系统进行的更改预定航迹的过程，也称在线航迹规划。在线规划是在飞行中进行的，对实时性有很高的要求。而这种可以根据在线探测到的态势变化，实时或近似实时地重新规划任务目标的能力，是无人机飞行控制系统所期望具有的。

一个完整的航迹规划系统通常由以下几个部分组成：地形数据处理模块和监测信息处理模块、路径生成模块以及路径优化处理模块。其中，地形数据处理模块将规划区域内的各种地形信息进行综合处理，为航迹规划提供必要的模型。路径生成模块通过一定的规划算法，生成从起点到终点的一系列航迹。路径优化模块将生成的航迹进行优化处理，使路径平滑可飞。航迹规划涉及的主要问题包括环境模型的建立、约束条件与规划算法的选取。

在航迹规划过程中，对地形、环境信息的处理是规划的前提，它直接决定了规划路径的质量。常用的处理这类信息的做法是构造数字地图。在规划前需要对航拍等方式获取的地形信息进行处理，确定地形的方差、均值、粗糙度和相关程度等。在飞机进行地形跟随飞行时，针对孤立的山峰和障碍物，考虑飞机纵向机动性的限制，对这类地形进行平缓处理。在航拍任务中，为了使任务完成的效率变高，需要多个无人机之间相互配合完成任务，这就涉及多机协同航迹规划技术。多机协同航迹规划是为了确立每一个无人机的飞行路线，防止空中碰撞事故，并在尽可能少的时间内以最小整体代价函数到达目标。在无人机协同航迹规划中，到达目标的时间是一个非常重要的评估指标。为了使无人机能够同时到达目标，一般采用以下两种方式：一种是通过协调无人机的飞行速度使到达目标较短路径的无人机采取小的速度，使较长路径的无人机速度加大；另一种是对航路做一些修正，通过附加一些路径使每架无人机到达目标点的距离大致相等。在多机协同航路规划问题中，求解无人机整体最优航路是一个大系统的非线性最优化问题，它的计算复杂，对信息快速处理要求苛刻。目前，该项技术还处于理论研究阶段，离实用还有较长的一段距离。

3.3.4 无人机任务规划系统的未来发展

随着未来体系化作业不断推进以及无人机装备技术的快速发展，任务规划系统和任务规划技术需要主动适应环境需求和载荷使用特点，其未来主要发展趋势如下。

1）通用化的软件架构

任务规划软件架构设计在很大程度上决定着任务规划系统的可扩展性、稳定性和技术先进性，显著影响任务规划工作的成效。任务规划软件架构的主要工作是确定软件层级，每一层级的职责和模块组成，层级之间的接口、传输协议和标准，以及每一层级上所采用的技术框架。通用化的任务规划系统应具备通用的运行平台、标准的基础服务、兼容的数据格式、规范的界面布局、一致的操作习惯和统一的显示风格，具备对不同型号的单架或多架无人机的规划能力，便于无人机信息共享和联合控制，满足未来无人机“一站控多机、一机多站控”的发展需求。

2）多元、实时的作业信息保障

任务规划作为信息化系统，最重要的就是对信息的需求。任务规划的背后是大量的信息获取和精确、复杂的信息处理过程，作业信息保障成为任务规划系统发挥作用最重要的前提，规划安全可靠的航迹和有效实用的计划离不开基础地理、气象、情报、航管、目标保障等各类信息。将这些信息接入任务规划系统，可视化地呈现给规划人员，是无人机实现从平台中心独立作业向网络中心体系作业转变的关键。

3）动态实时规划

虽然预先规划在任务开始前为无人机制定出了详细的任务计划，但任务开始后随着环境信息的不断变化，需要对受到影响的无人机的任务计划进行动态实时调整。作业环境是动态变化的，障碍、威胁等环境因素会随时发生变化，预先规划好的航迹在任务执行时可能因为环境的变化而不再适用，需要通过任务规划技术及时处理新出现的威胁和变化中的环境信息，使重新规划后的航迹或重新分配后的任务目标更加合理和有效，这就需要嵌入自动的航迹规划和任务分配算法作为支撑。

目前，无人机的预先任务规划技术研究较多，但是对于任务执行过程中的实时任务规划技术的研究还相对欠缺。实时任务规划由于在飞行过程中进行，更强调在动态的不确定的环境中的实时规划能力，因此比预先规划面临更多和更大的挑战。

1）联合协同规划

目前的任务规划系统主要侧重研究单架无人机的任务规划，为提高无人机效能，未来一站多机及有人机/无人机协同作业是必然趋势，因此需要任务规划系统具有协同规划能力，实现多个飞行平台在时域、空域和频域上的一致性，确保协同规划的安全性，满足协同任务的作业需求。

2）智能自主规划

有时在复杂的环境中，需要任务规划系统能够根据情况变化，自主地进行作业方案的调整或重规划，减少人工参与并降低对其他系统（如数据链路）的依赖程度，实现智能化的自主规划。无人机必须具有机载自主决策能力，此时的任务规划系统将不仅仅局限在地面，而是由地面和机载两套任务规划系统组成。智能自主规划的实现，需要人工智能技术的进一步发展，它是任务规划的终极目标。目前在一些局部的自主规划和控制技术方面已经取得了一定进展，如无人机自主搜索、自主目标识别等，这些都是任务规划技术的未来发展趋势。

3.4 无人机编队飞行

无人机编队飞行，即多架无人机为适应任务要求而进行的某种队形排列和任务分配的组织模式，它既包括编队飞行的队形产生、保持和变化，也包括飞行任务的规划和组织。无人机编队飞行是无人机发展的一个重要趋势，拥有广阔的发展前景。

3.4.1 无人机编队飞行的主要特点

因为单无人机搭载的设备有限，所以要完成一件比较复杂的任务时，就必须出动多次。而编队作业的无人机组可以分散搭载设备，将一个复杂的任务拆分为几个简单的任务，分配给编队中的不同无人机，使任务能够一次完成，执行任务将更有效率，如高精度定位、多角度成像及通信中继等，在多角度及三维成像方面的效率远高于单机作业。

在无人机执行任务过程中，难免由于各种意外而造成损失。当无人机因突发情况而不得不脱离任务时，对于单无人机来说，就意味着任务失败，而对编队飞行的无人机来说，只是任务的完成程度受到了影响，可以在编队中编入备用的无人机以保证整个编队能够继续执行任务。这种可靠性和冗余度在复杂多变的任务中尤为重要，这是无人机编队飞行的一个突出的特点和优势。

多无人机协同作业系统力求通过多架无人机之间的相互协同，使多无人机系统作为整体执行任务的能力大于各架无人机的简单相加。其主要特点表现如下：

（1）协作性。系统中的各架无人机可以相互协作，执行单架无人机无法完成的任务。

（2）并行性。系统可通过各架无人机之间的异步并行活动，提高系统内部的情报获取能力、信息感知能力和辅助决策能力。

（3）鲁棒性。系统并不依赖于某架无人机完成所有的任务，不会因为某一架无人机的损伤或者退出而导致系统瘫痪。

（4）易扩展性。系统松散耦合的特征，保证了其体系构成的可重用性和可扩充性。

（5）自适应性。系统中各架无人机能够随环境的变化调整自己的飞行路径，并且与其他友邻无人机进行通信和协作，彼此之间保持安全距离，始终保持系统资源的最优化配置。

3.4.2 无人机编队研究现状

与单无人机飞行相比，无人机编队飞行要复杂得多。除了要具备单无人机所必需的飞行和姿态控制系统、通信系统外，还要考虑多无人机的协调问题，如任务配合、航迹规划、队形的产生和保持、防止信息交互和飞行扰动引起的冲突、数学模型和仿真模型的可靠性等。针对无人机编队系统的研究，按目的可以划分为任务层、控制层和执行层。

1. 任务层

任务层是针对具体任务或者以完成某一指标为目的而进行的关于编队飞行规划的研究，主要包括任务规划和航迹规划。任务规划是针对某一特定任务，对不同性能的或者相同性能的无人机组进行任务分配，使每架无人机都能充分发挥其各自的特点，使任务完成有效而又不会浪费资源。

除了针对任务的航迹设计外，更多的是针对航迹规划中的会合问题和避障避险问题。多架无人机在初始位置不同或初始时间不同或两者都不同的条件下，同时或者分时到达同一个位置点，这个问题称为会合问题。在会合问题中的算法通常是以用时或总路径最少，或者搜索范围最大等为指标来选择期望轨迹的。无人机完成任务的途中，往往存在障碍或危险区域，执行任务时需要规划如何绕开这些区域到达目标点，这个问题称为避障避险问题。避障避险算法规划中的指标一般是时间、路径长度、涵盖范围或避障后在某点集合等。对于航迹规划，目前正在思考会合点发生变化或者运动情况下的轨迹规划以及障碍位置变化情况下的轨迹规划。

2. 控制层

根据不同的任务，需要无人机编排成不同的队形，如雁形编队、平行编队、纵列编队、蛇形编队、球形编队等。编队的无人机，尤其是密集编队中的无人机会受到其他无人机的气动干扰，因此不同编队的气动效应是不同的。各种编队模式的数学模型以及模型的稳定性、动态性等性能通过研究会得到不同的结论。针对密集编队气动效应下的防撞控制及节油性能的估算问题已经开展了研究。

编队的无人机因任务要求往往要保持其在队列中的相对位置基本不变。一般的保持策略是编队中的每架无人机保持与队列中约定点的相对位置不变，而当这个约定点是领航机的时候，这个保持策略就称为跟随保持。在阵形保持过程中，可能会因一些干扰因素引起扰动，防止冲突策略就是要避免在扰动下可能发生的碰撞和信息交互中的阻塞。无人机编队保持队列形状，信息交互是关键。信息交互的控制策略一般有集中式控制、分布式控制和分散式控制，每一种方式都有其独特的定义和优势。在编队控制的具体控制算法方面，已经做了很多探讨，有线性反馈法、非线性补偿、神经网络和模糊控制等方法。

（1）集中式控制。每架无人机要将自己的位置、速度、姿态和运动目标等信息和队列中所有无人机进行交互。在集中式控制策略中，每一架无人机都要知道整个队列的信息，控制效果最好，但是需要大量的信息交互，在交互中容易产生冲突，计算量大，对机载计算机的性能要求较高，系统和控制算法复杂。

（2）分布式控制。每架无人机要将自己的位置、速度、姿态和运动目标等信息和队列中与之相邻的无人机进行交互。在分布式控制策略中，每一架无人机需知道与之相邻无人机的信息，虽然控制效果相对较差，但信息交互较少，大大减少了计算量，系统实现相对简单。

（3）分散式控制。每架无人机只要保持自己和队列中约定点的相对关系，不和其他无人机进行交互。其控制效果最差，基本没有信息的交互，计算量也最少，但结构最为简单。

分布式控制的效果虽然不及集中式控制，但其控制构造简单可靠、信息量小，比较容易避免信息冲突。从工程角度看，这样的结构便于实现和维护。除此之外，分布式控制策略适应性强，并具有较好的扩充性和容错性，如执行任务的途中任务突然变更需要新的无人机加入编队，或者某无人机由于故障不能继续完成任务需要脱离编队并补充新的无人机的情况。由于分布式控制能够将突发的影响限制在局部范围内，所以目前对队列控制策略的研究热点也逐渐由集中式控制转向分布式控制。

分布式控制的编队概况见图 3. 12。图中 V1 为首机，V2 和 V4 跟随 V1 并保持与 V1 的相对位置，以保持其在队列中的位置。V3 则只要知道 V2 的信息并与其保持相对位置就可以保持在整个队列中的位置。整个队列是由若干个基本的二机跟随飞行编队组成，具有良好的扩充性。

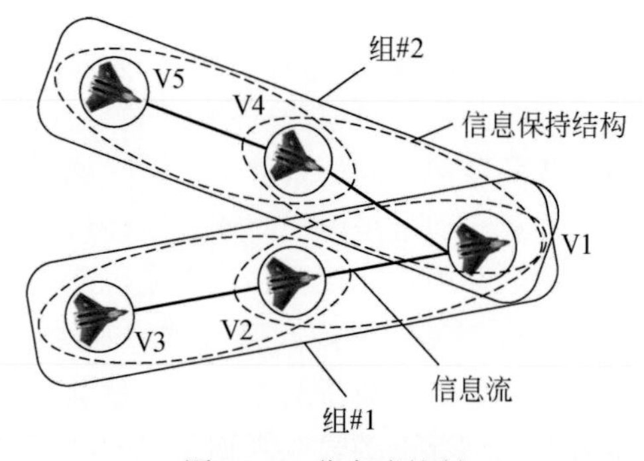

图 3. 12　分布式控制

大量无人机由不同的起始位置通过分布式控制完成编队的示意见图 3. 13。约定的组队区域为圆形区域，要求由 30 架无人机组成编队。由于初始位置不同，所以各无人机由初始位置向内部靠拢，并不断搜寻邻近的无人机，并与其他任意一架无人机保持一定的距离。经过一段时间后，由图（a）的初始状态达到图（b）的完成编队状态。

如果用集中式控制策略完成编队，信息交互将是海量的，这是因为处理这些信息的复杂程度与

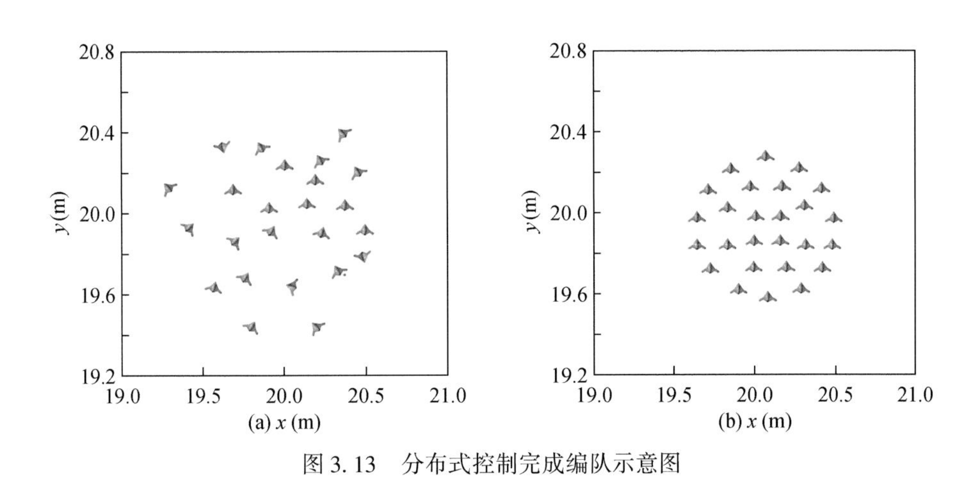

图 3. 13 分布式控制完成编队示意图

编队无人机的数量呈几何关系。而如果采用分散式控制策略，则不能保证在编队形成的过程中无人机之间不发生碰撞，只有分布式控制策略能同时解决信息交互和碰撞的问题。

3. 执行层

无人机编队系统一般由机载设备、无人机组和地面站组成。机载设备包括传感器、飞行控制系统、计算机、发射机、接收机和电源装置。良好的机载设备除了功能强大外，还需要具备质量轻、结构稳固的特点，以尽量减小对飞行性能的制约。为了有效地控制无人机编队飞行，地面站要有高速的处理器，以便及时处理无人机的控制指令，还要有高可靠性的通信装置，以保证指令的传输，同时还要求能及时观测到无人机的飞行情况，以便评估飞行效果。因此，地面站一般由地面计算机、发射机、接收机和地面观测装置组成。执行编队飞行的多架无人机应该有良好的飞行动态品质和操纵性，以便能够有效地执行任务指令。

地面验证试验主要测试无人机的各种功能，包括自主飞行控制能力和与其他无人机编队的协作能力。地面试验和编队飞行试验已经取得了一些成果。Cornell 大学的编队地面试验在试验台上验证了单个无人机飞行控制和多架无人机的编队控制，并取得了一定成果。实际的飞行试验则是综合验证各个理论设计和系统设计的研究。Stanford 大学使用两架固定翼无人机进行编队飞行试验，试验中一架无人机在飞行中穿插到另一架无人机的航路中，用于验证避撞控制系统的工作效果。

3. 4. 3 无人机移动自组网

移动自组织网络以其高度的自治性、抗毁性和拓扑动态可变性等突出优势成为非常适合于组建无人机网络的技术。无人机自组织网络也称作无人机 Ad Hoc 网络，是由无人机担当网络节点组成的具有任意性、临时性和自治性网络拓扑的动态自组织网络系统。多架性能不同、功能各异的无人机协同完成任务的执行、监视等将是未来小型无人机遥感发展的方向和要求。多机协同完成任务的前提是实现无人机群自主测控通信一体化，也就是必须组建具有较强通信能力、信息感知能力和抗毁性强的无人机网络。该网络必然是一个动态性很强的网络，网络的拓扑结构快速变化，不断会有节点加入或离开网络。因此，作为网络节点，每架无人机都配备 Ad Hoc 通信模块，既具有路由功能，又具有报文转发功能，可以通过无线连接构成任意的网络拓扑。每架无人机在该网络中兼具作业节点和中继节点两种功能。

1. 自组织网络的特点

无人机 Ad Hoc 网络除具有独立组网、自组织、动态拓扑、无约束移动、多跳路由等一般 Ad Hoc 网络本身的技术特点以外，还具有以下作业使用特点：

（1）抗毁能力强。无人机 Ad Hoc 网络可以在不需要任何其他预置网络设施的情况下，能够在任何时刻、任何地方快速展开并自动组网，可以动态改变网络结构，即使某个节点的无人机脱离结构，也可以自动重构网络拓扑，不会影响其他节点，并克服了单机工作时影响效率和成功率的弱点。其网络的分布式特征、节点的冗余性使得该网络的鲁棒性和抗毁性突出。

（2）智能化高。无人机 Ad Hoc 网络具有高效的路由协议算法，能够及时感知网络变化，自动配置或重构网络，保证数据链路的实时连通，具有高度的自治性和自适应能力。另外，无人机自组网可以实现信息共享，能够将所接收的信息进行处理，并自主决策，实现作业任务智能化。

（3）功能多样。无人机自组网后就具有所有终端的功能，各无人机优势互补、分工协作，形成有机整体，获得比单机更好的效能，而且可以获得很多组网后的增值功能，这就意味着无人机的功能有了更大的扩展，所以应用范围也得到了拓宽。

2. 国外无人机自组网研究情况

很久以来，国际上包括美国在内各国无人机使用主体一直采用后方中心与单个无人机直接通信的控制模式。随着技术的发展和需求的变化，各国开始意识到未来无人机的工作模式会逐步从“单机——后方中心”模式转向“机群——后方中心”模式。近年来，美国和欧洲已经正式把无人机的发展列入“网络中心战”的系统框架中。美国国防部 2005 年发布的《无人飞行器系统发展路线图，2005～2030》中就勾画出了未来无人驾驶系统（UAS）的通信网络与全球信息栅格之间的关系，指出无人机作为一个信息节点必将连接未来的全球信息栅格。该文件还指出，未来无人机将以 Ad Hoc 网络拓扑进行通信自组网，而全球鹰和捕食者无人机自身就应具备支持 Ad Hoc 网络的能力，并提到了自组网设计以及相关的宽带路由器、跨层通信协议、高性能网关等方面的问题。

目前，国外无人机自组网研究尚处于初级阶段。例如，美国 Colorado 大学基于 Ad Hoc 网络研究了无人机组网技术；Johns Hopkins 大学提出了基于 Ad Hoc 扩展的无人机群通信体系结构。另外，Daniel Lihui Gu 等将无人机作为路由器节点，在分级 Ad Hoc 网络中负责路由信息的采集和分发，并通过改进 Ad Hoc 分级状态路由协议 HSR，解决了 Ad Hoc 网络中可用带宽随着节点增多而逐渐减小的问题。Brown TX 等则进行了无人机自组网的试验，通过在无人机上加装自组网设备进行了语音传输实验，验证了在能够接受的传输质量和相同的吞吐量条件下无人机自组网可以延伸的通信距离。但是，由于任务执行环境的复杂性和无人机的特点，目前国外无人机自组网研究还只是集中于网络体系结构、通信协议、网络管理、拓扑控制、安全管理等技术理论方面，距离实际应用还有待时日。目前通用性较好的数据链，如美国的 CDL 和 TCDL、英国的 HIDL 等，都还只是支持点对点组网模式或广播模式，还未到达接入“全球信息栅格的设想”的阶段。

第4章　管理规范与技术标准

国内已有大量高校、科研单位及企业对无人机标准化工作进行了有益尝试，但尚未形成专门针对轻小型无人机遥感的标准体系。2004～2014年，我国已颁布实施了40余部军用无人机标准，主要围绕军用无人机的需求制定，多数标准对于轻小型无人机遥感系统针对性不强，不足以支撑我国轻小型无人机遥感的发展。本章从轻小型无人机遥感的角度，对国内关于无人机及其子系统、遥感作业及信息处理、无人机遥感管理及应用的现行标准进行梳理，并为完善轻小型无人机遥感标准提出建议。

4.1　相关规范标准综述

我国研发应用无人机技术已有40多年的历史，依托国内数家无人机研发单位、高校等，包括无人机总体设计、飞行控制、组合导航、遥控遥测、图像传输、中继数据链路系统、发射回收、信息对抗、任务设备等在内的诸多技术得到了高速发展。

针对轻小型无人机遥感，应当加速开展轻小型无人机遥感专用标准体系研究，完善适合我国国情和发展需要的专用技术标准体系，编制相应的管理规范，实现新产品设计的系列化、标准化，从而有效地保证产品研制质量，促进我国轻小型无人机遥感的规范化和有序发展。

国家空管委办公室正在组织制定有关无人驾驶航空器飞行管理规定，将由国家批准后正式发布，该规定是国内无人机行业的基础法规，将对我国无人机的研发、生产、使用、管理产生重要影响，轻小型无人机遥感相关标准的制定工作必须严格依照该规定进行。

4.1.1　轻小型无人机遥感标准体系

近年来，轻小型无人机遥感标准制定工作引起了人们的高度关注。中国民航局、国家测绘科学院、中国航空综合技术研究所、中国科学院光电研究院和中国电子技术标准化研究院已开展了有关标准化课题的研究，初步提出了无人机标准体系的框架，也制定了一批无人机的专用标准及管理规定，如《民用无人机空中交通管理办法》、《民用无人驾驶航空器系统驾驶员管理暂行规定》、《低空数字航空摄影测量外业规范》、《无人机航摄安全作业基本要求》、《低空数字航空摄影测量内业规范》等，但标准体系仍不完善，依旧缺乏在无人机的研制、生产和使用过程中起到针对性指导作用的标准；特别地，在轻小型无人机遥感方面，标准更显薄弱。

轻小型无人机遥感标准需要侧重轻小型无人机以及轻小型遥感系统，需要对现有技术、装备、设备做出适当的规范及要求，也需要为后续的发展留有一定的可操作空间。具体来说，轻小型无人机遥感标准体系应该包含：无人机平台、飞控系统、导航系统、航路规划系统、通信系统、遥感任务载荷系统、遥感作业信息处理、数据传输系统、轻小型无人机遥感管理及应用等方面的标准。

4.1.2 国外标准现状、相关管理法规

目前美国、欧洲等国家和地区针对无人机的研究和应用早于我国，已经开始制定民用无人机的相关标准，但尚未形成完整的体系，大部分国家和地区和我国相同，仍处于探索阶段，但是可以借鉴欧美等国家和地区的部分已经颁布的相关规范来制定我国的标准。下面简要介绍美国、英国和欧洲的情况。

1. 美国标准及相关法规

美国联邦航空局FAA于2015年2月16日发布了《小型无人机管理规章草案》，在全球民用航空界引起了轰动。自2005年起，FAA就计划起草适用于25kg以下的小型无人机专用规章，尽管现在还处于征求意见阶段，但该草案的提出已经是小型无人机融入美国国家空域的一个里程碑。这对于完善我国的小型无人机管理、明确发展方向也具有借鉴价值。该草案的发布可视为美国小型民用无人机普及应用的实质性探索，其简化了无人机的性能要求，放宽了无人机的监控和管理，旨在让无人机行业迅速发展，并符合经济和社会发展的需求，对我国制定相关管理规定极具借鉴意义。

2. 英国标准及相关法规

英国民航局于2012年8月发布了最新一版的CAP722《无人机系统在英国空域的使用条例》。该条例是英国民航局在英国领空内对无人机使用的指导准则，也是整个英国无人机行业的参考标准，并被全世界模仿、学习与实施。这份文件强调了在英国操作无人机前需要注意的适航性和操作标准方面的安全要求，并对民用无人机采取比较宽松的政策。

3. 欧洲标准及相关法规

由于欧洲目前尚未制定统一的无人机规范，因此目前欧洲境内的无人机需要遵守各个国家单独制定的规范。例如，根据法国法律，未经航空局批准，任何飞越法国领空的无人机都是违法的；根据德国法律，无人机重量不得超过25kg。欧盟委员会希望2015年年底前构建一套适用于欧盟的无人机监管框架。

4.1.3 国内标准现状、相关管理法规

我国无人机的研发历史虽已有40余年，但是无人机领域的标准化工作却起步较晚，且发展缓慢。目前，无人机专用产品规范、通用要求等指导性文件尚未形成完整的标准体系，自2004~2014年，我国已颁布实施40余部无人机研制和应用相关标准，形成了相对完整的军用无人机标准体系，对于民用无人机的生产和制造具有一定的借鉴意义，但是缺乏针对民用无人机，尤其是轻小型无人机及轻小型无人机遥感的标准。民用相关标准可参见表4.1。

表 4.1 现有规范及标准的轻小型适用性

现有民用规范及标准	适用范围	适用性
CH/Z 3003-2010 低空数字航空摄影测量内业规范	航空遥感任务载荷	尺寸较大，技术旧
CH 1016-2008 中华人民共和国测绘行业标准	遥感测绘作业	缺乏轻小型无人机相关
CH/Z 3004-2010 低空数字航空摄影测量外业规范	航空遥感作业	缺乏轻小型无人机相关
DZ/T 0203-1999 航空遥感摄影技术规程	航空遥感作业	缺乏轻小型无人机相关
CH/T 8021-2010 数字航摄仪检定规程	航空遥感作业	缺乏轻小型无人机相关
CH/Z 3001-2010 无人机航摄安全作业基本要求	无人机航空摄影作业	缺乏轻小型无人机相关
CH/T 3007.1-2011 数字航空摄影测量测图规范	航空遥感信息处理	航高较高、比例尺较大
DD 2010-05 中国地质调查局地质调查技术标准	航空遥感信息处理	航高较高、比例尺较大
GB/T 7930-2008 地形图航空摄影测量内业规范	影像遥感信息处理	航高较高、比例尺较大
GB/T 15968-2008 遥感影像平面图制作规范	航空遥感信息处理	航高较高
GB/T 15967-2008 地形图航空摄影测量数字化测图规范	影像遥感信息处理	航高较高
CCAR-21-R2 民用航空产品和零部件合格审定规定	通用航空器生产	不针对轻小型遥感
CCAR-145-R3 民用航空器维修单位合格审定规定	通用无人机管理	不针对轻小型遥感
民用无人驾驶航空器系统驾驶员实践考试标准	民用无人机驾驶员	实践中完善

这些标准主要针对大中型无人机，以通用要求为主，不涉及具体产品规范，对于民用轻小型无人机缺乏明确指导意义，尤其不适用于轻小型无人机遥感系统。

由于缺乏轻小型无人机遥感的专用标准，技术人员在设计生产过程中主要参考有限的国外资料，只能借鉴无人机、有人驾驶飞机的有关标准规范，但由于轻小型无人机遥感的特殊性，如执行遥感作业任务、遥感作业航路规划等方面都有着不同于普通无人机的特性，使得这些标准规范在使用过程中，内容不够完整且缺乏针对性，许多实际问题的解决只能凭借长期积累的工作经验。

随着轻小型无人机技术的快速发展，无人机的型号研制任务将更加紧迫，新型号和新技术的出现必然对标准化工作提出新的要求。因此，开展轻小型无人机技术标准化研究，建立系统完整的标准体系，对体系中的缺项进行补充完善，制定或修订一批急需的标准，规范型号的研制流程，切实指导研制工作，为轻小型无人机遥感的发展奠定扎实的技术基础，已成为目前轻小型无人机遥感标准化技术领域亟须解决的问题。

亟须制定如《民用无人机电子设备通用规范》、《民用无人机飞控设备和地面站设备通用规范》、《民用无人机电子设备检测规范》、《民用无人机机载传感器检测规范》、《民用无人机导航软件检测标准》、《民用无人机影像数据传输与存储规范》、《民用无人机伺服器检测通用规范》、《民用无人机机载电子设备电磁兼容检测方法》、《民用无人机导航仪检测通用规范》、《轻小型无人机遥感系统遥感设备规范》、《轻小型无人机遥感系统遥感作业规范》等相关规范。

4.1.4 国内外代表性标准介绍

近十多年来，无人机发展很快，在国际上展开了争夺技术优势的竞争，全世界参与研制装备无人机的国家和地区呈现大幅度增长的趋势。在从事研究和生产无人机的国家中，技术水平先进的国家和地区主要有美国、西欧、以色列等。目前，国内外成熟标准主要有以下几种。

1. 美国材料与试验协会标准

美国材料与试验协会中有专门关于“无人驾驶空中飞行器”的分协会组织，该组织致力于研究无人机系统的设计、性能、质量验收测试和安全检测等相关的问题，工作范围包括无人机系统标准和指导性资料的发展。该标准中，与无人机相关标准有：

（1）《无人机发现与规避系统的设计与性能规范》：该规范主要适用于无人机发现与避让系统，内容包括无人机发现与避让系统的设计与性能要求，用以支持对有人驾驶飞行器和其他无人系统的相互探测及规避。

（2）《无人机系统设计、制造和测试标准指南》：该指南列出了指导无人机设计、制造和测试的现行标准，使无人飞行器的设计员和制造单位在确定适用于他们产品的指导文件和标准时可以作为参考，并按照工业标准和最优规程设计、制造及测试无人机系统。

（3）《无人机系统标准术语》：该标准定义了关于无人机系统的重要概念和术语，目的在于确立各名词术语的分界和特征，以指导无人机系统其他标准的制修订工作。

（4）《微型无人机操作指南》：该标准适用于微型无人机的研究及商业操作，为微型无人机的安全操作提供指南，给操作员划出明确的安全等级。

（5）《无人机飞行员和操作员的发证和定级》：该标准将无人机的飞行员证书划分为：学生飞行员、娱乐飞行员、私人飞行员、商业飞行员、航线运输飞行员等级别，使飞行员证书的操作具体化，在全行业领域主张飞行安全和标准化。以上这些标准对于无人机设计制造和安全飞行等技术领域均有涉及，对于今后我国无人机的适航性设计，以及飞行操作和操作员资格等方面标准的发展将起到一定的促进作用。

2. 美国军用标准

美国与无人机有关的军用标准有《液体火箭发动机弹射式发射器》、《火箭和靶机降落伞回收系统设计通用设计要求》、《动力推进的空中靶机的设计和制造通用规范》、《MA-1 型靶机飞行控制系统》等。

3. 英国国防部防御系列标准

在英国国防部防御系列标准中，有部分关于无人机的内容。该防御标准的内容丰富，涵盖面广，几乎涉及无人机的各个分系统，基本构成了一个完整的标准体系。同时，该系列标准在无人机的电磁兼容性、可靠性、维修性、使用气候条件等方面都有专门的章节，而目前我国在这些方面的标准还是空白，这些内容也将为我国制定具体的无人机型号标准规范提供丰富的素材，对国内无人机军民用标准的修订工作具有重要的指导意义和参考价值。

4. 中国民用无人机标准尝试

2015 年 1 月 7 日，国鹰航空科技有限公司、海鹰航空通用装备有限责任公司、深圳市乾坤公共安全研究院、西北工业大学深圳研究院等 28 家单位、企业发起成立“无人机产业联盟”。该无人机产业联盟联合制定的《民用无人机系统通用技术标准》于 2015 年 6 月 17 日在深圳发布。该标准包括应用范围、分类与代号、组成与主要技术参数、试验方法、检验规则、包装运输存储等七大部分。该联盟计划发布《固定翼无人机系统通用技术标准》、《多翼无人机系统通用技术标准》、《多用途无人机系统通用技术标准》、《公共安全无人机系统通用技术标准》、《农业植保无人机系统通用技术标准》。

4.2 轻小型无人机遥感管理及应用

有关轻小型无人机遥感的相关管理规定较少，针对轻小型无人机遥感领域仍是空白，需要尽快制定相关管理规定，并设立管理机构。本节将针对现有国内管理规定和要求展开，从相关规定、无人机管理、从业人员管理三部分进行介绍和分析。

4.2.1 相关规定

目前，尚无轻小型无人机遥感管理及应用的相关规范与标准。但民航局、中国航空器拥有者及驾驶员协会陆续颁布了一系列针对普通无人机的规定。这些规定的部分管理办法和思路可以应用到轻小型无人机遥感领域，具有一定参考价值，但超视距部分、专用于无人机遥感部分的相关规定还需要进一步细化。科技部国家遥感中心指导中国电子技术标准化研究院正在开展体系研究，并取得了阶段性成果。

轻小型无人机属于民用无人机，故轻小型无人机遥感的空中管理办法及驾驶员或操控手的管理应在服从于民用无人机相关管理办法的整体框架下，然后针对性地对轻小型无人机的设计、制造、单机检查环节加强审查、监管、颁证进行规定，对其飞行及空域和操控手进行针对性规定和管理。

1. 《民用无人机空中交通管理办法》

2009年6月26日，中国民用航空局空中交通管理局颁发《MD-TM-2009-002 民用无人机空中交通管理办法》。该办法对民用无人机飞行活动进行管理，是规范空中交通管理的办法，保证了民用航空活动的安全，制定了民用无人机空中交通管理的有关规定。该文件作为我国现阶段民用无人机控制交通管理办法，对无人机的空域管理、空中交通管理、无线电频率和设备的使用等方面给出了明确的要求。

2. 《关于民用无人机管理有关问题的暂行规定》

2009年6月4日，中国民用航空局颁发了《ALD2009022 关于民用无人机管理有关问题的暂行规定》。作为对民用无人机的过渡性管理办法，该规定要求民用无人机申请人办理临时国籍登记证和I类特许飞行证，并要求结合实际机型特点，按照现行有效的规章和程序的适用部分对民用无人机进行评审。制定的现阶段评审的基本原则是：进行设计检查，但不进行型号合格审定，不颁发型号合格证；进行制造检查，但不进行生产许可审定，不颁发生产许可证；进行单机检查，但不进行单机适航审查，不颁发标准适航证。

3. 《民用无人驾驶航空器系统驾驶员管理暂行规定》

2013年11月，民航局颁布咨询通告AC-61-FS-2013-20《民用无人驾驶航空器系统驾驶员管理暂行规定》。该咨询通告属于临时性管理规定，针对目前出现的无人机及其系统的驾驶员实施指导性管理，建立我国完善的民用无人机驾驶员监管措施。

4.《民用无人驾驶航空器系统驾驶员训练机构审定规则》

2014年，中国航空器拥有者及驾驶员协会AOPA颁布了《民用无人驾驶航空器系统驾驶员训练机构审定规则》。该规则规定了颁发民用无人驾驶航空器系统驾驶员训练机构临时合格证、驾驶员训练机构合格证、相关课程等级的条件和程序以及相关合格证持有人应当遵守的一般运行规则。

4.2.2 无人机管理

关于无人机的前期管理涉及设计、制造、营销、维修等过程，后期管理涉及空域审批、调度管理、入网监管、综合保障系统、质量验收、技术标准支撑等方面，轻小型无人机遥感系统产业链及上下游关系如图4.1所示，涉及多个行业，对于具体的操作规程、人员要求也应有相应的标准。目前国内尚未出台针对轻小型无人机遥感的管理要求和相关规范，更缺乏相关独立部门严格监管，本部分将从准入及管理、生产及制造、维修及保养和作业申报及审批等四个方面进行介绍。

目前，暂无针对轻小型无人机遥感的规定，故可以参考小型运输机、民用无人机领域的相关管理规范。如生产及制造过程中的注意事项可以借鉴CCAR-21-R2《民用航空产品和零部件合格审定规定》中的部分章节，维修及保养的资质审核、权利、义务等内容可以借鉴CCAR-145-R3《民用航空器维修单位合格审定规定》。中国电子技术标准化研究院给出了轻小型无人机遥感产业链图，如图4.1所示。

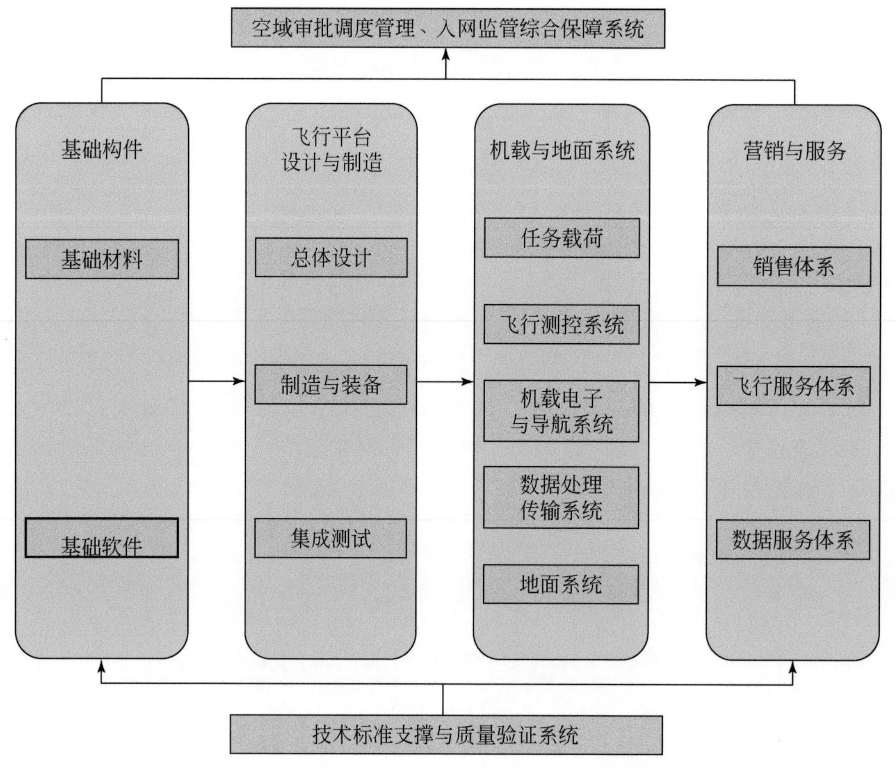

图4.1 轻小型无人机遥感系统产业链图（《无人机遥感系统标准化研究报告》）

1. 准入及管理

目前，无人航空器系统的准入、管理、审批是国际性的难题，我国目前仅对驾驶员的资质进行了监管、培训、考核，由中国航空器拥有者及驾驶员协会 AOPA 执行，但在无人机的准入、管理、审批方面仍处于讨论阶段，没有具体组织、部门参与监管，也缺乏相关标准及规范，针对轻小型无人机领域的监管也仍是空白。

美国联邦航空局 FAA 提出的轻型无人航空器系统运行和审定的相关草案，是国际上较早关于轻型无人机系统安全管理的方案，在国际上具有较大影响。FAA 对无人航空器的管理是按其重量进行分类管理。对轻型无人机系统来说，FAA 采取了较为宽松的管理政策，对无人机本身的适航性不予强制审定，对运营人的资质要求也比较宽松，更多的是对安全性的要求，这将有利于美国轻型无人机系统产业的发展。

欧洲航空安全局 EASA 在近些年的文件中表示，无人机融入现有航空体系必须以安全为前提，并且应该逐步形成创新性强、具有竞争力的欧洲无人机产业，特别对中小企业而言，需要足够的弹性空间。

综上所述，各国对于无人机的管理仍然处于探索阶段，为促使无人机快速发展，皆采取了宽松且具有弹性的标准。结合我国实际情况，针对无人机的研制、准入、审批、管理等方面的问题，首先需成立相应管理部门，明确具体职责，尽快出台相应的管理标准，才能使无人机市场规范发展。针对轻小型无人机，由于其特殊性，应当设立独立的监管部门，开展独立的监管工作。

2. 生产及制造

针对轻小型无人机在生产过程中需要满足的一系列规定，国内尚无相关规范、条例。CCAR-21-R2《民用航空产品和零部件合格审定规定》第四章中的相关规定，对生产方、检验系统、实验过程、验收等环节做出了具体的要求，如表 4.2 所示。这些要求在制定轻小型无人机生产制造标准时可以参考。

表 4.2　CCAR-21-R2 中关于生产制造的规定

（1）针对生产方，有如下要求：确保每一产品均可供局方检查；在制造地点保存必要的技术资料和图纸，以便局方能够确定该产品及其零部件是否符合型号设计的要求。
（2）针对生产检验系统，有如下要求：建立由检验、设计和其他技术部门的代表组成的器材评审委员会及器材评审程序；妥善储存和充分保护易受损和易变质的器材；加工中的零部件应当在能够作准确测定的生产工序上进行检验，以确定是否符合型号设计资料。
（3）针对航空器的试验，有如下要求：制定生产试飞程序和试飞项目检查单，并报民航总局批准；生产的航空器均应当按此检查单进行试飞；对配平、操纵性或其他飞行特性进行操作检查，以确定生产的航空器的操纵范围及角度与原型机相同；在试飞过程中，仪表指示正常；配齐各种标牌和所需的飞行手册；在地面检查航空器的操作特性。
（4）针对发动机试验，有如下要求：包括测定燃油和滑油的耗量，以及在额定最大连续功率状态下和在额定起飞功率状态下，测定功率特性在内的磨合试车；在额定最大连续功率状态下至少运转 5h。对于额定起飞功率大于额定最大连续功率的发动机，5h 运行中应当包括以额定起飞功率运转 30min。
（5）针对螺旋桨，有如下要求：应当对每副变距螺旋桨进行功能验收试验，以确定在其整个工作范围内是否正常工作。

3. 维修及保养

轻小型无人机在日常使用中必然需要维修及保养，但国内尚无相关规范、条例。CCAR-145-R3《民用航空器维修单位合格审定规定》针对维修单位的资格审定、职责、权利、要求进行了详细的规定（表4.3）。轻小型无人机在维修及保养时，与普通民用航空器对维修单位资质、职责、权利、要求等方面的要求类似，但是轻小型无人机系统组成相对简单，规范的部分内容应作适当调整和简化。另外，针对遥感设备维修保养、轻小型无人机维修保养等方面，需要更加具体、针对性的规定。

表4.3 CCAR-145-R3中关于维修的规定

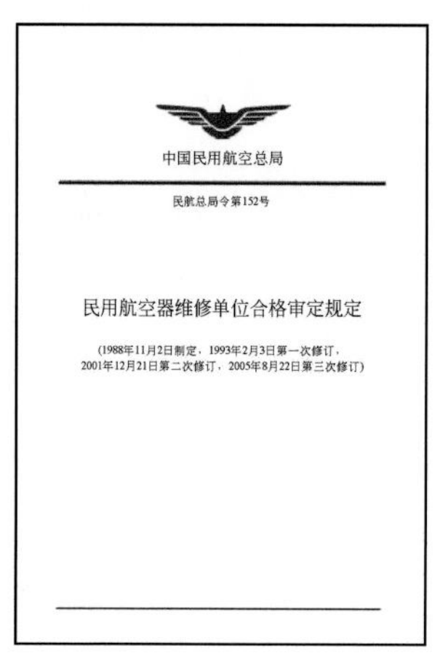
中国民用航空总局

民航总局令第152号

民用航空器维修单位合格审定规定

(1988年11月2日制定，1993年2月3日第一次修订，2001年12月21日第二次修订，2005年8月22日第三次修订)

（1）资格审定。

民航总局或者民航地区管理局在受理申请人的正式申请材料后，以书面或会面的形式与申请人协商确定对申请人的维修设施及其管理状况进行现场审查的日期。除特殊情况并经双方同意改变现场审查的日期外，民航总局或者民航地区管理局按照双方商定的日期对申请人的维修设施及其管理状况进行现场审查并按规定收取审查费用。

（2）责任。

维修单位应承担以下责任：

（a）维修单位应当随时改正其不符合本规定的缺陷和不足之处，保持本单位持续符合本规定的要求。

（b）维修单位应当向拟送修航空器或者航空器部件的航空营运人或者其他单位告知其经批准的维修工作范围。

（c）维修单位应当如实向民航总局或者民航地区管理局报告以下规定中的有关信息：《维修单位年度报告》、《缺陷和不适航状况的报告》。

（d）维修单位应当对民用航空器或者航空器部件所进行的维修工作满足经批准的标准负责。

（e）在送修人提出的维修要求明显不能保证其航空器或者航空器部件达到适航状态的情况下，维修单位应当告知送修人实际情况，并不得签发维修放行证明文件。

（3）义务。

维修单位在获得维修许可证后具有下列权利：

（a）在维修许可证限定的维修范围内，按照经批准的标准进行民用航空器或者航空器部件的维修工作。

（b）可以在维修许可证限定的地点以外进行应急情况支援和简单的售后服务工作。

（c）维修单位可以对按照经批准的标准完成的某项完整维修工作签发维修放行证明文件。

（d）维修单位取得维修许可证后暂时缺少从事批准的某项维修工作所必需的部分厂房设施、工具设备、器材、适航性资料和有关人员等条件，但表明有能力在短期内满足相应条件的，其维修许可证上的有关项目可以不予暂停或者取消，但维修单位在此种情况下不得进行有关该项目的维修工作。

（4）维修类别。

本规定所指的维修工作分为如下类别：

（a）检测，指不分解航空器部件，而根据适航性资料，通过离位的试验和功能测试来确定航空器部件的可用性。

（b）修理，指根据适航性资料，通过各种手段使偏离可用状态的航空器或者航空器部件恢复到可用状态。

（c）改装，指根据民航总局批准或者认可的适航性资料进行的各类一般性改装，但对于重要改装，应当单独说明改装的具体内容。此处所指的改装不包括对改装方案中涉及设计更改方面内容的批准。

（d）翻修，指根据适航性资料，通过对航空器或航空器部件进行分解、清洗、检查、必要的修理或换件、重新组装和测试来恢复航空器或航空器部件的使用寿命或适航性状态。

（e）航线维修，指按照航空营运人提供的工作单对航空器进行的例行检查和按照相应飞机、发动机维护手册等在航线进行的故障和缺陷的处理，包括换件和按照航空营运人机型最低设备清单、外形缺损清单保留故障和缺陷。

（f）定期检修，指根据适航性资料，在航空器或航空器部件使用达到一定时限时进行的检查和修理。定期检修适用于机体和动力装置项目，不包括翻修。

续表

(g) 民航总局认为合理的其他维修工作类别。 民航总局或民航地区管理局可以根据具体情况对以上维修工作类别进行必要的限制。 (5) 维修项目。 本规定所指的维修项目分为下列类别： (a) 机体。 (b) 动力装置。 (c) 除整台动力装置以外的航空器部件。 (d) 特种作业。 (e) 民航总局认为合理的其他维修项目。

4. 作业申报及审批

由于遥感作业具有一定的危险性、政治敏感性，但目前缺乏该领域的规范和条例，所以需要成立专门的监管部门，对于使用轻小型无人机开展的遥感作业，需要进行统一的申报、审批，加强对于遥感作业的监管。

相关监管工作应当包含：遥感人员及单位资质审核、作业空域申报、作业计划申报、审批作业申请、实际作业情况监控等，需要有某一具体部门制定合理、高效的审批流程，对相关从业人员、单位加强培训，促进行业规范发展。

4.2.3 从业人员管理

针对轻小型无人机遥感的相关从业人员，也应当加强各个环节的监管。由于缺乏专门针对轻小型无人机遥感的从业人员管理规定，《民用无人驾驶航空器系统驾驶员管理暂行规定》中对于普通民用无人机驾驶员的规定，其培训、考核部分可以应用到轻小型无人机遥感领域；CH 1016-2008《中华人民共和国测绘行业标准——测绘作业人员安全规范》对遥感作业人员的从业资质做出了要求，但是缺乏对于轻小型无人机遥感的针对性，也暂缺对于培训、考核的要求，仅具有一定参考价值；CCAR-145-R3《民用航空器维修单位合格审定规定》对维修人员和单位做出了具体的要求，对于制定轻小型无人机遥感系统的相关标准具有一定的指导价值。本部分将从无人机驾驶员、遥感作业人员和维修人员的培训、考核、注意事项等方面展开介绍。

1. 无人机驾驶员

中国航空器拥有者及驾驶员协会 AOPA 颁布了《民用无人驾驶航空器系统驾驶员管理暂行规定》征求意见稿，旨在加强对无人机驾驶员的人员管理，提出在不妨碍民用无人机多元发展的前提下，加强对民用无人机驾驶人员的规范管理，促进民用无人机产业的健康发展。该规定中无人机驾驶相关规定部分可以直接借鉴（表 4.4），但超视距部分、无人机遥感航路规划等专门针对无人机遥感部分的相关规定，仍然需要进一步细化，且行业内也暂无相关可参考的规定、要求。

表 4.4 《民用无人驾驶航空器系统驾驶员管理暂行规定》中关于培训和考核的规定

（1）培训。

根据《民用无人驾驶航空器系统驾驶员合格证实践考试标准》，无人机驾驶员的培训大体上应分为三个阶段。

（a）航空理论知识学习：通过对空气动力学、飞行原理与飞行性能、自动驾驶仪工作原理、航空遥感知识、航空法规等以及无人机基础知识、机械基础知识、电子技术基础知识、气动技术基础知识等知识的系统学习，使学员掌握操控无人机必须具备的航空理论知识。

（b）模拟器训练：模拟器训练通常有两种方式，一种是利用计算机实现仿真模拟飞行训练，另一种是利用航模进行目视操控训练。

（c）实装飞行训练：实装飞行训练包括任务规划与飞行计划的制定、空域的申请、飞行前的准备、飞行过程实施、飞行后的检查与维护等一系列完整流程。

此外，人力资源和社会保障部颁布了无人机操纵师的培训标准，其中指出了无人机驾驶员在基础知识、飞行准备与操控、飞行后检查与维护以及任务载荷设备使用等方面的相关学习要点和考核指标等内容。

（2）考核。

目前对于无人机驾驶员的管理以及考核仍然处于探索阶段，中国航空器拥有者及驾驶员协会 AOPA 于 2013 年颁布的《民用无人驾驶航空器系统驾驶员合格证实践考试标准》，可以参考关于无人机驾驶员的考核标准，相关人员考核标准如下：

相关人员经过相关培训后，必须通过相应考核才能取得从业资格，无人机操作员考核包括以内容：飞行前准备、飞行前程序检查、航线准备、机场和基地检查、起飞和着陆、航线飞行、应急操作、夜间飞行、飞行后检查、飞行后维护；主要考核以下 6 种能力：航空决策、风险管理、任务管理、情景意识、可控飞行撞地警觉意识、自动化管理、检查单的使用。

2. 遥感作业人员

针对于遥感作业人员，需要按照相关规定具备一定的遥感作业资质。目前这方面主要借鉴 CH 1016-2008《中华人民共和国测绘行业标准——测绘作业人员安全规范》，该规范对人员资质、注意事项等方面都做出了详细的要求。该规范内容详细且相对完善，对从业人员资质、作业注意事项都做出了明确的要求（表 4.5），对于无人机遥感系统的相关标准具有一定的指导价值，但是针对轻小型无人机遥感，需要更加具有针对性的要求。

表 4.5 CH 1016-2008 中关于作业人员在不同阶段和测绘环境下的作业资质

CH
中华人民共和国测绘行业标准
CH 1016-2008
测绘作业人员安全规范
Safety specification for surveying and mapping persinnel
2008-02-13 发布
2008-03-01 实施
国家测绘局 发布

以下为对于不同阶段和测绘环境下的作业人员应具备的具体资质：

（1）所有作业人员应熟练使用通信、导航定位等安全保障设备，以及掌握利用地图或地物、地貌等判定方位的方法。

（2）驾驶员应严格遵守《中华人民共和国道路交通安全法》等有关的法律、法规、安全操作规程和安全运行的各种要求，具备野外环境下驾驶车辆的技能，掌握所驾驶车辆的构造、技术性能、技术状况、保养和维修的基本知识或技能。

（3）驾驶员应了解所运送物品的性能，保证人员和物品的安全。运送易燃易爆危险品时，应防止碰撞、泄露，严禁危险物品与人员混装运送。

（4）进入沙漠、戈壁、沼泽、高山、高寒等人烟稀少地区或原始森林地区，作业前须认真了解掌握该地区的水源、居民、道路、气象、方位等情况，并及时记入随身携带的工作手册中。应配备必要的通信器材，以保持个人与小组、小组与中队之间的联系；应配备必要的判定方位的工具，如导航定位仪器、地形图等。必要时请熟悉当地情况的向导带路。

（5）外业测绘必须遵守各地方、各部门相关的安全规定，例如，在铁路和公路区域应遵守交通管理部门的有关规定；进入草原、林区作业必须严格遵守《森林防火条例》、《草原防火条例》及当地的安全规定。

3. 维修人员

CCAR-145-R3《民用航空器维修单位合格审定规定》针对维修、放行、管理和支援人员进行了规定（表4.6），对于轻小型无人机系统标准的制定具有一定的借鉴意义。

表4.6 维修/放行/管理/支援人员的规定

（1）维修单位应当至少雇用责任经理、质量经理和生产经理各一名。

（2）维修、放行、管理和支援人员应当身体健康并适应其所承担的工作，每年度都应有合法的医疗机构出具的体检证明。

（3）责任经理、质量经理和生产经理应当满足下列资格要求：熟悉民用航空器维修管理法规、具有维修管理工作经验、国内维修单位的上述人员应当持有《民用航空器维修人员执照管理规则》规定的维修管理人员资格证书。

（4）从事航空器或航空器部件的维修人员应当满足下列资格要求：经过有关民航法规、国家或行业标准、专业知识、基本技能、工作程序和维修人为因素知识的培训。

（5）放行人员应当满足下列资格要求：放行人员应当是本维修单位雇用的人员；经过有关民航法规、国家或行业标准、专业知识、基本技能、工作程序和维修人为因素知识的培训；应当持有航空器维修人员执照。

（6）从事与航空器或航空器部件维修工作有关的管理和支援人员应当满足下列资格要求：经过有关民航法规、国家或行业标准、专业知识、工作程序和维修人为因素知识的培训；应当持有航空器维修人员执照或航空器部件修理人员执照。

上篇

4.3 无人机及载荷标准与规范

目前，对于军用或大中型无人机，现行标准中有较完整的规范和要求，这些规范和要求适用于由地面、舰面和空中发射的固定翼无人机，规定了无人机设计、制造和验收的一般要求，包括无人机、远程操纵设备、无线电测控与信息传输等子系统。中国电子技术标准化研究院的《无人机遥感系统标准化研究报告》对通用无人机系统和轻小型无人机系统提出了概括性的相关规定，为轻小型无人机系统各子平台的相关规范和标准的制定提供了一些参考。该报告给出无人机遥感系统具体组成结构，如图4.2所示。

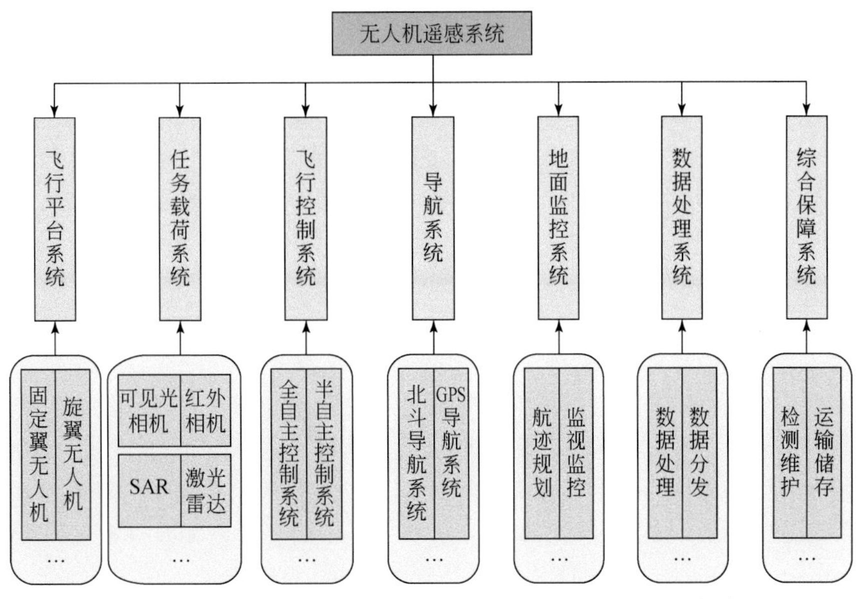

图4.2 无人机遥感系统具体组成结构（中国电子技术标准的研究院，2014）

4.3.1 无人机平台子系统

目前，还没有关于轻小型无人机平台子系统的相关规范与标准。国家军用标准主要对机体、动力系统、起降系统、飞行控制与管理系统、导航系统和通信系统六个部分进行了通用规定。

1. 机体

部分标准规定了通用无人机机体的关键特征，包含气动布局、总体布置、重量、重心位置、飞行性能、飞行品质等内容。该部分可适用于轻小型无人机系统。

部分标准规定了通用无人机系统的强度与刚度、动力系统、操纵系统、起降系统、飞行控制与管理系统、导航系统和通信系统，但该部分标准主要针对大型无人机系统进行规定，不完全适用于轻小型无人机系统的标准。

2. 动力系统

部分标准主要针对大型无人机系统的动力系统进行了详细规定，规定了燃油发动机的一系列技术要求，对发动机本体、进气系统、排气系统、冷却系统、润滑系统、动力控制系统、启动系统、附件传动系统、发动机安装和固定件、减振器及防火设施等进行了相关规定，并提出了动力装置选择和设计的指导思想。但是轻小型无人机系统尺寸较小，选择的动力装置一般为轻小型燃油发动机和电动机，该部分的设计和选用有别于大型无人机系统的动力系统，需要具体且有针对性的标准。

3. 起降系统

部分标准对通用无人机的起飞（发射）和降落（回收）系统进行了规定：无人机发射（起飞）方式包括火箭助推发射、导轨动能发射、空中发射、水面发射、弹射起飞、滑跑起飞等；回收（着陆）方式包括伞降回收、空中回收、撞网回收、滑跑着陆等方式。标准中同时划归的发射（起飞）与回收（着陆）设备包括机载和地面（空中发射时为母机）两部分。

无人机上与发射（起飞）和回收（着陆）有关的设备依据无人机发射（起飞）和回收（着陆）方式不同而不同，如火箭助推发射要有助推火箭安装机构，伞降回收要有降落伞和控制降落伞打开的电路。地面发射（起飞）和回收（着陆）设备也依据无人机发射（起飞）和回收（着陆）方式不同而不同，如火箭助推发射需采用发射车（含发射控制设备）、发射架或发射箱，空中发射需要母机携带，弹射起飞需要弹射装置。车载发射系统一般可用作短程运输设备，提高无人机系统机动能力。已有标准内容对通用无人机系统的各种发射（起飞）和回收（降落）进行了较全面的规定，并且适用于目前的轻小型无人机系统。

4. 飞行控制与管理系统

部分标准规定了飞行控制与管理系统中的飞行控制与管理计算机、航路规划系统、飞行控制类传感器和伺服作动系统、二次电源等。但是轻小型无人机系统所使用的飞行控制与管理系统的几何参数、性能参数和使用条件均与有人驾驶飞机和大型无人机的飞行控制与管理系统有较大区别，需要具体制定相关的适用标准。该部分标准不完全适用于目前的轻小型无人机系统。

5. 导航系统与通信系统

部分标准涉及的相关设备尺寸较大、较复杂，适用于有人驾驶飞机和大型无人机，不适用于轻小型无人机系统。而用于轻小型无人机的小型导航系统设备问世不久，暂无相关可参考的行业标准。部分标准针对航天系统、有人驾驶飞机系统的通信系统进行了详细规定，其中关于通信频段和调制体制的规定具有普适性。

1）通信频段

无人机通信信道可分为视距空间数据传输信道和超视距空间数据传输信道，超视距空间数据传输信道包括空中中继数据传输信道和微星中继数据传输信道，一般用于有高大障碍物阻挡或远距离测控受地形影响的数据通信。常用的数据传输系统技术体制有“三合一”和“四合一”体制。上行信道和下行信道可采用不同的调制体制，一般有2CPFSK、BPSK、QPSK、OFDM等方式，上行信道与下行信道的载波调制带宽与采用的调制方式有关。

相关标准对通用测控与信息传输系统的通信频段设计和使用进行了规定：关于通信频段选用流程一般包括频率申请、申请确认、频率设计、频率验证、频率报批等。遥感系统的频段设计规定了遥感系统频段。该部分规定具有普适性，适用于轻小型无人机系统。

中华人民共和国工业和信息化部于2015年4月14日发布了关于无人驾驶航空器系统频率使用事宜的通知及《无人驾驶航空器系统无线信道配置及无线电设备射频指标要求》。根据《中华人民共和国无线电频率划分规定》及我国频谱使用情况，规划840.5～845MHz、1430～1444MHz和2408～2440MHz频段用于无人驾驶航空器系统（表4.7）。以上规定均具有普适性，适用于轻小型无人机系统。

上篇

表4.7 840.5～845MHz、1430～1444MHz和2408～2440MHz频段使用规划

（1）使用频率：840.5～845MHz、1430～1444MHz和2408～2440MHz；

（2）840.5～845MHz可用于无人驾驶航空器系统的上行遥控链路。其中，841～845MHz也可采用时分方式用于无人驾驶航空器系统的上行遥控和下行遥测链路；

（3）1430～1444MHz频段可用于无人驾驶航空器系统下行遥测与信息传输链路，其中，1430～1438MHz频段用于警用无人驾驶航空器和直升机视频传输，其他无人驾驶航空器使用1438～1444MHz频段；

（4）2408～2440MHz频段可作为无人驾驶航空器系统上行遥控、下行遥测与信息传输链路的备份频段。相关无线电台站在该频段工作时不得对其他合法无线电业务造成影响，也不能寻求无线电干扰保护。

2）通信干扰

国家军用标准中对通用无人机通信链路的各个环节通信干扰问题进行了规定，主要包括：干扰的主要内容包括对遥测遥控信号的干扰和对GPS导航系统的干扰；无线遥测遥控信号采用的抗干扰措施主要包括跳频、直接序列扩频、跳时、扩跳结合等；增强无人机通信中遥控遥测信号的抗干扰能力方法主要有减小地面遥控指令发射机的发射功率、自适应阵—扩频技术抗干扰系统和改进无人机操控手段，确保通信链路畅通。同时通常无人机工作区域信道复杂、电子对抗环境复杂，电磁干扰严重，因此要求通信系统辐射功率低，频谱利用率高，且具有一定保密功能。该标准规定内容对于通用无人机通信系统具有普适性。但轻小型无人机系统作业环境电磁干扰情况相比靶场作业环境较缓和，该标准规定内容过于严苛，应适当放宽要求，建立更为适用的相关标准。

3）数据传输

通信数据主要包括遥控指令、遥测参数和遥感设备下行信息数据。具体规定则主要针对卫星数据传输系统和通用无人机数据传输系统。目前暂无针对轻小型无人机系统的相关标准。以上两则标准中关于调制和数据速率具有普适性，适用于轻小型无人机系统，可以作为建立轻小型无人机系统有关数据传输标准的参考。

4）视频传输

相关标准对视频传输系统的机上视频设备和地面视频设备两大部分进行了规定，可以作为编写针对轻小型无人机系统有关标准的参考文件。考虑到电子类产品更新换代快，制定标准时需考虑技术的进步和产品的发展。

4.3.2 遥感任务载荷子系统

遥感任务载荷系统包括遥感信息获取设备、姿态稳定设备、控制设备和记录设备，目前针对轻小型无人机遥感所使用的遥感设备暂无行业标准。目前关于通用遥感设备已有 CH/Z 3002-2010《无人机航摄系统技术要求》、CH/Z 3005-2010《低空数字航空摄影规范》（表 4.8）、MHT 1004-1996《彩色红外航空摄影影像质量控制》（表 4.9）等标准。

表 4.8 数码相机主要性能指标要求

（1）面阵传感器，有效像素应大于 2000 万；
（2）像素 2000 万的影像能存储 1000 幅以上；
（3）快门速度应快于 1/1000s；
（4）连续工作时间应大于 2h；
（5）具备电子快门；
（6）机身与镜头之间应固定安装；
（7）具备定点、等时间间隔、等距离间隔曝光控制功能。

表 4.9 MHT 1004-1996 中关于拍摄时的相关指标

（1）必须使用中黄色截止滤光镜，其允许波长范围为 490 ~ 530nm；
（2）一般不使用特宽角镜头，若必须使用时，则应配以匀光系数为 4-6 的中黄色截止光镜，以保证像面照度的均匀一致；
（3）摄影天气标准要求碧空无云、色温 4500 ~ 6800K，当航摄比例尺大于和等于 1：12000 时，水平能见度不低于 10km，1：12000 ~ -1：40000 时不低于 15km，小于 1：40000 时不低于 20km；
（4）彩色红外航空摄影的曝光量不宜偏少；
（5）雨后绿色植被表面水滴未干时不应进行摄影；
（6）试片区的地形地物应与摄区内的大体一致，以便摄影处理时用于冲洗试验和影像质量控制。

1. 遥感信息获取设备

CH/Z 3005-2010《低空数字航空摄影规范》关于无人机的遥感信息获取设备主要有航空摄影、红外摄影等。标准中涉及设备尺寸较大、航高较高，对于轻小型无人机遥感系统不适用。

2. 姿态稳定平台

由于用于轻小型无人机的遥感设备的相关姿态稳定设备问世不久，暂无相关可参考的行业标准。

3. 其他控制、记录装置

由于用于轻小型无人机的遥感设备的相关轻小型控制及记录设备发展迅速，且有与遥感设备一体化集成的发展趋势，暂无相关可参考的行业标准。

4.3.3 电源系统

部分标准对通用无人机的电源系统进行了概括性规定，并从总则、性能和质量保证规定等三个部分进行了详细规定。标准中涉及的相关设备尺寸较大、较复杂，适用于大型无人机或飞行器系统，对于轻小型无人机遥感系统不适用。

4.4 遥感作业的标准与规程

当前，在遥感作业方面，国内现有的相关标准规范主要是由国家标准化管理委员会、国家测绘局和地质调查局等部门颁发的针对于遥感作业的标准规范。其中，在高分辨率和低空航空摄影的标准中，部分安全规范和操作规范的条款适用于轻小型无人机遥感作业规范，而低分辨率和高空航空摄影的规范对此基本不适用；而对于相应的应急预案，现有的标准中几乎没有适用的内容，亟须制定全新的标准来进行指导。

4.4.1 遥感作业法规与安全须知

对于遥感作业的法规与安全规范，目前的相关规范标准主要有地质矿产部、国家测绘局等部门颁布的《航空遥感摄影技术规程》和《中华人民共和国测绘行业标准——测绘作业人员安全规范》、《低空数字航空摄影测量外业规范》等规范，其中大部分对于遥感作业安全做出的规范具有普遍性，适用于制定轻小型无人机遥感作业的相关标准。

关于使用航空摄影进行遥感作业的技术流程和技术规范，主要可以参考DZ/T0203-1999《航空遥感摄影技术规程》中第3款的相关规定：根据用户和航摄执行单位共同商定的有关具体技术要求，制定航摄计划。其主要内容见表4.10。

表4.10 DZ/T0203-1999中关于制定航摄计划的主要内容

(a) 航摄地区和面积（以经纬度和图幅号用略图标明其范围和测区代号）；
(b) 执行任务的季节和期限；
(c) 航摄比例尺；
(d) 感光材料类型；
(e) 航摄仪型号、焦距和像幅；
(f) 各种特殊技术要求；
(g) 需提供的航摄资料的名称和数量。

针对于在遥感作业中需要注意的安全问题和相关须知，目前有针对性的标准规范较少，可以参考CH 1016-2008《中华人民共和国测绘行业标准——测绘作业人员安全规范》（以下简称为“安全规范”）中对相关问题的解释和规定：依据国家法律法规的要求，充分考虑测绘生产主要工序和环境中可能存在的涉及人身安全和健康的危害因素，而规定应采取的防范和应急措施，主要依照《森林防火条例》、《草原防火条例》、《中华人民共和国消防法》、《中华人民共和国安全生产法》、《中华人民共和国道路交通安全法》制定。其中规定了相关的术语，如“安全”（safety）指“没有危害、不受威胁、不出事故”；“测绘生产单位”（production unit of surveying and mapping）是指“测绘生产法人单位”；“作业单位”（work unit）是指承担测绘的部门、中队、分院等。同时，该安全

规范对测绘安全有总体要求，见表4.11。

表4.11　CH 1016-2008中关于测绘安全的总体要求

1. 出测前，应针对生产情况，对进入测区的所有作业人员进行安全教育和安全技能培训。

2. 了解测区有关危害因素，包括动物、植物、微生物、流行传染病种、自然环境、人文地理、交通、社会治安等情况，拟定具体的安全防范措施。

3. 按规定配发劳动防护用品，根据测区具体情况添置必要的小组及个人的野外救生用品、药品、通信或特殊设备，并应检查有关防护用品及装备的安全可靠性。

4. 掌握人员身体健康情况，并进行必要的身体健康检查，避免作业人员进入与其身体状况不适应的地区作业。

5. 组织赴疫区、污染区和可能散发毒性气体地区作业的人员学习防疫、防污染、防毒知识，并注射相应的疫苗和配备防污染、防毒装具。对于发生高致病的疫区，应禁止作业人员进入。

6. 出测、收测前，应制定行车计划，对车辆进行安全检查，严禁疲劳驾驶。

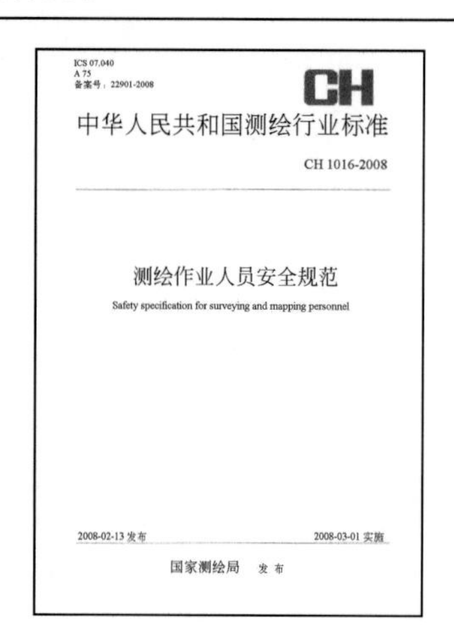
ICS 07.040
A 75
备案号：22901-2008
CH
中华人民共和国测绘行业标准
CH 1016-2008
测绘作业人员安全规范
Safety specification for surveying and mapping personnel
2008-02-13 发布　　2008-03-01 实施
国家测绘局　发布

对于不同测绘阶段和不同的测绘地区，《安全规范》中还分别作出了明确的要求。其中给出了对于测绘的一般要求，包括行车、住宿等阶段的安全须知以及铁路公路、沙漠戈壁、沼泽等不同区域的安全须知，本书主要摘录了对无人机测绘最具借鉴意义的外业作业环境一般要求，见表4.12。

表4.12　《安全规范》中外业作业环境一般要求

（1）应持有效证件和公函与有关部门进行联系。在进入军事要地、边境、少数民族地区、林区、自然保护区或其他特殊防护地区作业时，应事先征得有关部门同意，了解当地民情和社会治安等情况，遵守所在地的风俗习惯及有关的安全规定。

（2）进入单位、军民宅院进行测绘时，应先出示相关证件，说明情况再进行作业。

（3）遇雷电天气应立刻停止作业，选择安全地点躲避，禁止在山顶、开阔的斜坡上、大树下、河边等区域停留，避免遭受雷电袭击。对于无人机作业，该点尤为重要。

（4）在高压输电线路、电网等区域作业时，应采取安全防范措施，避免人员和测量设备靠近高压线路，防止触电。

（5）外业作业时，应携带所需的装备以及水和药品等用品，必要时设立供应点，保证作业人员的饮食供给；野外一旦发生水、粮和药品短缺，应及时联系补给或果断撤离，以免发生意外。

（6）外业作业时，所携带的燃油应使用密封、非易碎容器单独存放、保管，防止暴晒，洒过易燃油料的地方要及时处理。

CH/Z 3004-2010《低空数字航空摄影测量外业规范》第3条规定了控制点精度要求、航摄资料要求、其他作业方法要求和准备工作具体细则；第4条规定了像片控制点的布设相关细则，包括选点条件、全野外布点方式、区域网布点方式和特殊情况布点等；第5条规定了基础控制点的测量方法；第6条规定了像片控制点的测量方法；第7条规定了调绘的基本要求和先外后内与先内后外两种方法；第8条规定了检查验收和上交成果的基本要求和实施细则。该规范对于无人机遥感作业的具体流程有甚为详细的规定，可以作为主要的参考资料。

无人机遥感的商、民用需求和使用频率不断增长，而我国在相关空域管理法规、人员培训、基础设施建设及保障方面，与急剧膨胀的无人机遥感市场空域开放需求不相适应，制约了无人机遥感事业的发展。由于轻小型无人机体积小、有效载荷低，无法安装无线电应答设备，雷达反射截面积又很小，也难以被雷达探测到，因此很难对轻小型无人机进行监管；与美国等发达国家相比，空域管理是我国当前中低空域全面开放的难点所在。这涉及多方面因素，需要在法规、制度、体制上改革和创新，进行开放空域划设、利用、监控及保障设施配置，并确保国土防空的安全。

现有标准中缺乏对于操作无人机进行遥感测绘时应注意的安全事项，如高压电线、较高的建筑物附近、人员密集的城镇区域进行测绘时的安全防护措施等。在制定新标准时，需要参照以上已有对于测绘安全的标准，制定出具有针对性的无人机遥感测绘安全规范。

4.4.2 遥感作业操作规范

目前对于遥感作业操作规范，相关规范标准主要有地质矿产部、国家标准化管理委员会、国家测绘局等部门颁布的《遥感影像平面图制作规范》、《航空遥感摄影技术规程》、《数字航摄仪检定规程》、《无人机航摄安全作业基本要求》等规范，没有专门针对轻小型无人机遥感作业的操作规范。这些规范中，部分对于航摄的相关操作规范和要求适用于轻小型无人机遥感作业，而针对于高分辨率和高空摄影的部分，标准不再适用。

DZ/T0203-1999《航空遥感摄影技术规程》中，第 4 款规定了遥感作业前的准备工作，其中包括检查和准备相关仪器、选择相应设备和具体指标等。第 5 款规定了飞行质量和摄影质量的要求细则。第 8 款规定了所用器材和成果资料的保管方式的诸多细节内容。附录 D 给出了主要的技术数据表格。

GB/T 15968-2008《遥感影像平面图制作规范》中，第 4 款规定了包括图像选择、资料收集、对仪器的要求等准备工作的细则。

CH 1016-2008《 中华人民共和国测绘行业标准——测绘作业人员安全规范》中规定了在不同作业环境（如城镇区域、铁路公路区域、沙漠戈壁区域、沼泽地区、人烟稀少地区、高原高寒地区、涉水渡河、水上等）下测绘人员应当遵守的操作规范和章程。

CH/T 8021-2010《数字航摄仪检定规程》中规定了航摄仪的检定要求，包括基本技术要求；实验室检定项目、条件及方法；野外标准场空对地检定、地对地检定的方法和检定结果的处理细则等。

CH/Z 3001-2010《无人机航摄安全作业基本要求》中，第 4 条规定了无人机航摄的技术准备工作细则；第 5 条规定了实地踏勘和场地选取细则；第 6 条规定了飞行检查与操控细则；第 10 条规定了设备使用与维护细则。

GB/T 15967-2008《1∶500，1∶1000，1∶2000 地形图航空摄影测量数字化测图规范》第 6.4 款主要规定了制作数字化测图的作业规程，包括作业准备、像片定向、数据采集作业、生成图形文件和绘图文件等步骤的详细规定。

GB/T 7930-2008《1∶500，1∶1000，1∶2000 地形图航空摄影测量内业规范》第 3 条规定了 1∶500，1∶1000，1∶2000 地形图航空摄影测量中的精度和误差要求。

CH/T 3007.1-2011《 数字航空摄影测量 测图规范第 1 部分：1∶500，1∶1000，1∶2000 数字高程模型数字正射影像图数字线划图》第 3 条规定了胶片航摄资料应符合 GB/T 6962 的规定；空中三角测量成果应符合 GB/T 23236 的规定；第 4 条规定了包括资料收集、资料分析、技术设计等方面的准备工作的相关细则和规范；第 5 条规定了定向建模的相关规范。

4.4.3 遥感作业应急预案

目前，对于遥感作业的应急预案尚无已经颁布实施的标准或法规，与之相关的内容仅有国家测绘局颁布的《中华人民共和国测绘行业标准——测绘作业人员安全规范》中的小部分条款。

CH 1016-2008《中华人民共和国测绘行业标准——测绘作业人员安全规范》中规定了测绘过程中突发意外事件时的应急预案，如 5.1 条出测、收测前的准备工作中，包括但不限于掌握人员身体健康情况以避免作业人员进入与其身体状况不适应的地方、对疫区和可能散发毒性气体地区的应对措施、在不同作业环境（如城镇区域、铁路公路区域、沙漠戈壁区域、沼泽地区、人烟稀少地区、高原高寒地区、涉水渡河、水上等环境）下遇到各种对作业人员产生不利影响的突发状况和恶劣天气时的具体应对措施等。该部分内容可作为制定遥感作业预案的主要参考依据。

在沙漠、戈壁地区作业时，应做好对缺水、突发天气变化如沙漠寒潮和沙暴等意外情况的应急预案，并准备好相应的应急物品。对于遥感作业人员，应当使其熟知可能发生的各种意外事件并熟悉对应的应急预案，作业之前可进行必要的培训、演练，掌握必要的自保技能。

4.5 遥感信息处理的标准与规范

遥感信息处理是对遥感作业获得的信息进行加工处理并得到有效信息的技术，为遥感最关键环节之一，能否得到真实有效的信息将直接关系到遥感任务是否有效完成。因此，必须要保证遥感信息处理的过程严格按照相应的规范或标准执行；同时，也应制定完备、精确的信息处理规范，来保证实际操作时有章可循。遥感信息处理包括数据预处理与精处理、信息提取与综合、数据管理等几个步骤，下面分别对其标准现状和不足进行介绍。

4.5.1 数据预处理与精处理

对于遥感作业的数据处理部分，相关标准主要有国家测绘局和国家标准化管理委员会等部门颁布的《低空数字航空摄影测量内业规范》、《遥感影像平面图制作规范》、《1：500，1：1000，1：2000 地形图航空摄影测量内业规范》等几部法规，其中关于地形图编辑、产品分类、数字产品的技术指标要求等内容仍适用于轻小型无人机遥感作业的数据处理，而其中对于晒像、底片处理等部分的规定，由于技术的进步已不再适用。

CH/Z 3003-2010《低空数字航空摄影测量内业规范》第 3 条规定了产品分类、技术指标要求和作业方法的要求，见表 4.13。

表 4.13　CH/Z 3003-2010 中关于产品分类、技术指标要求和作业方法的规定

ICS 07.040
A 77
备案号：28584-2010

CH

中华人民共和国测绘行业标准化指导性技术文件

CH/Z 3003-2010

低空数字航空摄影测量内业规范

Specifications for office operation of low-altitude digital aerophotography

2008-08-24 发布　　2010-10-01 实施

国家测绘局　发布

1. 产品分类如表 4.14 所示。

2. 空间参考系按 GB/T 7930 要求执行；产品分幅和编号按 GB/T 20257.1 执行，也可采用自由分幅和编号；数字线划图精度按 CH/T 9008.1 要求执行，数字高程模型精度按 CH/T 9008.2 要求执行，数字正射影像图精度按 CH/T 9008.3 要求执行。对于未规定的数字线划图（B 类）和数字正射影像图（B 类）的地物点对附近的野外控制点的平面位置中误差不应大于表 4.15 规定。

3. 数字线划图（B 类）的高程注记点和等高线对附近野外控制点的高程中误差不应大于表 4.16 规定。

4. 困难地区（如沙漠、戈壁、沼泽、森林等）的平面和高程中误差均可放宽 0.5 倍，应在技术设计书中明确规定。

5. 其他精度要求按 GB/T 7930 要求执行。

6. 数字正射影像图和数字正射影像图（B 类）的影像地面分辨率应不低于表 4.17 的规定。

7. 航摄资料应满足 CH/Z 3005 的要求；外业测量组成果应符合 CH/Z 3004 的有关规定；作业中使用的测量仪器设备应校验合格后在有效期内使用。测绘软件应通过检测和认可。

8. 在满足本地规范精度的前提下，可采用经过实践验证并提供实验报告的新技术和新方法，但应在设计书中明确说明相关和规定。

表 4.14 产品分类

产品名称	说明
数字划线图	符合 CH/T 9008.1
数字高程模型	符合 CH/T 9008.2
数字正射影像图	符合 CH/T 9008.3
数字线划图（B 类）	未规范规定
数字正射影像图（B 类）	未规范规定

表 4.15 平面位置中误差 （单位：m）

比例尺	1 : 500		1 : 1000		1 : 2000	
地形类别	平地、丘陵地	山地、高山地	平地、丘陵地	山地、高山地	平地、丘陵地	山地、高山地
地物点	0.6	0.8	1.2	1.6	2.5	3.75

表 4.16 高程中误差 （单位：m）

比例尺		1 : 500				1 : 1000				1 : 2000			
地形类别		平地	丘陵地	山地	高山地	平地	丘陵地	山地	高山地	平地	丘陵地	山地	高山地
基本等高距		1.0	1.0	1.0	2.0	1.0	1.0	2.0	2.0	2.5	2.5	5.0	5.0
中程差	注记点	0.5	0.5	1.7	1.5	0.5	0.5	1.2	1.5	1.2	1.2	2.5	3.0
	等高线	0.7	0.7	1.0	2.0 地形变换点	0.7	0.7	1.5 地形变换点	2.0 地形变换点	1.5	1.5	3.0 地形变换点	4.0 地形变换点

表 4.17 影像地面分辨率 （单位：m）

比例尺	1 : 500	1 : 1000	1 : 2000
地面分辨率	0.05	0.1	0.2

GB/T 15968-2008《遥感影像平面图制作规范》第 5 条规定了图像修正、镶嵌、制作、输出的方法与要求细则。第 6 条规定了对图像整饰、注记的相关方法。第 7 条规定了检查、验收的原则和要求。第 8 条规定了平面图复制的方法和要求。

CH/Z 3003-2010《低空数字航空摄影测量内业规范》第 4 条规定了影像预处理的具体细则（表 4.18），对于轻小型无人机遥感数据后处理具有适用性。

表 4.18 CH/Z 3003-2010 中关于影像预处理的具体细则

(a) 根据后处理需求，可对原始数据进行数据格式转换，但不应损失几何信息和辐射信息。
(b) 原始影像数据应进行畸变差改正，可采用专用软件改正相机畸变差，也可在空中三角测量时改正相机畸变差。
(c) 可对原始数据进行图像增强处理，但应保证数字正射影像图成果图画质量。

GB/T 7930-2008《1 : 500、1 : 1000、1 : 2000 地形图航空摄影测量内业规范》主要参考了《GB/T 7931 1 : 500、1 : 1000、1 : 2000 地形图航空摄影测量外业规范》、《GB/T 6962 1 : 500、1 : 1000、1 : 2000 比例尺地形图航空摄影规范》、《GB/T 18315 数字地形图系列和基本要求》、《GB/T 20257.1 国家基本比例尺地图图式 第 1 部分 1 : 500、1 : 1000、1 : 2000 地形图图式》、《CH/T 1001 测绘技术总结编写规定》、《CH 1002 测绘产品检查验收规定》、《CH 1003 测绘产品质量评定标准》

和《CH/T 1004 测绘技术设计规定》等标准，GB/T 7930-2008 标准第 7 条规定了数字化测图的编辑步骤和要求，对居民地、点状地物、交通、管线、水系、境界、等高线、植被和注记等内容均有详细的规定，适用于轻小型无人机的测图。当然，以上标准有些编制时间比较早，其中的晒像、复照等部分的条款都已不适用于现在的技术手段。

4.5.2 信息提取与综合

遥感应用的关键在于专题信息能否及时、准确地从遥感影像中获得。只有通过不断创新和改进信息提取方法，才能发挥遥感技术的优势，为遥感技术的深度应用铺平道路。

在无人机遥感的遥感数据的处理上，主要存在的问题是，目前的无人驾驶飞行器遥感系统多使用小型数字相机作为机载遥感设备，与传统的航片相比，存在像幅较小、影像数量多等问题，所以应针对其遥感影像的特点以及相机定标参数、拍摄时的姿态数据和有关几何模型，对图像进行几何和辐射校正，并制定出对此具有针对性和指导性的标准。

对于遥感信息的提取与综合，现有标准中针对性的内容较少，相关内容在数据管理和数据预处理与精处理两节中均已列出。因此，在制定新的标准或规范时，可以根据专家的意见增添对该项有针对性的内容。同时，考虑到遥感信息的保密级别问题，对于不同的遥感结果，其处理方式也应有所不同，需根据实际情况遵照对应的标准和规范进行信息处理。在制定标准时需要考虑涉密等安全问题，并作出全面的规范。

4.5.3 数据管理

对于遥感得出的原始数据和经过处理后得到的蕴含有重要信息的数据，必须根据相关条例加以管理。目前我国关于此项内容的规范尚停留在对于成果进行整理的技术性指导层面，而未深入到如何利用和管理相关的重要数据及其信息。因此，在此方面需要制定具有针对性和指导性的法规或标准。

我国现有的相关标准规范主要有国土资源部、地质调查局与地质矿产部颁布的《航空遥感摄影技术规程》、《物探化探遥感勘查技术规程规范编写规定》、《中国地质调查局地质调查技术标准》、《低空数字航空摄影测量内业规范》和《数字航空摄影测量》等，其中遥感成果（表 4. 19）、验收（表 4. 20）和相关制图规范等内容适用于轻小型无人机遥感的数据管理；由于有些规范或标准制定时间较早，其中对于像片（表 4. 21）、底片等内容的规定已不符合当今技术现状，在制定新规程或标准时应有所更新。

表 4. 19　DZ/T0203-1999《航空遥感摄影技术规程》对成果整理的要求

1.1　制作像片索引图
1.1.1　索引图应能反映摄区内全部有用的像片资料情况。索引图可以按分区或加密区域网的范围分幅制作，同一摄区内相邻索引图之间应保持一定的重叠。
1.1.2　索引图上要确保能够辨认出每条航线的像片号码。
1.1.3　索引图的幅面一般为 25 ~ 30cm。
1.1.4　索引图内应注出图幅边界线、较大城镇及河流等主要地物的名称；图外应标明所在的图幅号、摄区代号、航摄年月、摄影比例尺和制作者、检查者等内容。在设有控制航线的摄区，制作像片索引图时应在相应位置标明控制航线的位置、编号和两端的起止片号。

续表

1.2 底片的编号和注记 …… 1.3 成果的包装 …… 1.4 编写技术说明书 说明书的主要内容包括：航摄的依据——航摄合同或技术规范、航摄测区及代号、航摄仪有关数据、航摄比例尺、胶片类型、完成的航摄图幅数或面积、存在的问题及处理意见等。

表 4.20 DZ/T0203-1999《航空遥感摄影技术规程》对成果验收的要求

2.1 程序 航摄执行单位按本规程和合同的规定对全部航摄成果资料逐项进行认真的检查，详细填写检查记录手簿，提交验收，并按规定移交资料。 2.2 验收报告 航摄单位进行内部检查后，应写出内检报告。委托航摄单位在验收通过、接收资料前应对成果资料作出评价，出具书面验收报告，以备查存。 2.3 资料移交 (a) 航摄底片、晒印的像片、像片索引图及底片； (b) 航摄仪检定记录和数据； (c) 成果质量检查手薄； (d) 各种登记表和移交清单； (e) 其他有关资料。

表 4.21 DZ/T0203-1999《航空遥感摄影技术规程》对像片的要求

2.1 像片重叠度

相邻两张像片按中心附近不超过2cm远的地物点重叠后，将重叠百分尺的末端置于第二张像片边缘，读取第一张像片边缘在重叠百分尺上的分划值，此值即为重叠度。如果航摄区为山区，则按相邻像片主点连线附近不超过1cm远的地物重叠，再将一张像片边缘的直线影像转绘到相邻像片上，所成曲线至像片边缘的最小分划值为最小重叠度。

2.2 像片倾斜角

根据像片辅助数据部分的圆水准气泡影像偏离中心的程度检查。

2.3 像片旋偏角

检查相邻像片的两主点连线与沿航线方向框标连线的夹角。

2.4 航线弯曲度

检查航线长度 L 与最大弯曲矢距之比。

2.5 航高保持

在同一航线上选取像片，并在像片中心部位分别量取两明显地物点的距离，同时在地形图上也分别量取相应地物点的距离，以此为基础推算出所选像片航摄比例尺和航高，以检查同一航线最大和最小航高差。

将上述所有航高取平均值，作为该摄区作业的实际航高，并检查与设计航高之差。

2.6 图廓保证

将像片按重叠排列拼接，对照地形图上所标出的摄区范围检查覆盖情况。

2.7 按图幅中心线敷设航线

在已设计有航线（图幅中心线）的地形图上，标出每条航线的实际航迹。检查实际航迹线相对于中心线的偏离值。

2.8 控制航线

2.8.1 按本规程 2.5 规定的方法检查控制航线上所摄像片的比例尺。

2.8.2 按本规程 2.1 规定的方法检查控制航线的像片重叠度。

续表

2.8.3　将控制航线像片按重叠拼接后，以本规程2.6规定的方法检查其覆盖情况。
2.9　漏洞
2.9.1　按本规程2.6规定的方法检查绝对漏洞。
2.9.2　按本规程2.1规定的方法检查相对漏洞。
2.10　影像质量
一般在每条航线上抽取3～4张底片，用密度计直接量测底片的密度值，获取灰雾密度、最小和最大密度值及反差，然后取平均值。密度计量测时不要选择个别的或特殊的反光点进行量测。
彩色片用目视观察其偏色、色彩饱和度、明度、色别、影纹细节、清晰度和整体密度情况。
2.11　压平误差
按附录A　规定的方法检查。
2.12　目视检查底片的框标和其他记录的影像及表现质量。
2.13　检查底片水洗情况。

CH/Z 3003-2010《低空数字航空摄影测量内业规范》第7条规定了低空遥感时数字线划图制作要求；第8条规定了数字高程制作要求；第9条规定了数字正射影像图制作方法；第10条规定了数字线划图（B类）制作要求；第11条规定了数字正射影像图（B类）的制作要求。

DZ/T 0195-1997《物探化探遥感勘查技术规程规范编写规定》规定了物探化探遥感勘查技术规程及工作规范文本编写的基本要求、内容构成及其编写格式，适用于编写物探化探遥感各种方法及各类勘查工作的规程规范。

DD 2010-05《中国地质调查局地质调查技术标准》第5.5款规定了地质遥感勘查的基本要求、制图、资料处理等细节内容。

CH/T 3007.1-2011《数字航空摄影测量 测图规范第1部分：1∶500，1∶1000，1∶2000数字高程模型数字正射影像图数字线划图》中第7条规定了数字正射影像图生产的相关要求；第8条规定了数字线划图生产的相关要求。

4.6　轻小型无人机遥感系统综合验证场

无人机遥感系统综合验证场是无人机遥感应用定量化发展实验技术的重要基础支撑，通过提供代表性自然地理环境和丰富的地物类型，布设满足航空飞行验证的各类型靶标，如光学载荷、红外载荷、SAR载荷、激光载荷等验证的几何靶标、辐射靶标、标志物和光谱靶标等，为航空遥感载荷综合验证提供综合验证场地条件，同时建立载荷评价指标体系。相比无人机遥感发展势头，无人机遥感系统综合验证场（以下简称验证场）发展相对滞后，制约了无人机遥感技术的发展和应用。

目前我国适用于无人飞行器与遥感载荷的综合检测验证实验场基本处于空白，一大批新型无人飞行器与传感器技术无法得到科学、严格、有效、有序的综合检测与验证，成为制约无人飞行器遥感系统技术全面投入社会生产、生活并产生更大社会经济效益的关键瓶颈。

4.6.1　验证场基本构成

验证基地通过轻小型无人机搭载多种小型遥感传感器，进行地面和航空遥感综合实验，实现轻小型无人机遥感系统的标定、验证和系统评估。为保障实验顺利开展，除场地周边现有自然地物类型外，还需要根据要求在周边空置区临时布设地面靶标和部分地面试验设备，主要包括以下三个方面。

1. 实验室硬件设施建设

无人机遥感综合验证场的建设，包括硬件设施建设和软件设施建设两部分。其中硬件设施主要包括实验室、监测室、休息室和无人机库房等，主要用来对无人飞行器进行存储和试验以及满足日常验证培训。各项硬件设施建筑面积按照需求确定。

2. 飞行活动区基础设施及空域

飞行测试区域主要包括飞行跑道和空域。无人机综合验证场一般应具有沥青或水泥混凝土跑道，且跑道长宽不大于1000m×30m；关于空域的要求，按照国家统一标准，一般要求飞行高度小于1000m，周向飞行最大距离5000m，某一方向飞行最大距离30km。

3. 地面靶标和部分地面实验设备

在实验场安置场内测试设备，一般包括自动气象站（台）、各波段观测靶标、典型标志物、数据采集传输设备、数据处理和评估系统、伪装目标布设与土壤/植被参数的监测设备等。其中，部分设备为临时或可移动。

4.6.2 国外综合验证场发展现状

美国国会根据“国防授权法案”和美国联邦航空管理局（FAA）的授权职能，要求FAA立项，将无人机系统整合到“国家空域系统”（NAS）里。为达到这个目标，拟通过建立六个无人机测试基地来实现。在这些基地进行的研究，将帮助FAA规范无人机标准，进而培育无人机技术和操作流程。这些研究将提供数据资料，最终实现无人机在“国家空域系统NAS”中的常规飞行。美国联邦航空管理局经过10个月的缜密选择，从24个州提交的25份申请中圈定了六个“无人机研究和测试基地”。在这个甄选过程中，FAA考量了地理位置、气候条件、地面设施的位置、研究的需求、空域的使用、安全性、航空经验和风险等因素。整体来说，这六个入选的地点（图4.3）跨越整个美国、气候条件多样，有助于满足FAA对无人机系统的研究需要，具体情况见表4.22。

表4.22 美国无人机研究和测试基地简况

测试地名称	审批时间	地点	备注
阿拉斯加大学	2014年5月5日	美国	包括位于夏威夷、俄勒冈、堪萨斯和田纳西州的试验场
内华达州	2014年6月9日	美国	美国
格里菲斯国际机场	2014年8月7日	美国	包括位于马萨诸塞和密歇根州的试验场
北部平原无人机试验场	2014年4月21日	美国	可以将无人机试验空域扩展到北达科他州东北部大部分地区
得克萨斯A&M大学	2014年6月20日	美国	美国
弗吉尼亚（维珍尼亚）理工学院暨州立大学	2014年8月13日	美国	（弗吉尼亚理工）（包括新泽西州和马里兰州的试验场）

在这6个基地，FAA期待能够达成以下研究目标：系统安全和数据收集、航空器认证、指挥与控制链路问题、控制站布局及认证、地面和机载感应及避让、环境影响等。根据FAA的“现代化和改革法案”（2012年），以上六个基地将至少一直运行到2017年2月，该法案要求无人机在2015

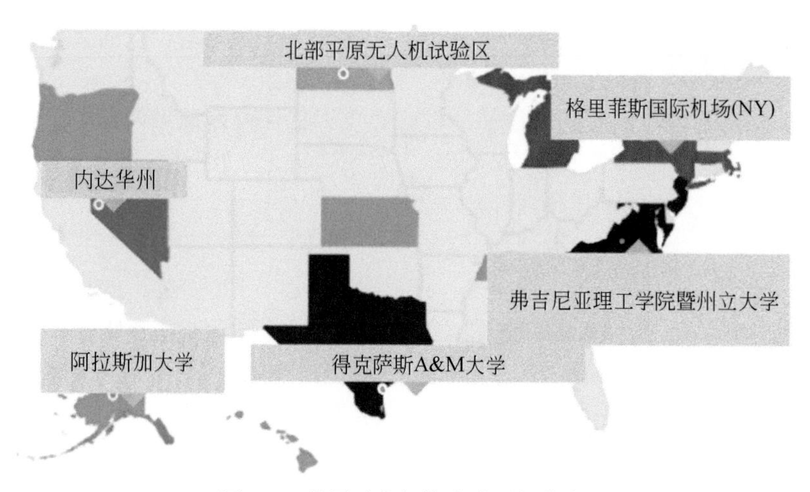

图 4.3　美国无人机综合验证场分布

年 9 月 30 日前“安全地整合”到空域中。此项立法的目的是为了让 FAA 能够制定出分阶段目标的具体计划，并且在这些阶段有进展。在这六个基地进行的研究，将帮助回答与“整合”相关的一些问题，例如，“侦测和躲避”的解决方案、指挥和控制、地面控制站标准以及人为因素、适航、丢失链路流程和与民航空管系统的接口。每个基地的运营者将允许感兴趣的单位使用试验场。FAA 的作用是确保运营者建立安全的测试环境，并提供监督，保证每个站点根据严格的安全标准进行操作。运营者和基地用户将提供研究经费，美国国会没有对这些基地的运营和研究提供联邦经费。基地运营者还需要提供隐私保护政策，必须符合联邦、州立和其他有关个人隐私保护的法律，他们必须将隐私保护条例公布于众，并且在数据的使用和存储方面有书面的计划，他们还需要每年重新审核有关隐私保护的措施，并且允许公众评论。未被 FAA 选择作为测试基地的州，可以通过和以上六个基地进行合作来推动自己无人机的发展。同时，他们也可以追求建立自己的无人机基地。但是，FAA 的资源会向现有的六个基地倾斜。

此外，在无人机方面，美国联邦航空管理局（FAA）和美国国家航空航天局（NASA）有密切的合作，NASA 协助了对试验基地申请的评估。两个部门共同制定了如何协作利用双方的研究资源、资产和设施，并且最小化重复劳动。这两个部门之间还可以互相访问对方的研究信息、文档、测试计划、测试报告以及其他相关的无人机知识。双方定期举行团队会议和项目总结，还有一项跨部门的协议，允许 FAA 和不同的 NASA 研究中心一起工作。

4.6.3　我国综合验证场发展情况

“十一五”期间，针对我国载荷航空飞行环节缺失，导致国产遥感数据质量不高的重要问题，国家科技部组织开展了“无人机遥感载荷综合验证系统”项目需求论证，开展国家 863 计划重点项目“无人机遥感载荷综合验证系统”研究。该项目以建成我国无人机遥感载荷综合验证系统、获取有示范价值的科学验证与应用成果为任务目标，突破长航时大载重无人机平台的航空遥感多载荷集成系统关键技术，实现系统性的遥感载荷综合试验验证，初步形成可运行的无人机航空遥感载荷综合试验与应用系统体系，促进无人机遥感技术及其应用的可持续发展，探索军民共用的无人机遥感安全检测技术系统。

“十二五”期间，在国家 863 计划地球观测与导航技术领域“基于北斗 GPRS3G 技术的无人机遥感网络体系关键技术研究与示范”项目支持下，面向构建全国无人机遥感网络的建设目标，开展无人机资源规划、运行管理机制研究和基于北斗/GPRS/3G技术的无人机遥感系统飞行监管关键技术与装备研究，开发具备无人机遥感网络资源管理、配置与调度，以及无人机遥感系统飞行监控与管理功能的综合运行管理平台；初步构建5个社会化无人机遥感网络示范节点。国家遥感中心航空遥感一部成功开展了“机-星-地”项目，取得了重大成果，为军民共建轻小型无人机遥感系统综合验证场提供了宝贵经验。

目前我国有关部门或地方为开展无人机综合验证的需要已陆续建立了若干无人机综合验证场以及部分试飞场地。其中，内蒙古包头高分辨遥感综合定标场、武警警种学院无人机综合验证场（北京昌平）、大兴航模机场、河南安阳检校场等正陆续具备综合验证能力。除了以上已经由国家权威认证的验证场之外，还有一些具有试飞功能的场地，表4.24列出贵州安顺无人机载荷验证场、新疆石河子机场、莱芜雪野机场等32个验证场或试飞场信息以供参考，并列出了部分场地位置、单位名称、所属部门、飞行情况等信息。

1. 包头高分辨遥感综合定标场

该定标场位于内蒙古自治区巴彦淖尔盟乌拉特前旗明安乡，占地面积292.5km^2。该验证场覆盖草原植被，地势平坦，土质中硬，气候干燥，四季少雨。该无人机遥感综合验证场是“十一五”期间，在863重点项目“无人机遥感载荷综合验证系统”带动下发展起来的，主要用于开展大型无人机光学载荷和干涉SAR载荷的飞行验证，验证场以集成构建涵盖机载几何定标场、不同地表类型（如草地、沙地、裸地等）的自然场景、面向高分辨率卫星和航空遥感载荷定标与质量检测的标准人工目标系统、形成国际一流的对地观测载荷定标与数据真实性检验为目标，目前已初具规模，如图4.4所示。

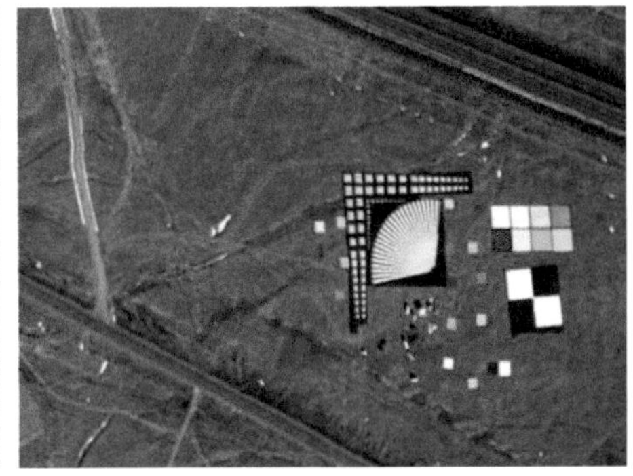

图4.4 包头高分辨遥感综合定标场

现已建成人工光学靶标区、SAR定标区、自然靶标区和农业示范区。其中，人工光学靶标区范围大约200m×200m，靶标区内设多种人工靶标，包括三线分辨率靶标、辐射状靶标（也称扇形靶标）、灰阶靶标和彩色靶标等光学靶标，用于对大视场多光谱成像仪、高光谱相机等机载光学载荷的外场辐射/光谱定标及载荷性能验证。SAR定标区主要包括SAR辐射定标区和干涉SAR高程定标区。自然靶标区选取草场、沙漠和农田，且每种地物各选择3块区域作为标准自然场景目标。另外，场内还配有机场、跑道、专用铁路线、机库、宿舍、机械厂房和工装车间等各种保障用房。该验证场实现了高性能飞行平台、载荷、数据分析与验证等关键技术，为轻小型无人机遥感系统综合验证探索了经验，并达到国际先进水平。

2. 贵州安顺无人机载荷验证场

该验证场位于贵州省安顺市国家民用航空高技术产业基地内，地处中国西南地区，是世界上典型的喀斯特地貌集中地区，属于典型的高原型湿润亚热带季风气候。该地区年均气温14℃，雨量充沛，气候温和。按照无人机遥感载荷综合验证系统的建设目标和任务需求，主要用于对全极化SAR载荷和光学载荷的飞行验证。该验证场主要包括人工靶标区、自然靶标区和农业示范区，如图4.5所示。人工靶标区主要包括光学靶标区和SAR靶标区，布设的人工光学靶标和SAR角反射器用于光学载荷和SAR载荷的外场定标和性能评价。

图4.5　贵州安顺无人机载荷验证场

人工光学靶标布设按照场地呈大面积平坦、地物单一，容易区分靶标背景与靶标光谱响应的原则，选取验证场西侧约150m×200m的草地区域作为光学靶标区；用于SAR外场辐射定标与性能检测的SAR靶标（角反射器）布设于场内的机场区域。该验证场的农业示范区占地面积约8km^2，平均海拔1460m，气候温和，年均相对湿度80%。同时验证场内的6000m×6000m区域内配备26个分布均匀、纹理清晰的几何控制点以及1∶10000的DEM基础数据和卫星云图系统。

3. 河南安阳检校场

河南省安阳检校场即安阳北郊机场，位于安阳航空运动学校内。该野外几何检定场的范围为东西宽7.2km，南北长3km，占地面积约2400m^2，如图4.6所示。它的标志点分为三类：稀疏区标志点、密集区标志点和LiDAR标志点，见图4.7（其中矩形区域为验证场范围）。为保证中、大比例尺航空摄影时，标志点能够覆盖至少6个像元以上，稀疏区和密集区的圆形标志点半径设计为80cm。为确保LiDAR标志点能够尽可能多地反射激光点，满足对其进行检定的要求，并且在实际建造过程中切实可行，在项目执行过程中将LiDAR标志点设计为2.5m×2.5m×1.0m的长方体水泥柱，露出地面部分为1.0m。

野外几何检定场的功能是利用检定场内的标志点进行摄影测量区域网平差，从而检测航摄仪的空中三角测量加密精度和单像对摄影测量测图精度。根据测绘行业标准《数字航摄仪检定规程》中关于检定场范围、标志点布设的原则，并结合实际的地形地貌条件，设计了该野外几何检定场，即在具有一定起伏的场地内布设大量精确已知坐标的标志点，用待检定的航摄仪对几何检定场进行航空摄影，从最终获取的影像上计算标志点的坐标，并将其与坐标的已知值进行比较，从而判断该航摄仪是否满足航空摄影测量的作业要求，是否达到该航摄仪的标称精度。这种方法最符合实际航空摄影测量的作业条件，最具有通用性，且检定结果真实可靠。同时，野外几何检定场也提供了对机载LiDAR、机载SAR等航空影像传感器的高精度检定平台，野外检定场的推广和使用是航空航天摄

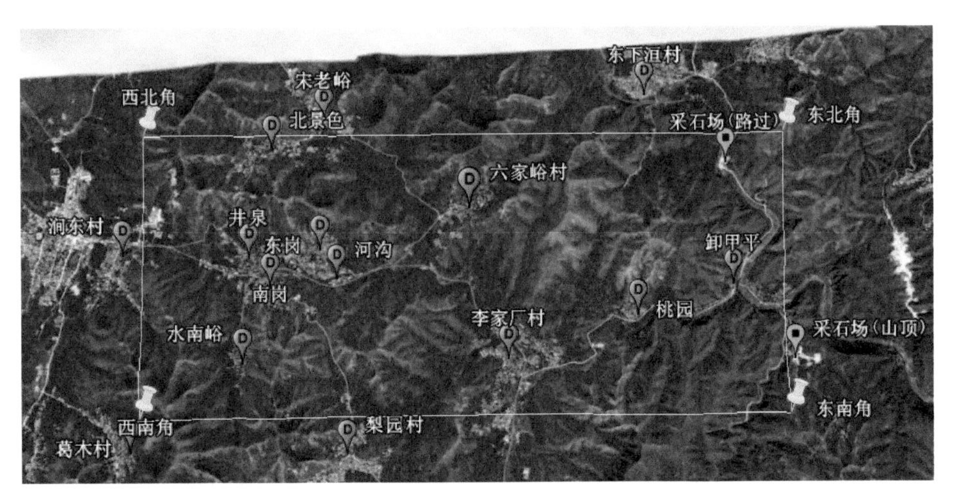

图4.6　野外几何检定场范围

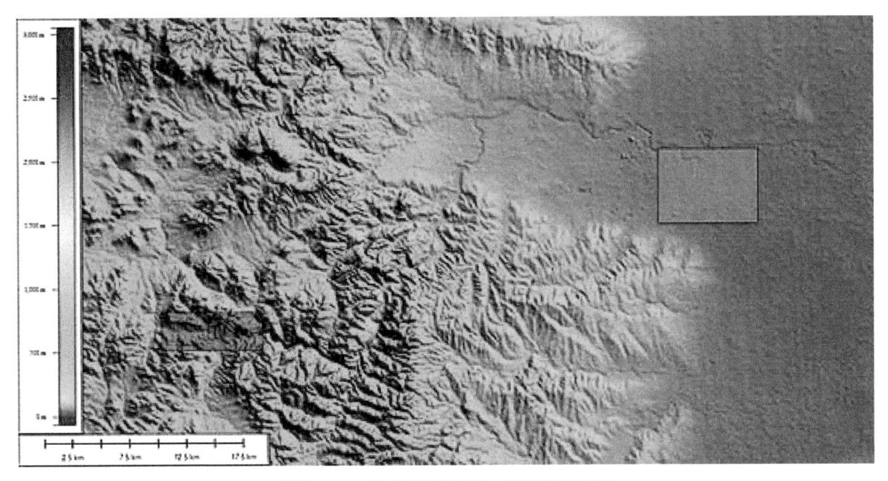

图4.7　安阳检校场（矩形区域）

影传感器检定发展的必然趋势。

4. 武警警种学院无人机综合验证场（北京昌平）

该验证场建于武警警种学院西峰山，地处北京市昌平区流村镇南雁路04号，占地面积约160余亩，飞行跑道长250m、宽12m，且为混凝土表面，设置跑道标线及标识，地形平坦，地理位置优越；距警种学院仅7km，交通便利，同时具有满足起降要求、易于观测、地物景观和地形多样性等必要条件，便于组织日常教学和军民无人机综合验证。该验证场的建设目标主要包括场地建设和实验设施建设两个方面，如图4.8所示。其中场地建设主要是飞行跑道、广播室、飞行验证场、机库及标靶场等硬件设施建设。实验设施建设主要是有效载荷验证实验室、地面控制系统实验室、动力系统试验室、图像传输及数据处理试验室五部分，各部分的具体参数见表4.23。

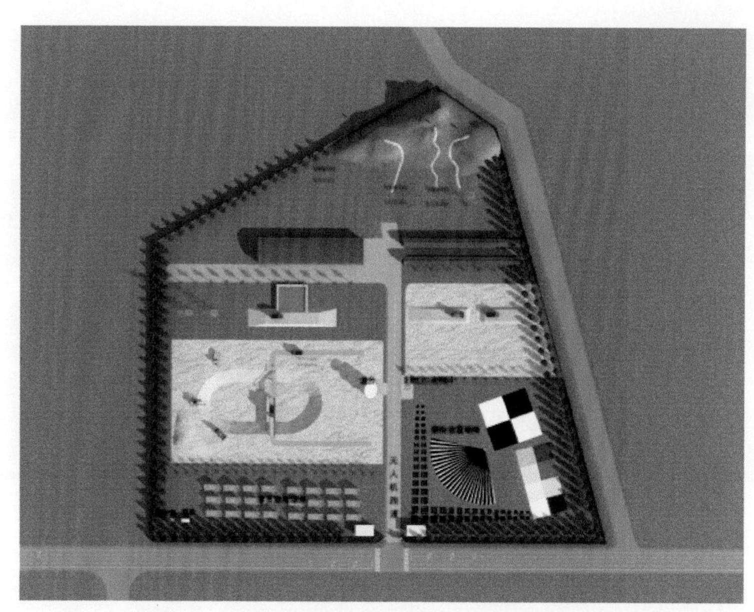

图4.8 无人机遥感系统综合验证场规划图

表4.23 警种学院无人机综合验证场建设基本情况

	主要指标	具体参数
无人机验证场地	跑道	长250m，宽12m，混凝土表面，设置跑道标线及标识
	广播室	$20m^2$的广播室一间，配备立体声广播音响一台
	飞行验证场	飞行验证场面积$100m^2$
	组装调试区	$30m^2$工作间及配套设备
	机库	$200m^2$无人机停机坪
	标靶场	$5000m^2$
无人机实验设施	有效载荷试验室	可见光多相机载荷（倾斜摄影）、热红外传感器载荷
	地面控制系统试验室	应急作业车1辆、无人机远程监控指挥系统1套
	动力系统试验室	电动机测试台架2套、涡轮发动机台架1套
	图像传输及处理试验室	数据处理软件2套

验证场一期已完成如图4.9所示，主要包括机库、飞行跑道、实验室、教学室、典型地物与标准影像样本库、验证场其他配套设施、空域管控与共建共用机制以及开放服务模式等的建设，具备为无人飞行器遥感系统载荷的综合验证提供场地技术保障，并且满足操控师队伍的培训。

5. 新疆石河子机场

石河子机场位于石河子市西南直线距离13km处，公路距离15km。该机场于2010年10月16日经国务院、中央军委批准正式立项，2012年4月23日国家发改委批准建设，2014年建成投入使用。石河子机场为国内支线机场兼顾通用航空使用。按照民航4C等级标准修建，机场跑道全长2400m，航站楼面积$3000m^2$，平行滑道6条，可满足B737-700/800、A320、EMB-145等机型起降，民航客机停机坪机位3个，通用飞机停机坪机位40个，航管楼面积$700m^2$，维修机库面积$3800m^2$，大修用房面积$1000m^2$，航材库面积$1500m^2$，如图4.10所示。

新疆通用航空有限责任公司是兵团独资的国有通用航空企业，已有30多年的发展历史，是西北地区最具影响力的通航企业。近年来，该公司致力于转型发展，在做好传统的农林牧、工业飞行

图4.9 无人机遥感综合验证场一期已完成建设现场图

图4.10 新疆石河子机场平面图

作业和飞行机务人员培训、通用航空器维修等业务的基础上，于2015年8月取得了中国民航135部航空运营人运行合格证，从此囊括了通用航空几乎所有的运营项目，成为国内资质建设和运营能力处于前列的通用航空公司之一。这标志着新疆通航正式成为中国民航CCAR-135部规章体系下运行的航空商业运输合格证持有人，可以执行非定期载客运输飞行任务，对于后续开展旅游包机、商务包机、公务机托管乃至将来发展支线运输航空打下了坚实的基础。

6. 莱芜雪野机场

莱芜雪野机场（图4.11）于2009年2月建成并投入使用，位于山东省莱芜市雪野旅游区防汛路18号。该机场共两条跑道，跑道长500m，宽27m，机场占地面积3500亩，飞行区面积85000m^2（图4.12），该机场可以容纳5000架次飞机，最大起降机型为Y5-B。莱芜雪野机场基础设施完备，具备水、陆两用机场的起降条件。

2014年，中国民航华东地区管理局向雪野通用机场管理有限公司出具了《关于颁发莱芜雪野通用机场使用许可证的批复》，这标志着雪野通用机场可以开放使用，成为《华东地区通用机场建设与使用许可管理暂行办法》实施后第一家颁证运行的直升机机场。雪野通用机场许可证获批，为雪野旅游区举办航空体育赛事、加快航空产业发展注入了新的动力。

图 4.11　莱芜雪野机场位置图

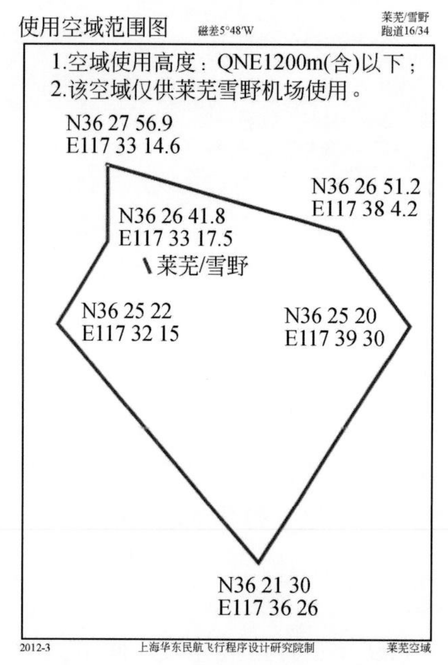

图 4.12　莱芜雪野机场空域范围图

表 4.24　部分具有无人机/航模起降条件的场地

序号	场地名称	单位名称	主管部门	飞行情况
1	包头高分辨遥感综合定标场	内蒙古北方重工实验基地	内蒙古北方重工业集团	通航/无人机
2	武警警种学院无人机综合验证场（北京昌平）	武警警种学院	武警总部	无人机

续表

序号	场地名称	单位名称	主管部门	飞行情况
3	大兴航模机场	北京翔翼飞鹰航空科技有限公司		无人机
4	河南安阳检校场	安阳航校	国家体育总局/中国测绘科学研究院	通航/无人机
5	贵州安顺无人机载荷验证场	贵航集团安顺机场	贵州航空管理局	通航/无人机
6	新疆石河子机场	新疆通航公司	新疆生产建设兵团航空企业管理局	通航/无人机
7	莱芜雪野机场	莱芜雪野通用机场管理有限公司	莱芜市	通航/无人机
8	安阳北郊机场	国家体育总局安阳航空运动学校	总局	通航/无人机
9	河北保定江城机场	河北省航空运动管理中心	河北省体育局	少量飞行训练
10	山西太原绕城机场	山西省太原航空运动学校	山西省体育局	通航/无人机
11	山西大同东王庄机场	山西省大同航空运动学校	山西省体育局	通航/无人机
12	山西长治屯留沙家庄机场	山西省长治航空运动学校	山西省体育局	通航/无人机
13	浙江横店体育机场	浙江省横店航空体育运动培训学校（原浙江省航空运动学校）	横店集团	通航作业
14	江西吉安机场	江西省航空运动管理中心		1. 跳伞训练 2. 通航作业
15	河南省郑州上街机场	河南省航空运动管理中心	河南省体育局	通航/无人机
16	湖北省沙市机场	湖北省航空运动管理中心		1. 跳伞训练 2. 通航作业
17	湖南省衡阳机场	湖南省航空运动管理中心		1. 跳伞训练 2. 通航作业
18	四川省太平寺机场	四川省航空运动学校	四川省体育局	跳伞训练（外场）
19	陕西西安浦城内府机场	陕西省航空无线电汽车摩托车运动管理中心	陕西省体育局	通航作业
20	农垦九三局大西江机场	齐齐哈尔军事航空体育学校	大西江农场	通航作业
21	青海西海镇金银滩跑道	青海省航空运动管理中心（2010年成立，临时机构）	海北州文体局	1. 通航作业 2. 飞行训练
22	河北邯郸永年机场	河北邯郸永年机场	河北省体育局	
23	天津韩家墅机场	天津市航空运动学校	天津市体育局	
24	贵州省清镇机场	贵州省航空运动学校 贵州省清镇训练基地	贵州省体育局	
25	上海高东直升机场	交通运输部东海第一救助飞行队	交通运输部	通航作业
26	福州竹岐直升机场	福建正阳投资有限公司	福建正阳通用航空机场发展有限公司	通航作业

续表

序号	场地名称	单位名称	主管部门	飞行情况
27	厦门厦金湾直升机场	厦门正阳投资有限公司	福建正阳通用航空机场发展有限公司	通航作业
28	江阴华西直升机场	江苏华西集团公司	江苏华西集团公司	通航作业
29	南京老山直升机场	南京若航交通发展有限公司	南京老山直升机场公司	通航作业
30	八达岭机场	海航集团	海航集团	通航作业
31	密云机场	北京华彬天星机场投资管理有限公司	北京华彬天星机场投资管理有限公司	航空服务
32	北安河机场	北京科源轻型飞机实业有限公司	北京科源轻型飞机实业有限公司	起降、代存

注：是否对外服务需要咨询场地

中篇

第5章　轻小型无人机光学遥感载荷

据不完全统计，现有无人机遥感系统的传感器类型有70%以上为光学数码相机，因此，光学数码相机仍是无人机传感器的主要构成。在未来一段时间内，光学相机依然会是无人机遥感的重要载荷。本章介绍了光学相机的成像和工作原理以及基本的无人机遥感系统组成和作业模式与流程；分析了轻小型无人机光学载荷的发展现状和趋势；概述了载荷发展中的相关关键技术；最后介绍了当前主要使用的光学载荷与遥感应用案例。

5.1　光学载荷发展现状与趋势

在光学遥感载荷方面，国内外目前均使用数码相机替代胶片相机，尽管在普通民用相机的无人机遥感实际应用上，国内产品与国外品牌尚有一定距离，但在专业相机的研发方面，国内的研发水平及前景是乐观的。另外，相对于传统的正射技术倾斜摄影需求正在催生一个快速发展的应用领域。

5.1.1　国内光学遥感载荷发展现状

2003年，中国科学院遥感应用研究所提出了多模态大面阵数字相机系统的设计构想，自主研发集成了一套集宽视场、多光谱和立体成像等多种模态为一体的大面阵CCD数字航空相机系统MADC（Multi-mode Airborne Digital Camera）。2004年由刘先林院士领导的团队开始研制新型的数字航空摄影仪SWDC，于2007年定型并通过鉴定。近年来北京天元四维科技有限公司发挥优势，组织航空、测绘方面的技术人员对该像机进行了较全面的升级改装，推出了SWDC-4A型数字航摄仪和SWDC-5型数字倾斜航摄仪等改进升级版。在国家863计划课题“大面阵CCD航测相机的研制”中，中国科学院成都光电研究所与解放军测绘学院联合设计了一种“3+1”大面阵CCD航测相机SPC-1。在借鉴国内外大面阵相机设计理念的基础上，2009年西安测绘研究所研制成“六合一”大面阵CCD立体测绘相机系统DMZ。2013年，中国科学院光电技术研究所成功研制出高达1亿像素的相机IOE3-Kanban，标志着我国大面阵高分辨率CCD数字相机的研制技术达到新的阶段。

在轻小型无人机遥感光学载荷方面，国内科研人员开展了大量集成研制工作。王斌永等（2004）设计了一款基于多面阵CCD传感器成像方式的小型多光谱成像仪，内置摄影控制软件，具备飞行控制系统通信、获取飞行参数、解算适宜曝光时间、修正曝光时间、实时存储数据等功能，并已在无人机SE-1（海洋探索1号）进行了验证试验。贾建军等（2006）针对无人机遥感有效载荷的特点，利用成熟的商业光学镜头、相机机身、高分辨率大面阵CCD成像模块和嵌入式计算机硬件系统，通过光学、机械和电子学软硬件模块的集成，设计了一套实用的无人机大面阵CCD相机遥感系统。刘仲宇等（2013）以保证系统的识别距离和相机像素数为目标，采用实时传统型商业级数码相机为相机载荷，自行开发嵌入式硬件控制电路操控相机拍摄，集成开发了一款超小型无人机相机系统，经过飞行试验，获得了高分辨率的清晰图像。

针对无人机单相机系统影像幅面小、基高比小等导致的飞行作业效率低、测图精度低等问题，国内相关科研机构研发了中画幅量测型数码相机和多款应用于无人机的组合宽角大幅面相机。中测新图（北京）遥感技术有限责任公司研制了 TOPDC-1 系列中画幅量测型数码相机，分为三种型号，分别具有 4000 万、6000 万、8000 万像素，并配备了 47mm、80mm 两种焦距可更换镜头，相机采用镜间快门，从结构上消除由于非严格中心投影导致的相移，以保障航摄精度要求。中国测绘科学院先后研制了 CK-LAC04 四拼相机和 CK-LAC02 双拼相机等多种适用于无人机的特轻小型组合特宽角相机，采用了不同于以往组合相机的新型机械结构方式，实现了组合相机的内部自检校（桂德竹等，2009；林宗坚等，2010）。遥感科学国家重点实验室在设备研制类项目支持下，进行了由四个相机组合而成的超低空无人机大幅面遥感成图轻微型传感器载荷系统改造研制（龚建华等，2014）。在这些组合相机研制中，使用的单个相机一般为国外高端民用单反相机。

为了在 CCD 和 CMOS 图像传感器领域占有一席之地，国内的中国电子科技集团公司第 44 研究所和中国科学院西安光学精密机械研究所等单位开展了 CCD 技术研究，基本上形成了系列化产品。长春长光辰芯光电技术有限公司、中国科学院微电子研究中心、西安交通大学、浙江大学、复旦大学、重庆大学、北京思比科微电子公司等单位都开展了 CMOS 图像传感器的设计、研制和应用开发等工作，并取得了较大的进展（崔敏，2009）。其中，长春长光辰芯光电技术有限公司专注于高性能 CMOS 图像传感器设计开发，已经成功开发出 GMAX3005、GMAX1205、GSENSE400 等多款高性能 CMOS 图像传感器（图 5.1）。2014 年，长光辰芯光电和以色列全球晶圆代工厂 Towerjazz 联合发布的 GMAX3005 是世界上最高分辨率的 1.5 亿像素全画幅 CMOS 图像传感器。2015 年，长光辰芯光电与 TowerJazz 又联合发布了世界上第一款背照式、科学级 CMOS 图像传感器 GSENSE400-BSI，400 万像素，具有高灵敏度、低噪声以及高动态范围等特点。长光辰芯光电的产品表现出我国在 CMOS 领域的出色研发能力。

图 5.1　长光辰芯光电的 CMOS 产品

在直接用于无人机遥感的普通民用数码相机研制方面，我国与日本、美国等发达国家有一定差距。目前国内在实际无人机遥感作业中使用的民用数码相机以国外品牌为主，佳能、尼康和索尼三大主流相机厂商处于绝对垄断地位。我国虽有爱国者、明基、海尔、海鸥、凤凰、宝淇、奥美佳、宝达等众多相机品牌，但因工艺水平不高，图像质量尚低于进口相机。国产数码相机在普通民用市场上占有一定份额，但少有用于无人机遥感中。

在无人机遥感载荷数据存储系统方面，固态硬盘（SSD）等大容量存储系统以往多采用进口的设备。近年来国内在该领域也逐渐取得了突破，如苏州奥科创信息技术有限公司自主研发的全嵌入式架构的超便携式高速数据记录仪 C2010S，具有速度快、体积小、质量轻、功耗低、可靠性高等特点（C2010S采用SATA3技术协议，是国际主要友商的同类设备存储速度的2倍，配备的两颗SSD可实现高达800MB/S以上的存储速度，同时体积更小，质量更轻）。这有效地降低了无人机载荷的质量，与此同时CCD相机的数据采集记录系统能够低功耗、高速、安全、稳定、完整地记录CCD相机的数据。

总之，在轻小型无人机光学遥感载荷研制方面，我国与国外仍有差距，需要加大创新力度，提高工艺制造水平，追赶国际先进水平。随着国内研发水平的逐步提高，将有越来越多的国产光学遥感载荷在轻小型无人机遥感中得到应用。

5.1.2 无人机光学载荷发展趋势

由于需求的牵引，近年来无人机光学载荷发展非常快速，并且随着微电子技术、计算机技术、通信技术的发展，数字化、高分辨率、质量轻、体积小的多种光学载荷陆续得以研发成功并在实践中得到应用。与此同时，数据存储和导航定位等系统集成配件的迅速发展，使得光学载荷的应用潜力不断拓展，逐渐向多维、立体方向发展。

1. 数码相机成为无人机遥感主流光学载荷

在无人机遥感发展早期，数码相机技术比较落后，使用的光学载荷主要是中画幅的胶片相机（Eisenbeiss，2009）。例如，1980年，德国学者对一栋历史建筑进行无人机航空摄影时，使用了当时较为先进的Rolleiflex SLX中画幅胶片相机。随着数码相机技术的发展，人们开始尝试在无人机上使用数码相机，但是初期由于分辨率的限制，数码相机并没有得到广泛使用。1996年，Miyatsuka对一个考古遗迹进行无人机遥感时，使用了当时先进的600万像素的柯达DCS 460数码相机，发现该分辨率对于考古应用仍不够，推荐使用中画幅的胶片相机（Miyatsuka，1996）。近年来，数码相机的性能不断增强，像素、速度、功能都有了巨大的提升，市面上高端单反相机有效像素数达到3600万，快门速度高达1/8000，相机存储容量最高可达100G以上，而且非量测型数码相机的标定技术和标定精度也在不断完善和提高。因此，数码相机已逐渐全面取代胶片式相机，成为轻小型无人机遥感的主流光学载荷。

2. 高像素和小型化是光学遥感载荷发展的重点

尽管像素不是评判数码相机的唯一标准，但不可否认它是标志数码相机档次的关键指标之一。在数码相机传感器尺寸固定情况下，有效像素数是影响无人机遥感系统成像地面分辨率的重要因素之一，数码相机对高像素的追求永不会停止。在数码相机商业化之后，基本上每四年左右就会经历一次像素密度的飞越，并且随着科技的成熟，像素密度的更新周期变得越来越短。像素的提升主要源自传感器技术的进步，虽然这种进步最直接的表现形式是像素的提高，但更深层次的表现是带来更好的控噪性能、更好的宽容度和更优秀的画质。近年来最直接的像素进步，是佳能5D Mark II的2100万像素和尼康D800的3600万像素。目前，135级别相机基本站上了2000万像素大关，而且越来越多的相机达到3000万像素级别。在像素密度提升方面，最直接的进步来自于2013年开始的APS-C相机像素升级，这使得未来全幅相机有望达到5000万像素级别。伴随着有机传感器、独立测光传感器等技术的应用，不久将来，我们可以看到更多可以突破目前画质极限的相机诞生。

对于轻小型无人机而言，载重能力和载荷仓的尺寸有限，这就要求传感器在数据获取质量不变的情况下，载荷的体积和质量足够小。对于民用相机的外形设计来说，小型化与便携化是数码相机发展的重要方向。无论传统胶片相机还是现在的数码相机，相机发展史一直都是一部小型化的历史，这也正好契合了轻小型无人机遥感的需求。

数码相机小型化发展有两个方向：一个是大底便携相机，其结构简单，没有数码单反相机的反光镜、五棱镜、独立对焦/测光模块等诸多组件，并且无需考虑卡口和法兰距等因素，因此大底便携相机的镜头设计更为灵活。多数大底便携相机都采用了沉胴式或伸缩式镜头，并且镜组末端非常贴近感光元件，这样就能有效控制机身厚度。另一个是微单相机的发展，微单相机结构上没有反光镜和棱镜，通过彻底改变取景方式和拍摄方式，让专业相机可以拥有小体积。索尼 NEX-7、理光 GXR A16 等代表性的微单相机已成为轻小型无人机上常用光学传感器。越来越多的小型化相机都已加入相位检测对焦点，使对焦性能迅速提高，从而与单反的差距迅速缩小。可以预见，未来小型化相机将逐步取代多数普通单反相机和部分专业单反相机。

3. 数据存储系统向大容量高速度发展

无人机遥感载荷在工作时会产生大量的高速遥感数据，这要求数据存储系统具有大容量、高速度的特点，能够实现多路高速数据的并行写入，并且能够通过飞控系统进行灵活控制。此外，无人机系统还对数据存储系统的功耗、抗震性、温度范围等提出了较高的要求。目前，固态硬盘（SSD）的技术已经成熟，具有高集成度、高存储密度、低功耗、防腐防震等特点，能够满足无人机系统数据存储的苛刻要求。无人机遥感载荷数据存储系统使用多个 SSD 组成存储阵列。遥感数据经过 SDRAM 缓存后，并行写入 SSD。在地面检测设备回放时，从 SSD 中读出，发送到地面检测设备。

4. 数据传输系统向速度更快距离更长发展

无人机遥感平台获取的数据应及时传输到地面，供后续分析使用，因此需采用无线数据传输技术来传输图像数据。针对无人机遥感平台的特点，这种技术应当满足距离和传输速度两方面的要求。目前比较通用的无线数据传输技术有红外传输、蓝牙传输、超宽带（ultra-wideband，UWB）、Zigbee、移动通信技术以及 WiFi 无线网络传输等。从几种无线数据传输技术的特性来看，对于无人机机载遥感平台而言，红外、蓝牙以及 UWB 技术的传输距离太短，Zigbee 实际传输速度太慢，都不能满足要求，移动通信技术能够在电信服务商网络覆盖的地区提供数据传输服务，但费用较高，因此当前采用这种技术还不是最好的选择。相比较而言，无线 WiFi 技术无论在传输距离、传输速度还是经济性方面具有独特的优势，因此较多采用这种技术作为无线图像传输的解决手段。无线 WiFi 的传输距离根据具体环境有所不同，一般室内由于各种障碍物的存在，最远传输距离为 100m，室外空阔的地方最远传输距离可达 300m。

5. 多角度摄影越来越受到重视

倾斜摄影技术是国际测绘领域近些年发展起来的一项高新技术。它颠覆了以往正射影像只能从垂直角度拍摄的局限，通过在同一飞行平台上搭载多台传感器，同时从一个垂直、四个倾斜等五个不同的角度采集影像，一方面可以提供多角度交会的摄影方式，以提高可靠性和稳健性；另一方面在形成三维建模的过程中，能提供建筑物的侧面纹理，以满足城市三维建模的需求。对于大众及规划等应用，将用户引入了符合人眼视觉的真实直观世界。航空倾斜影像不仅能够真实地反映地物情况，而且可采用先进的定位技术，嵌入精确的地理信息、更丰富的影像信息、更高级的用户体验，极大地扩展了遥感影像的应用领域，弥补了正射影像的不足，能基于影像进行各种测量，使遥感影像的行业应用更加深入。倾斜摄影测量示意图如图 5.2 所示。

经过几年的发展，倾斜摄影已经初步形成了全产业链产品，包括无人机倾斜摄影系统及倾斜摄

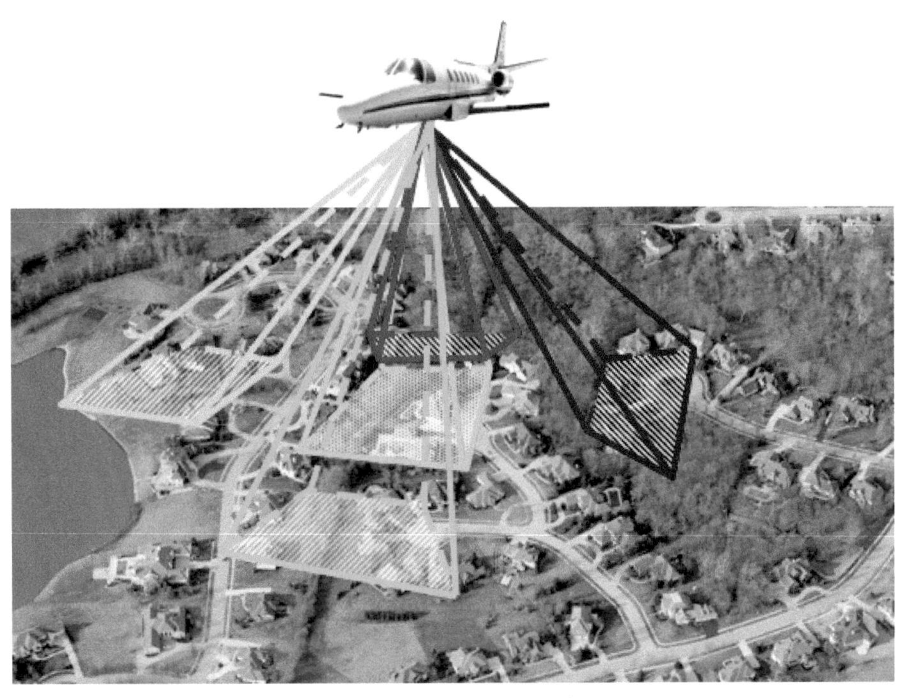

图 5.2 倾斜摄影测量示意图

影相关设备、倾斜摄影三维模型、倾斜摄影数据处理系统、倾斜摄影应用系统、倾斜摄影应用案例等。倾斜影像数据的获取与处理必将掀起高效数字城市建设的高潮。随着数字航空遥感的进一步发展，倾斜航空数字相机必将在信息化测绘中发挥重要作用。

5.2 光学遥感载荷原理

本节主要介绍光学遥感载荷原理，包括传感器原理、多角度摄影原理、摄影导航与控制系统原理、数据存储和传输原理等内容。同时，简要介绍典型无人机光学遥感系统的组成和作业模式及其工作流程。

5.2.1 传感器原理

无人机光学传感器按成像波段可分为：全色（黑白像片）、可见光（彩色像片）、红外和多光谱传感器。按成像方式可分为：线阵列传感器和面阵列（框幅式）传感器。按相机用途可分为：量测式相机和非量测式相机。由于无人机受到载荷和成本的限制，往往采用非量测式、可见光（RGB 三通道波段）的框幅式相机，即一般的市面上常用的卡片机或单反相机。

无人机框幅式传感器的测绘原理为小孔成像原理，如图 5.3 所示，即摄影测量中的共线条件方程——像点 a，像点对应的地面点 A 和相机透镜中心 S，三点在空间同一条直线上(张保明等，2008)。如果已知相机的内参数和相机外方位(位置和姿态)，就可以根据像片的像点 a，采用共线条件方程进行立体交会求出感兴趣的地面坐标 A，计算公式如下所示。

$$x - x_0 = -f\frac{a_1(X - X_s) + b_1(Y - Y_s) + c_1(Z - Z_s)}{a_3(X - X_s) + b_3(Y - Y_s) + c_3(Z - Z_s)} = -f\frac{\overline{X}}{\overline{Z}}$$

中篇

$$y - y_0 = -f\frac{a_2(X - X_s) + b_2(Y - Y_s) + c_2(Z - Z_s)}{a_3(X - X_s) + b_3(Y - Y_s) + c_3(Z - Z_s)} = -f\frac{\bar{Y}}{\bar{Z}}$$

$$\begin{bmatrix} \bar{X} \\ \bar{Y} \\ \bar{Z} \end{bmatrix} = \begin{pmatrix} a_1 & b_1 & c_1 \\ a_2 & b_2 & c_2 \\ a_3 & b_3 & c_3 \end{pmatrix} \begin{bmatrix} X - X_s \\ Y - Y_s \\ Z - Z_s \end{bmatrix} = R^{-1} \begin{bmatrix} X - X_s \\ Y - Y_s \\ Z - Z_s \end{bmatrix} \tag{5.1}$$

其中像点 a 为 (x, y)，像平面上主点为 (x_0, y_0)，地面点 A 为 (X, Y, Z)，相机透镜位置为 (X_s, Y_s, Z_s)，R 为旋转矩阵，用于确定相机姿态。地面点 A 和像点 a 通过传感器联系到一起。

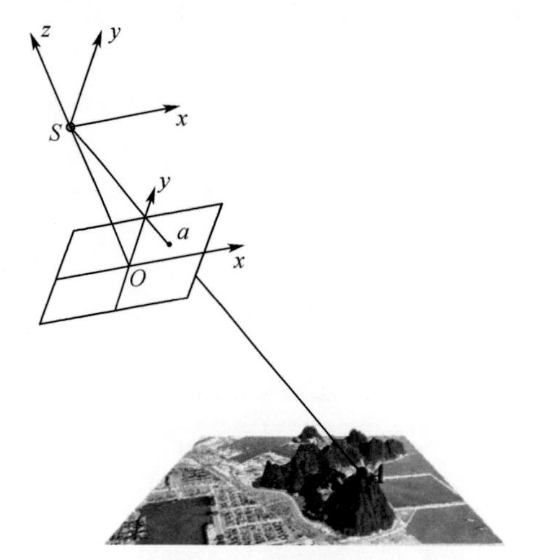

图 5.3　框幅式传感器成像原理——共线条件方程

无人机遥感虽然与传统摄影测量的方式近似，但也有自身特点。主要包括：①传感器镜头的畸变；②传感器平台稳定性差；③获取的影像像幅小、重叠率大、数量多等。

1. 传感器镜头的畸变

无人机一般对载荷有要求，故传感器重量不可能太大，往往使用的是非量测相机，造成相机存在严重的畸变差，如采用传统的摄影测量方式，需要对其进行校正。校正方法可以采用室内相机标定的方法，求出畸变模型的系数。

常用的畸变模型系数（Hartley et al., 2004）可以用下列公式表示。

$$\begin{pmatrix} x_d \\ y_d \end{pmatrix} = L(\tilde{r})\begin{pmatrix} x \\ y \end{pmatrix} + \begin{pmatrix} p_x \\ p_y \end{pmatrix} \tag{5.2}$$

其中，$(x, y)^{\mathrm{T}}$ 表示无畸变的理想像方坐标；(x_d, y_d) 表示包含畸变的像方坐标；$\tilde{r} = \sqrt{x^2 + y^2}$ 表示径向距离；$L(\tilde{r}) = 1 + k_1\tilde{r}^2 + k_2\tilde{r}^4 + k_3\tilde{r}^6$ 表示径向畸变；$p_x = 2p_1xy + p_2(\tilde{r}^2 + 2x^2)$，$p_y = p_1(\tilde{r}^2 + 2y^2) + 2p_2xy$ 表示切向畸变。

检校完成后，将每张像片带入到畸变模型中去，即可完成内参数检定，得到像点在像平面坐标系下的坐标。近年来，由于计算机视觉技术的发展，通过 SFM（structure from motion）技术，可以在无人机影像处理和像片三维建模过程中，将相机内参数作为附属信息同时标定出来。在无检校参数并且精度要求不高的情况下，可以进行无人机相机的标定。

2. 无人机影像全自动匹配

相对于传统飞机，无人机多在低空飞行。由于其质量轻，同时受到低空对流层风的影响，往往造成飞行平台不稳定，像片倾斜角和旋偏角较普通相机更大。由于飞行平台的不稳定性，无人机影像全自动匹配会存在以下 3 个难点：①相邻影像间的左右重叠度和上下重叠度变化大，加上低空遥感影像摄影比例尺大，造成表面不连续地物（如高楼）在影像上的投影差大，因而无法确定匹配的搜索范围；②相邻影像间的旋偏角大，难以进行灰度相关；③飞行器的飞行高度、侧滚角和俯仰角变化大，从而导致影像间的比例尺差异大，降低了灰度相关的成功率和可靠性。因此，数字摄影测量中常用的各种灰度相关匹配方法很难胜任低空遥感影像的全自动匹配。另外，传统摄影测量方法在姿态角度过大时，存在影像建模不收敛情况（耿则勋等，2010）。故传统的近似垂直摄影测量无法满足无人机影像数据处理的要求。

3. 获取的影像像幅小、重叠率大、数量多

由于无人机采用了带畸变差的非量测相机且畸变中绝大部分是径向畸变，因此一般利用镜头中心部分来成像，使得无人机影像的像幅和像素没有传统相机大，一般在 5000×5000 像素以内。考虑到无人机影像像幅较小，一个测区往往需要几百甚至上千张影像，这对于影像存储、传输和处理能力提出了更高的挑战。另外，无人机平台倾斜角和旋偏角度较大，影像并不能完全按照事先设定的航线保证重叠度，故往往为了成像时的重叠度和处理时的几何稳健性，加大重叠度，以保证像片之间的连接性。

5.2.2 多角度摄影原理

无人机遥感的主要目的是测绘被摄地区的地面信息，形成各种数字地理信息产品，并进行三维建模。由前图可以看出，一张像片可以得到地面点对应的像点坐标，并由此列出两个方程。而未知数是地面点坐标，含有三个未知数，故一张像片在没有其他约束条件下，利用无人机遥感无法解得地面点坐标。

地面点三维信息的求解，可以利用已知地区的 DEM 或利用其他遥感和地理信息手段获取三维信息，联合求解地面点坐标。然而，更加常用的方法是利用相邻摄站上拍摄的像片，采用空间前方交会（计算机视觉称三角交会）的方法计算地面点坐标，如图 5.4 所示。

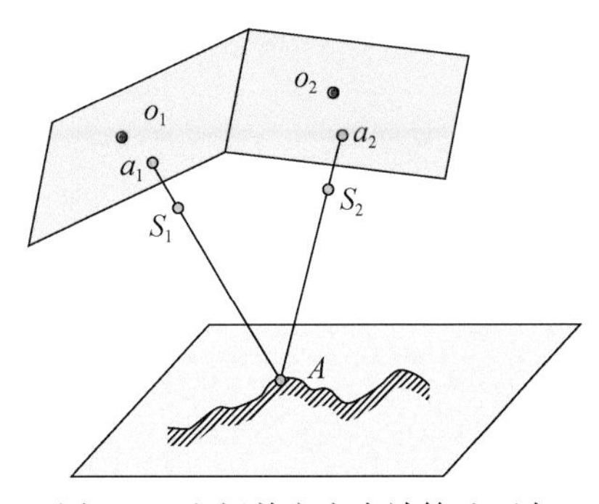

图 5.4 空间前方交会计算地面点

已知地面点 A 在射线 a_1S_1 上，这时 A 也在另一张照片成像，故其也在 a_2S_2 上，它们在理论上相交于空间一点，即为我们要求的地面点 A 。而由于误差的原因往往造成它们并不能相交一点，此时

中篇

在摄影测量学中，可以采用最小二乘法求解；用基线与高程方向的平面三角形进行交会，即 X 方向和 Z 方向。在计算机视觉中，除了上述方法以及考虑地面点误差外，还考虑了像点可能匹配的误差而造成了三角形无法交会的因素，采用了黄金三角形交会法（Hartley et al.，2004）。

无论采用何种方法，都必须保证测区内地面点在两幅影像上，故测区内至少有 2 度重叠。由于无人机遥感摄影时重叠度较大，往往地面点会有更多重叠。这时，采用最小二乘或其他方法求解地面点，由于观测数量的增多，精度与稳健性都会得到提高。多角度摄影原理正是基于此发展而来。特别是近年来利用航摄像片进行城市三维建模的发展，倾斜摄影方式成为一种新型的无人机光学成像方式。

5.2.3 摄影导航与控制系统原理

无人机摄影导航与控制系统负责无人机的飞行航线、飞行时平台姿态、飞行速度与曝光时间等参数，用于按照事先规划好的航线执行航飞任务。无人机航线规划一般采用之字形或几字形飞行方式，根据影像的 CCD 尺寸、镜头焦距、航高和影像重叠度，设置摄影基线长度。如图 5.5 中所示，一个红点表示一个摄站位置，即像片位置。航线一经规划完成，无人机将严格按照规划路径飞行。飞行时根据导航信息自动选择曝光时间，并控制飞控系统保证在最佳的姿态和速度进行摄影成像，并将导航信息保存，用于后续的影像处理。

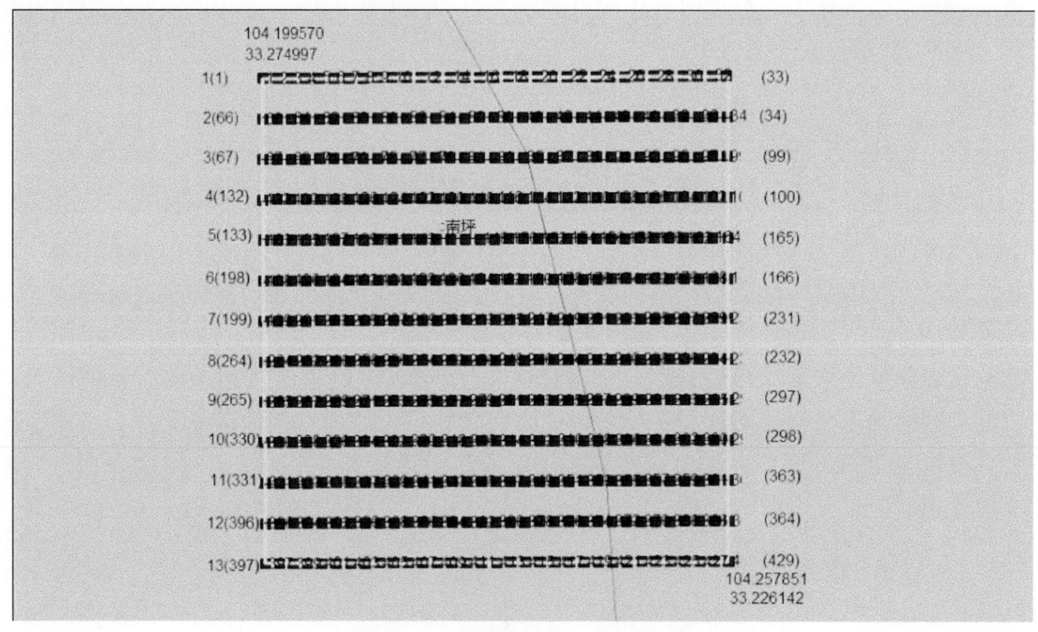

图 5.5　航线规划与导航控制

5.2.4 数据存储系统原理

无人机存储系统主要指机载存储控制单元用于存储影像数据和对应各张影像的飞行信息数据，包括飞机的 GPS 信息、IMU 中飞机姿态 POS 信息、飞机速度、成像的曝光时间等信息。数据的组织形式按时间轴顺序存储，一般常用的照片格式为 jpg，有的无人机影像中附带有 EXIF 信息，可为后续无人机影像处理提供相机内参数信息。其他信息可采用文本、XML 或系统自定义的格式进行磁盘存储写入工作。

一般存储照片命名方式采用字母加数字顺序存储，方便进行查阅、检索和后续无人机影像相关的处理和使用。具体存储结构如图 5.6 所示。

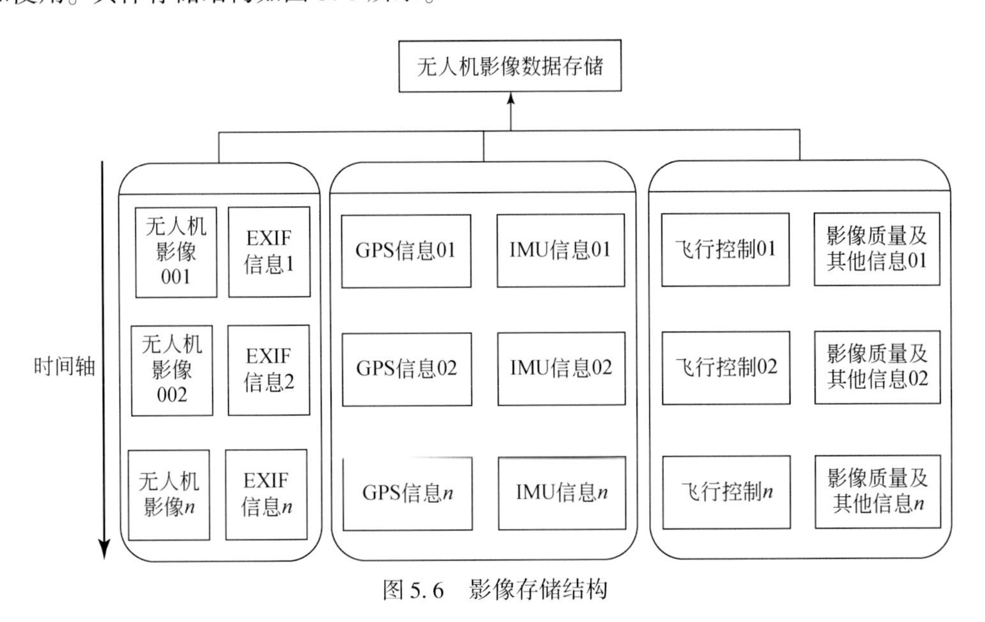

图 5.6 影像存储结构

5.2.5 数据传输系统原理

在整个无人机系统中，通信子系统是飞行控制系统的重要组成部分，担负着无人机飞行状态信息和任务载荷数据的传送任务，实现地面站对小型无人机实时监控。另外，由于无人机作为空中机器人，在军事上可用于侦查、监视等，在民用上可用于大地测量、遥感等，以期能获得高分辨率、能描述物体几何形态的二维或三维图像。但是高分辨率图像数据量相当大，而且随着地面分辨率提高，需要传输的图像数据量呈几何级数增长，数据码数率也迅速增长，因此图像的高速传输已经成为制约无人机应用的重要问题。

无人机数据传输使用的是数据链路系统。所谓链路就是指连接两个通信节点的一段物理线路而中间没有任何其他的交换节点，无人机的数据链路简化模型如图 5.7 所示。发射端将数据（影像、GPS 信息、飞控等辅助信息）经过处理转化为信号，输出给发射机并由天线发射。在接收端同样由天线经过接收机接收，并由调制解调器解码，得到基带信号上的信息。

当在一条线路上传输数据时，除了必须有一条物理线路外，还必须有必要的通信协议来控制这些数据的传输。如果把实现这些协议的软件和硬件加到链路上，就构成了数据链路无人机系统。系统实现无人机系统中的传感器平台、控制平台、任务平台和监测平台之间各种数据信息的处理与传输，通过数据链路系统各平台之间形成数据连接关系。无人机的空地数据传输系统如图 5.8 所示。主要包括：

（1）机载设备，由任务处理单元、伺服器和传感器组成。处理单元一方面收集、整理和记录飞机的各项参数，并根据协议生成报文发向地面；另一方面，对接收的报文进行译码，改变飞行参数，并通过伺服系统控制飞行状态。

（2）数据链设备，包括调制解调器、发射机和接收机，用于报文的发送与接收。

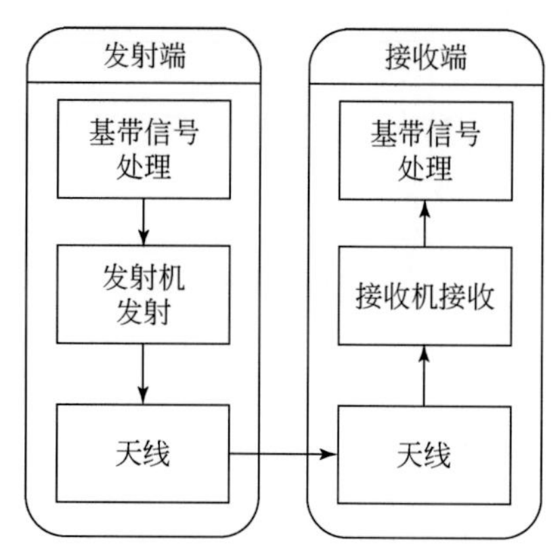

图 5.7　无人机数据链路简化模型

（3）地面监控系统。模式控制模块：用来选择空地通信模式，可选择周期报告模式或询问/控制模式。信息处理模块：主要执行对信息数据的编码、译码及差错判断。图形显示模块：将数据信息以图形仪表的形式显示在终端控制台上。

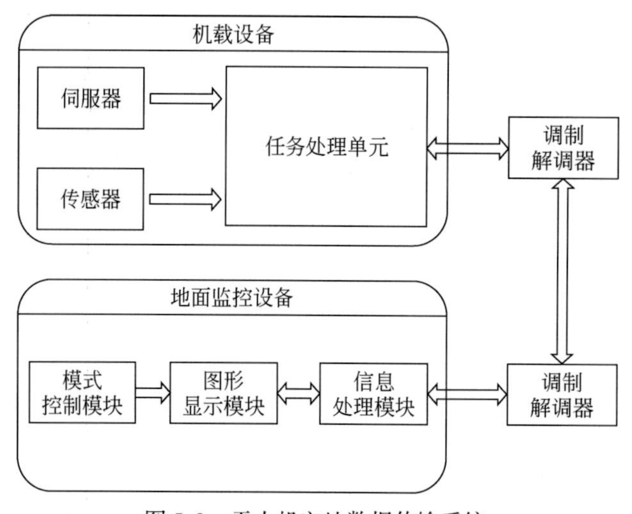

图 5.8　无人机空地数据传输系统

5.2.6　系统集成原理

低空无人飞行器的摄影系统是一个集无人机平台、有效载荷、通信与控制、航迹规划、相机检定技术于一体的软硬件系统。在通信事务中，通信数据分为飞控数据、姿态位置数据和有效载荷数据。飞控数据量小，突发性强，不能有丝毫的差错，要求具有实时性和较强的容错和纠错能力。低空无人飞行器摄影系统的空间位置和姿态角对平台的稳定控制与导航起着关键作用，直接影响图像的质量，所以无人机系统集成直接决定了无人机的性能指标。

无人机系统集成包括无人机平台、飞行控制系统、嵌入式控制系统和地面站系统软件 4 个主要部分。其系统集成框架如图 5.9 所示。

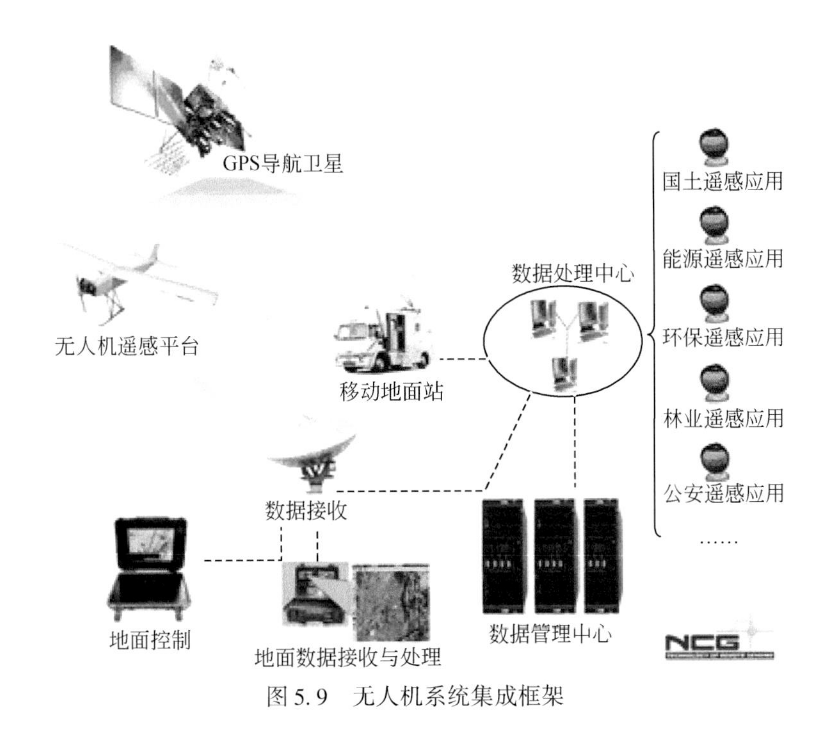

图5.9 无人机系统集成框架

5.3 轻小型无人机光学遥感载荷关键技术

轻小型无人机光学载荷系统的核心为传感器，一般使用轻小便携的微型单反相机。除此以外，完整的光学载荷系统还包括摄影遥感与控制模块、数据存储模块、数据传输模块，这些模块的设计、制造以及集成决定了光学载荷系统的质量。

5.3.1 轻小型无人机光学载荷关键技术

最初的轻小型光学遥感载荷主要采用已有的小型化光学载荷。随着应用的拓展，需要针对轻小型无人机平台的特点开发特定的载荷产品。本节就载荷研发过程中涉及的一些关键技术，如导航与控制、相机曝光与同步、小型化集成技术等进行简要介绍和分析。

1. 摄影导航与控制系统关键技术

航摄自主导航与制导控制系统是小型无人机必须具备的一项重要功能，具有此项功能是其完成任务的根本保障（杨晓莉，2006）。自主导航与制导控制系统（GNC）由机载计算机子系统、智能导航制导子系统、自主飞行控制子系统、航线设计与控制子系统以及自动控制管理子系统等组成(Pullen，2013)。摄影导航和控制系统是航测无人机得以实现广域自主飞行的关键，是飞行作业航测任务规划、飞行状态实时掌控、定点曝光摄影、引导和控制无人机自动飞行，完成预定任务的关键（聂志彪，2009)。

无人机机载飞行控制系统主要检测无人机飞行平台各部分的协调情况，并向地面控制系统传送飞行器速度、高度、经纬度、姿态等信息（Bo，2006)。无人机的导航技术主要采用无线电导航、天文导航、卫星导航、惯性导航等。其中，以惯性导航和GPS导航为主。按照功能模块划分，无人

中篇

机飞行控制系统可以分为三个部分，即用于保持无人机稳定飞行的垂直陀螺、用于获取相关控制信号的接收天线和用于对无人机自主飞行进行控制的微型处理器。

2. 相机曝光同步关键技术

为了获得高质量的无人机航测数据，航摄仪传感器、GPS 接收机和 IMU 之间需要通过固件连接的方式实现同步作业，通过 GPS/IMU 数据的联合后处理精密单点定位，获得每一个曝光点影像的高精度外方位元素。一方面，无人机上普遍采用非量测型普通光学数码相机，相机自身快门存在机械误差；另一方面，受继电器吸合延迟时间的影响，要达到严格意义上的同步曝光和空间定位很有难度（刘仲宇，2013）。所以，无人机载传感器和 GPS/IMU 模块同步曝光技术一直是一个技术难点，目前尚无完美解决方案。但是，应该采用各种补偿及改进措施来尽量减小各个模块采集数据的时间差，使这个差值在可能的条件下达到一个足够小值，这样才能保证航测数据的精度（林宗坚，2011）。

此外，对目前广泛采用的多相机拼接组合系统而言，如果相机间曝光时间差过大，就会造成拼接难度大和精度降低等问题，影响后续空间三维数据精度。

3. 存储系统设计关键技术

无人机遥感载荷系统在无人机飞行作业过程中会产生大量的高速遥测数据，这要求数据存储系统具有大容量、高速度、抗震性和低功耗的特点，能够实现多路高速数据并行写操作，并能通过飞行控制系统进行灵活控制（Ma，2004）。4G 无线实时传输和机载固态硬盘（SSD）是普遍采用的技术，其中机载 SSD 技术较为成熟，通过数据总线和 SDRAM 缓存可以直接将传感器中的数据并行写入 SSD，待无人机返回地面时，再下载传入电脑进行后续数据处理。4G 无线实时传输技术在面临广域范围情况下，存在数据丢失和运行成本高的问题，并未广泛应用于实际作业项目。

4. 传感器集成及小型化关键技术

无人机航空摄影时以获取低空高分辨率遥感影像为应用目标，集成了无人驾驶飞行器、遥感传感器以及 GPS/IMU 等高科技产品和技术（晏磊，2010）。无人机驾驶飞行器摄影测量系统属于特殊的航空测绘平台，技术含量高，涉及航空、自动化控制、微电子、材料学、空气动力学、无线电、遥感、地理信息等多个领域，组成比较复杂，加工材料、动力装置、执行机构、姿态传感器、航向和高度传感器、导航定位设备、通信装置以及遥感器均需要精心选型和研制开发（许德新，2011）。根据不同类型遥感任务，需要研发相应的轻小型机载遥感设备，如高分辨率 CCD 相机、多光谱成像仪、激光扫描仪、合成孔径雷达。选用的遥感传感器应具备数字化、体积小、质量轻、精度高、存储量大、性能优异等特点（Wyatt，2003）。

5. 相机检校

无人机航空摄影系统搭载的面阵 CCD 数码相机，目前国内外市场上的小型非量测光学数码相机还不能达到量测相机的性能要求（运动补偿、曝光延时、镜头几何畸变）（林宗坚，2011）。所以，为了获得高精度的影像，必须按照严格的光学成像模型对 CCD 相机做内参数检校，测定每一个像元的偏移畸变量（Yun，2012）。

6. 影像拼接

影像拼接方法可以分为基于像素灰度差最小化方法和基于特征匹配的方法（Zheng，2011）。目前，已经有不少商业成熟拼接软件，如 Hugin、panorama maker、ENVI、PTGui 和 Photo Stitch 等。影像拼接分为影像相对定向参数求解和影像融合重建两部分。在影像相对定向过程中，首先需要做特征提取和匹配，然后以匹配关系解算影像间变换矩阵。对于变换在统一像空间坐标系的影像，如果直接硬拼接，就会破坏实际场景的视觉一致性，通常采用球面或柱面投影法先将图像投影到同一个投影面上，然后再进行图像的多波段、多尺度镶嵌处理。

7. DEM 与 DSM 生成

由无人机影像重建高精度 DSM 和 DEM 过程和传统航空摄影测量数据处理操作流程既有相似又有差异，主要采用近景摄影测量技术和计算机视觉中的多视重建技术（Yang et al，2010）。该过程涉及影像畸变几何纠正、图像特征提取与匹配、全局空三解算高精度影像外参数和稀疏物方三维点、空间前方交会加密物方三维点云这一系列关键技术（林宗坚，2011）。由生成的加密点云经过滤波去噪处理生成 DSM，以 DSM 为基础，借助非地面点识别提取算法制作高精度的 DEM（Greiwe，2013）。

8. 倾斜影像三维重建

多视图立体匹配是利用无人机多角度倾斜摄影影像自动重建三维对象表面信息的一个很重要的技术方案。截至目前，在计算机视觉和摄影测量学领域已经研究设计出很多相应的算法。根据场景表面特征在不同图像之间的对应关系，从图像序列中恢复出物体的三维几何结构和摄像机的运动信息的过程又称 SFM（structure from motion）。利用图像序列或视频来计算场景的三维信息，是通过两幅或多幅二维图像来恢复景物的三维几何结构，是成像过程的逆过程，其实就是运动恢复结构的过程。由多张不同视角拍摄的场景二维图像，通过特征点的自动提取和匹配、摄像机自标定、稠密匹配、空间点重建、散乱点曲面生成等一系列技术实现复杂曲面场景的自动重建。

5.3.2 轻小型无人机载荷数据产品验证关键技术

轻小型无人机遥感产品从最初的初级产品日益向成熟的遥感产品方向发展。本小节介绍数据产品验证过程中需要注意的地面控制点布设、影像质量评价和成图精度评价等关键技术。

1. 地面控制点布设

航测外业控制点布设及测量方案的选定需要考虑成图方法和成图精度的要求，需要严格参照 CH/Z 3004-2010《低空数字航空摄影测量外业规范》和 GB/T 7931《1∶500，1∶1000，1∶2000 地形图航空摄影测量外业规范》。

选择布点方案时主要应考虑地形类别、成图方法和成图精度要求。此外，还应考虑其他实际情况，如航摄比例尺，航摄平台稳定性对成像质量的影响，测区地形地貌条件，仪器设备和技术条件以及内外业任务的平衡情况等，这样才能选出较好的布点方案。

2. 影像质量评价

影像质量评价主要包括影像重叠度和航线弯曲度及航高差的评价。影像重叠指相邻影像所覆盖的地面存在共同的重叠区域，有航向重叠和旁向重叠之分，重叠度以像幅边长的百分比表示。影像双目立体恢复三维空间信息和连接就是依靠重叠区域影像的匹配对应关系来进行的。由于无人机搭载的普通非量测型数码相机存在像幅小、数量多、基线短、重叠度不规则以及大旋转角和大倾角等问题，所以无人机影像在航向重叠和旁向重叠度的要求比传统有人机航空摄影测量更严格，航向重叠度一般为65% ~85%，旁向重叠度一般为35% ~45%。航线弯曲度是指航线两端影像主点之间的连线 L 与偏离该直线最远的像主点到该直线垂直距离 D 的比值，即 $R = D/L \times 100\%$ 。航线弯曲度直接影响航向重叠度和旁向重叠度，如果弯曲度过大，则可能出现航摄漏洞，规范要求航线弯曲度不大于3%。

3. 成图精度评价

精度分析是制作测绘产品必不可少的环节，以便判定测绘成果是否满足国家对相应测绘产品的规范要求。无人机测绘成果精度分析采用外业实测检查点，如果有条件，可同时参考以往大比例尺同类测绘产品，以均值和中误差作为评价指标，从平面和高程两个方面对无人机测绘成果做精度评估。

5.4 轻小型无人机典型光学载荷产品与应用

随着数码相机技术的发展，国内外涌现出一大批可用于轻小型无人机遥感的光学载荷产品。光学载荷获取的可见光影像分辨率高，符合人眼对自然界物体的观察习惯，在应急救灾、电力巡线、国土测绘、保险评估、科考辅助、矿山监测等各个领域都可发挥重要作用。本节介绍了典型的光学传感器产品及光学载荷的应用案例。

5.4.1 典型光学传感器产品

由于轻小型无人机体积和承重能力的限制，用于轻小型无人机遥感的光学载荷一般要求质量轻、体积小。目前，国内外轻小型无人机上使用的光学载荷主要有飞思（Phase）、哈苏（Hasselblad）等中画幅数码相机和尼康（Nikon）、佳能（Canon）、索尼（Sony）、富士（Fujifilm）、徕卡（Leica）及三星（Samsung）等小画幅数码单反相机（Remondino 等，2011；Colomina 等，2014）以及国内的 CK-LAC02 双拼相机等，表 5.1 列出了其中几种典型光学数码相机及其性能参数。

这些相机的机身重量（不含镜头）都较轻，外形尺寸都较小，分辨率一般在 8000 万像素以下，像素尺寸在 3.9 ~6.4μm。其中，Phase One iXU 180 和 Hasselblad H4D-60 等中画幅高端单反相机价格较高，小幅面的单反相机是无人机遥感载荷的主流，尤以 Cannon 5D Mark Ⅱ 和 Nikon D800 使用最为广泛。

表 5.1 典型光学传感器性能参数

生产厂商及型号	幅面类型	成像单元类型	分辨率/万像素	传感器尺寸/mm	像素尺寸/μm	帧速率/fps	快门速度/s^{-1}	外形尺寸 $W\times H\times D$ /mm×mm×mm	质量/kg
PhaseOne iXU 180	MF	CCD	8000	53.7×40.4	5.2	0.7	1600（ls）	97.4×93×110	0.93
HasselbladH4D-60	MF	CCD	6000	53.7×40.2	6.0	0.7	800（ls）	153×131×205	1.8
Nikon D800	SF	CMOS	3630	35.9×24	4.9	4	8000（fp）	146×123×81.5	0.90
Cannon EOS 5D Mark Ⅱ	SF	CMOS	2110	36×24	6.4	3.9	8000（fp）	152×113.5×75	0.81
Sony NEX-7	SFMILC	CMOS	2430	23.5×15.6	3.9	2.3	4000（fp）	120×67×43	0.35
Ricoh GXR A16	SF IUC	CMOS	1620	23.6×15.7	4.8	3	3200（fp）	114×75×98.5	0.55
CK-LAC02	WA	CMOS	3060	36×24（2块）	6.4	3.9	8000（fp）	—	4

fp：焦平面快门（focal plane shutter）；ls：叶片式快门（leaf shutter）

1. Phase One iXU 180

Phase One iXU 180（图5.10）是丹麦厂商飞思于2015年推出的全球最小的8000万像素无人航拍照相机。相机尺寸为97.4mm×93mm×93mm，质量仅为950g，内部搭载53.7mm×40.4mm中画幅CCD传感器，能够对近红外波段进行成像，感光度范围为ISO 35-800，内置有10328像素的十字跟踪系统，最高快门速度1/1600s。可支持TDI运动补偿控制，并能实现多机位同步，以进行航空3D影像的拍摄。而在扩展方面，iXU 180除支持最高128GB的CF卡外，还内置有USB 3.0接口，能外接GPS、惯性传感器等附件。

2. Hasselblad H4D-60

Hasselblad H4D-60（图5.11）是哈苏公司于2010年发布的一款中画幅高端数码单反相机。该款相机采用6000万像素的中画幅CCD传感器，具备特殊的APL绝对位置锁定功能，可支持自动色彩、影像质量调节和镜头防震功能，传感器尺寸为53.7mm×40.2mm，质量为1800g，相机尺寸为153mm×131mm×205mm。

图5.10　Phase One iXU 180

图5.11　Hasselblad H4D-60

3. Nikon D800

Nikon D800（图5.12）由尼康公司于2012年2月7日推出，是一款全新FX格式数码单镜反光相机，有效像素为3630万，是目前民用普通单反相机中最高的。Nikon D800搭载了新型EXPEED 3数码图像处理器和约91000像素RGB感应器，使其具有突破性的高清晰度和图像品质。其卓越的图像品质，可匹敌中画幅数码相机的画质。为了实现高附加值，在其紧凑、轻巧的机身内还增加了多个新功能，其中包括使用基于FX动画格式或者基于DX动画格式进行动画录制的双区域模式全高清D-movie。

4. Cannon EOS 5D Mark Ⅱ

Cannon EOS 5D Mark Ⅱ（图5.13）是佳能公司2008年发布的全画幅单反相机，感光度范围ISO 100～6400，可扩展到最低ISO 50和最高ISO 25600；采用DIGIC 4数字影像处理器；相机连拍速度达到最快约3.9张/秒；配置了全新的电池系统，增大了电池容量，提高了低温环境下的拍摄性能。使用佳能新一代全画幅CMOS图像感应器，具备2110万有效像素，有高ISO感光度下噪音极低的特点。最新的DIGIC 4数字影像处理器，保持了高画质和高速图像处理的优势，不仅能精准地还原色彩，而且通过超强性能强化了相机的功能。这是一款在国内外无人机遥感中使用最广泛的相机之一，目前已经停产。佳能公司后续又推出了5D Mark Ⅲ和EOS 6D等相机，也广泛被用在无人机遥感中。

图 5.12 Nikon D800

图 5.13 Cannon EOS 5D Mark Ⅱ

5. Sony NEX-7

Sony NEX-7（图 5.14）属于索尼 NEX 系列高端产品，于 2011 年发布，是目前微单相机市场中的旗舰机型。骨架采用高强度的不锈钢合金，外壳采用耐用但更轻的镁金属合金。配备 92 万像素 3.0in 可翻转液晶屏，采用了 2430 万像素“Exmor” APS HD CMOS 感光元件，感光度范围 ISO100 ~ 16000，最高连拍实现 10 张/秒。支持 1920×1080（60p，28M，PS）的高清视频拍摄，并采用 AVCHD Ver. 2.0 的压缩格式。与 Nikon D800 和 5D Mark II 等相机相比，Sony NEX-7 体积更小、质量更轻。

6. Ricoh GXR A16

Ricoh GXR A16（图 5.15）是理光公司于 2012 年 2 月发布的一款微单产品，是首个搭载了 APS-C 画幅感光元件并采用变焦镜头的镜头组件，有效像素数为 1620 万。镜头采用 9 组 11 片的结构设计，配有 9 片圆形光圈叶片，利用三个双面非球面镜片和高折射率镜片，能有效降低整个变焦范围内的各类图像失真，即使在画面边缘也能获得超凡的分辨率和成像能力。A16 还具备动态范围补偿、新的 ISO 包围功能和全新水平侦测系统。动态范围补偿功能可减少亮区曝光过度和暗区曝光不足。对于不能用曝光补偿处理的背光和高对比度的场景，在图像的特定部分采用动态范围补偿，使相机单元能以接近人眼看到的亮度水平进行拍摄。强大的 ISO 包围功能可使用户拍摄和记录三张不同 ISO 感光度的图像（如 ISO400、ISO800、ISO1600）。ISO 感光度可以 1EV 或 1/3EV 每级调整。

图 5.14 Sony NEX-7

图 5.15 Ricoh GXR A16

7. CK-LAC02 双拼组合宽角相机

为了扩大旁向视场角，提高航飞作业效率和成图精度，中国测绘科学研究院研制成功一种无人机载双拼组合宽角相机 CK-LAC02。该机由两个民用单反相机通过外场拼接的方式进行拼接而成，具有自检校功能。选用两个佳能 5D Mark Ⅱ 配 24mm 广角镜头作为组合相机单元，进行双拼硬件集成，效果如图 5.16 所示，最大分辨率 8768×3491 像素，视场角为 98.1°×49.3°，质量为 4kg。

图5.16 双相机硬件效果图

5.4.2 典型光学载荷产品

本小节根据应用目的不同，将轻小型无人机光学遥感产品分为普通摄影、遥感制图、倾斜摄影数据产品以及视频产品等几类。

1. 普通摄影

大疆无人机公司在 Phantom 3 Professional（图5.17）中搭载了4K超高清相机，可实现每秒30帧超高清视频录制，而在 Phantom 3 Advanced 中搭载了HD高清相机，实现每秒60帧的1080P高清录像。两款相机都是94°广角定焦镜头，加入了非球面镜的精密镜组，能够显著消除镜头畸变，最大光圈为F2.8，支持1200万像素静态照片拍摄和进行高空视频的摄录。

图5.17 大疆无人机 Phantom 3 Professional 产品

2. 遥感制图

由于单个CCD面阵尺寸较小，其影像的地面覆盖范围和基高比都比较小，致使航测内、外业工作量增加，高程精度较低，不能达到传统航空遥测系统所能达到的国家测图精度标准。通常解决此问题的主要办法是采用多面阵拼接技术，分为内视场拼接和外视场拼接两种方案。内视场拼接采用一个镜头，在机身内利用棱镜分像技术，使多个CCD面阵接收不同区域的影像。该方法基于单中心成像原理，理论严密，但是制造工艺复杂，开发成本较高。外视场拼接采用多台相机按照一定的几何结构固定，然后同步曝光摄影，经过数据处理计算拼接生成一副虚拟影像。该方法不是严密的单中心成像，但是理论和实验证明对精度的影响较小。因此，采用多相机拼接技术，增大像幅尺寸成为目前摄影测量界研究的热点。

在遥感科学国家重点实验室仪器设备研制类项目支持下，龚建华等（2014）进行了超低空无人机大幅面遥感成图的轻微型传感器载荷系统改造研制。该传感器载荷系统的四个相机组合结构设计考虑了相机间距、相机视场角、相机主光轴倾角、子影像重叠度以及虚拟有效影像幅面大小等影响因素，结构如图 5. 18 所示。

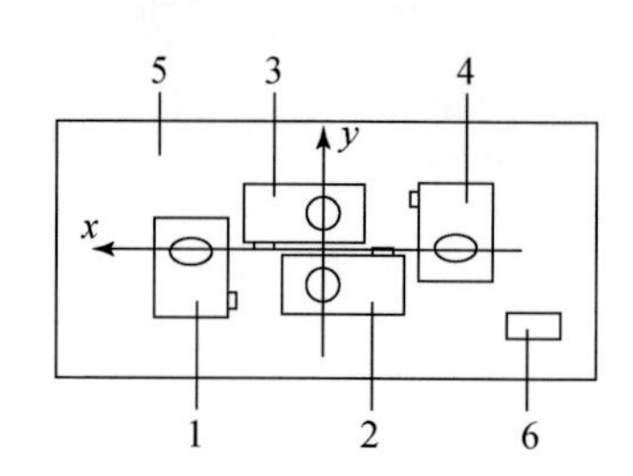

图 5. 18　四相机载荷设计

3. 倾斜摄影多相机

微软 UCO 相机共由 10 个镜头组成（包括 2 个全色镜头、1 个 RGB 彩色镜头、1 个近红外镜头和 6 个倾斜镜头），一次飞行可同时获取全色、彩色、近红外及倾斜影像数据，不仅能满足城市三维建模、地理国情监测等项目的需要，而且可应用于 DLG、DOM 等专业测绘生产，被誉为航空摄影神器（3sNews，2013）。

UCO 倾斜相机特点是效率高、精度高、集成好和处理强。垂直系统相当于一个大幅面的数码相机，可获取 5 个波段的影像（全色、RGB、近红外）；采用单反设计，使得正射与倾斜之间重叠，空三匹配更准；镜头采用的是 LinosVexcel Apo-Sironar digital HR DIGARON，机身高度集成，将 CU、SU、MU 以及 POS 集为一体；在自动生成点云、TDOM 及 TDSM 生产基础上，配套 UltraMap 倾斜空三模块。

刘先林院士团队率先研发成功了第一款国产倾斜相机 SWDC-5，并于当年和北京东方道迩公司合作成功开展了长春市倾斜摄影工程项目，同时也实现了国产倾斜相机的正式销售，后续上海航遥公司、中测新图公司也相继推出了 AMC580 和 TOPDC-5 倾斜相机，国产倾斜航摄仪得到了一次快速发展。

致力于倾斜摄影测量技术发展的广州红鹏公司于 2010 年与武汉大学合作，开始研发倾斜摄影相机，是国内最早开始倾斜摄影技术研发的单位之一。2013 年初率先从法国引进 Smart3D 自动建模软件，全力聚焦于微型倾斜摄影技术。经过不断的研发和测试，红鹏公司于 2014 年推出全球首款 2kg 级别倾斜摄影相机，把以往重达数十公斤的倾斜相机微缩到 2kg，使得无人机可以完成倾斜摄影任务，极大地降低了倾斜摄影的门槛。

在近 5 年的倾斜摄影研发中，红鹏公司每年推出一款倾斜摄影相机，并逐渐聚焦在 2kg 以下级别的微型倾斜摄影相机上，图 5. 19 是红鹏倾斜摄影相机的历代研发产品。

进入 2014 年，红鹏更是加大了微型倾斜摄影相机的研发力度，一年内即推出 4 款微型倾斜摄影相机（图 5. 20）。

2014 年 6 月，红鹏将 AP5100 微型倾斜摄影相机、AC1100 电动六旋翼飞机和自动建模软件打包成一个产品，推出红鹏无人机微型倾斜摄影系统产品。无人机和倾斜摄影相机全重不超过 10kg，无人机全折叠，10min 拆装完毕，全部装备一个包装箱即可运输；无人机飞行操纵实现全自动化；配备专用降落伞，紧急情况自动开伞；拍摄影像分辨率最高可达 2cm，配备的自动建模软件在无需人

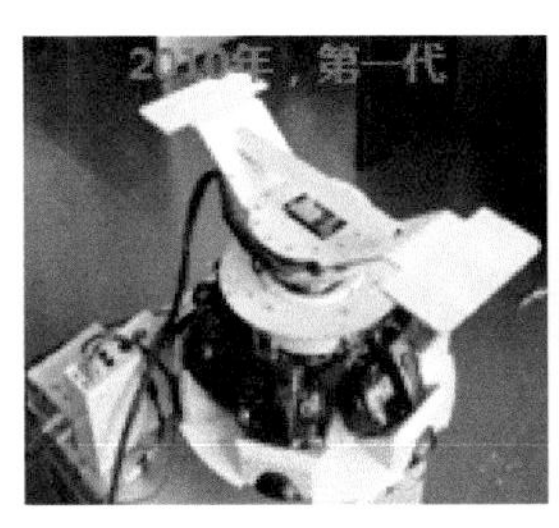

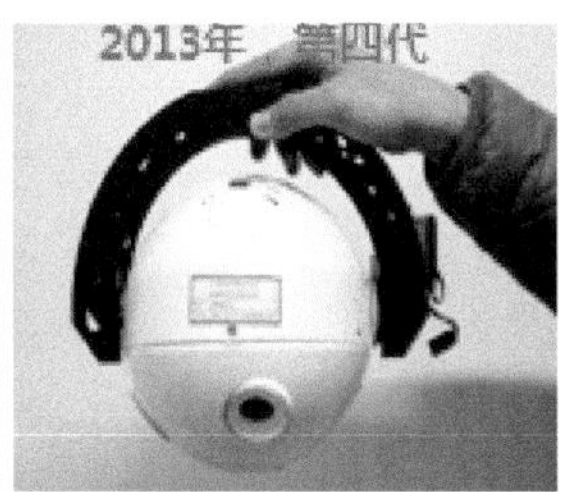

图5.19　红鹏倾斜摄影相机历代研发产品

图5.20　4款红鹏微型倾斜摄影相机

工干预的情况下能够实现快速高精建模系统。产品真正实现了设备轻便、操控简单和使用安全等特点，适用于100～300m的高度摄影飞行作业，完成5km^{2}以内的航空摄影任务，尤其适合于大比例尺工程测量。图5.21为红鹏微型无人机倾斜摄影系统。

图5.21　红鹏微型无人机倾斜摄影系统

中测新图（北京）遥感技术有限责任公司轻小型无人机多视立体航摄仪是在成功研制TOPDC-5数字倾斜航摄仪（通用有人机倾斜航摄仪）的基础上，设计适合固定翼和旋翼无人机飞行平台搭载的系列轻小型倾斜航摄仪，解决数字城镇、新农村建设等领域中的小面积快速三维立体模型构建的难题，形成无人机倾斜航空摄影的技术流程和工艺指标体系。

中测系列轻小型倾斜航摄仪经过了两代的发展，在2013年研制了基于三镜头的倾斜航摄仪（图5.22），在2014年研制了适用于旋翼和固定翼无人机飞行平台的五镜头倾斜航摄仪（图5.23和图5.24）。中测系列倾斜航摄仪成功应用于北川、汉旺地震遗址监测建模、固安县某镇和挂家峪“美好乡村工程”数字城镇建设、亚青寺寺庙群建模项目等。

图5.22　中测第一代轻小型无人机三镜头倾斜航摄仪

图5.23　中测第二代轻小型倾斜航摄仪（旋翼无人机）

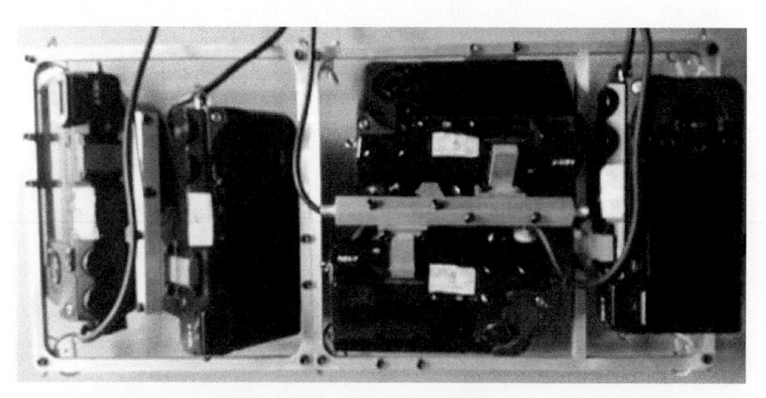

图5.24　中测第二代轻小型倾斜航摄仪（固定翼无人机）

4. 实时视频传输

高清无线图传无人机系统由六旋翼无人飞行器、高清低延迟图传发射机、飞行控制系统、运动高清摄像机及云台、地面一体化图像接收机等组成。系统采用模块集成化设计思路，拆卸组装灵活快速，并可根据需求删减不需要模块，减轻重量，增加滞空时间，整个系统图像从传输到接收小于100ms，无人机飞行高度可达2000m，可设定航线自动飞行与返回，配置高清云台摄像机和高清图像发射机，图像清晰度可达1920×1080 60I/P，图像传输距离可达数十千米，是迄今为止图像传输距离最远的无人机之一。高清图传发射机采用小型化设计方式，输出0.5W功率，支持频300～340M可调（可定制），可把高清摄像机信号经过编码后传输到更远的地方。图5.25为高清无线图传无人机系统。

图5.25　高清无线图传无人机系统

5.4.3　应用案例

小型无人机光学载荷已经在各个应用领域发挥了重要作用，被成功用于抢险救灾、设备巡检、国情监测、保险评估等方面。其中，“5.12”汶川地震中，中国科学院遥感所的无人机遥感小分队做出了重要贡献。2015年尼泊尔大地震中，武警部队、北京大学及中国科学院等的无人机遥感系统也发挥了重要作用。

1. 地震救灾

中国科学院遥感所的无人机遥感小分队，在中国科学院与四川省“5.12”抗震救灾指挥部的领导下，从2008年5月15日到5月26日完成了四川地震灾区包括四川省德阳市绵竹县汉旺镇、四川德阳市什邡市洛水镇、安县茶坪河地区、安县白水河地区、北川地区涧江、青川地区青川河、平武地区三洞水、绵竹县绵远河、岷江、什邡市金河等10个以上典型区域或流域的无人机遥感影像获取，灾区获取的高分辨率超低空遥感图像5000多幅，共60多个航带，并完成高分辨率无人机遥感影像的纠正与镶嵌处理。上述工作对于地震灾区的堰塞湖监测与处置做出了贡献，得到了四川省“5.12”抗震救灾指挥部以及中国科学院北京分院等的肯定和感谢。图5.26表示2008年5月17日北川地区无人机遥感现场以及5月22日北川地区无人机遥感影像。

2015年5月1日，武警警种学院无人机应用课题组依托无人机快速三维建模技术，拼接形成首张中尼边境道路严重坍塌区成果图，为救援部队后续作业提供了直观可靠的决策数据。

2. 无人机电力巡线

2014年7月31日，嘉兴王江泾镇的宽阔水域旁，一架崭新的六旋翼无人机在巡检员的操作下缓缓升空，开始对水域中央±800kV特高压直流复奉线进行巡检。复奉线穿越嘉兴王江泾镇的大量河流，河面开阔，致使巡视检修人员很难到达塔下巡视和上塔检查。针对这个特殊情况，国网嘉兴供电公司首次采用六旋翼无人机开展线路巡视工作。与过去人工攀爬的检查方式不同的是，六旋翼无人机可以轻松到达距离地面100多米高的铁塔上方，利用高清相机实行全方位、多角度实时观测

中
篇

图 5.26　5.12 汶川地震抗灾的无人机遥感现场与影像

和高清拍摄，实现点对点的故障查巡；还可对线路中有可能存在的隐性或潜在的缺陷隐患进行定点排查，及时掌握特高压输电线路设备的运行状态。目前，国网嘉兴供电公司已逐步通过无人机巡线与人工巡线结合开展的方式，对嘉兴地区供电线路进行全方位、立体式巡查。

3. 无人机测绘

2012 年 10 月 16 日，山东省首次采用无人机技术完成的昌邑市 1∶500 大比例尺地形图，顺利通过山东省测绘产品质检站的验收，填补了省内空白。昌邑市 1∶500 大比例尺地形图测绘项目由北京东方道迩信息技术股份有限公司济南分公司绘制完成。该项目作为智慧昌邑信息化建设项目的一部分，受高空飞行限制，该公司采用无人机低空摄影，获取了昌邑市主城区地面分辨率为 4cm 的数字影像，通过外业控制、外业调绘及内业数据处理，最终完成了昌邑市主城区 1∶500 地形图测绘工作，作业面积共 $30km^2$。无人机航空摄影测量技术具有方便、快捷、成本低、效率高的优点，在数字城市建设和农村集体土地确权发证工作中具有广泛的推广应用前景。

4. 保险评估

自然灾害频发，面对颗粒无收的局面，农业保险是农民们的一根救命稻草。无人机在农业保险领域的应用，可以准确测算投保地块的种植面积，所采集数据可用来评估农作物风险情况、保险费率，并能为受灾农田定损；无人机的巡查还实现了对农作物的监测，既可确保定损的准确性以及理赔的高效率，又能监测农作物的正常生长，帮助农户开展针对性的措施，以减少风险和损失（Herwitz，2002）。

5. 科考辅助

“中国雄鹰计划 2013 年罗布泊立体科考活动”在新疆罗布泊以及周边地区举行，科考队队员利用小型无人机对新疆米兰古城遗址进行 360°全景漫游拍摄。在此次科考行动中，科考队员利用小型无人机在新疆交河故城、火焰山、罗布泊盐场、米兰古城遗址等地进行空中立体考察，为后续旅游开发、生态保护提供基础数据资料。

6. 矿山监测

利用无人机遥感系统获取的高分辨率光学影像，可以识别矿山结构，揭露部分无证或越界等刻意隐蔽的开采点，了解矿山环境治理状况和矿山复绿措施执行情况，能有效减少野外核查的工作量，提高工作效率。中国国土资源航空物探遥感中心于 2012 年选择江西省萍乡煤铁矿区、德兴铜金矿区、大余-崇义钨矿区、赣南稀土矿区开展了无人机矿山遥感监测应用示范，研究总结了无人机遥感数据获取方式、技术流程、调查精度和监测效率等内容，编制了无人机矿山遥感监测技术指南（李迁，2013）。图 5.27 为赣南稀土矿区无人机遥感解译图。

图 5.27 赣南稀土矿区无人机遥感解译图

第6章　轻小型红外谱段遥感载荷

红外探测技术是利用目标与背景之间的红外辐射差异形成的热点或图像来获取二者的信息。红外光学最初又叫做军事光学，首先被广泛应用于军事领域，如制导、侦察、搜索、预警、探测、跟踪、全天候前视和夜视、武器瞄准等，20世纪70年代以后，被广泛应用于工业、农业、医学、交通等民用领域。本章首先分析红外载荷的发展现状与趋势，然后主要阐述红外遥感的原理、轻小型无人机红外载荷系统的关键技术、现有的主要产品，最后介绍轻小型红外载荷的应用案例。

6.1　红外载荷发展现状与趋势

目前红外遥感已经在电力巡线检测、铁路车辆轴温探测、矿产资源勘探、地下矿井测温和测气、气象预报、地貌或环境监测、农作物或环保监测等方面得到广泛应用。其载荷正逐步微小型化。

6.1.1　国外微型红外载荷发展现状和趋势

在典型的红外载荷中，红外探测器和光学系统是关键的组成部分，红外载荷的微小型化也主要体现在这两部分。本节从红外探测器的发展和新型红外光学材料及镜头设计等方面介绍微型红外载荷的发展现状和趋势。

1. 红外探测器发展

红外探测器分为红外光量子探测（光电伏特效应，光伏型）和热探测（热电效应，最常见光导型）两类，当前高性能红外焦平面探测器主要是量子效率较高的光伏型探测器。目前正在研发的第三代红外焦平面探测器，具有大规格、小型化、多色化、智能化和高温工作特点，即阵列规模更大（百万像素以上、像元面积更小、探测灵敏度更高、均匀性更好）、信号处理能力更强（智能化）、工作温度更高（120～180K），并且是双色（短波红外+中波红外、短波红外+长波红外、中波红外+长波红外等）或多色（包括紫外和可见光）复合，正在逐渐形成SWaP3概念（图6.1）（Alain，2013；叶振华，2014）。国际上红外焦平面探测器水平先进的国家有美国（Raytheon、Honywell、Rockwell等公司）、法国（Sofradir公司）、英国（BAESystems公司、SELEX公司）、德国（AIM公司）、以色列（SCD公司）等。

红外探测器在大规格、小型化方面的发展主要体现在像素规模和像素尺寸方面。一般来说，像素规模和像素尺寸是相互矛盾和相互制约的。在采用相同的芯片尺寸情况下，当像素规模变大时，像元尺寸必须缩小，以便获得更高的空间分辨率。目前常用的红外探测器的像元尺寸为40μm及25μm，并且15μm和12μm大小的像素尺寸也实现了大规模生产，而且像素尺寸为10μm的阵列也已研发出来（Gravrand，2013；叶振华，2014）。

德国AIM公司采用LPE和MBE生长方法都得到了像素尺寸为15μm的1280×1024中波红外以及长波红外阵列。英国SELEX公司采用MOVPE生长方法得到了三边可拼接的像素尺寸为12μm的

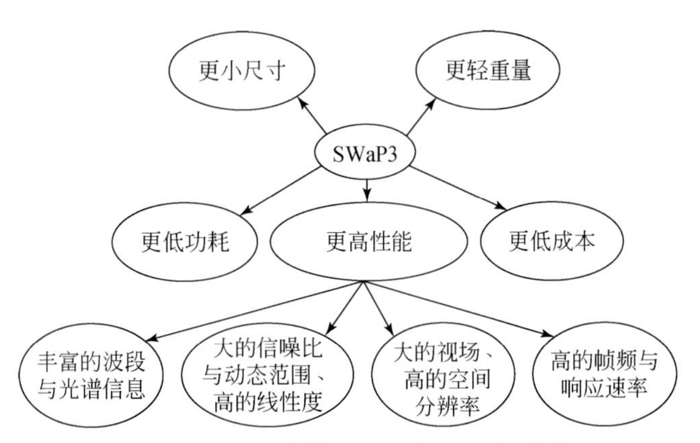

图 6.1 红外探测器 SWaP3 概念的关系框图

1920×1080 大规模 HgCdTe 探测阵列，并最终通过拼接 8 块阵列形成了 16M 规格的超级阵列（Thorne P，2013），如图 6.2 所示。美国 Raytheon 公司用 4×4 个 2048×2048 元 HgCdTe 组件拼接形成了目前世界上最大规格的红外焦平面探测器阵列，具有 64M 个像素。

图 6.2 英国 SELEX 公司拼接得到的 16M 红外探测器

随着红外探测器新材料、新生长方法、拼接方法、新工艺等的发展，像元尺寸逐步减小，像素规模逐步增大，并维持或提高探测器的性能。在保持相同像素规模时，像元尺寸的减小使得探测器有效尺寸减小，进而降低对红外光学成像系统的要求，达到缩减整体尺寸的效果。或者在保持探测器有效尺寸的同时，减小像元尺寸，增加像素规模，提升探测器空间分辨率指标，在保持原有光学系统的同时实现更高的设备性能。

2. 光学材料及红外镜头设计的发展

目前常用的红外透镜材料主要有锗单晶、硒化锌（ZnSe）晶体和硫系玻璃等。锗单晶是重要的半导体材料，是目前用来制造红外光学镜头以及保护红外镜头的红外光学窗口的主要材料。硒化锌材料基本不存在杂质吸收，散射损失极低，被广泛应用在红外夜视装置中。但由于锗单晶和硒化锌材料等都比较稀有昂贵，不太适合非球面、衍射面等，使得红外光学系统受限制。而硫系红外玻璃是非晶态物质，且转变温度可以达到 250℃以上，采用热压的方法加工成任意的形状，从而可以丰富红外光学系统的设计思路和方案（李相迪，2014）。

含二元衍射面非球面在消除色差和简化光学系统结构等方面有很大的优势，特别是在中长波红外应用中，镜面热辐射杂光减小，显著提高光学系统校正球差、彗差、像散、畸变的能力，减小光学系统的零件数量，提高光学系统的透过率，简化光学系统结构，减小光学系统体积。在红外光谱成像系统中采用 Dyson 同心结构（QWEST 和 MAKO），利用凹面光栅+校正棱镜成像，能够使光谱仪的结构设计得非常小巧。在宽谱段红外光谱系统中，光学系统设计和实现时，采用分光、折反式的结构能够极大地缩小系统结构尺寸。

3. 双色/多色探测器技术的发展

双色探测器能够探测来自目标的两个波段的强度，得到目标的绝对温度，并对复杂的背景进行抑制，以便获得更精确、更可靠、更丰富的目标信息，从而极大地降低探测的虚警率，提高对目标的识别能力。

2000 年，Raytheon/Hughes 研制了长波/长波双色焦平面器件。该器件采用分子束外延碲镉汞异质结材料，用反应离子刻蚀（RIE）技术形成光敏元，规模达到 128×128，40μm 中心距，读出电路（ROIC）采用 0.8 μm CMOS 设计规则，采用 foundry 加工模式，实现了同时光谱积分。

2001 年，美国 Rockwell 公司研制出了 128×128 元长波/短波、中波/中波双色焦平面器件。该器件采用了分子束外延碲镉汞多层材料，为单极型探测器结构，其探测率分别为 6.0×1011 cmHz1/2W-1（长波），1.6×1012 cmHz1/2W-1（短波）。

2000 年法国 Leti/LIR 公司研制出了短波/中波双色焦平面器件，DRS 公司用“via-hole”的独特技术获得了双色探测器，而 Leti/Sofradia 公司也已经获得了碲镉汞双色探测器焦平面列阵。

法国生产的 MW-MW 和 MW-LW 双波段探测器达到 640×480，像元中心距为 24μm，同时 20μm 中心距的阵列也在开发之中。雷神公司的 MW-LW 双色红外探测器也为 640×480，有效像元达到 99.98%（MW）和 98.7%（LW）。法国 Sofaradir 公司在双色探测器的发展主要集中在规格提高、像元中心距缩小及有效像元率增加等方面。

在多波段探测器方面，量子阱红外探测器具有巨大的优势和潜力。首先，量子阱红外探测器是基于量子阱中载流子的子带跃迁，因此可通过改变异质结材料组分，控制量子阱厚度、势垒的组分和厚度以及掺杂浓度等调节探测器的接收窗口宽度和峰值波长，从而实现不同波长的探测。其次，量子阱红外探测器（QWIP）首选Ⅲ-Ⅴ族化合物半导体材料，特别是 AlGaAs/ GaAs 等材料系，由于用这类材料的光电子和高速微电子器件已大批量投放市场，直到 6in 的大面积 GaAs 衬底已可商用，材料的均匀性好、可重复性高。量子阱红外探测器具有的均匀性好、热稳定性好、便于集成化等优点使之具有很大的市场应用前景。在美国、德国等国家，一些大公司和研究所合作组成了一个强大的研制、发展和生产集团，并取得了显著的成果。已有 640×512 元的四色阵列（图 6.3）和 1024×1024 元的中长波双色阵列（图 6.4）。

4. 红外光谱成像技术发展

红外光谱仪，特别是红外成像光谱仪是近些年航空遥感载荷的发展重点。由于热红外面阵探测器、深低温光学系统等关键技术的限制，红外谱段的高光谱成像系统在国外以机载系统为主。近年来，随着焦平面探测器与制冷技术的发展，热红外高光谱成像仪的研制工作越来越受重视。各国相继发展了多类系统，图 6.5 为美国研制的典型机载红外成像光谱仪实物照片。

从系统的发展来看，国外从 20 世纪 90 年代开始技术攻关和仪器系统研制，美国在该领域处于绝对领先地位，早期以超光谱成像光谱仪（Spatially Enhanced Broadband Array Spectrograph System, SEBASS）仪器和长波红外成像光谱仪（Air Hyperspectral Imager，AHI）仪器为代表，近期以量子

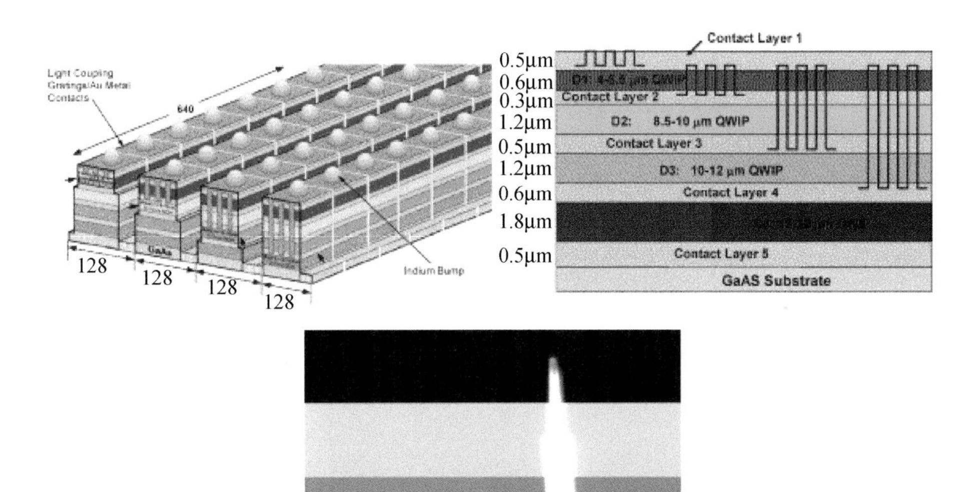

图 6.3 四色量子阱红外探测器的器件和材料结构示意图及成像

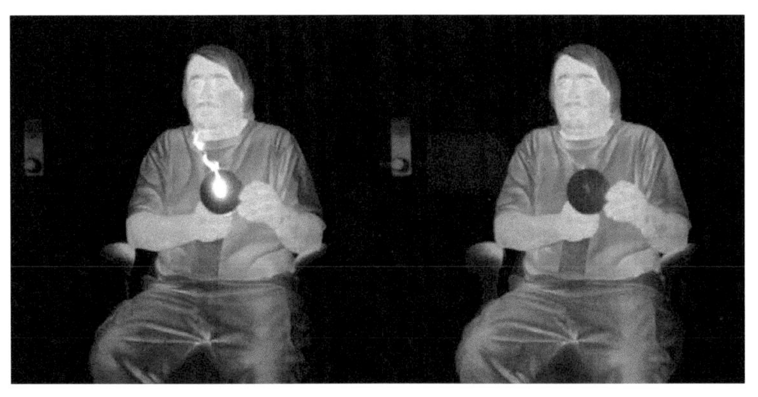

图 6.4 1024×1024 元的中长波双色阵列的双波段成像

阱红外成像光谱仪（Quantum Well infrared photodetector Earth Science Testeol，QWEST）仪器为代表，在国际上具有一定影响力。从详细的调研分析来看，美国的机载热红外高光谱成像系统发展具有如下特点：

（1）早期的热红外高光谱成像仪并没有采用整体光路制冷的方式，而是采用了制冷的渐变滤光片镶嵌在对应焦平面成像波段像面的方式进行背景辐射抑制（热红外成像光谱仪（Thermal Infrared Imaging Spectrometer，TIRIS）和 AHI），分光方式采用平面光栅，从整体性能来看，空间分辨率较低（2～3mrad），灵敏度不高。

（2）中期的仪器采取整体制冷光路的方式进行背景抑制（SEBASS 和长波高光谱成像光谱仪（Long Wave Hyperspectral Imaging Spectrometer，LWHIS）），整体制冷温度在 100K 以下。此时系统的空间分辨率和光谱通道数有了显著的提高，但仍然采用平面光栅等衍射元件进行分光，空间分辨率提高到 1mrad 以内。

（3）近期的仪器采用 Dyson 同心结构（QWEST 和 MAKO），采用凹面光栅+校正棱镜成像，优势在于可将光谱仪设计得非常小巧，将含狭缝在内的分光计和焦平面整体制冷，制冷温度在 40K 附

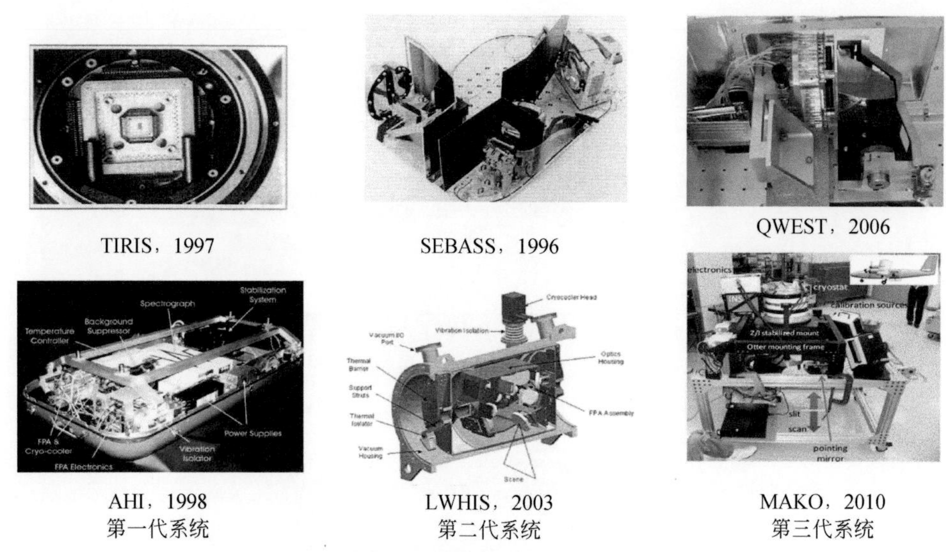

图 6.5　美国研制的典型机载红外成像光谱仪实物照片

近，从而抑制背景辐射，系统的发展向着小巧便携发展。

5. 红外载荷制冷技术发展

制冷之所以成为红外探测器内在且必不可少的部件有两个原因：一是制冷可以保证探测器功能正常，或增加探测器灵敏度；二是低温制冷可以减小滤光片、冷屏和光学本身带来的热噪声。应用制冷的程度和范围取决于系统设计、探测器材料、带通、要求的灵敏度和预计的背景。对于室温探测器采用热电制冷，制冷型探测器多采用斯特林制冷机、J-T 制冷机和 PT 制冷机。

制冷型探测器芯片（含 ROIC）装配在一个具有红外光学窗口的小型真空绝热环境——杜瓦结构中，采用液氮制冷、高压气体节流（J-T）制冷器或斯特林制冷机（StirlingCooler）为探测器提供 77 ~ 80K 的低温工作环境。典型的斯特林制冷型杜瓦结构，探测器芯片安置在冷头处，杜瓦结构内部装有专用吸气剂，可在 7 ~ 10 年的时间内保持高真空度。通常把带有杜瓦结构的焦平面阵列探测器称为红外焦平面探测器——杜瓦组件（fDDA），把带有微型制冷机的称为探测器-杜瓦-制冷机组件（DDCA），都简称为红外焦平面探测器组件（FPA）或红外焦平面探测器。硅化铂（PtSi）、锑化铟、碲镉汞和镓铝砷/砷化镓（GaAIAs/GaAs）通常是在制冷条件下工作，可获得良好的红外辐射探测性能。

封装红外芯片的微杜瓦主要有玻璃杜瓦、玻璃-金属混合杜瓦、金属杜瓦等 3 种，金属杜瓦为近年来发展的一种结构，并以 IDCA 结构形式为主。IDCA 的结构特点是：将斯特林制冷器与微杜瓦整体地集成在一起，把膨胀机的冷指气缸同时作为微杜瓦的内胆，组成制冷微杜瓦组件，优点在于大大降低制冷机的制冷量在传导至红外芯片过程中造成的冷量损耗，减小组件的体积和重量，降低组件的功耗，如图 6.6 所示。

6.1.2　我国微型红外载荷发展状况

国内从事红外材料、器件和系统的主要研制单位有：中国电子集团第 11 所、昆明物理研究所、中国航天科工集团第三研究院第 8358 所、中科院上海技术物理所、西安应用光学研究所、中国空空导弹研究院、洛阳电光设备研究所、中国船舶重工集团第 717 研究所、浙江大立科技、武汉高德

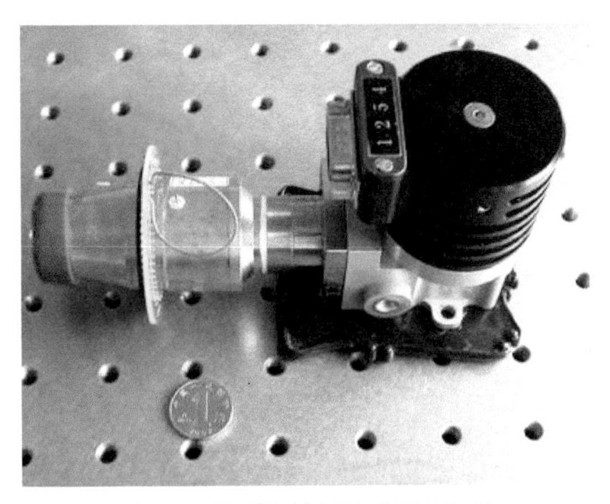

图 6.6　某型红外制冷微杜瓦结构

和广州飒特等。目前，我国红外载荷和红外产业方面的发展状况有以下几个特点。

(1) 核心部件进口受限，技术攻关稳步前行。目前，高性能的红外焦平面探测器方面，欧洲和北美、日本和以色列等少数几个国家和地区的企业具备产业化生产的能力，其核心技术输出被严格限制。国内自行研制红外探测器，其像素规模和性能指标开始达到国外产品水平，探测器的发展开始达到系统产品的发展需求。

(2) 光学材料和相关基础薄弱。随着国内红外系统的逐步推广和应用，红外光学材料发展也很快，国内红外材料生产单位逐渐增多，但其光学参数大多采用国外数据，没有一套完整准确的测量仪器和标准，性能偏差情况有待应用考证。一些材料具有较大偏差且欠稳定，给应用带来很多的不确定性。研制、生产工艺、测量等基础薄弱对红外系统产品的规模化发展有着一定的制约作用，是产业化发展过程中需要着力解决的问题。

(3) 缺少规范化的行业标准体系。在红外光学镜头加工、红外成像器整机测试等专业领域没有统一的国家规范与行业标准。标准体系的不完善导致了相关领域低水平的重复研究、重复设计，新产品推广速度较慢。国家规范和行业标准的确立可以促进产业统一、协调、高效率地发展，是红外技术在科研、生产和使用三者之间的桥梁。

让人欣喜的是，浙江大立、昆明北方红外、武汉高德、广州飒特等一批按现代企业制度建立的新企业纷纷将其红外产品进军国内各类应用市场，而且大量出口国外。这种市场发展趋势，必将对中国的红外技术和产业的发展起到积极的推动作用，更加激励和加快具有完全中国自主知识产权的红外技术产品的问世，也必将带来更广阔的红外产品应用市场。

在红外探测器方面，我国已经开展了从单元、线列到红外焦平面的探测器研究工作。产品已覆盖 1 ~ 3μm、3 ~ 5μm 和 8 ~ 14μm 三个大气窗：光子探测器有光导、光伏、量子阱等结构；热探测器有热敏电阻、温差电偶与电堆、热电等类型。多种焦平面阵列已走出实验室，开始获得实际应用。

2006 年前后，国内开始有商业公司进行非制冷探测器的研制工作。浙江大立科技、武汉高德红外等较大规模的热像仪厂家，沿袭其热像系统中使用的探测器体制，采取了非晶硅探测器路线。另外一些初创型公司，如北京广微积电、烟台睿创等，采取了氧化钒探测器路线。

在 2012 年 9 月的深圳光博会上，浙江大立科技首次公开展示了国产非制冷焦平面探测器（图 6.7），包括 45μm 像元间距、320×240 分辨率，35μm 像元间距、384×288 分辨率，25μm 像元间距、384×288 和 640×480 分辨率的多款型号非晶硅探测器，性能与法国进口器件水平相当。另外，国内还有武汉高德（图6.8）、上海巨哥电子、昆山光微等公司从事光读出非制冷焦平面探测器的研制和产业化生产。

图6.7　浙江大立公司研制的非制冷红外探测器

图6.8　武汉高德红外公司研制的非制冷红外探测器

在红外相机方面，通过在探测器、输出接口等方面的技术攻关，已有多家单位可以研制基于红外探测器构成的红外成像组件，包含红外探测器、ROIC 读出电路、模数转换、数据输出接口等，某些性能指标已接近国外公司类似产品。

6.2　红外载荷原理

红外载荷通过红外探测器接收地物目标辐射的红外能量，进行模数转换操作得到数字图像。本节首先阐述地物的红外辐射原理，再介绍如何利用红外探测器实现红外辐射的探测技术，最后说明红外载荷的基本组成和功能。

6.2.1　红外辐射原理

红外线是一种电磁波，具有与无线电波及可见光一样的本质。红外线的波长在0.76～100μm，位于无线电波与可见光之间。由于大气中的分子会对某些波段的红外光有吸收，所以并不是所有的红外光都能在大气中传播，但有三个大气窗口的红外光透射率接近100%，它们是短波红外（SWIR）2～2.6μm、中波红外（MWIR）3～5μm、长波红外（SWIR）8～12μm，因此这三个波段的探测器也最为重要。图6.9是三个大气吸收窗口。

6.2.2　红外探测原理

目前，红外探测技术正朝着高灵敏、宽谱段、高分辨率、低功耗、小型化和智能化的方向发展。根据探测的机理不同，可把红外探测器分为制冷型和非制冷型探测器两大类。制冷型探测器灵

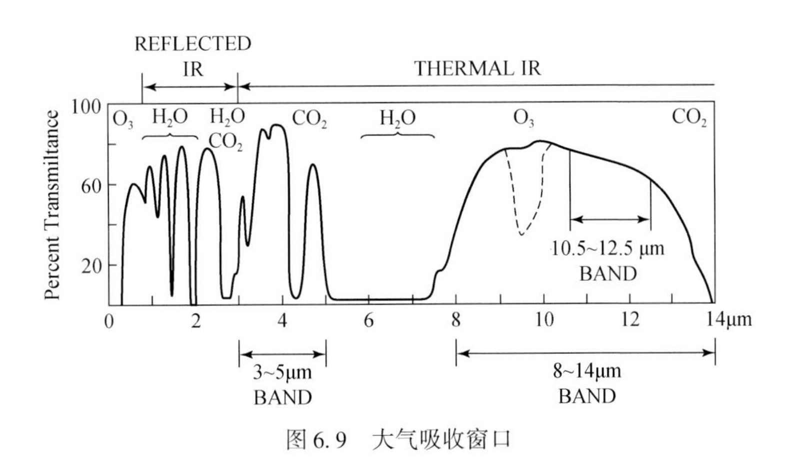

图 6.9 大气吸收窗口

敏度高、响应速度快，但一般需要在低温工作，主要有 HgCdTe、量子阱、InSb、Pb 、PtSi/Si 等。非制冷型探测器响应时间较长、灵敏度较低，但是可以在室温工作、使用简单，主要包括铁电、氧化钒、InGaAs、非晶硅等。表 6.1 列出了几种常用的红外探测器材料及响应波段。

表 6.1 红外探测器材料及响应波段

范围	探测器材料
近红外（0.7 ~ 1.1 μm）	硅光电二极管（Si）
短波红外（1 ~ 3 μm）	铟镓砷（InGaAs）、硫化铅探测器（PbS）
中波红外（3 ~ 5 μm）	锑化铟（InSb）、碲镉汞探测器（HgCdTe）、量子阱探测器（QWIP）
长波红外、热红外（8 ~ 14 μm）	碲镉汞探测器（HgCdTe）、量子阱探测器（QWIP）
远红外（16 μm 以上）	量子阱探测器（QWIP）

6.2.3 红外载荷原理

通过光电红外探测器将物体各部位辐射的功率信号转换成电信号后，成像装置就可以一一对应地模拟出物体表面温度的空间分布，最后经系统处理，形成热图像视频信号，传至显示屏幕上，就得到与物体表面热分布相对应的热像图，即红外热图像。红外热像仪是目前应用最广泛的红外载荷，其系统结构主要由红外镜头、焦平面探测器、处理电路及图像处理软件组成。热红外成像仪功能如图 6.10 所示。

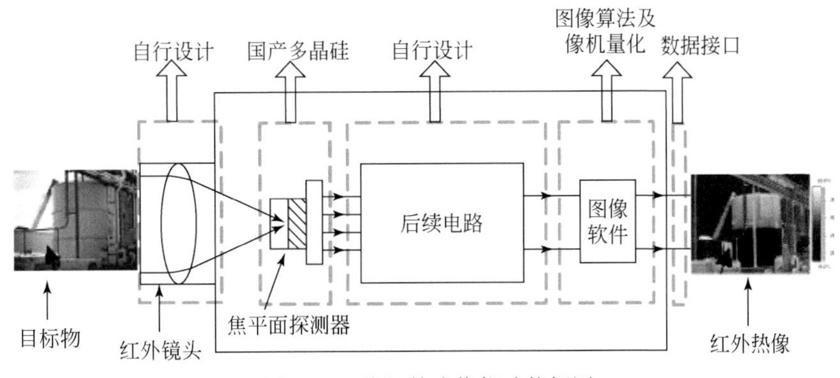

图 6.10 热红外成像仪功能框图

6.3 轻小型无人机红外载荷关键技术

由于轻小型无人机自身平台的特点，并非所有的红外载荷都可搭载于轻小型无人机上进行遥感监测，根据平台特点，轻小型无人机的红外载荷需解决部分关键技术，包括载荷关键组件开发、系统集成、红外数据处理、数据产品验证等关键技术。

6.3.1 红外载荷开发与系统集成关键技术

适用于轻小型无人机平台的红外载荷在关键组件开发和系统集成方面需要解决的关键技术包括红外镜头、红外探测器、红外载荷制冷等关键技术。

1. 红外镜头关键技术

从光学系统的结构形式来看，卡塞格林式居多，而折反式大口径多元组红外光学系统也有应用，可供选择的红外光学材料仅有有限的几种。红外变焦系统与普通用于可见光范围的变焦镜头相比有许多不同之处，首先是对像质的要求都接近衍射极限，透射系统在红外系统中的使用受到限制，而且红外光学材料的折射率随温度变化的系数比可见光材料大一个数量级以上，所以在设计红外光学系统时要考虑温度补偿；可供选择的透红外光学材料很少，且大口径、高质量透红外材料很难制作，故设计起来难度很大；另外，有些红外器件又带有冷屏，这就更加大了设计难度。在轻小型无人机上搭载的红外载荷，要求体积小，质量轻，结构紧凑，给设计、制作和装调都带来了一定难度。

2. 红外探测器关键技术

红外热像仪要探测到红外目标，必须具备 3 个条件：①该目标辐射的波长要与热像仪的工作波段匹配，且辐射能量足够强；②目标与背景之间有温差；③目标有足够的几何尺寸。目前的红外器件大体分为两类，即线阵和面阵。线阵器件又分为普通型和时间延迟积分（TDI）型两种，必须采用扫描方式才能成像；而面阵又称为焦平面阵列，为凝视型，即不用扫描就能成像。现在已有第 3 代红外器件推向市场，2K×2K 大规格器件用于工程中。在器件研制与生产方面，美国和法国始终处于领先地位，而德国也不示弱，已将双波段器件推向中国市场。目前大面阵、高性能的红外检测器的价格较高，不太适合于轻小型无人机遥感系统的大面积推广。开发高性价比的红外检测器的工作势在必行。

3. 红外载荷制冷关键技术

高性能红外探测器（如碲镉汞、锑化铟等）必须保持在特定的低温环境才能发挥其最大效能。但探测距离不超过 3 km 的红外探测器可以采用非制冷器件，这种器件现已大量生产，虽然其 NETD 值一般在 50 mK 以上，但它是未来的发展方向。轻小型无人机一般数据获取时，距离目标较近，可采用非制冷传感器。但是对于 NETD 值要求较高的应用，尚需开发体积小、功耗低的制冷技术，提高探测器的性能。

6.3.2 轻小型无人机红外载荷数据处理关键技术

红外载荷获取到地物红外辐射后形成红外信号，红外数据处理过程中的准确性决定了红外遥感定量反演的精度。红外数据处理的关键技术包括红外定标、相对辐射校正、几何纠正及拼接、红外温度反演技术等。

1. 红外定标关键技术

受传感器自身的稳定性以及所在环境的影响，红外载荷观测的红外辐射量与绝对辐射量有一定的差异，因此，测量前需要对红外传感器进行绝对辐射定标。热红外谱段的定标方法是利用置于准直仪焦面的黑体，经准直仪产生的平行辐射照射红外多光谱扫描仪，改变黑体温度，测量黑体的红外辐射输出量，对红外载荷进行定标。红外黑体的选择、严格控制的定标和数据处理流程是其中的关键。

2. 红外图像相对辐射校正

由于探测器各探元的响应特性存在一定的差异，其响应值和偏移值不尽相同，如此对于同样的输入值，各个探测元会产生不同的输出值，在图像上就表现为：不同探测元生成图像的像素行之间会出现条纹。相对辐射校正就是通过调整每个探测元的响应值，消去偏移值带来的影响，将各个探测元的输出值调整到同一个基准上，使各个探测元对相同的输入产生相同的输出值。相对辐射校正后，也就消去了由于各个探测元的响应差异在图像上产生的条纹（田国良，2006）。

3. 红外图像几何纠正及拼接技术

红外图像在获取过程中，由于无人机飞行的姿态、高度、速度等多种因素导致图像相对于地面目标的实际位置发生挤压、扭曲、拉伸和偏移等。针对几何变形进行的误差校正称为几何纠正。红外图像的几何纠正主要包括两种方法：第一种方法是选取已经几何纠正过的同区域影像作为参考影像，利用图像配准的方法，建立待纠正影像与参考影像之间的几何变换关系，进行图像的几何纠正；第二种方法是根据图像的方位、姿态信息，结合数字高程模型，进行数字微分纠正，得到几何纠正图像。红外图像的几何校正与拼接技术与光学影像类似，区别在于由于热量的传导性，红外影像的边缘不像光学影像那样清晰，由此给图像的同名点选取、自动配准等都带来了相当大的难度。

4. 红外温度反演技术

陆地表面温度遥感反演的方法包括：①只利用一个热红外通道反演地表温度，方法主要分为三种，即大气校正法（辐射传输方程法）、单窗算法和普适性单通道算法。②利用两个热红外通道反演地表温度，主要是劈窗（也称分裂窗）算法。该算法是利用相邻的两个热红外通道建立辐射传输方程来进行温度反演，国际上公开发表的劈窗算法已经近 20 种。③利用多个热红外通道反演地表温度，比较有代表性的有 Wan and Li（1997）算法、多角度算法、温度-比辐射率分离算法。Wan and Li 算法的主要思路是：利用 7 个波段的白昼和夜间观测数据，同时对地表温度和地表比辐射率进行反演，但需要昼夜两景图像才能进行反演。多角度观测可以是同一传感器在不同角度观测，也可以是不同传感器同时对一个目标观测。这种方法要求其中的一个观测角度要经过一个长得多的大气路径，还需要已知地表比辐射率随角度的变化量。三种反演方法均可有效获取地表温度的空间分布，但不同的传感器分别适用不同的反演方法。

6.3.3 载荷数据产品验证关键技术

影响红外数据产品精度的因素主要包括遥感器方面的误差、算法本身的误差及算法中参数估计的误差。要想验证地表温度产品的精度，必须要考虑这些误差源的影响。最好的验证是有一个与传感器图像相对应的地面观测样本，这样可以通过图像反演结果与实际观测结果的比较来确定产品的精度。

但是，在实际操作中可能会遇到以下限制，主要包括：①地表温度具有很大的空间差异性，很小距离内（如10m）地表的温度变化可能高达几度（Mallick，2012；Hulley，2010）；②飞行速度慢，飞过某一地区的时间会有一定的跨度，而红外辐射的时间归一化是一个技术难点。

6.4 轻小型无人机红外载荷典型产品和应用

本节主要分中红外相机、热红外相机、中红外双波段相机、热红外四波段相机、中/长波双色红外相机、热红外成像光谱仪等介绍典型的可用于轻小型无人机的红外载荷产品，并给出轻小型无人机平台搭载红外载荷实施的多种应用实例。

6.4.1 轻小型无人机红外载荷主要产品

红外载荷产品根据探测波段（长波、中波、短波）、成像方式（凝视型、推扫型、扫描型）、是否获取多个光谱通道（多谱段红外相机）和是否获取精细光谱信息（高光谱成像）进行类型划分。

1. 中红外相机

中红外相机是在中波红外波段成像的载荷产品，它的主要部件包括中波红外镜头、中波红外焦平面探测器、成像电子学及后续处理软件产品。Onca 系列相机（图6.11 和表6.2）采用的材料是MCT，光谱范围在3.7～4.8μm 或2.5～5μm，具有隐蔽性好、能昼夜工作、穿透烟雾与尘埃的能力很强的特性，特别适合在长距离远程监视，其主要特性包括：高图像保真度；覆盖中波及部分短波范围；支持添加额外4 个滤光片，满足多光谱测量的应用需求；高动态范围、高灵敏度；先进的实时图像校正；InSb 或 MCT 面阵列；兼容 GigE Vision 接口等。

图6.11 Onca 中红外相机

表 6.2　Onca 中红外相机指标

型号	Onca-MCT	Onca-InSb
传感器类型	MCT	InSb
制冷方式	Forced convection	
光谱范围	3.7～4.8μm（可选 1.0～5 μm）	
像素	640×512	640×512
像元尺寸	15μm	15μm
相机控制接口	GigE Vision/Serial channel CameraLink	GigE Vision/Serial channel CameraLink
图像采集接口	GigE Vision /CameraLink	GigE Vision /CameraLink
帧速	120fps	100 fps
数据格式	14 bit	14 bit
工作温度	0～50℃	0～50℃
外形尺寸	170mm×250mm×190mm	170mm×250mm×190mm
质量	5.5kg	5.5 kg
电源	24 V	24 V

2. 热红外相机

热红外相机是在长波红外波段成像的载荷产品，对于无人机遥感平台而言，其设计指标主要包括成像波段、空间分辨率、成像视场、辐射分辨率等技术指标。目前众多公司的微型热红外机芯组件、热红外相机，其重量及功耗都非常适合轻小型无人机平台搭载，且部分产品已经在某些无人机飞行和应用中得到检验。

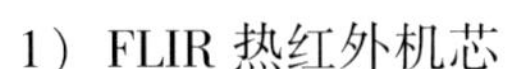

1）FLIR 热红外机芯

FLIR 公司具有两种系列的微小型热红外机芯：TAU（图 6.12 和表 6.3）和 QUARK（图 6.13 和表 6.4）系列。

图 6.12　FLIR TAU 系列红外机芯

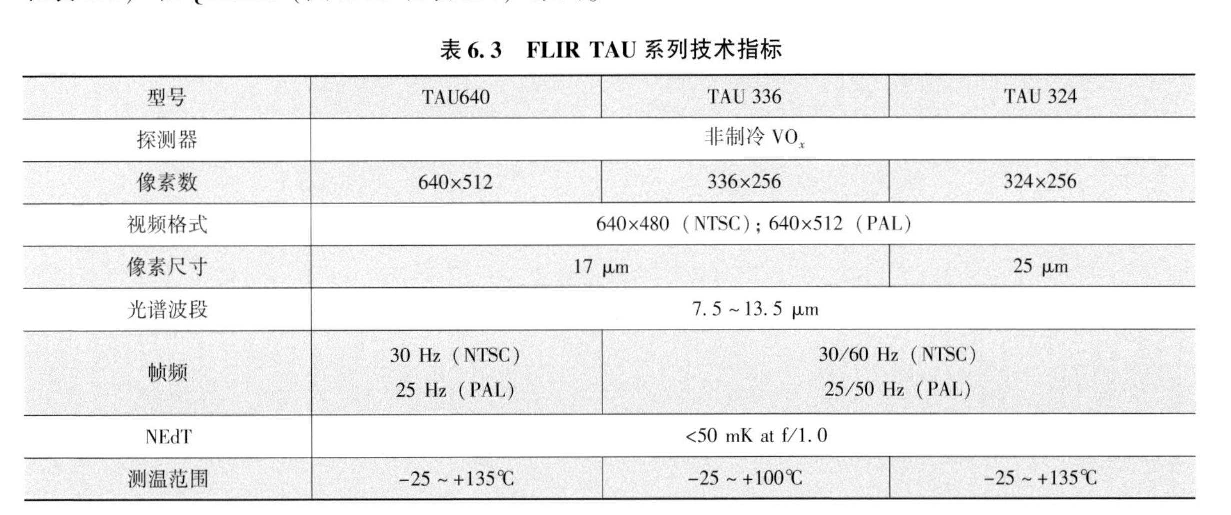

表 6.3　FLIR TAU 系列技术指标

型号	TAU640	TAU 336	TAU 324
探测器	非制冷 VO_x		
像素数	640×512	336×256	324×256
视频格式	640×480（NTSC）；640×512（PAL）		
像素尺寸	17 μm		25 μm
光谱波段	7.5～13.5 μm		
帧频	30 Hz（NTSC） 25 Hz（PAL）	30/60 Hz（NTSC） 25/50 Hz（PAL）	
NEdT	<50 mK at f/1.0		
测温范围	-25～+135℃	-25～+100℃	-25～+135℃

(a) 9mm (b) 6.3mm (c) 35mm

图 6.13 FLIR QUARK 系列红外机芯（配备不同镜头）

表 6.4 QUARK 系列技术指标

型号	Quark 640	Quark 336
探测器	Uncooled VO_x Microbolometer	
像素数	640×512	336×256
视频格式	640×480（NTSC）；640×512（PAL）	
像素尺寸	17 μm	
光谱波段	7.5 ~ 13.5 μm	
帧频	30 Hz（NTSC） 25 Hz（PAL）	30/60 Hz（NTSC） 25/50 Hz（PAL）
NEdT	<50 mK at f/1.0	

2）ICI 公司热红外相机

ICI 公司生产的 9640 系列（图 6.14）及 Mirage 640 系列都比较适合无人机平台搭载，其产品图片和技术指标如表 6.5 所示。

(a) (b)

图 6.14 ICI 公司 9640 系列热红外相机

表 6.5 9640 系列技术指标

型号	ICI 公司 9640 系列热红外相机
探测器	Uncooled VO_x Microbolometer
像素数	640×480
光谱波段	7 ~ 14μm
热灵敏度	<50mK
像素尺寸	17μm

续表

型号	ICI公司9640系列热红外相机
操作温度	-40 ~ 80℃
测温范围	-40 ~ 200℃
精度	±1C
振动/冲击	75G/4G
尺寸	34mm×30mm×34mm（不含镜头）
质量	74.5 g（不含镜头）

3）NEC热红外相机

H2640红外热像仪（图6.15与表6.6）是NEC公司的顶级之作，采用640×480像素探测器，适合于远距离测试，不需带望远镜头，空间分辨率0.6mrad，可以探测小目标异常点，带130万像素彩色可见光数码镜头。同时拍摄可见光图像和红外热图像，可以获得组合图像，清晰定位可疑区域，带高清晰度取景器，适合于室内外使用，内置照明灯可在黑暗环境拍摄可见光图像。

图6.15 NEC H2640红外热像仪

表6.6 NEC H2640红外热像仪技术指标

型号	H2640	H2630
温度测量范围	范围1：0 ~ 500℃；范围2：200 ~ 2000℃（可选配）	
温度分辨率	0.03℃（30℃ Σ64）	0.04℃（30℃ Σ16）
精度	±2℃或读数的±2%	
探测器	非制冷焦平面探测器（微热量型）	
工作波长	8 ~ 13μm	
空间分辨率	0.6 mrad	
焦距	30cm ~ ∞	
视域	21.7°（H）×16.4°（V）	
帧频	30帧/秒	
显示	取景器和5.6in彩色LCD，可以旋转调整角度	
像素数	640（H）×480（V）像素	
外型尺寸和重量	10mm（W）×110mm（H）×210mm（D），1.7kg（包括电池）	

图 6.16　日本 Avionics 无人机搭载的红外相机

4）日本 Avionics 无人机热红外相机

日本 Avionics 开发出了无人机或灾害机器人等配备用的红外热成像相机试制品（图 6.16），已从 2015 年 4 月 8 日开始试销，像素为 320×240，温度分辨率为 0.04℃，将质量控制在了 400g。

该产品的测量温度范围为-40～1500℃。除了可检测太阳能电池板的异常、诊断混凝土桥梁和建筑物的外墙之外，还能用来监控火山。可以由信号控制开始或结束拍摄。记录模式可以选择单次对焦拍摄（OneShot）、间隔拍摄（间隔 3s 以上）和视频拍摄（10 帧/秒以下），还能与可见光摄像头在同一角度拍摄。拍摄的数据保存在 SD 卡中。具有视频输出功能，若用户自行准备无线传输功能，可以在地面上监控。

5）武汉高德热红外相机

武汉高德红外研制的产品包括热红外机芯、热红外相机、无人机吊舱等小型化红外系统产品。Thermcore UA330A 系列机芯（图 6.17 与表 6.7）为最新一代的标准化机芯组件，采用最新的平台架构设计，功能丰富，可拓展性强，接口标准，系统稳定可靠，易于系统集成和二次开发。

图 6.17　武汉高德的 Thermcore UA330A 红外机芯

表 6.7　武汉高德的 Thermcore UA330A 红外机芯技术指标

主要参数	
探测器	384×288，Asi
图像帧频	50/60 Hz
视频输出	PAL/NTSC 可选
校正算法	无挡片 NUC/标准快门校正
图像算法	智能图像增强（IIE） AGC 多种调节亮度对比度 支持 8 种伪彩 图像翻转 ×2，×4 数字放大
功能	远程串口升级 模拟（BT.656）、数字视频输出 可固定外接功能扩展板 提供 SDK 上位机开发包

续表

主要参数	
供电系统	电源 DC 3 ~ 5V（支持标准 miniUSB 接口） ≤1.8W@5V 25℃
尺寸	40mm×40mm×42.88mm±0.5mm（M34 接口）
质量	90g（仅机芯）

高德红外也开发出适用于无人机的红外载荷（图 6.18 与表 6.8），可实现 384×288 的红外成像整体质量控制在 700g。

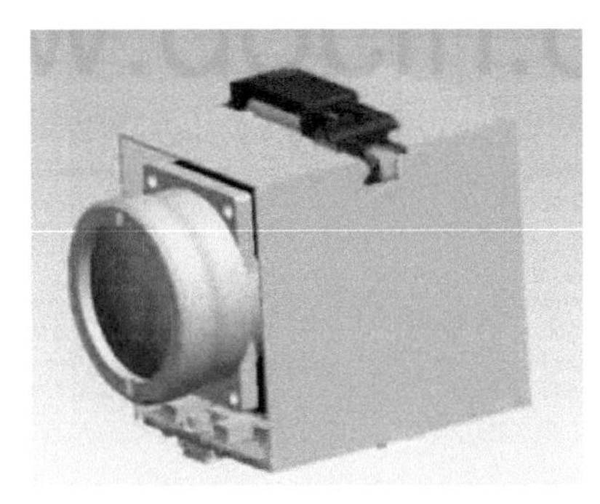

图 6.18　武汉高德的无人机红外载荷

表 6.8　武汉高德的无人机红外载荷指标

探测器技术指标	IR118 机芯
探测器类型	非制冷焦平面探测器
探测器像素	384×288（25μm）
工作波段	7.5 ~ 13μm
镜头焦距	40mm，50mm
帧频	50Hz
功耗	<3W
视频输出	PAL
整机质量	<700g
外形尺寸	140mm×80mm×80mm（50mm 焦距） 100mm×80mm×80mm（40mm 焦距）

6）浙江大立热红外机芯和相机

该公司可用于轻小型无人机的红外机芯和热像仪系统包括 D840（图 6.19 与表 6.9）、D740G 和 D900 等产品。D840 采用 320×256HgCdTe 制冷型探测器研制的制冷型红外热像仪组件，具有超高灵敏度、高清晰图像、结构紧凑、体积小、质量轻等特点，可以模拟/数字信号同时输出，且具有多种组态图像模式。该产品比较适用于前视、机载、车载、舰载、防空等用途，可满足各种高精度要求的夜间观察、识别、跟踪、缉私、分析等任务。

图 6.19 浙江大立 D840 红外机芯

表 6.9 浙江大立 D840 红外机芯技术指标

项目		技术参数
		D840
探测器性能	探测器类型	非制冷焦平面微热型
	分辨率	640×480
	像元间距	17μm
	波长范围	8～14μm
	控温	TEC
	热灵敏度	≤60mK（f/1，300K，50Hz）
电源系统	外接电源	DC 5V（范围 4.7～5.3V）
	功耗	≤2W（常温稳定工作），最大≤5W
电气接口	电源接口	有
	模拟视频输出	有
	数字视频输出	可选
	串口	TTL3.3V
其他	尺寸	W40mm × H41mm× D35mm
	质量	≤76g（带外壳、校正机构）
	镜头接口	M34×0.75 螺纹
	机械接口	2×M3 螺孔（四侧）；可选配三脚架转接件
	电气接口	26 针插座（配插头连线）

7）广州飒特热红外机芯和组件

广州飒特红外股份有限公司是一家专注于红外热像仪产品的研制、生产和销售的高新技术企业，总部设在中国广州，在法国、爱尔兰、英国分别设有研发、生产和销售中心。该公司研发的HR640L 红外机芯不含镜头（图 6.20 与表 6.10），机身仅重 50g，小巧的体积，为其嵌入到目标设备提供了极大便利，可以在轻小型无人机平台上装载。

图 6.20　广州飒特 HR640L 红外机芯和成像组件

表 6.10　广州飒特 HR640L 红外机芯和成像组件技术指标

产品型号	HR640L
探测器类型	非制冷焦平面
像素（可选）	640×480
像元尺寸	17μm
工作波段	8～14μm
热灵敏度	50mk@300k
成像时间	4ms
接口和控制	
NTSC/PAL	NTSC（60HZ）/PAL（50HZ），提供带 14 位数据的数字信号或模拟信号，下单前选择视频制式
工作电压范围	DV 7～12V
稳定状态功耗	≤3.0W
物理参数	
尺寸	45mm×45mm×37mm
重量	50g

8）昆明北方红外

昆明北方红外公司研制的 X4UAV 热像仪（图 6.21 与表 6.11）是专门为无人机设计的小型热像仪，具有质量轻、体积小、功耗小、环境适应能力强、操作简单等特点。该产品的镜头采用光学被动消热差技术设计，在-40～55℃的超宽温度范围内工作无需调焦，可适应不同地区及室内外环境。热像组件采用国产高性能氧化钒非制冷探测器、先进的图像处理软硬件确保了极好的图像质量，采用高性能单片 SOC 芯片是集视频采集、压缩、传输于一体的媒体处理器，标准的 H.264 Main Profile 编码算法确保了更清晰、更流畅的视频传输效果。该系列产品可实现近、中、远程白天夜间、野外及恶劣气候环境条件下的目标探测、监视、监控等功能。

图 6.21　昆明北方红外的 X4UAV 红外相机

表 6.11　昆明北方红外的 X4UAV 红外相机技术指标

光谱范围	8 ~ 14um
探测器	324×256/640×512 氧化钒
NETD	100mK
工作电压	DC 12V
功耗	2W
质量	200g
物理尺寸	90mm×60mm×60mm
视场	17.7×14.2（640×512） 13.2×10.45（324×256）

9）上海巨哥电子微型红外热像仪

上海巨哥电子专为无人机平台研发了微型红外热像仪 XM3/6（图 6.22 与表 6.12），可保存热图、录像、温度、温度数据流等多种格式数据，可通过串口或无线传输与地面站通信，控制存储和对焦，体积小，质量轻，功耗低，易于集成。

图 6.22　上海巨哥电子 XM3/6

表 6.12　上海巨哥电子 XM3/6 技术指标

探测器	XM3	XM6
探测器类型	非制冷焦平面	
波长范围	7.5 ~ 14μm	
像素数	384×288	640×480
热灵敏度（NETD）	<50mK	
焦距	15 mm	25 mm

续表

视场角	26°×20°	25°×19°
角分辨率	1. 13 mrad	0. 68mrad
电源	DC 12V	
功耗	2. 0 W	3. 0W
物理属性		
尺寸	手动 90mm（L）×65mm（W）×62mm（H），电动 102mm（L）×65mm（W）×71mm（H），均不含航空插头	105mm（L）×65mm（W）×73. 5mm（H），均不含航空插头
质量	手动 330g，电动 400g	440g

10）上海蓝剑红外相机

上海蓝剑研制的 LIRG01 系列产品（图 6. 23 与表 6. 13）功能强大，低功耗、宽电压，嵌入式能力强，可根据不同任务嵌入到各种红外成像系统中，满足各种军事和民用需求。LIRG01 温度稳定性好，灵敏度高，盲元实时自动检测和补偿，具有多种模式输出，功能强，集成方便，扩展性好。

图 6. 23　上海蓝剑研制的 LIRG01 系列红外相机

表 6. 13　上海蓝剑研制的 LIRG01 系列红外相机技术指标

型号 / 成像性能		LIRG0130	LIRG0120a	LIRG0120b
	探测器类型	Amorphous silicon	Amorphous silicon	Amorphous silicon
	探测器像素	640×480	384×288	384×288
	热灵敏度	≤60mK	≤60mK	≤60mK
	像元	17μm	17μm	25μm
	帧频	50Hz	50Hz	50Hz
	工作波段	8 ~ 14μm	8 ~ 14μm	8 ~ 14μm
	电子变焦	2×，3×，4×	2×，3×，4×	2×，3×，4×
电源	电源接口	DC3. 5mm	DC3. 5mm	DC3. 5mm
	工作电压	+7 ~ +12V	+7 ~ +12V	+7 ~ +12V
	功耗	1. 6W	1. 5W	1. 5W
物理特性	开机时间	8s	8s	8s
	质量	<105g（含外壳） <45g（不含外壳）	<105g（含外壳） <45g（不含外壳）	<105g（含外壳） <45g（不含外壳）

11）恒能热红外相机

恒能公司研制的热成像组件RHV-MC2（图6.24与表6.14）专为四旋翼无人机设计，具备红外热成像与测温功能，可以边飞边进行实时测温，配有多种不同的测温功能和图像显示模式，可以存储并记录全画幅16位温度数据，并设有模块防摔保护系统，MC2可同时录制红外和1080P可见光数据。RHV-MC2专用于各种无人机，可测温，可录像；体积小，质量轻；IP65防护等级，加固型设计；适用于警务、消防、电力等行业。

图6.24 RHV-MC2

表6.14 恒能公司热成像组件RHV-MC2技术指标

	MC1	MC2
红外探测器	非制冷焦平面，像素数640×480/320×240	非制冷焦平面，像素数640×480/320×240
可见光	—	1200万，48fps@1440p，24°×13.5°
热灵敏度	0.03°C（在30°C） 0.05°C（在30°C）	0.03°C（在30°C） 0.05°C（在30°C）
外形尺寸	116mm×76mm×76 mm	140mm×117mm×77 mm
质量	450g/350g	650g/450g

12）中飞万通热红外相机

中飞万通研制的ZFWT-IR-E1机载热红外仪（图6.25）性能参数如下。

性能优点：

（1）连续光学变焦，三重FOV，固定镜头，有些核心配置可用；

（2）支持图像追踪和人物特征提取优化算法；

（3）强大的图像处理算法嵌入在硬件和软件；

（4）容易集成和兼容常见的功率和视频接口。

产品规格：

（1）探测器分辨率：1024×768 PX；

（2）可扩展分辨率：2048×1536 PX；

（3）热分辨率：30℃ 优于0.05 K；

（4）光谱范围：7.5～14μm；

（5）温度范围：-40～1200℃；

（6）外壳防护等级：IP54标准；

（7）帧速率：240 Hz。

图 6. 25　中飞万通研制的 ZFWT-IR-E1 机载热红外仪

3. 中红外双波段相机

红外多波段相机是带光谱特型的红外载荷，相对于单波段的红外相机，因具备多个谱段成像能力，其成像探测效果大大加强，应用领域更广。下面给出一台中国科学院上海技术物理研究所研制的中红外双波段相机的主要技术指标，见表 6. 15。

表 6. 15　中红外双波段相机系统主要技术指标

项目	性能指标
空间分辨率	0. 2 ~ 1m@ 1000m 飞行高度
成像视场	>15°
成像方式	凝视成像或推扫成像
成像波段	3. 0 ~ 4. 0μm/4. 0 ~ 5. 0μm
MTF	>0. 20
辐射分辨率（NEDT）	≤40mK@ 400K（制冷型 FPA） ≤120mK@ 400K（非制冷型 FPA）
量化比特数	>14bit
质量（含制冷）	≤4 kg
功耗（含制冷）	≤40W（稳定工作时）

中红外双波段相机的主要应用是针对较高温度目标，通过双波段的设置，使其具备一定的伪装识别能力。

4. 热红外四波段相机

表 6. 16 给出一台中国科学院上海技术物理研究所研制的热红外四波段相机的主要技术指标。

表 6. 16　热红外四波段相机系统主要技术指标

项目	性能指标
空间分辨率	0. 2 ~ 1m@ 1000m 飞行高度
成像视场	>15°
成像方式	凝视成像或推扫成像
成像波段	8. 0 ~ 9. 0μm 9. 0 ~ 10. 0μm 10. 0 ~ 11. 0μm 11. 0 ~ 12. 0μm
MTF	>0. 20

中篇

续表

项目	性能指标
辐射分辨率（NEDT）	≤30mK@300K（制冷型FPA） ≤100mK@300K（非制冷型FPA）
量化比特数	>14bit
重量（含制冷）	≤4 kg
功耗（含制冷）	≤40W（稳定工作时）

热红外四波段相机的四个成像波段可以根据实际的应用需求进行设置，表6.16给出的载荷在热红外波段进行了4等分的波段设置，通过四个波段红外图像的融合分析处理，可以大幅提高探测和识别的精度。如图6.26所示，四波段的热红外相机图像通过数据处理分析后可以较为准确地识别出城市地表热分布以及部分覆盖物的类型，相对单纯的热红外相机，其识别能力得到增强。

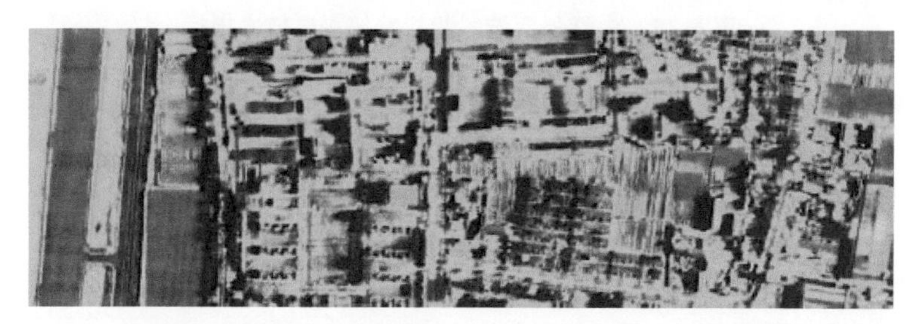

图6.26　热红外四波段相机图像融合后对城市地表覆盖物的探测识别效果图

5. 中/长波双色红外相机

中国科学院遥感地球所与半导体所合作研制的128×128中/长波双色红外相机（图6.27与表6.17）能够同时获得3～5μm，8～10μm波段的双通道数据，基于自行研制的128×128中/长波制冷型双色焦平面探测器组件，并配备定制的双色红外镜头，实现双色红外探测器的驱动、模数转换、数字电路输出、数字信号采集和存储等功能，形成一套适用于野外及机载平台使用的双色红外相机系统。

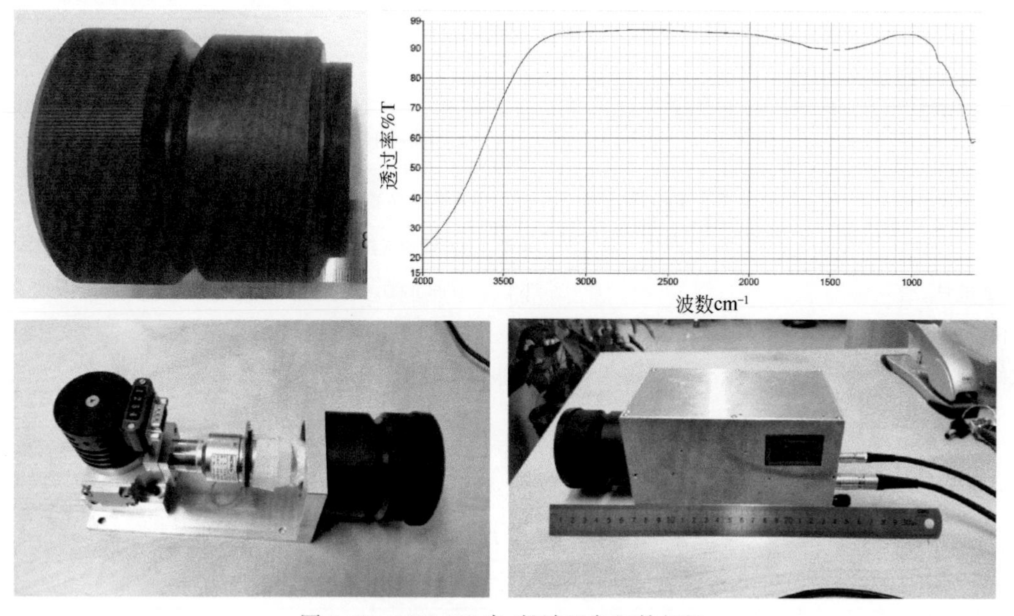

图6.27　128×128中/长波双色红外相机

表 6.17 128×128 中/长波双色红外相机技术指标

项目	指标
探测器	128×128 QWIP 量子阱制冷双色探测器
像素尺寸	40μm
波段范围	3.5～5.5μm，7～9.5μm
透过率	>85% @3.5～5.5μm，7～9.5μm
焦距	50mm
尺寸	240mm×120mm×100mm
质量	4kg

6. 热红外成像光谱仪

热红外成像光谱仪是系统比较复杂的载荷，它可以在红外谱段获取连续的精细窄光谱图像，相对于红外相机，它的物质识别能力大幅加强，可以用于各类物质的精细测量与识别。表 6.18 给出一台中国科学院上海技术物理研究所设计的能够满足无人机载平台应用的热红外成像光谱仪载荷的技术指标。

表 6.18 热红外成像光谱仪系统主要技术指标

项目	性能指标
空间分辨率	0.5～1m@1000m 飞行高度
光谱范围	8.0～12.5μm
成像波段数	>60 个波段
成像视场	>15°
成像方式	推扫成像
光谱分辨率	优于 100nm
MTF	>0.15
辐射分辨率（NEDT）	≤200mK@300K（平均）
量化比特数	>14bit
质量（含制冷）	≤20 kg
功耗（含制冷）	≤100W（稳定工作时）

* 相机对外统+28V 供电，需要对载荷做稳像处理。

6.4.2 应用实例

轻小型无人机红外载荷在环保监测、防灾减灾、监控救援以及生物多样性等方面均有成功的应用实例，但目前已报道的成功应用案例主要来自于国外的研究机构或是业务部门，在国内还比较少见。随着民用无人机平台的发展与应用以及红外载荷研发和多航线红外数据处理技术的提升，在可以预见的未来，国内将出现越来越多的轻小型无人机红外载荷成功应用案例；同时，轻小型无人机平台及红外载荷将成为业务运行不可缺少的组成部分。

1. 环保监测

国外将无人机红外载荷用于环境监测做的比较成熟，主要有大气污染监测、水环境污染监测和废弃物污染监测（图 6.28）等，比如，通过特定传感器可以观测对流层的温度和压力以及高浓度气溶胶和气体的含量，探测臭氧、水蒸气、二氧化碳等有毒气体和烟雾的泄漏；监测水生和陆地环境有毒废物的排放和工业事故的发生；监测工业废渣处理情况。

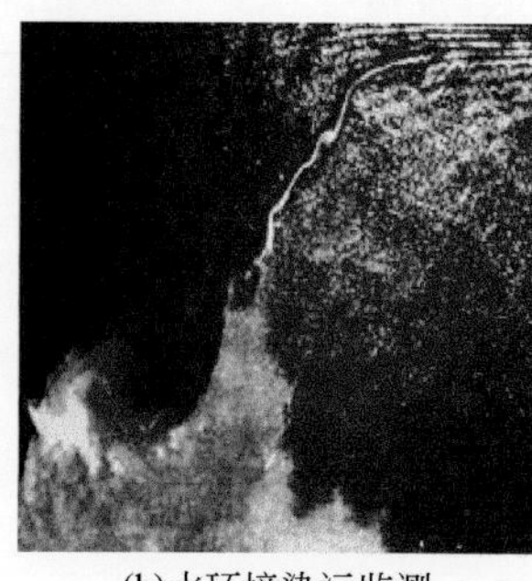
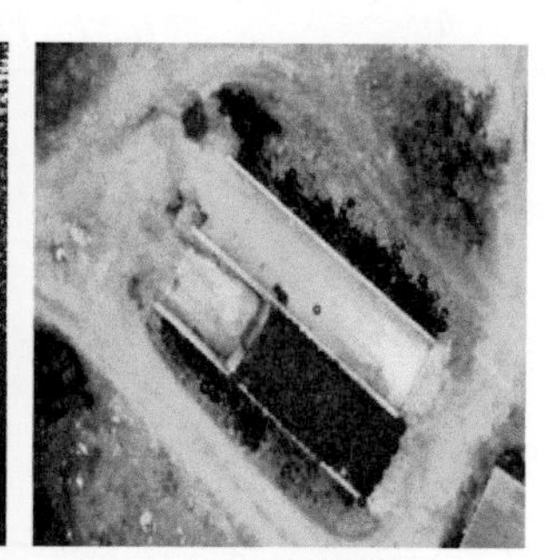
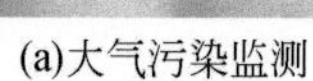

(a)大气污染监测　　(b)水环境染污监测　　(c)废弃物污染监测

图 6.28　国外无人机环境遥感监测实例

2006 年 4 月美国加利福尼亚大学圣地亚哥分校 Scripps 海洋学院的大气科学家 Veerabhadran Ramanathan 领导的研究小组，在印度南面的马尔代夫群岛利用三架 Manta 型无人机研究污染物质对云层形成的影响以及受污染云层对地球表面的影响，并在 *Nature Letter* 上发表了文章（Ramanathan，2007），阐述了污染物质与地球变暖之间的联系。

2. 水体温度异常检测

水体温度是水体环境监测中较为关键的参数之一。常规监测手段是在特定的时间段内在水体不同位置离散布置多个温度传感器来获取温度数据，再进行离散插值形成空间分布的温度数据。但是河流或溪流并不是静态环境，因此需要进行整个监测区域的成像数据采集来获取连续的分析结果。传统的卫星手段受制于热红外波段空间分辨率较低的弱点，不能对河流、溪流或是大型湖库的支流进行监测。这时，搭载了热红外成像仪的无人机系统就能满足这一要求。比如，2012 年美国学者 Jenson 等（2012）就集成了一套基于无人机平台（AggieAir）的、搭载了可见光、近红外和热像仪等传感器的溪流水温监测系统，并在美国犹他州进行应用，其中热像仪可提供 30cm×30cm 空间分辨率的溪流绝对水温反演影像（图 6.29）。

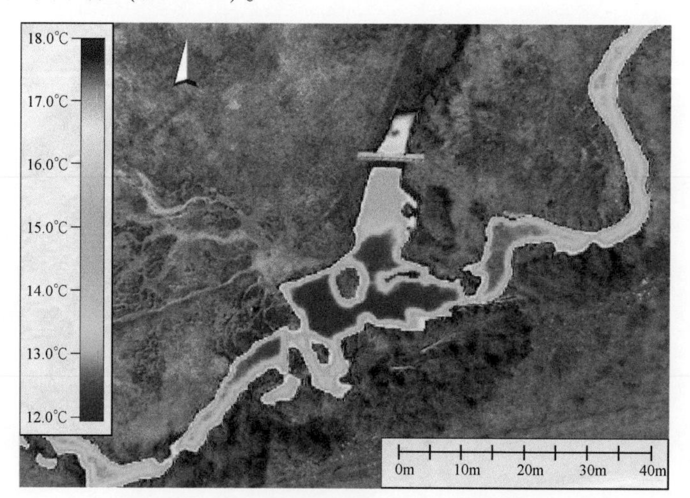

图 6.29　Beaver 大坝上下游水温反演结果

3. 火灾监测

早在 2005 年，意大利学者 Rufino 和 Moccia（2005）针对森林火灾监控，集成了一套含有热像仪和可见-近红外波段的成像光谱仪在内的、使用无线电遥控的固定翼无人机系统（Jensen，2012）。这项工作是由意大利那不勒斯大学制导、导航和控制（GNC 实验室）。该项目的目标是研制紧凑的航空平台和遥感系统，用于监测森林火灾等自然灾害。载荷系统主要包括热成像仪、3 波段多光谱相机以及在可见近红外和近红外波段的两个高光谱传感器。

4. 监控及救援

当一架小型飞机坠毁在偏远的地区或一艘渔船迷失在大海中（或是飓风摧残的地区）或登山者徒步旅行时失联，救援队必须通过搜索扫描事发地寻找受害人或残骸的证据。特别地，人员失踪之后的一段时间内身体的热量是一项关键搜索指标。此外，在黑暗、寒冷的环境里，一个人身体的热量可能是搜索的唯一依据。2012 年，西班牙学者 Molina 等使用装有视频摄像头和热像仪的旋翼无人机搜索营救失踪人员（图 6.30）（Molina，2012）。

在此项目中，无人机主要搭载了两个传感器：一是热像仪，分辨率为 320×240 像素，焦距 25mm、视角为 33°×25°、波段范围为 8 ~ 12μm；二是 582×500 像素的 CCD 相机，可搭配不同焦距的镜头。

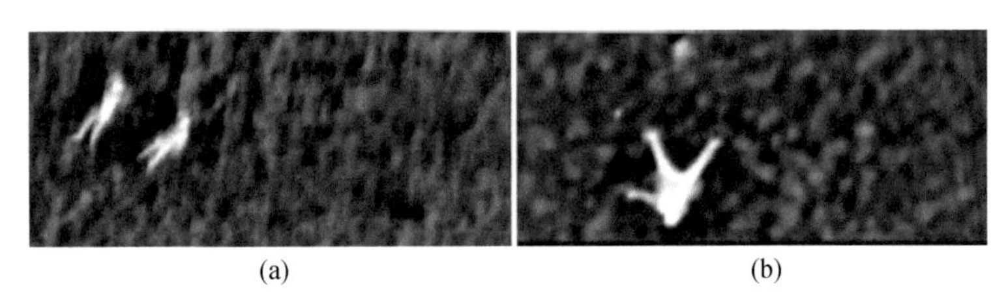

图 6.30　热像仪搜救影像

图 6.30（a）为 GSD 为 5.5cm×5.5cm 的热红外影像，影像中两人躺在地面上；图 6.30（b）为 GSD 3.7cm×3.7cm 的热红外影像。这两幅影像中地面背景类型不同。

5. 生物多样性

大型收割机的规模化应用会对生活在农田周边的野生动物造成巨大威胁。小型无人机系统可以用来保护动物，保持生物多样性。比如在德国，每年的 5 月和 6 月是农作物大规模收割的时间段，而此时也是獐鹿幼鹿出生的时间段，占全年幼鹿出生率的 96%。每年，此时段中约 25% 的新生鹿被收割机伤害。因此，2011 年德国学者 Israel 等（Israel，2012）使用 FLIR 公司的 Tau640 热像仪搭载在 Falcon-8 无人机上来保护獐鹿（图 6.31），以避免农田上大规模的收割机带来伤害。

图 6.31　獐鹿幼鹿的热红外影像

第7章　轻小型无人机激光雷达载荷

激光雷达系统（Light Detection and Ranging，LiDAR）是采用激光作为辐射源的雷达系统，工作波长一般在红外到紫外光谱段范围。利用激光束对目标进行探测和定位，具有比传统雷达波束更窄、测速范围更广、抗电磁和杂波干扰能力更强等优点。机载激光雷达是近年来快速发展的一项高分辨率对地观测技术，它突破了传统地面三维数据获取周期长、工作量大等问题，是继GPS技术之后测绘界又一重大技术革命。本章首先介绍国内外机载激光雷达载荷发展现状与趋势，然后介绍无人机激光雷达基本工作原理、飞行作业流程、系统组成以及机载激光雷达系统数据处理和各种应用产品，最后介绍不同行业领域的应用情况。

7.1　激光雷达载荷发展现状与趋势

机载激光雷达因其精确的测距能力，常用于多种行业。受需求牵引，轻小型无人机机载激光雷达技术发展非常迅速，是继光学和红外传感器之外轻小型无人机可搭载的另一种较为成熟的载荷。本节就该领域国内外发展现状与趋势进行了分析和总结。

7.1.1　轻小型机载激光雷达载荷发展现状和趋势

机载激光雷达技术最早由欧美一些发达国家于20世纪60年代中期提出，并于80年代开始应用。随着三维激光扫描测量的精度、速度、抗干扰能力等性能的提升，20世纪90年代初开始，机载激光雷达成为测绘领域的研究热点，其扫描对象不断扩大，应用领域不断扩展，逐步成为快速获取空间实体三维模型的主要方式之一。近年来，无人机开始越来越多地出现在公众视野中，涉及了从军用、公安到农林业资源监测、国土测绘、三维数字城市等多个应用领域，这使得人们对轻小型、可靠性强的适用于无人机的机载激光雷达的需求也越来越多。目前，美国、德国、奥地利等国研制的轻小型机载激光雷达已开始从实验室走向商业化和实用化。

1. 国外轻小型激光雷达发展现状

目前，轻小型机载成像激光雷达基本延续了大中型机载激光雷达系统的工作特点：①一般采用脉冲式光机扫描方式；②点云获取效率高；③扫描视场大。这三大特点使得轻小型无人机遥感激光雷达在大数据时代背景下，有着传统航空摄影测量无法比拟的优势，主要体现在：①主动式，可24h全天时即时作业；②光脉冲作业，穿透能力强，可快速获取包括植被以下真实地表信息；③可获得高精度、高密度和大数据量三维点云数据，能够真实准确地反映地形地貌，同时可获得DEM、DOM、三维场景模型等数字产品。

位于奥地利首都维也纳的Riegl公司从1996年开始，陆续向市场推出了一系列可用于机载、车载和船载的激光扫描仪，其产品从最开始的体积大、作用距离近、激光脉冲频率低发展到体积、质量、作业距离综合优化，目前已拥有体积小、质量轻、全波形适用于不同作业距离的多款轻小型机载激光雷达。2014年Riegl发布的VUX-1扫描仪成为世界上第一款“survey-grade Lidar sensor”，其质量仅为 3.6kg，作业距离可达 3920m，而之前推出的产品 VQ-480U 也是一款质量轻、数据获取效率高的激光扫描仪，其质量约为 7.5kg，测距范围为 10～1500m，精度可达 25mm。该公司还推出 MS-Q160，这是一款高集成度、可用于探测“low-cross-section”（电力线、细树枝等）目标的 2D 扫描激光雷达，主要用于避障系统中，可搭载在无人机及汽车等平台上，其质量为 4.6kg，测距范围为 2～200m，精度约 20mm。

与此同时，位于美国硅谷的 Velodyne Acoustics 公司也致力于发展轻小型激光扫描仪，配套搭载商业 POS 系统，其产品 Velodyne HDL32E 拥有 32 个激光器，直径为 85mm，质量小于 2kg，适用于 3D 成像和其他 LiDAR 系统中。Velodyne 公司的另一款产品 Velodyne VLP-16 同样致力于小巧、轻便，可实现实时、360°、3D 成像并同时进行校正测量，其质量为 0.6kg。

日本的 HOKUYO 公司 2014 年 5 月推出的 UXM-30LXH-EWA，扫描距离为 80m，视场角 190°，其质量仅为 0.8kg。随后陆续推出的产品包括 UST-10LX/20LX，UXM-30LAH-EWA 以及最新的 UST-05LA。包括其之前推出的 PBS-03JN，URG-04LX-UG01，UST-05LN 等产品在内，该公司的二维激光扫描仪的质量大部分都小于 1kg，对无人机等飞行平台来说是非常实用的超低空载荷选择方案。

德国 IBEO 公司也推出了 LUX 4 线轻小型激光雷达系统。该产品是 IBEO 公司借助高分辨激光测量技术实现的第一款多功能的可用于汽车和无人机等平台的智能传感器。其视场角 110°、探测距离 0.3～200m、激光安全等级 1、测距精度 100mm，其尺寸为 164mm×93.2mm×88mm，同时其产品还有 LUX 8 线激光雷达。德国 SICK 公司同样拥有一系列的轻小型产品：LD PDS 保护和检测激光测量系统；LD-OEM1000 远距离全方位型；LMS200 经济型激光测量系统；LMS291 室外经济型；LMS400 高精度特快型；LMS221 180°标准型；LMS221 100°防尘型等适用于轻小型无人机平台的激光雷达产品。

2005 年成立的法国的 L'Avion Jaune 公司也一直致力于发展成像式、远距离传感的轻小型无人机系统的研制，2015 年该公司推出了一款适用于 UAV 的激光扫描系统 YellowScan。

加拿大 Optech 公司和美国 Leica 公司虽然在商用机载激光雷达领域中起步较早，市场占用率也较高，但其产品主要集中在大、中型机载激光雷达系统方面，目前暂未看到轻小型商业化机载激光雷达系统面世。从总体上看，除了传统的生产商业激光雷达产品的公司将工作重心逐渐发展到轻小型激光雷达方向，而且越来越多的从事无人机或测绘应用方面的公司也开始发展属于自己的轻小型激光雷达产品，这些激光雷达产品的功能也越来越多样化，即从单一的测距功能到可三维成像，从测绘应用到避障应用，涵盖范围越来越广泛。

2. 当前轻小型激光雷达主要发展方向

随着空间数据的需求和应用领域的不断扩大，对空间数据的准确性和可靠性以及对人眼安全性的要求也越来越高，同时对多脉冲全波形激光雷达、轻小微型和多光谱激光雷达的应用需求也在逐步上升。因此，轻小型机载激光雷达的主要发展方向大致可归纳为：①微型激光雷达；②人眼安全型激光雷达；③多脉冲激光雷达；④全波形激光雷达；⑤多光谱激光雷达；⑥凝视成像激光雷达；⑦多源传感器融合激光雷达。

1）微型激光雷达

轻微型激光雷达在继承了轻小型机载激光雷达优点的基础上，具有体积更小、性价比更高、平台适应能力更强、外场应用更灵活等鲜明特点，这使其在航空遥感领域得到了广泛关注。随着微机电系统 MEMS 工艺技术的不断发展以及集成芯片技术的不断进步，微型激光器、微型机械系统和高度集成的数据采集和处理系统必然促成激光雷达向微型化发展（Tina et al.，2009）。

据2015年5月21日DARPA官网报道，其支持的SWEEPER项目，在“固态光学相控阵技术”上取得了突破性进展，最新研究成果已将光扫技术集成到微芯片上，可实现芯片式激光雷达，引起了业界的广泛关注。同时，因芯片式激光雷达尺寸小，可在单兵作战、无人机、无人车等近距局部作战系统中进行应用，提高作战效能，场景如图7.1所示。

图7.1　近距芯片式激光雷达应用场景示意

2）人眼安全型激光雷达

激光雷达采用激光作为传输媒介，主要是因为激光具有相干性好、方向性好、单色性好等优点，可以在很短的时间和极小范围内进行能量聚焦。而人眼可以看作由不同的屈光介质和光感受器组成的一个精密的光能接收器，当一束光射入人眼时，人眼的屈光介质能将其高度会聚成很小的光斑，这使得光感受器视网膜单位面积上接收到的光能要比入射到角膜的光能高10^5倍，故对于能量集中度高的激光，即使能量极低也会引起眼角膜或视网膜的损伤，因此随着激光的广泛应用，人们越来越重视其自身的安全性问题（Eugene et al.，2002）。

3）多脉冲激光雷达

机载多脉冲激光雷达的原理是通过在一个脉冲重复周期内对同一位置目标进行连续照射多次得到多个脉冲回波信号，然后将多个回波信号叠加处理，提高信噪比，从而更精确地计算出目标距离，如图7.2所示（Shan，2008）。

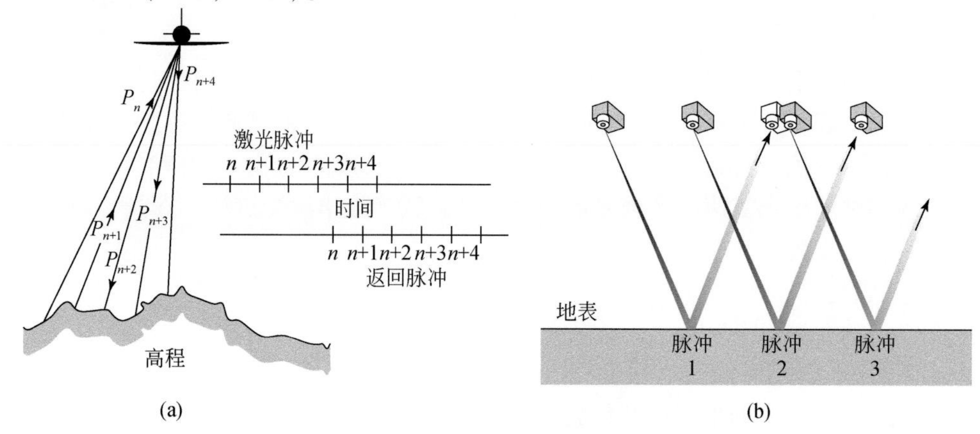

图7.2　在交叉轨迹探测中采用多脉冲交叉概念

相对于单脉冲激光雷达，多脉冲激光雷达具有原理和结构简单、点云密、功耗小等优点。目前 Riegl、Optech 以及 Leica 等厂商的部分机载激光雷达产品已经成功采用了多脉冲技术，有效地提高了点云密度，图 7.3 展示了 Leica 生产的 ALS80 产品。

图 7.3　ALS80 设备外形图

4）全波形激光雷达

发展初期的机载激光雷达多是离散多回波，只能接收 1 个或者几个回波。近年来全波形激光雷达成为激光雷达的主要发展趋势。与多回波相比，全波形激光雷达系统有两个优点：①系统对回波信号进行处理后可以还原所有的单回波信息，这意味着在同一激光束范围中，全波形机载激光雷达系统比传统的多回波机载激光雷达系统能提供更详细的点云数据密度信息；②通过对接收到的波形进行数据处理、建模，可以得到更多的地物特征，例如可以通过回波波形的振幅和波宽信息反演地物表面的反向散射属性等信息。图 7.4 为全波形激光雷达的回波示意图（Shan，2008）。

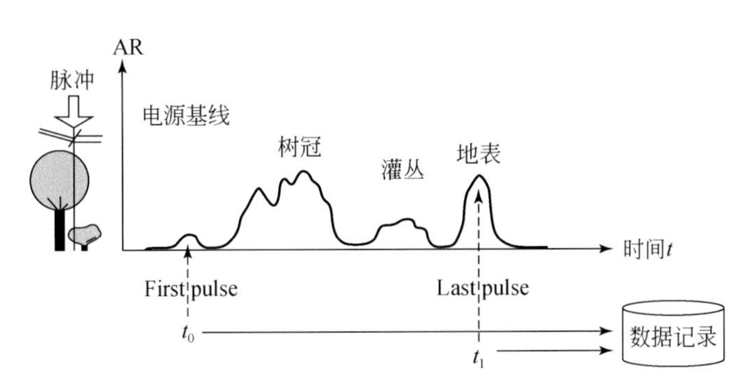

图 7.4　全波形激光雷达回波示意图

国外各大机载激光雷达公司均推出了采用全波形技术的激光雷达设备，如 Riegl 的 LMS-Q560、LMS-Q680i、Optech ALTM3100 和 TopEye 等。这些系统在北欧（挪威、瑞典、芬兰）、西欧（德国、英国）等地区已经较大范围使用，美国的阿拉斯加、波多黎各等地以及加拿大的 British Clomblia 等省也采用该方式进行大面积的森林调查。

5）多光谱激光雷达

传统激光雷达对地观测技术主要采用单波长激光进行探测，在对地观测数据获取过程中，虽然能快速获取地表三维空间信息，但在地物尤其是植被的分类、生长状态探测方面，需要进一步的提高（Berger et al.，2013）。目前国际上开展了很多相关研究，诸如激光雷达融合被动多传感器技术以及早期提出采用660nm和780nm波长进行地物探测的双波长激光雷达，可在一定程度上区分植被与非植被地物，但无法实现精确的地物状态分类与地物扫描。Woodhouse等（2011）提出了一种多光谱冠层激光雷达，可采用531nm、550nm、690nm和780nm4个波长监测森林冠层结构与生物量，但该系统采用可调谐激光器，4个波长不能同时发射，波长间切换时间相对较长。NASA、英国爱丁堡大学等机构均在研究多光谱激光雷达技术。与此同时，武汉大学提出并自主研制开发了一种新型的多光谱激光雷达（史硕等，2012），该系统在保留三维空间分辨能力的同时，还兼具物性探测能力，不仅可应用于地物几何信息获取、光谱精确分类，还可根据光谱特性差异获取植被生长状态信息。值得指出的是，2014年Optech推出了世界上第一台商业多光谱机载激光雷达Titan，它包含了三个不同波长532nm、1064nm和1550nm的成像通道，可以直接捕捉来自三个通道的全波形数据，图7.5给出了Titan硬件设备情况。

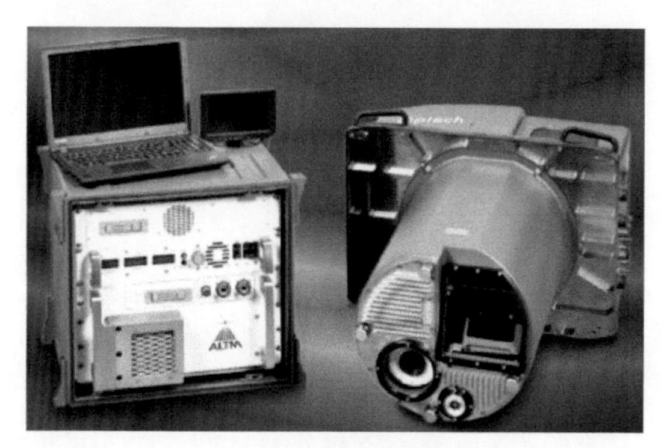

图7.5 Titan硬件设备外形图

6）凝视成像激光雷达

凝视成像激光雷达也称为Flash LiDAR，它通过面阵探测器接收大范围激光回波，并利用飞行时间测量或调制解调手段得到目标的三维图像。相对于普通单点探测和扫描成像的激光雷达，凝视成像激光雷达具有"瞬时"成像、信息量大、实时性强、成像速率高、像素分辨率高等诸多优点，目前已经广泛应用于目标搜索、识别与跟踪，精密无损检测等方面（舒嵘，2014）。目前研究成果比较突出的有美国林肯实验室、Sandia国家实验室、瑞典国防研究机构、丹麦国防研究组以及德法联合的圣路易斯研究院等机构。随着面阵探测器技术和材料技术的发展，凝视成像激光雷达的成像质量将会得到较大提高，其产品应用也会越来越受到人们的关注。

7）多源传感器融合激光雷达

激光雷达在未来的一个重要发展方向就是多种传感器的高度集成以及多数据源的合成处理。人们可以从传统的单一点云数据获取变为连续自动数据获取，从而提高了观测的精度和速度。多源传感器融合技术在保证激光雷达快速精确获取数字地面模型及地面物体的三维坐标的同时，配合数码影像或红外成像信息提高了数据分类和物体识别的能力，在摄影测量与遥感领域及工程测绘等领域具有广阔的发展前景和应用需求（王国锋等，2012）。

7.1.2 我国轻小型机载激光雷达载荷发展状况

自20世纪90年代，中国科学院遥感应用研究所李树楷研究员等研制的机载三维成像系统原理样机成功试飞以来，我国的机载激光雷达研制工作飞速发展。浙江大学、武汉大学、哈尔滨工业大学、中国科学院上海光学精密机械研究所、中国科学院上海技术物理与精密机械研究所、中国科学院光电研究院等单位均对机载激光雷达开展了相关研究。浙江大学开展了包括机载面阵三维激光雷达系统运动成像的特性分析（姚金良，2010）和图像处理，快速三维扫描激光雷达的设计及其系统标定等研究。中国科学院上海技术物理研究所激光雷达系统的研究起步也相对较早，2007 年开展了光子计数激光雷达领域的研究，相继完成了地面原理样机和机载验证试验，目前正致力于进一步推动该技术的实用化；2009 年开发了多元并扫激光雷达，相对于单元扫描激光雷达，可以有效增加测量点密度、缩短成像时间，目前该技术已经应用于探月二期软着陆过程中的月面探测（舒嵘，2014）。中国科学院上海光学精密机械研究所也开展了双波段机载激光雷达的研制（OFweek 激光网，2014）。

中国科学院光电研究院一直致力于开展系列化机载激光雷达的产品化开发，研制了飞行相对高度为 200 ~ 3500m 的机载激光雷达系统（AOE-LiDAR），并于 2008 年完成飞行实验，具备生产作业能力，其技术指标与国外同类产品相当（朱精果等，2010）。

在轻小型激光雷达方面，我国的激光雷达研究基础相对薄弱，商业化程度明显低于国外同行。但在应用国外轻小型机载激光雷达的过程中，主要存在采购难度大、设备维护价格高及设备与我国相关技术标准不兼容的困境，因此，研制自主轻小型机载激光雷达是我国现阶段技术发展的需要。目前，国内从事轻小型三维成像机载激光雷达技术研发工作的单位有中国科学院光电研究院、北京北科天绘科技有限公司、绵阳天科激光科技有限公司等；而在无人机激光雷达载荷系统集成方面的单位有北京数字绿土科技有限公司、北京金景科技有限公司和北方天途航空技术发展公司等。

中国科学院光电研究院在 2011 年研制了飞行相对高度为 50 ~ 1500m 的轻小型机载激光雷达（Lair-LiDAR），扫描仪质量约 18kg，已于 2012 年完成了大量的外场飞行试验（李孟麟等，2015）。图 7.6 为 Lair-LiDAR 成套设备图，图 7.7 和 7.8 则为 Lair-LiDAR 在彩虹 3 无人机上的适配安装图及其飞行数据，技术参数见表 7.1。

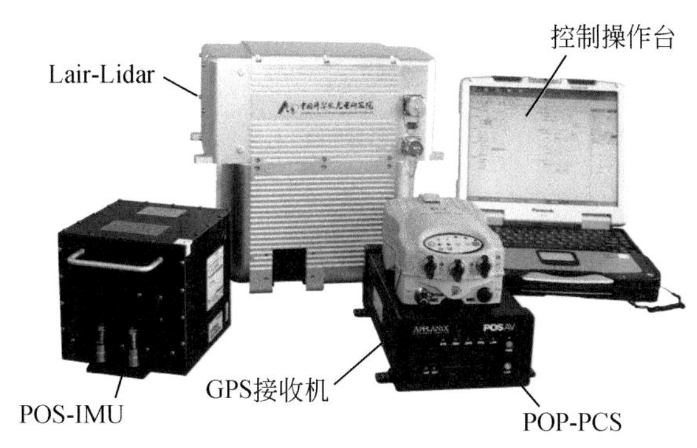

图 7.6 Lair-LiDAR 成套设备系统

图 7.7 Lair-LiDAR 在彩虹 3 无人机上安装实物图

图 7.8　Lair-LiDAR 获得的部分数据成果图

表 7.1　Lair-LiDAR 主要技术参数

指标名称	Lair-LiDAR
飞行高度	50～1500m
搭载平台	固定翼飞机、直升机、无人机、飞艇
扫描视场	90°
网格点密度	1m×1m～2m×2m
回波数量	1～4 回波
飞行测高精度	<15cm/1000m
水平定位精度	40cm@1km
质量	<18kg

武汉大学测绘遥感信息工程国家重点实验室在 50kg 的无人直升机上集成了激光扫描仪（20kg）、数码相机、GPS 接收机、IMU（Inertial Measurement Unit）以及无线通信设备和工业计算机，实现了各种传感器之间的统一高精度授时，有效保障了原始数据获取的正确性，为激光点云的高质量生成、航测相片的定位和姿态确定奠定了基础（图 7.9）。北京数字绿土科技有限公司通过搭载国外扫描仪、GPS 等组件，集成了 Li-Air 机载激光雷达系统（图 7.10），北京北科天绘科技有限公司推出了基于飞行平台的激光雷达 A-Pilot 系列产品（图 7.11）。

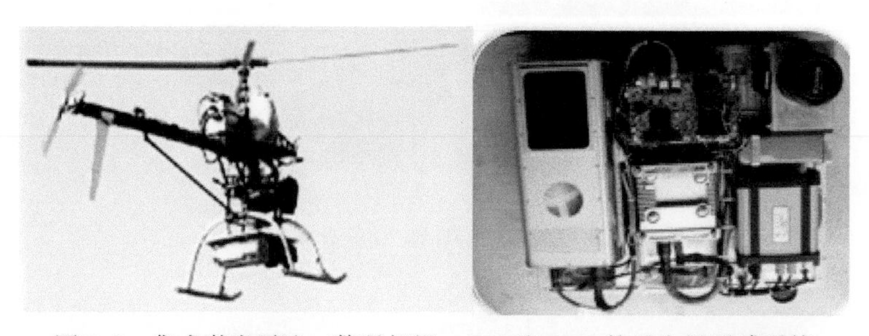
图 7.9　集成激光雷达、数码相机、GPS 和 IMU 的无人机遥感系统

图 7.10　Li-Air 无人机机载激光雷达系统图

图7.11　A-Pilot设备外形图

目前轻小型无人机遥感激光雷达也面临着一些局限，主要在于探测距离相对较短。激光在大气中传输时，能量受到大气影响而衰减，作用距离变短，大气湍流也会不同程度地降低激光雷达的测量精度。由于激光雷达的接收孔径偏小，波束较窄，快速搜索和粗捕获目标相对困难，目前国际上普遍采用大阵列、高集成、多通道扫描等方法来弥补该缺点，已取得较好效果（Busck et al.，2004）。

现阶段，国内外研究水平差距主要体现在系统核心部组件和实际应用等方面。欧美公司在激光光源、POS系统方面选型具有更多选择，轻小型机载激光雷达已推出了成熟产品并在不同领域进行了应用，国内虽然掌握了激光雷达总体技术，并研制开发了系列化机载激光雷达设备，但在小型化、微型化及工程实现上尚有一定差距。另外，虽然国内已经有一批具有自主知识产权的轻小型无人机遥感激光雷达设备，如中国科学院光电研究院研制的Lair-LiDAR产品，但在示范应用和产品推广上需要进一步加大力度。对比国内外轻小型无人机载激光雷达的发展现状和趋势，不难得出我国轻小型无人机载激光雷达发展的启示。

1）向高分辨率、高网格密度发展

高时效获取大范围高分辨率、高网格密度三维信息是目前遥感测绘领域的一项重要需求，也是轻小型机载激光雷达不懈追求的目标之一。目前研究显示，脉冲式的机载激光雷达测距精度可以达到毫米量级，激光重频可达到700kHz及以上（预计很快会推出1MHz激光重频的激光雷达），并且国外已推出部分商业产品，因此，如何获取高密度、高精度和高分辨率的轻小型激光雷达是我国今后较长一段时间内的重要发展目标。

2）向微型化、低成本发展

轻小型遥感激光雷达的应用领域会越来越广泛，用户量也会越来越多，如何降低研究成本，发展产业化、规模化，甚至是流水线化的轻小型激光雷达将会成为一个重要的发展方向。当然，随着激光器技术、材料技术以及集成电路的不断发展，必将促进可批量生产的微型化激光雷达的快速应用和推广。

3）加强合作交流、增强品牌意识

为缩短与国际相关领域高水平研究和商业产品开发的差距，我国应当加强各个轻小型激光雷达研究机构之间的合作，借鉴彼此的优点，以开放包容的心态共同成长。目前我国在激光雷达领域还没有一个专业的、开放的信息平台，多举办或创办专业性的激光雷达交流平台，如每一年或两年举办一次全国性的激光雷达学术交流会，针对激光雷达基本理论、系统研制、数据获取、数据处理与系统开发、激光雷达应用等方面的热点问题进行交流，探讨轻小型激光雷达领域的关键技术问题和新方向，进一步促进轻小型激光雷达领的商品化和市场化。在学习国外技术的同时，勇于创新，面向市场，面向用户，加强合作，切实加强自主品牌构建，推进“中国制造”向“中国创造”转变。

7.2 机载激光雷达原理

机载激光雷达系统集激光扫描仪、全球定位系统（GPS）、惯性测量单元（IMU）等技术于一体，是一种主动式航空遥感设备。它通过激光扫描仪测距测角、IMU 测姿以及 GPS 差分定位等功能，获取高精确、高分辨率的数字地面模型及地物表面的三维坐标，同时通过系统集成的航空相机获取地物的影像信息。

7.2.1 机载激光雷达工作原理

机载激光雷达作业原理示意如图 7.12（王成等，2015）所示。激光测距是通过精确测量激光到待测目标表面所经历的往返时间，从而推导出相对于目标的距离。目前，从工作方式上看，激光测距可分为两大类：脉冲激光测距和连续波激光测距。考虑到作用距离，通常机载激光雷达采用的是脉冲激光测距方式，如图 7.13 所示。

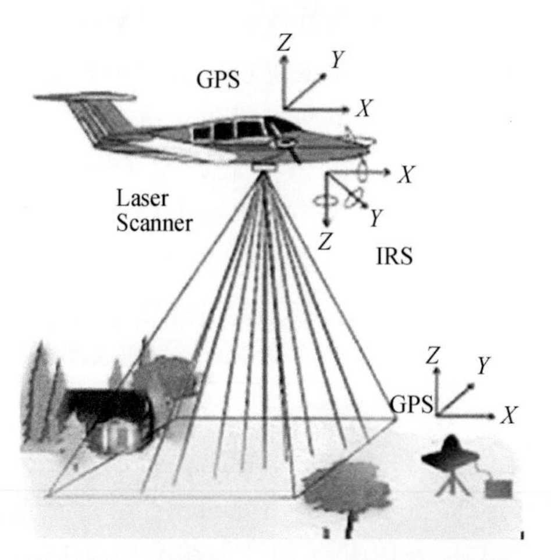

图 7.12　机载激光雷达飞行作业原理示意

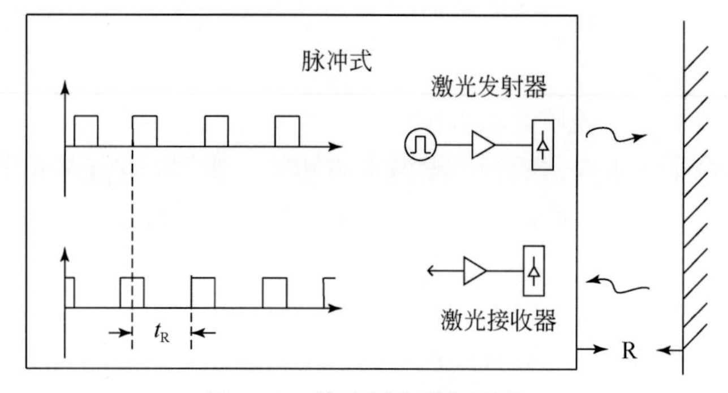

图 7.13　脉冲激光测距原理

$$R = \frac{1}{2}ct_{\mathrm{R}} \tag{7.1}$$

式中，c 为光波在真空中的传播速度，约为 3×10^8 m/s。因此，只要求得精确的时间 t_{R} 即可得到距离 R。

机载激光雷达系统以飞机或无人机、飞艇等为载体，对地面地形及地物进行扫描并记录距离数据以及其他遥感信息，其目的是获取高精度和高密度的激光点云数据和影像数据。在实际工程作业中，要求激光扫描仪、IMU 及 GPS 接收机三者协同工作，彼此间要保持精确的时间同步，因此，需要同步控制装置以实现设备之间的控制与同步。另外在软件系统中，除了系统控制软件、点云解算软件和数据处理软件外，还需要配套飞行管理软件。飞行管理软件负责飞行作业过程中的航线规划、作业参数设计、设备控制与实时导航，是整个系统中必不可少的一部分。机载激光雷达飞行测绘作业的生产流程主要包括航摄准备、数据采集、数据预处理，数据后处理等环节，如图 7.14 所示（徐祖舰等，2009）。

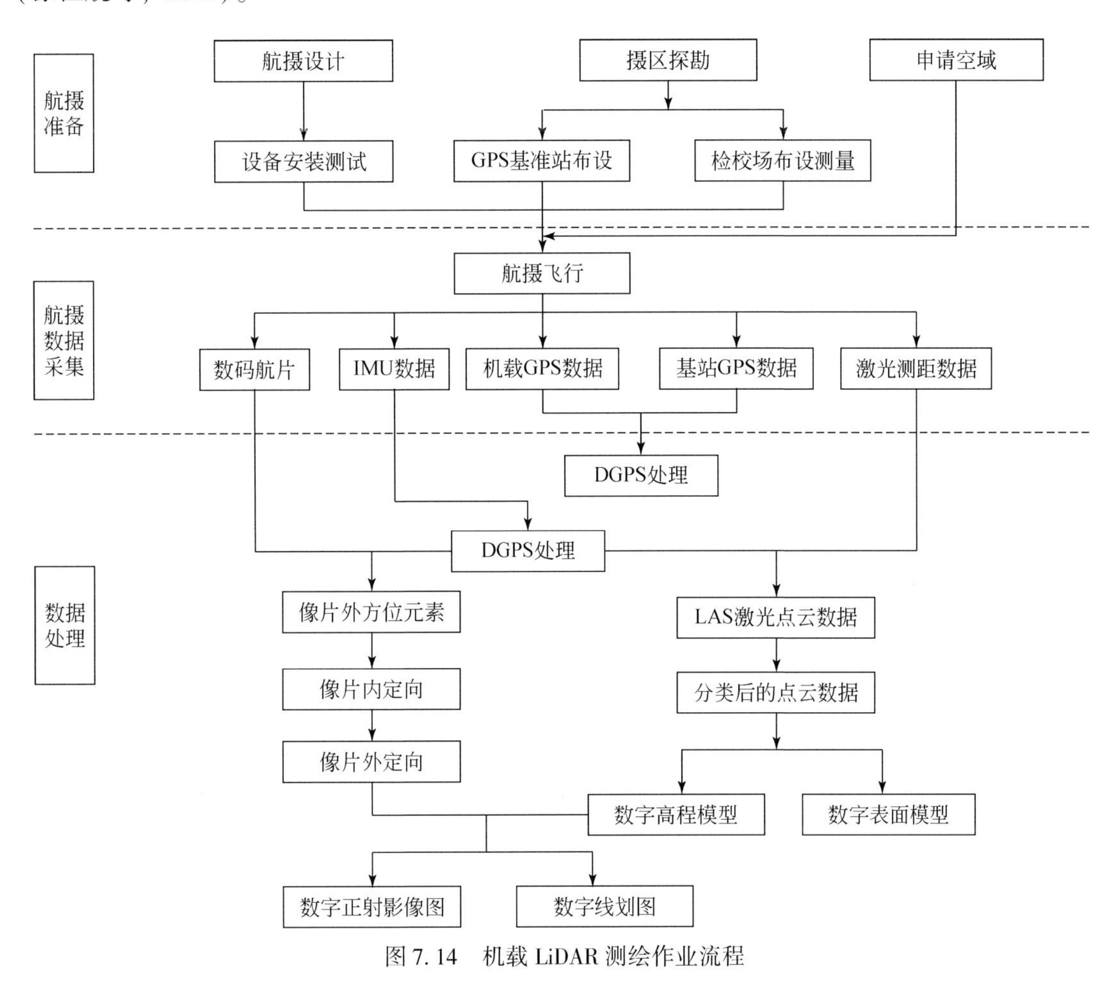

图 7.14　机载 LiDAR 测绘作业流程

7.2.2　机载激光雷达系统组成

一套完整的机载激光雷达系统主要由传感器硬件和软件系统组成。硬件系统一般包括激光发射机系统、光学系统、光束扫描指向系统、光电探测接收系统、信号处理与数据采集存储系统和定位测姿系统等；软件系统则分为系统控制软件、数据解算软件和点云数据处理软件，详细组成如图7.15所示。

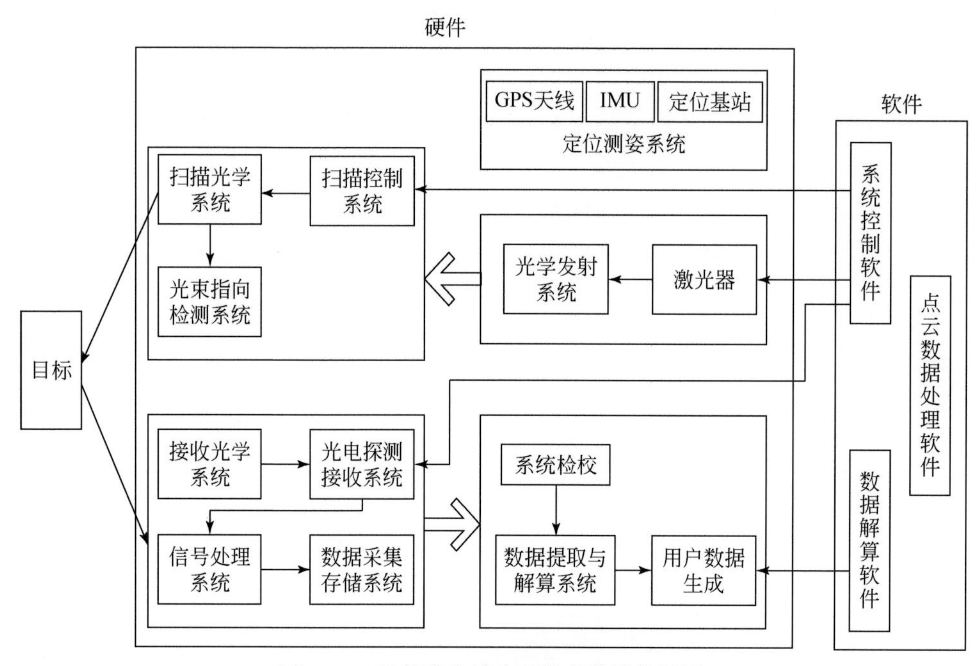

图7.15　机载激光雷达系统总体结构框图

1）激光发射机系统

激光发射机系统为激光雷达的核心器件，为激光雷达提供稳定的主动照射光源。经过多年的发展，各国已开发出多种实用的激光器。这些激光器性能各异，用途也各不相同，因此对激光器选择往往需要综合考虑各项因素。在激光雷达系统设计及使用中，首先要考虑的因素是激光器的发射功率（或脉冲能量）和激光重复频率；其次为激光器的几何参数，如光束截面函数、光束束宽（发散角）、光束质量；再次考虑激光器的调制形式及其波形参数以及激光器的相干性参数等（张小红，2007）。目前激光雷达采用的激光器主要包括光纤激光器、固体激光器、半导体激光器、二极管泵浦固体激光器等。

2）光学系统

光学系统分为发射光学系统和接收光学系统。通过发射光学系统，可以改变激光器发射光束的发散角、波束宽度等参数，改善激光雷达探测目标的能力。目前发射光学系统一般由准直镜、扩束镜和辅助光学系统组成，机载激光雷达的发散角一般在0.3～0.8mrad。接收光学系统也称接收光学天线，主要负责尽可能将目标反射回来的激光能量会聚到探测器上，以提高探测距离。接收光学系统光放大的能力越强，对提高量程所起的作用就越大。同时接收光学系统需要适当限制接收视场，减少杂散光的干涉，提高信噪比。另外，接收系统还应该尽量满足结构简单、体积小、成本低的特点。目前接收光学系统常用的主要有：牛顿型望远镜、格里高利望远镜、卡塞格林望远镜、折反射型望远镜以及开普勒和伽利略望远镜。

3）光束扫描指向系统

机载激光雷达一般均有光束扫描指向系统，其主要作用是控制激光光束在探测视场内运动。它将激光器发射出来的激光束进行有规律的偏转，形成对地物的扫描，以得到一定区域的激光点数据。目前激光雷达光束扫描指向系统主要包括：摆镜扫描、旋转平面镜扫描、旋转多面体扫描、光楔扫描以及近年来新出现的快速指向镜微扫描、微机电系统器件扫描等新型扫描方式。

4）光电探测接收系统

光电探测接收系统主要由两大部分组成：光电探测器和信号放大处理电路。光电探测器的工作原理是基于光电效应，将接收到的光信号转换为电信号。为了提高转换效率和传输效率，并保证无畸变产生，光电探测器不仅要和被测信号、光学系统相匹配，而且要和后续电子线路在特性和工作参数上相匹配。信号放大处理电路的主要作用是将光电探测器输出的微弱信号进行放大、滤波等预处理后，通过回波探测方式将激光雷达距离、速度及角度等信息提取出来。对于脉冲式激光雷达系统，回波探测的方式可分为前沿鉴别、恒比鉴别法和过零检测鉴别法。

5）信号处理和数据采集存储系统

激光雷达信号处理系统和采集存储系统的主要作用是量测激光发射时刻（开始时刻）与激光返回时刻（停止时刻）之间的时间差，根据该时间差处理得到距离图像；同时根据前端电路记录的幅度信息处理得到强度图像；并对获得的距离图像和强度图像进行存储和显示，主要由FPGA电路、微控制器、数据传输电路和信息处理计算机组成。FPGA电路的主要作用是测量起始时刻和停止时刻之间的时间间隔，微控制器的主要作用是将FPGA电路和AD转换电路的检测结果通过数据传输电路传输到信息处理计算机。信息处理计算机则将接收到的数据进行处理得到距离图像和强度图像。

6）定位测姿系统

相对于普通的激光雷达，机载激光雷达系统一个重要的组成即定位测姿系统（POS），包括全球定位系统（GPS）和惯性测量单元（IMU）。其主要功能是采用IMU和动态差分GPS（differential global positioning system，DGPS）直接在航测飞行中测定传感器的位置和姿态，并经严格的联合数据处理，获得高精度的外方位元素，从而实现机载激光雷达的定位和定向。

7）软件系统

系统控制软件作为激光雷达总体操控软件，其主要作用是对激光雷达各功能组成部分及关联的外部设备进行总体操控，同时对设备运行状态进行监测，并实现激光雷达采集数据的传输及存储功能，从而在总体上保证激光雷达设备的正常工作。点云数据处理软件可分为数据预处理软件和后处理软件，其主要作用是将数据解算软件解算得到的三维点云进行滤波等预处理并制作数字表面模型（DSM）、数字高程模型（DEM）、正射影像图（DOM）以及数字线划图（DLG）等相关数据产品。

7.3 轻小型无人机载激光雷达载荷关键技术

大型的机载激光雷达技术转化为轻小型无人机载荷，需要在硬件的小型化和高度集成化以及后处理软件根据轻小型无人机工况适应性改造两方面进行攻关。其中，轻小型无人机平台机载激光雷达载荷的关键技术由激光光源、光机扫描技术、定位解算技术和数据检校等几个方面组成。

7.3.1 轻质高效激光发射机技术

激光光源是激光雷达的核心部件，在轻小型无人机应用中，需要重点关注人眼安全，同时为了提高地面激光点云的网格密度，对激光重复频率和多通道出光的指标要求也越来越高，轻小型无人机LiDAR飞行高度相对较低，尤其是多脉冲技术、阵列探测技术的应用，激光重频越来越高。目前，Riegl公司的微小型激光雷达VUX-1的激光重频已达到550kHz，实现小型、可靠、高效的激光发射机是轻小型无人机载激光雷达研制的关键技术之一。

7.3.2 高频、大视场扫描技术

机载激光雷达的光学模块负责激光回波能量的收集，扫描机构负责改变激光光束指向，光机扫描负责实现回波有效接收、宽视场、高精度扫描。尺寸和质量严格，兼顾有效接收光学口径、高频大视场扫描的微型扫描机构是整个机载激光雷达小型化的关键环节。现有轻小型无人机载激光雷达的扫描频率可达200Hz，扫描视场一般大于60°或360°全周扫描。小型、高频、大视场扫描提高了系统研制的难度。

光学相控阵技术为微型化光学扫描带来了全新的概念和解决方案。2013年麻省理工学院（MIT）实现了将一个光学相控阵的所有部件集成到一个微芯片上的二维光学相控阵技术，其研究成果发表在“Nature”杂志上，文章题为“large-scale nanophotonic phased array”（Sun et al.，2013）。该相控阵阵列的尺寸大小仅为576 μm ×576 μm，却包含了4096个（64×64）集成到一块硅芯片上的纳米天线，可实现对激光光束在51°范围内的偏转，如图7.16所示。

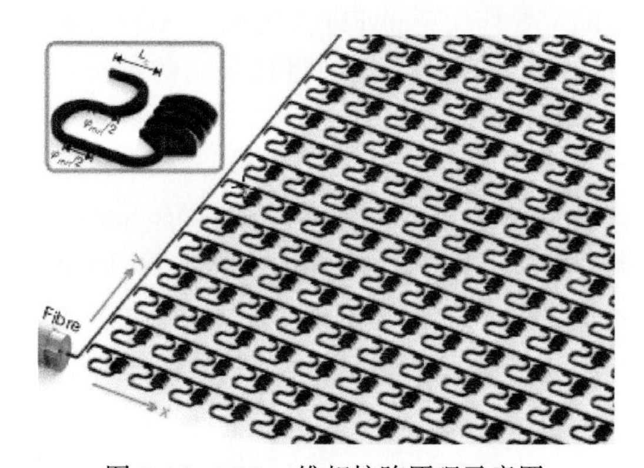

图7.16 MIT二维相控阵原理示意图

7.3.3 POS联合解算及校正技术

机载激光雷达的高点位精度依赖于POS系统的精度，对于轻小型无人机平台，平台的位姿变化尤为显著，同时，POS系统的质量和尺寸也严格受限，相应地该系统的精度也会降低，如常规机载激光雷达可采用APPLANIX公司的POS AV 610（Applanix Corp，2007），事后处理精度可达到航向优于0.005°、姿态优于0.0025°，而常用的轻小型化POS（如Novatel的SPAN-IGM-S1）其方位精度为0.08°、姿态0.015°（Novatel，2014），在轻小型无人机载激光雷达系统设计和规划时，如何选配较低精度POS系统，通过联合优化解算得到高精度的点云数据，是轻小微型机载激光雷达系统需要解决的关键技术问题。

7.3.4 设备内标定及检校技术

轻小微型机载激光雷达光机结构进行了轻小型化处理，由于激光雷达各部件本身的加工和安装误差、激光测距误差、光机扫描误差等，对系统测量精度产生较大影响，需要探索新的检校技术手段。激光雷达内定标和激光测量数据检校待解决的技术主要包括激光光束方位角误差测量技术、激光测距误差标定技术、设备单元温度和时间漂移误差标定技术等。

7.3.5 数据预处理与点云处理

无人机激光雷达系统获取的数据包括原始激光点云数据、数码影像数据、GPS数据、惯性导航数据等，数据处理包括预处理和后处理等。

预处理主要是通过系统自带软件，结合POS和GPS数据快速得到具有三维坐标的点云数据（通常为.las格式）；数据后处理主要包括点云去噪、多条航带数据的拼接、点云滤波与分类、数字模型构建以及目标信息提取等。

1）点云去噪与条带拼接

由于受无人机平台飞行稳定性、LiDAR传感器光学性能以及地形起伏的影响，获取的无人机载LiDAR数据通常会存在不同程度的噪声，包括系统噪声和随机噪声（王成等，2007）。另外，无人机飞行高度低、扫描幅宽较窄，大面积LiDAR数据通常由许多扫描条带组成，条带之间存在相对误差，因此在数据后处理和应用之前，必须首先进行数据的去噪和条带拼接处理，可以利用芬兰TerraSolid公司开发的TerraScan软件模块进行处理，或者自行开发快速拼接方法，如基于数据驱动的“六参数”航带平差方法（赵大伟等，2015）。

2）点云滤波与分类

点云滤波是指从原始点云数据中分离地面点与非地面点。综合考虑无人机载激光雷达点云数据的强度信息、首末次回波信息以及地物目标属性特征等，并根据具体的环境条件，如植被覆盖的密集程度、地形坡度、相邻地物激光点之间的空间关系等，设计合理的滤波算法，实现地面和非地面激光点的分离，重点考虑地形坡度对点云滤波精度的影响。目前很多学者开发了多种滤波算法，常用的算法有形态学滤波、坡度滤波、移动曲面滤波、趋势面拟合方法和不规则三角网滤波算法等（Axelsson et al.，1999；肖勇等，2014）。Sithole等（2004）对不同的滤波算法原理及应用效果进行了比较分析，认为在应用中应依据点云数据和研究区域的地物特征选择不同的滤波方法。

点云分类是指对点云进行类别标记，研究不同地物（如建筑、植被、道路等）识别与提取算法，是三维重建和地物制图的基础。常见的点云分类研究主要基于点云的局部空间特征，并结合监督分类算法，如从原始点云数据中提取足够多的局部特征，然后通过Adboost方法训练分类器，最后引入图切割的理论进行全自动分类，整体分类精度能够达到95%以上。然而，由于地面点云在原始数据中占有较高比例，为降低数据量以方便地物的分离提取，通常数据处理中先进行点云滤波，后进行其他地物的分类提取。

3）数字模型构建与目标信息提取

基于点云滤波结果，研究通过快速格网化、插值等方法，获取高精度、高分辨率的数字地形模型（DTM）；基于非地面点云数据和适当的点云搜索技术，确定一定采样间隔内的非地面点云高程最大值，并采用插值方法构建数字表面模型（DSM）；基于DSM和DTM生成归一化数字表面模型（nDSM）。

基于激光点云或者数字模型，通过构建各种物理或者经验模型提取感兴趣的目标信息，主要包括：

（a）地形地貌参数：坡度、坡向、地形粗糙度等；

（b）植被参数：树高、地表覆盖度、LAI、fPAR、森林蓄积量、森林生物量等；

（c）建筑/古建筑模型、线划图等；

（d）输电线路、电力线、电塔、变电站三维数字模型等；

（e）地质灾害滑坡体面积、体积。

7.4 轻小型无人机载激光雷达载荷典型产品和应用

相比传统的大型无人机机载雷达系统，轻小型无人机机载激光雷达系统无论在系统建设成本上或是在使用成本上，都有巨大的优势。随着无人机载荷数据获取质量的提高，轻小型无人机激光雷达系统的应用前景非常广阔。本节主要介绍当前市场上可选用的一些载荷产品和典型成功应用案例，以便为系统研发和各类用户提供参考。

7.4.1 轻小型无人机载激光雷达载荷主要产品

以无人机为平台的轻小型机载激光雷达，具有体积小，携带方便等优点。目前国内外激光雷达厂商及机构纷纷推出了自己的轻小型机载激光雷达产品，除前面介绍的我国 Lair-LiDAR，国外比较典型的为奥地利的 Riegl、美国 Velodyne、法国 L'Avion Jaune、德国 SICK、日本 Hokuyo、德国 IBEO 等（表 7.2）。

表 7.2 国内外轻小型机载激光雷达指标列表

厂商	Riegl				Velodyne		L'Avion Jaune
产品	VUX-1	VQ-480U	LMS-Q160	LMS-Q680i	HDL32E	VLP-16	YellowScan
脉冲频率/kHz	50-550	50-550		80-400			
扫描角/（°）	330	±30	±40	±30	360×40	360×40	100
探测距离/m	3 ~ 920	10 ~ 1500	2 ~ 200	30 ~ 1650	2 ~ 100	2 ~ 120	150（max）
质量/kg	3.6	7.5	4.6	17.5	<2	0.6	2.2

厂商	SICK		Hokuyo		IBEO	AHAB	光电院
产品	LMS291-S05	SICK LMS511	UXM-30LXH-EWA	URG-04LX-UG01-2D	Lux4 线激光雷达	龙眼	Lair-LiDAR
脉冲频率/kHz							100 ~ 200
扫描角/（°）	180	190	240	240	110（水平）	14 ~ 20	0 ~ 90
探测距离/m	80	80	50（max）	5.6（max）	200（平均）	100 ~ 1000	50 ~ 1500
质量/kg	4.5	3.7	0.8	0.16		total<25	<18

1） Riegl 公司的产品系列

VUX-1 是 Riegl 公司推出的一款质量仅为 3.6kg 的轻小型机载激光雷达扫描仪，能够搭载于 UAS/UAV/RPAS、旋翼机等各种轻小型飞机上，凭借优秀的测量性能和轻巧的外形，适用于各种领域。精度为 10mm，扫描速度高达 200 线/秒，最大作业飞行高度达 350m。目前除了 Riegl 公司自己采用该设备进行测绘外，PHOENIX LiDAR 公司最新推出的 Range LiDAR series 也集成了 Riegl VUX-1 和 Fiber Optio Gyro（FOG）IMU，为该设备的市场化应用提供了更广阔的应用空间。

Riegl VQ-480U 是一款质量轻、数据获取速度快的激光扫描仪，其质量约为 7.5kg，测距范围为 10 ~ 1500m，精度可达 25mm。

LMS-Q160 是一款高集成度，可用于探测 "low-cross-section"（电力线、细树枝等）目标的 2D 扫描激光雷达。该设备主要用于避障系统中，可搭载在无人机及汽车等设备上；其测距范围为 2 ~

200m，精度约为20mm，质量仅为4.6kg。图7.17～图7.19是三种设备的外形图，表7.3列出了三种产品性能参数。

图7.17　VUX-1及IMU

图7.18　VQ-480U设备外形图

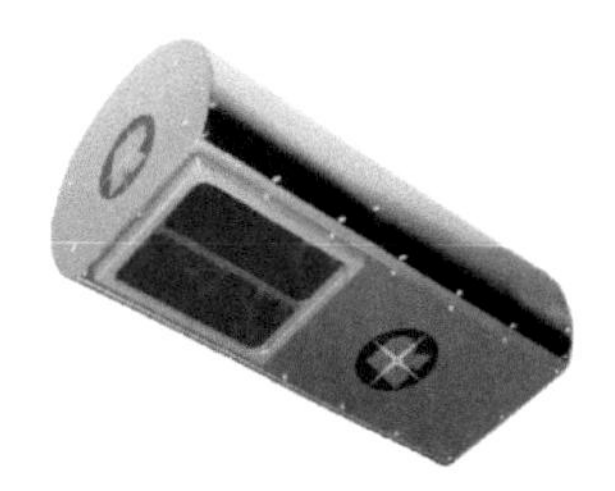
图7.19　LMS-Q160设备外形图

表7.3　Riegl三款产品参数比较

系统	VUX-1	VQ-480U	LMS-Q160
激光波长	Near infrared	Near infrared	Near infrared
脉冲频率	50～550kHz	50～550kHz	
扫描角度	330°	±30°	±40°
探测距离	3～920m	10～1500m	2～200m
质量	3.6kg	7.5kg	4.6kg

从表7.3可以看出，Riegl的三款轻小型激光雷达扫描仪的质量轻、体积小，适用于在无人机平台中使用，同时配套搭载IMU和GPS设备及软件，即可进行实际外场试验。

Phoenix公司的Aerial Ranger系列集成了Riegl公司的VUX-1扫描仪、IMU/GNSS组件和相机组件，可用于电力线、轨道巡线、地形成图、城市环境调查、农业及森林勘探等领域。其次RiCOPTER（图7.20）是一款配备了Riegl LiDAR的无人机系统，并且是一款一体化设计，无需进行二次集成开发，简单易操作，直接上手可用的空中测量设备。

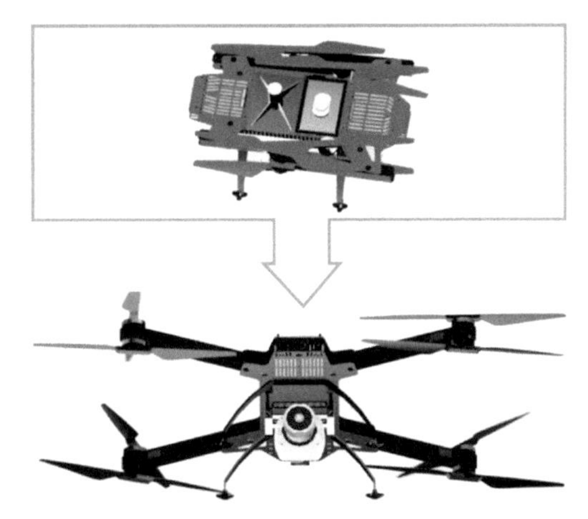
图7.20　配备了VUX-1的RiCOPTER的无人机系统

2）Velodyne厂商产品系列

位于硅谷的Velodyne Acoustics公司推出的轻小型扫描仪Velodyne HDL32E（图7.21和表7.4）

拥有32个激光器，直径仅为85mm，质量小于2kg，适用于3D成像和其他LiDAR系统中。

Velodyne公司的另一款产品Velodyne VLP-16（图7.22和表7.5）同样致力于小巧、轻便，可实现实时，360°，3D成像并同时进行校正测量，其质量仅为0.6kg。

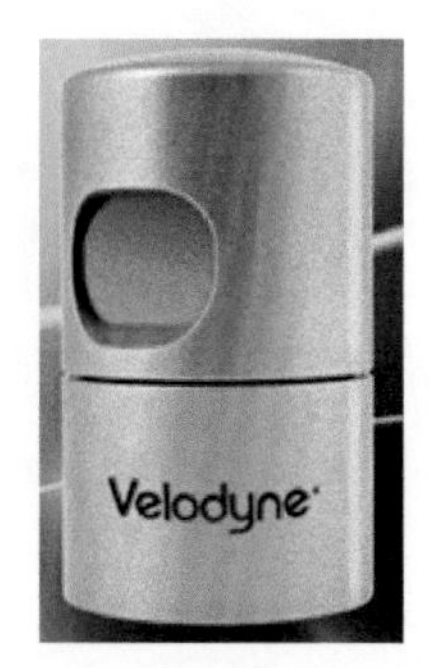

图7.21　Velodyne HDL32E设备外形图

图7.22　VLP-16

表7.4　HDL32E参数表

激光能量	作用范围	距离误差	分辨率	扫描速率
Class1（人眼安全）	2～100m	<2cm	2cm	700K points/s
水平FOV	垂直FOV	多次回波	功耗	
360°	40（+10，-30）°	2	12W	

表7.5　VLP-16参数表

激光能量	作用范围	距离误差	分辨率	扫描速率
Class1（人眼安全）	2～120m	<2cm	2cm	300K points/s
水平FOV	垂直FOV	多次回波	功耗	
360°	30（+15，-15）°	2	<10W	

目前国外市场对Velodyne轻小型扫描仪产品的应用主要如下：

（1）HDL-32E应用于PHOENIX LiDAR systems：SCOUT LiDAR series，如图7.23所示。

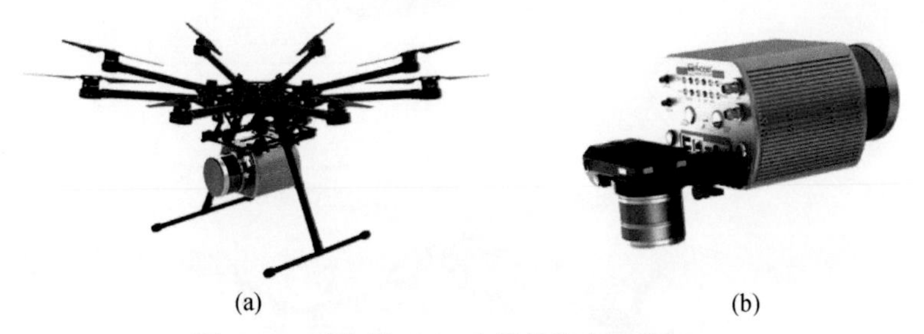

(a)　(b)

图7.23　无人机（a）和机载激光雷达（b）

（2）Phoenix AL2（图7.24）是一款用于中短距离成像的激光雷达系统，尺寸为14cm×22cm×18cm，质量仅6kg。视场角为360°×40°，每秒钟可扫700 000个点，目前已有4年的飞行经验。

图 7.24　LiDAR AL2

（3）AERIAL LiDAR AL3（图 7.25）多平台高分辨率 LiDAR 地形测绘系统。Phoenix AL3 是在 AL2 基础上优化的后成像的激光雷达系统，质量仅有 2.5kg，可装备在中型 UAV 上，如图 7.25 所示。

（4）2014 年 9 月 Velodyne 宣布该产品可装备于 UAV 中。几乎同时，其宣布 multiple Velodyne VLP-16（图 7.26）已经可以装备在 ScanLook Snoopy 中。另外，该扫描仪也是 PHOENIX LiDAR systems：SCOUT LiDAR series 中扫描仪的另一种选择。

图 7.25　LiDAR AL3

图 7.26　用 VLP-16 扫描仪的 LiDAR series

（5）澳大利亚的 Project Delivery Managers Pty Ltd（PDM）公司作为激光雷达产品先进制造商，集 Faro Focus 3D 扫描仪和 Velodyne 32 扫描仪以及 GPS 接收机、IMU 和 7 POD HD Video 相机为一体，为其国内提供大量测绘服务。

3）L'Avion Jaune 厂商

YellowScan（图 7.27 和表 7.6）是 L'Avion Jaune 公司推出的一款超轻 UAV LiDAR 扫描系统，质量仅为 2.2kg，尺寸为 20cm×17cm×15cm，几乎适合所有的 UAV。该系统包含了 LiDAR 传感器、IMU、RTK GPS、处理单元和电池，整体功耗仅为 20W，典型测量距离为 100m（最大 150m）。

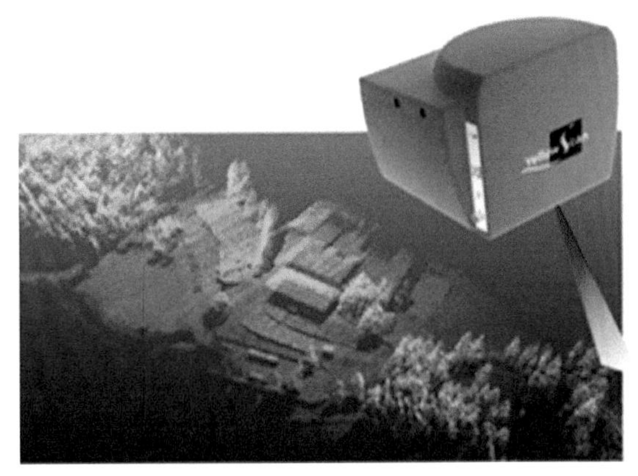

图 7.27　YellowScan 设备外形图

中篇

表 7.6　YellowScan 参数表

作业高度	精度	视场角	质量	功耗	包含组件
150m	30cm	100°	2.2kg	20W	LiDAR sensor、IMU、RTK GPS、processing Unit、Battery

图 7.28　龙眼激光雷达

4）瑞典 AHAB 厂商

龙眼是瑞典 AHAB 公司生产的一款对陆地进行高分辨率测绘以及带状制图应用的机载激光雷达（图 7.28 和表 7.7）集成系统，在 500m 飞行高度时的高程测量精度可达到 2cm 以内。内置的数码相机获取的精确影像可以轻松地转化为 3D 正射影像，每一个像素代表着 10cm×10cm 的实际范围，质量小于 25kg，无论是轻小型飞机平台或是无人机对于这款微型的“龙眼”系统来说都非常容易安装，并且很少甚至不需要对飞机进行任何的改动。

表 7.7　龙眼参数表

指标项	技术指标
作业高度	100～1000m
测距分辨率	0.5cm
密度获取	12bit 动态射程
脉冲重复频率	>300kHz@200m；>200kHz@500m
扫描器原理	Palmer 扫描器椭圆形扫描，入射角 14°～20°
回波数	可编程，≥4
高度精度	4cm@500m

7.4.2　轻小型无人机载激光雷达载荷应用案例

基于现有文献和各种宣传材料，本节将各种行业应用中的典型案例呈现给读者。一方面通过这些案例，可以借鉴其成功的经验；另一方面，也希望能引发思考，开拓更多的应用领域，使这种载荷能够得到更充分的应用。

1. 基础测绘应用案例

华南理工大学利用德国 SICK 公司的 LMS291-S05 轻小型无人机激光测距仪开展基础测绘试验。该无人机激光雷达系统集成了 IMU、HMR3000、GPS 差分板、处理器系统等核心部件，无人机重

35kg，最大载重10kg，机身长约2m。图7.29为试验区域实景图。实验飞行高度为10～15m，飞行速度为5～10m/s，一次作业测绘时间不超过5min，激光测距仪扫描角为±60°，扫描带宽为30～50m，激光脚点的正投直径为15cm。经过数据处理，得到该区域的高精度DEM、等高线图等（图7.30）（吴文升，2012）。

图7.29 外场试验场景图

图7.30 中度滤波后得到的地形三维表面图

2. 数字城市应用案例

北京数字绿土科技有限公司利用自主研发的Li-Air无人机激光雷达扫描系统，进行实时、动态、高密度采集空间点位信息。该系统的UAV平台扫描距离为70m，50m处扫描精度为1cm，垂直和水平扫描角度分别为40°、360°，集成GPS和IMU，重4～6kg，具有单次回波次数。如图7.31、图7.32所示，为利用该系统为首都师范大学做的双环亭三维模型以及在新疆某地构建的政府大楼的三维模型（北京数字绿土科技有限公司，2015）。

图7.31 双环亭三维模型

图7.32 新疆某地政府大楼三维数字模型

3. 电力巡线应用案例

无人机载激光雷达已经被很多电网公司用于电力巡线。北京煜邦电力技术公司和中国科学院遥感与数字地球研究所利用机载点云数据，开展了多项电力巡线方面的应用研究，包括电力线、电塔点云提取和三维模型重建、线路走廊三维模型重建、基于激光点云的输电线路安全分析等（汪骏等，2015）。

4. 铁路、公路选线应用案例

北京富斯德公司将 Riegl CP560 系统及哈苏 H3D-II39 航空相机搭载于无人机上，开展高速公路改扩建项目研究。项目全长 191km，要求平面精度 0.15m、高程精度 0.1m，提供线路中心左右各 100m 范围内高密度的点云数据以及线路中心左右各 300m 范围内 10cm 空间分辨率的影像数据应用于高速公路改扩建项目的设计和施工，为填挖方等精确计算提供科学依据。项目成果要求提供线路沿线的 DEM 和 DOM，高精度点云数据高程平均精度大于 6cm。试验中飞行相对航高 250m，激光发射频率为 240kHz，扫描速度达 136 线/s，最终获取的点间距 0.22m×0.22m、点密度 20pts/m^2。

5. 农业与林业应用

利用机载激光点云数据（图 7.33）可开展湿地植被高度提取、森林植被叶面积指数反演等研究。在湿地区域，由于受激光接收器响应时间限制以及湿地背景水体的镜面反射效应影响，导致低矮湿地区域激光点云回波少（通常只有 1 次回波）且点云密度低，Luo 等（2013）利用基于混合端元神经网络训练的高光谱遥感影像湿地植被分类方法，有效地分离了植被和非植被激光点。对森林植被，Luo 等（2014a）基于机载 LiDAR 成像机理进行激光雷达强度数据校正，计算激光穿透指数并构建了森林 LAI 反演（图 7.34）模型，提高了森林植被 LAI 反演精度。

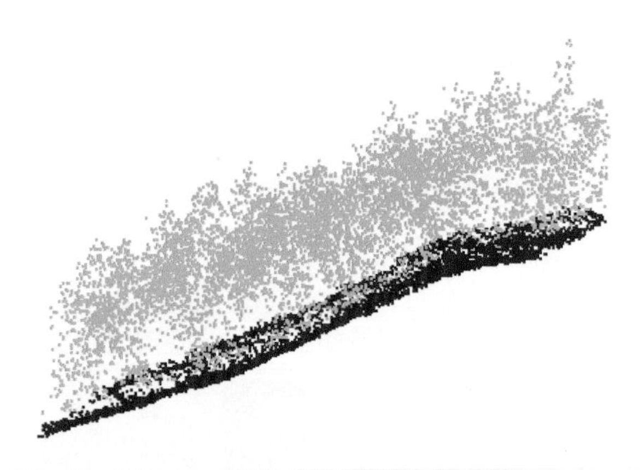

图 7.33　森林区域原始激光点云数据

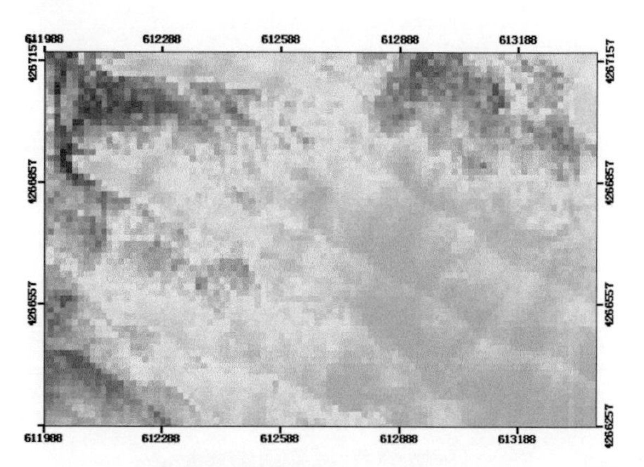

图 7.34　森林植被 LAI 反演与制图

Luo 等（2014b）基于机载激光雷达数据，用激光雷达的回波数与强度分别计算了玉米的覆盖度，并通过对实测 fPAR 与覆盖度进行回归分析建立了 fPAR 反演模型。Li 等（2015）利用机载激光雷达数据反演作物高度和 LAI，然后利用 Pearson 相关分析和结构方程模型（structural equation modeling，SEM）估算了张掖市周边农作物的地上和地下生物量参数，并利用实测数据进行验证，表明在农作物生长季节，机载激光雷达可以反演高精度的作物高度、LAI 以及生物量参数（图 7.35）。

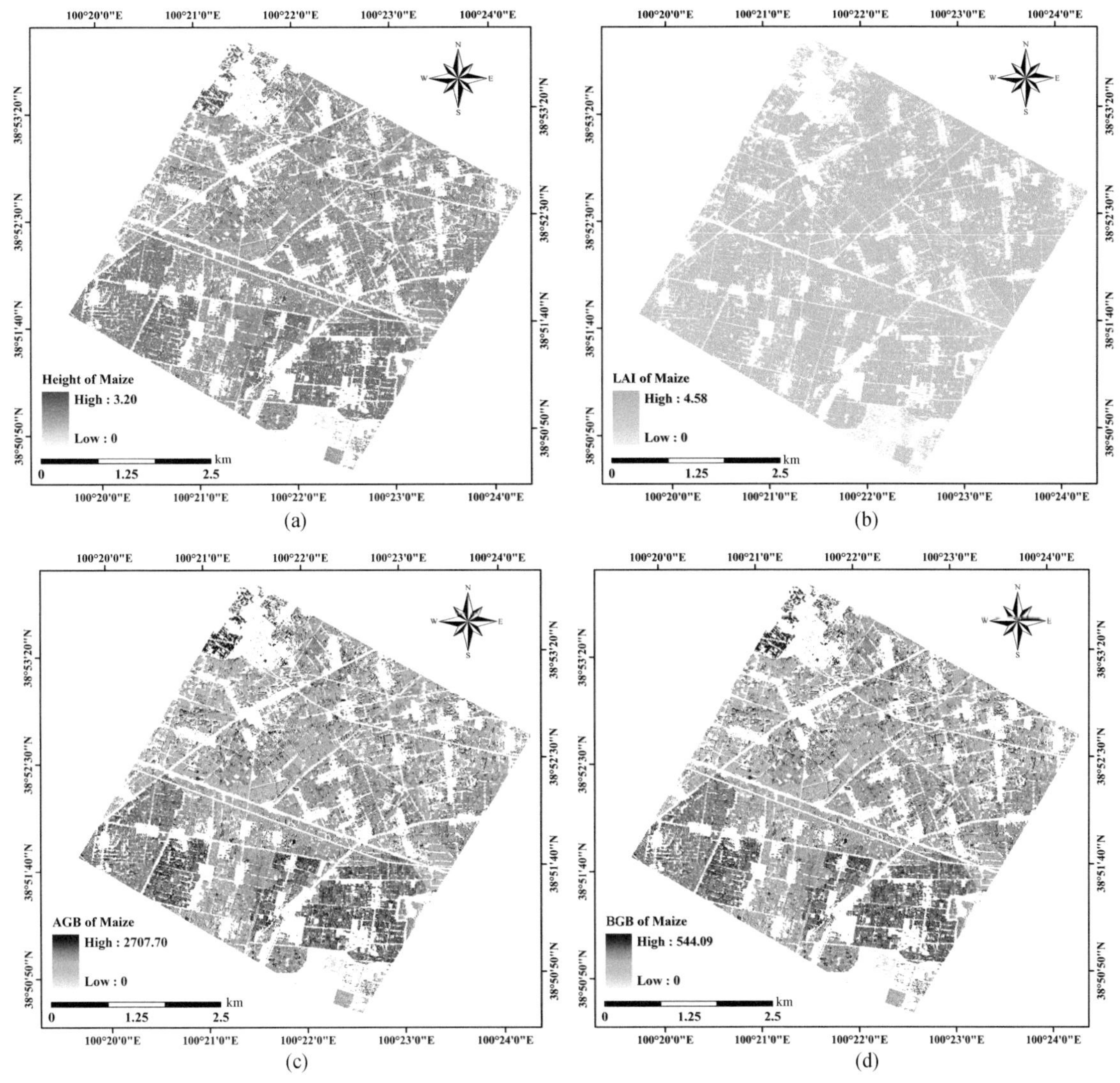

图7.35 张掖地区（a）玉米高度，（b）LAI，（c）地上生物量，以及（d）地下生物量

6. 灾害应用案例

2008年汶川地震发生后，武汉大学使用Leica ALS50激光扫描系统，在唐家山和映秀地区共执行了4个架次的飞行试验，飞行面积达800km^2，有效获取数据的面积约为500km^2。得到的数据成果主要包括：①大面积DEM；②等高线；③滑坡分析报告；④水位分析数据。

7. 考古案例

无人机激光雷达在考古中的应用主要表现在：密林下的古遗址发现和大型文物古迹的精细数字化修复。英国南安普顿大学2015年4月利用凤凰-AL3 S1000型直升机，搭载HDL-32轻小型激光雷达系统开展古遗址发现试验。该激光雷达系统高14.48cm，直径8.64cm，质量仅有2kg，有32个激光器，分列于+10°～-30°，可以获取水平360°范围的数据；系统的发射频率为70kHz，精度为±2cm@70m（Southampton，2015）。将原始点云滤波分为地面点和非地面点（植被点），得到1m分辨率的DEM和DSM。通过模拟太阳和天顶角，利用不同角度的光识别地形起伏特征，为古遗址发现提供依据（图 7. 36）。

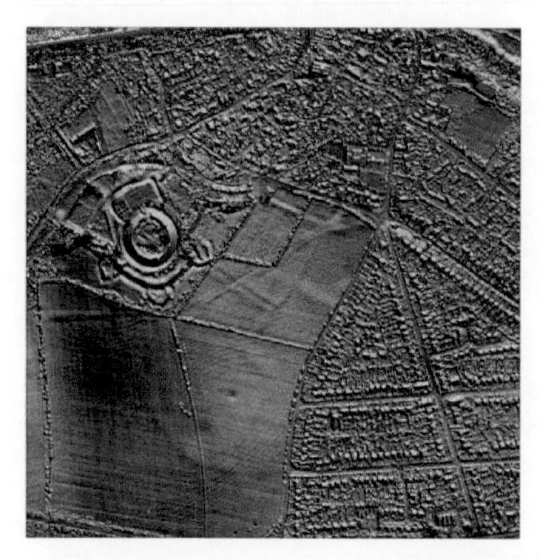

图 7. 36　UAV-LiDAR 获取的古遗址区域高精度 DTM

8. 岛礁海岸带监测

中国海监北海航空支队对烟台芝罘岛和东营市飞雁滩区域进行了机载激光雷达（ALS60）数据获取，获取时刻分别为 2006 年 8 月 20 日（飞行高度 2400m）和 2009 年 5 月 24 日（飞行高度为 3100m）。获取时刻均非当日高潮时，同时利用航空 DSS 数码相机获取高分辨率影像，结合经海洋预报业务部门的精准潮汐模型推算而得的潮汐数据，实现了海岸线的自动提取。图 7. 37 为提取的三种海岸线及其精度验证结果（倪绍起等，2013）。武汉大学测绘遥感信息工程国家重点实验室以低空无人机直升机为运载平台，集成了激光扫描仪、数码相机、GPS 接收机、IMU 以及无线通信设备和工业计算机，开展了岛礁测绘工作，可同步获得坐标配准的 DEM（图 7. 38）及光学影像。

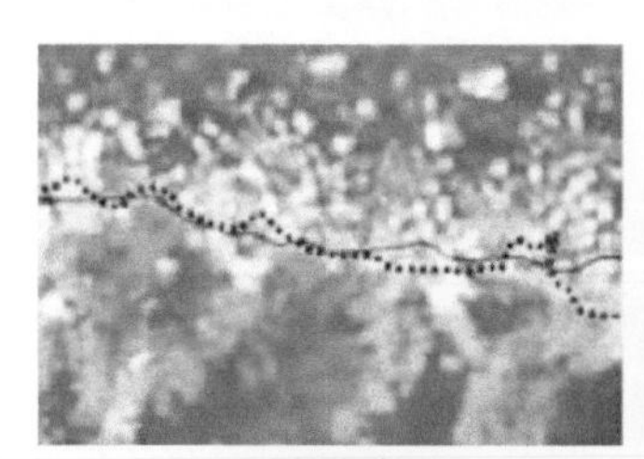

(a)基岩岸线

(b)沙质岸线

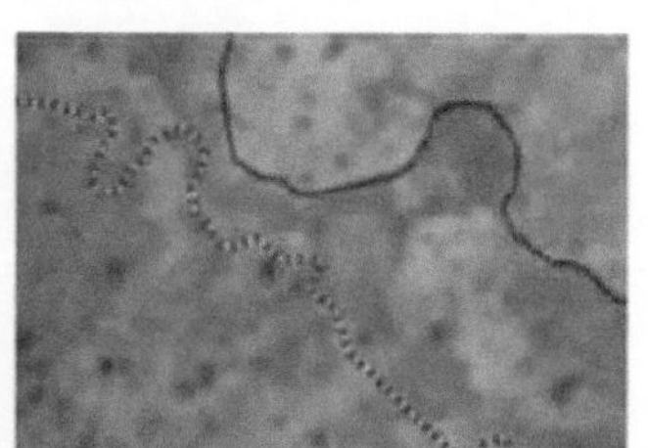

(c)淤泥质岸线

图 7. 37　推算岸线与航空遥感海岸线叠加效果图

图 7. 38　海岛 DEM

第8章 轻小型无人机成像光谱遥感载荷

成像光谱仪最早出现于20世纪80年代的美国。在30年的发展历程中，其搭载平台也由最初的机载平台逐步发展到了星载平台以及近年来迅猛发展的无人机平台；其应用领域包涵了军事、环境、农林、测绘等诸多方面。然而，其昂贵的成本和相对高要求的应用环境在一定程度上限制了成像光谱仪的普遍应用。目前新兴的无人机平台轻便、灵活、成本低，如果将成像光谱仪进行相应的轻小型化、低成本化改进，再将其与轻小型无人机配合，将极大地推动成像光谱仪的普及应用。

8.1 成像光谱仪发展现状与趋势

成像光谱仪可以同时获取地面的二维图像信息以及目标的光谱信息，形成光谱图像立方体，在成像光谱技术基础上衍生出高光谱（hyperspectral）、超光谱（ultraSpectral）等概念。这项技术可以实现对地物目标的准确识别，获取地物的连续光谱，在军事、环境、农林、测绘等诸多领域有着广泛的应用。本节介绍成像光谱仪的成像发展现状与趋势。

8.1.1 国外成像光谱载荷的发展

第一台完整的成像光谱仪AVIRIS诞生于1987年。目前，机载成像光谱仪已在欧美取得了长足的发展。近年来，随着轻小型无人机的迅猛发展，成像光谱仪作为重要的对地观测载荷，也不断地走向轻小型化。凭借光学加工、微电子工艺的进步，小型化成像光谱仪不断涌现，多家公司开发了轻小型成像光谱仪系列产品，进一步推动成像光谱仪向轻小型化发展。

经过多年的研发与市场推广，国外累计已有数十款各种功能性能的机载成像光谱仪问世。典型的研发单位有美国JPL实验室、HeadWall公司、Corning公司，加拿大ITRES公司，芬兰Specim公司，澳大利亚Integrated Spectronics公司等。目前世界上广泛使用的先进成像光谱仪见表8.1，体型较大主要应用于传统航空遥感。

表8.1 世界典型成像光谱仪列表

序号	生产厂商	仪器名称	光谱范围	谱段数	瞬时视场
1	美国JPL	AVIRIS	400 ~ 2500nm	224	1mrad
2	加拿大Itres	CASI	380 ~ 1050nm	288	0.49mrad
		SASI	950 ~ 2450nm	100	1.2mrad
		MASI	3000 ~ 5000nm	64	1.2mrad
		TASI	8000 ~ 11500nm	64	1.2mrad
3	芬兰Specim	AisaEAGLE	400 ~ 970nm	488	0.5mrad
		AisaHAWK	970 ~ 2500nm	254	0.5mrad
		AisaFENIX	380 ~ 2500nm	275	0.7mrad
		AisaOWL	7.6 ~ 12.5μm	100	

中篇

续表

序号	生产厂商	仪器名称	光谱范围	谱段数	瞬时视场
4	澳大利亚 Integrated Spectronics	HyMap	450～2480nm	128	2mrad
5	挪威 NEO	HySpex VNIR-1800	400～1000nm	182	0.18/0.36mrad
		HySpex SWIR-384	930～2500nm	384	0.73mrad
		ODIN-1024	400～2500nm	427	0.25mrad

除了上述公司之外，美国的 HeadWall 公司、Corning 公司以及挪威 NEO 公司等世界各国多家企业都有各具特色的产品。还有一些在研究的成像光谱仪，如法国和挪威合作的傅里叶成像光谱仪 SYSPHE 也很有特点，在此不再累述。

表 8.1 中所示的成像光谱仪拥有着优异的性能，但都适用于大飞机平台。目前，国外在载荷轻小型化这方面已经相对比较成熟，如美国 Corning 公司、Headwall 公司、芬兰 Specim 公司、德国 Cubert 公司等，都开发了适用于无人机平台的轻小型成像光谱仪，如表 8.2 所示。

表 8.2　轻小型无人机典型成像光谱仪产品

序号	生产厂商	仪器名称	光谱范围	谱段数	质量
1	美国 HeadWall	A 系列	400～1000nm	325	0.68kg
		T 系列	900～1700nm	80	0.63kg
		M 系列	900～2500nm	167	1.13kg
2	美国 Corning	vis-NIR mircroHSI-B	400～1000nm	180	0.45kg
		SWIR microHSI 640-B	600～2500nm	170	3.5kg
		extra-SWIR microHSI	964～2500nm	256	2.6kg
3	德国 Cubert	UHD185	450～950nm	125	0.47kg
4	芬兰 Specim	aisa-EAGLE	400～970nm	488	6.5kg

美国 HeadWall 公司是在无人机载成像光谱仪领域的知名厂商，早年主要为美国军用无人机提供成像光谱仪以及其他光电设备，随着美国政府的技术解禁，HeadWall 公司近年来在将轻小型化的成像光谱设备推向民用市场方面取得了骄人的业绩。

HeadWall 公司的成像光谱仪的特点是从常规到极轻小型规格齐全。最小的 Nano-Hyperspec 产品质量不到 0.6kg，micro-Hyperspec 产品质量不到 0.8kg，可满足各种轻小型无人机平台的遥感作业需要。

HeadWall 公司的成像光谱仪的技术特点是凸面光栅分光，其无人机载成像光谱仪已广泛应用于精细农业、食品安全、工艺制造过程、林业遥感、显微探测、生命科学、军事遥感等领域。

美国 Corning 公司 microHSI 系列成像光谱仪最大质量 2.6kg（相机本身），可满足小型有人机或轻小型无人机的遥感作业，其产品如图 8.1 所示。

aisaEAGLE 是芬兰 Specim 公司推出的轻量化机载成像光谱仪（见图 8.2），工作波段 400～970nm，相机自重 6.5kg，包络尺寸 146mm×145.5mm×347mm。

德国 Cubert 公司研制成功了一款全画幅、非扫描、实时成像光谱仪 UHD 185（图 8.3）。响应谱段为 450～950 nm，采样间隔为 4 nm，光谱 FWHM 为 8～532 nm，共 125 个波段，分辨率为 100 万像素。它具有革命性的全画幅高光谱成像技术，是目前高速成像光谱仪的最轻版本，结合了高光谱相机的易用性及高精度。通过这款光谱仪，可以最简便地得到高光谱图像，而不需要 IMU 及后期

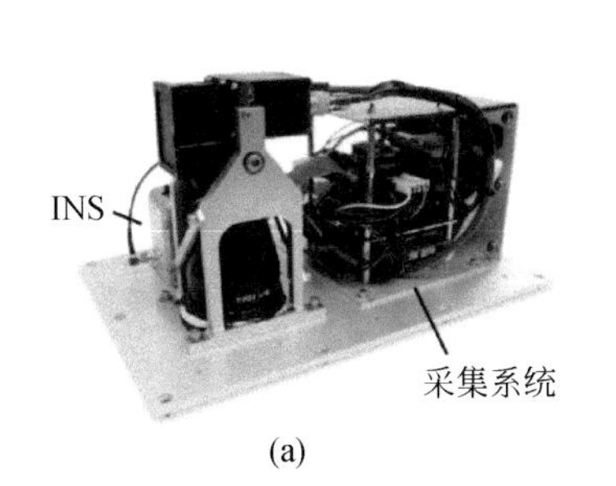

(a)

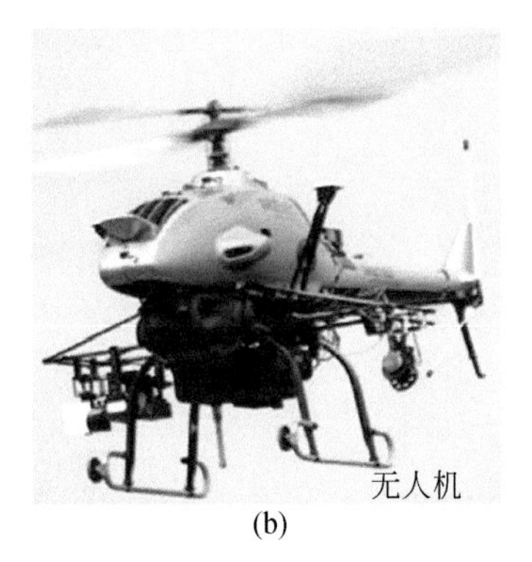

(b)

(c)

图 8.1 Corning 公司小型成像光谱仪和无人机平台

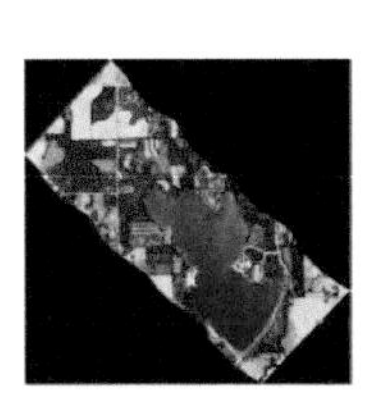

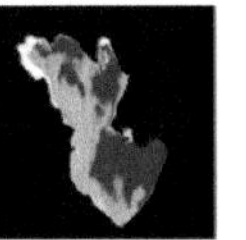

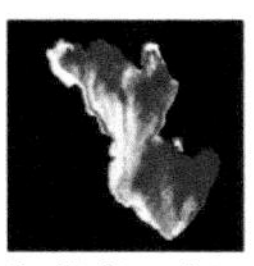

图 8.2 Specim 公司小型成像光谱仪及试飞图像

数据校正，可在 1/1000 秒内得到高光谱立方体。它采用独特的技术建立了画面分辨率和光谱分辨率之间的合理平衡，实现了快速光谱成像而不需要推扫成像。仪器的总质量仅为 470g。该产品已被用于海上溢油、地质调查、农业等领域。

(a)

(b)

图 8.3 UHD 185 成像光谱仪及试飞平台

总体来说，国外无人机成像光谱仪正朝着质量更轻，自动化程度更高，成本更低，凝视成像的方向发展。同时，由于无人机不需要人直接操作，除了传统的精准农业、地质调查、环境监测、大气监测、海岸带调查等领域外，还可以用于对人体有害的气体监测、辐射监测等领域，这也许是其更加诱人的地方。在国外，成像光谱仪+视频相机+热像仪集成的数据获取系统也是另一个重要发展方向。

中篇

8.1.2 国内成像光谱载荷的发展

目前，国内成像光谱仪产品主要适用于大飞机平台，轻小型化成像光谱仪的研制刚刚起步。国内机载成像光谱仪研制单位集中在中国科学院，主要有上海技术物理研究所、长春光学精密机械与物理研究所、西安光学精密机械研究所、光电研究院、安徽光学精密机械研究所等。相比较而言，上海技术物理所研究的仪器谱段覆盖可见光～热红外，分光方式主要为光栅分光，成像方式包括光机扫描、推帚、面阵凝视等；西安光学精密机械研究所和光电研究院主要研究干涉式成像光谱；长春光机所以棱镜分光见长，近年也开始研究光栅分光成像光谱仪；安徽光机所主要研究紫外大气探测成像光谱和空间外差干涉成像光谱。下面分别介绍。

1）上海技术物理研究所

目前上海技术物理研究所具有代表性的机载成像光谱仪是 OMIS（图 8.4）和宽视场 PHI，均于 2000 年研制成功。OMIS 是在 20 世纪 70 年代以来所研制的各种类型的通用/专用航空扫描仪基础上，为适应成像光谱技术发展趋势和科学研究需要而研制的一台光机扫描型成像光谱仪。OMIS 的光谱波段覆盖了 0.4～12μm 光谱区，除大气吸收带外，近乎连续分布。OMIS 光谱区间选择、模块划分及光谱分辨率等技术指标，根据大气窗口、探测目标的光谱特性和特征光谱对光谱分辨率的需求而确定。OMIS 系统根据应用需要，分为 OMIS-I 和 OMIS-II 两个系列，具体性能指标如表 8.3 所示。

表 8.3 OMIS 系统性能指标

OMIS-I			OMIS-II		
总波段数		128	总波段数		68
光谱范围/μm	光谱分辨率/nm	波段数	光谱范围/μm	光谱分辨率/nm	波段数
0.46～1.1	10	64	0.4～1.1	10	64
1.06～1.70	40	16	1.55～1.75		1
2.0～2.5	15	32	2.08～2.35		1
3.0～5.0	250	8	3.0～5.0		1
8.0～12.5	500	8	8.0～12.5		1
瞬时视场	3 mrad		1.5/3 mrad 可选		
总视场/（°）	>70				
扫描率/（线/秒）	5、10、15、20 可选				
行像元数	512		1024/512		
数据编码/bit	12				
最大数据率	21.05 Mbps				
探测器	Si、InGaAs、InSb、MCT 线列		Si 线列、InGaAs 单元、InSb/MCT 双色		

图 8.4　OMIS 系统实物

WHI 是上海技术物理所 1997 年研制成功的机载推帚式超光谱成像仪。WHI 实现了高性能、实用化的总体设计，技术指标达到了目前国际先进水平。仪器主要技术指标如表 8.4 所示。

表 8.4　WHI 性能指标

光谱范围	400 ~ 850nm
波段数	244
光谱采样间隔	1.8nm
光谱分辨率	优于 5nm
视场角	42°
瞬时视场	0.6mrad
量化精度	14bit
质量	21kg

WHI 成功应用于我国广西、新疆、江西等地的生态环境、城市规划等遥感应用项目和日本及马来西亚等国际合作项目，取得了良好的经济和社会效益。图 8.5 是 WHI 在日本名古屋飞行获取的图像。该项目获 2003 年国家科技进步二等奖。

(a)

(b)

图 8.5　WHI 仪器及名古屋超光谱图像

进入“十二五”以来，国家进一步加大对航空成像光谱仪的研究投入，上海技术物理研究所承担了高分重大专项航空系统（民用部分）全谱段多模态成像光谱仪（图 8.6）的研制任务，该仪器技术指标处于国际先进水平，预计于2015年年底完成初样机研制。

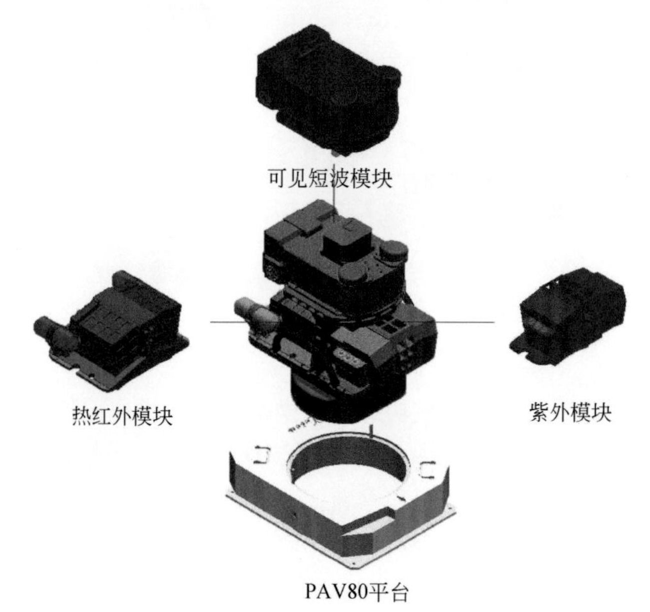

图8.6　全谱段多模态成像光谱仪

目前，上海技术物理研究所也在自主研制适用于轻小型无人机的小型化、轻量化成像光谱仪（图8.7），设计质量达到2kg以下，预计在2015年年底完成样机研制。

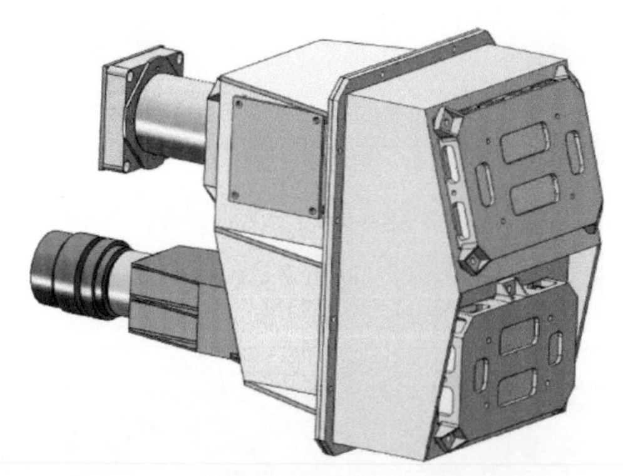

图8.7　小型化、轻量化成像光谱仪

2）长春光学精密机械与物理研究所

长春光学精密机械与物理研究所（简称长春光机所）在高光谱成像仪研制方面已经积累了大量坚实的技术基础与丰富的工程经验，先后承担了海洋水色CCD相机原型样机、高分辨率成像光谱仪实验样机、海洋水色成像光谱仪实验样机、863-2军民两用高分辨率成像光谱仪原型样机等多项研究工作，近期还完成了国内首台无人机载高光谱成像仪、天宫一号高光谱成像仪的研制工作。

海洋水色CCD成像仪原型样机是为我国海洋水色卫星CCD成像仪所作的预研，采用三波段分立镜头方案，具体技术指标如下：

波段：　430～520nm，580～670nm，760～860nm

地面分辨率：　250m（760km高度）

覆盖宽度：　250km（760km高度）

信噪比：　>600

为了检验仪器在飞行工作条件下的工作状况、性能以及对海洋水色、海岸带监测的适用性，1997 年 7 月 ~ 1997 年 8 月长春光机所和国家海洋局第一海洋研究所共同进行了海洋水色 CCD 成像仪（图 8.8）的航空飞行试验。整个飞行试验共飞行了三个航次，飞行时间约 9h，飞行后对各类海水的数据进行了提取和分析，并利用测得的数据合成 BMP 格式的假彩色遥感图片，其图像清晰，海水层次丰富。

图 8.8　海洋水色 CCD 成像仪原型样机照片

图 8.9　无人机载高光谱成像仪照片

长春光机所完成的国内首台无人机载高光谱成像仪（图 8.9）采用 OFFNER 凸光栅光谱成像系统，实现了小型化和轻量化，质量只有 13kg，地面分辨率达到 1m（$H=5$km），近期将飞行观测，图 8.10 为无人机机载高光谱成像仪获取的图像。该高光谱成像仪的主要技术指标如下：

瞬时视场 IFOV：	0. 2mrad
光谱范围：	0. 40 ~ 1. 0mm
通道数：	120
质量：	13kg

图 8.10　无人机机载高光谱成像仪飞行成像伪彩色图像

3）西安光学精密机械研究所

西安光学精密机械研究所主要研究傅里叶变换型高光谱成像仪，其典型研究成果包括空间调制型超光谱成像仪，仪器指标如下：

工作谱段　　0.45 ~ 0.95μm
平均光谱分辨率　　5nm
侧向可视视场角　　±30°
谱段数　　110 ~ 128
质量　　≤50kg

该仪器经过机载飞行试验，获得了校飞图像，如图 8.11 所示。

图 8.11　机载校飞图像及高光谱立方体

8.2　成像光谱载荷原理

光谱仪采用的分光技术直接影响着整个成像光谱仪的性能、重量和体积等。目前研究与应用最为广泛的成像光谱仪主要有色散型、干涉型和滤光片式三大类。本节从分光原理出发，重点介绍色散型成像光谱仪、干涉成像光谱仪以及滤光片式成像光谱仪载荷原理和工作方式。

8.2.1　色散型成像光谱仪

色散系统是通过用光栅或棱镜将不同波长的光送入不同的角度来收集光谱图像的。这样，可以将来自同一个光源的不同波长的光扩散开来，并将它们聚焦在探测器阵列的不同部位上。

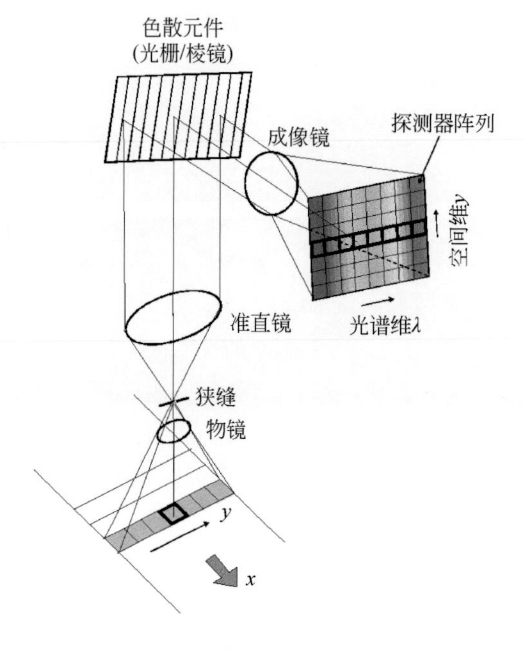

图 8.12　色散型成像光谱仪原理

图 8.12 为典型的色散型推帚式成像光谱仪原理图。现有的大多数成像光谱仪都是色散系统。突出的例子是 JPL 研制的机载可见光/红外成像光谱仪（AVIRIS）、高光谱数据与信息收集试验（HYDICE）仪器、汤姆逊拉莫伍尔德里奇公司（TRW）为小卫星技术创始计划（SSTI）制造的成像光谱仪（HSI）、中国上海技术物理研究所研制的机载推帚式成像光谱仪（PHI）（李红波等，2002）。

8.2.2 干涉式成像光谱仪

傅里叶变换成像光谱仪利用分束装置将入射光一分为二，并通过可变光程差将这两束光束复合，从而产生一幅场景光谱干涉图，图 8.13 是傅里叶干涉型成像光谱仪的原理图。

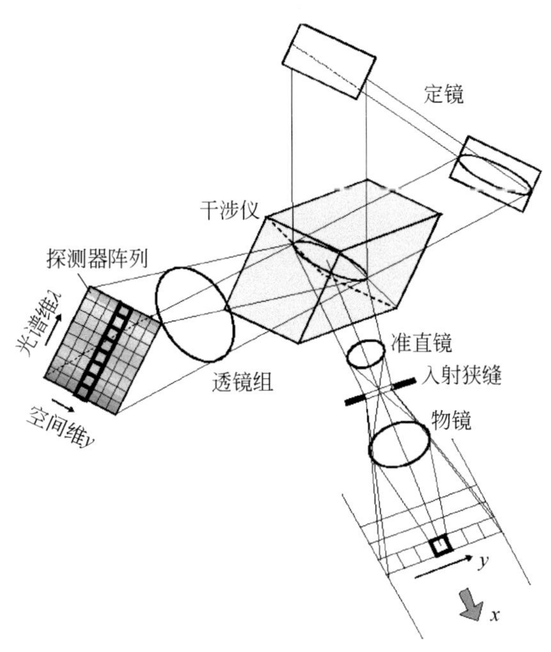

图 8.13 傅里叶变换成像光谱仪

同经典迈克耳孙干涉仪的情况一样，光程差在时间上的变化可以通过移动反射镜来实现，而在空间上的变化则可以通过随位置改变光程差来实现。时间调制傅里叶成像光谱仪包括劳伦斯利佛莫尔傅里叶变换红外成像光谱仪和玻曼公司为加拿大防御研究中心及埃格林空军基地制造的红外成像光谱仪系列。这两种仪器均采用迈克耳孙干涉仪设计。它们都具有傅里叶变换光谱仪的优点，如光谱分辨率高、入光比值比同样大小的其他成像光谱仪大、光学设计比色散光谱仪简单以及在探测器噪声受限制的条件下具有优良的性能等。但是 Schumann 等分析系统的信噪比发现，在光子噪声限制条件下，与色散型成像光谱仪相比，傅里叶变换型红外成像光谱仪不再具备高通量、多通道优点（Schumann et al.，2002）。

空间调制傅里叶变换成像光谱仪系统也是一种推帚式成像仪（相里斌等，1998），它是用萨克尼亚克（Sagnac）干涉仪沿焦平面阵列的一条轴线产生光程差变化的。探测器列阵的另一条轴线限定推帚的穿轨迹方向。

8.2.3 滤光片式成像光谱仪

以滤光片为基础的成像光谱系统是用光学带通滤光片使来自场景光谱的一个窄波段透射到单个探测器或者整个焦平面探测器阵列上，通过系统的推扫获得目标的各光谱图像。

图 8.14 是一种采用楔形滤光片的成像光谱仪原理图。一般说来，以滤光片为基础的光谱仪可以采用可调谐滤光片、分立滤光片或空间可变滤光片，但是采用分立滤光片的实用系统不能满足实际应用要求。目前已制成了采用声光可调谐滤光片（AOTF）和液晶可调谐滤光片（LCTF）的可调谐滤光片光谱仪。

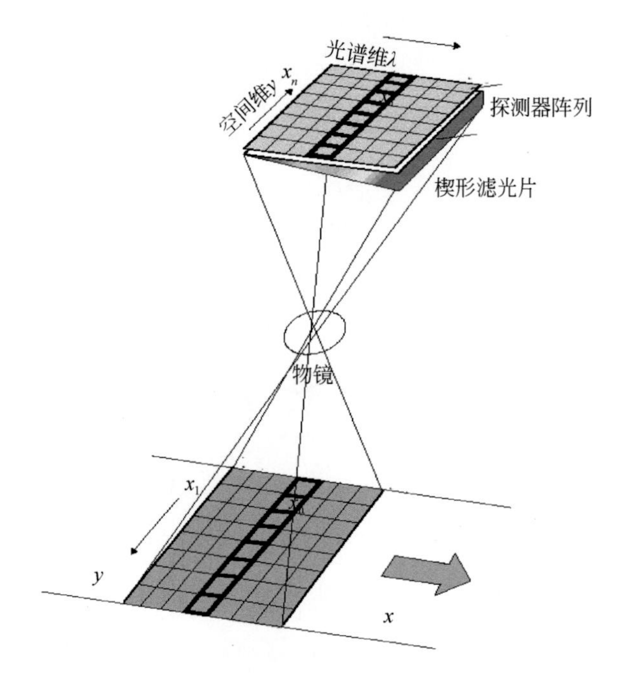

图 8.14 楔形滤光片的成像光谱仪

声光可调谐滤光片的作用是，用声波在一块透明晶体内建立一个相位光栅。理解这种声光滤光片的一种直觉方法是，把声干扰看作在晶体中产生空间周期性密度变化，从而使折射指数产生相应的变化。这种声波的频率一般为 100MHz 左右。通过改变声波频率，可以改变有效的光栅间隔，并将滤光片调到不同的波长。在物理意义上，这种可调谐能力是由入射光、声波以及散射光之间的相位匹配声光相互作用直接形成的。对于给定的声频，只需非常窄的光波范围便可以满足这种相位匹配条件。

液晶可调谐滤光片（LCTF）是双折射滤光片，它通过改变寻常入射光线和非寻常入射光线之间的相位延迟或光程差，选择一个窄波长范围，从而产生相长或者相消干涉。就像在立奥方法中那样，使入射光通过一系列精心确定延迟量的偏振器和波片，便可以让一束窄波段光透过。如果该滤光片所使用的波片是用双折射液晶制作的，而且其延迟量可用电学方法改变，那么该滤光片便是可调谐的。

8.3 轻小型无人机成像光谱载荷关键技术

成像光谱仪是一种非常精密、复杂的仪器，经过近 30 年的发展，已日趋成熟。将其应用在轻小型无人机上，对于载荷硬件来说，主要需要解决体积、质量、成本等方面的问题。同时，在数据应用上，也有不可忽略的关键技术。

8.3.1 轻小型无人机平台成像光谱载荷关键技术

从成像光谱仪的雏形——美国 JPL 实验室的 AIS 到最新的德国 Cuber 公司的 UHD185/285 凝视型成像光谱产品，成像光谱仪的发展体现出了多元化的特点。我国机载成像光谱仪在 2000 年前后，以 OMIS 和 PHI 为代表，开始在国内外具有一定的影响力。但此后 10 多年技术发展相对滞后，虽然各研究机构都作出了一些努力，也许是力度不够，未见到有突出影响的新型仪器推出。这与国外近乎“成系列”推向市场的形势形成较鲜明的对比。

由于有航天成像光谱仪的技术支撑，我国在有人机载成像光谱仪方面落后不是太大，或者说，只要有需要，很快能提供有人机载的成像光谱仪设备。但轻小型无人机载成像光谱仪研制基础要薄弱得多，主要体现在关键技术基础薄弱，深入研究不够。轻小型无人机成像光谱载荷开发与系统集成关键技术重点在以下几个方面。

（1）轻小型成像光谱仪器技术。面向低空无人机应用的轻小型成像光谱仪器绝不是传统成像光谱仪的简单小型化和轻量化设计，而是要从设计理念上进行创新以及对元部件的技术突破。主要包括采用小 F 数光学设计提高能量收集能力，即口径缩小，能量收集能力降低不多或不降低，提高探测器灵敏度，采用小像素探测器，突破小像素红外焦平面关键技术等。

（2）轻量化高精度低成本制造技术。与航天成像光谱仪和传统机载成像光谱仪不同，轻小型无人机载成像光谱仪主要面向市场，目标是较大范围的推广应用，要求是低成本、较大批量的生产制造。需要改变传统航空航天小批量的生产制造模式，要提高光机电零部件的生产效率、互换性。需要在材料选择、加工工艺、质量控制等方面进行突破。结合仪器的创新设计，可能会采用 3D 打印、五轴数控加工等新技术。

（3）轻量化高精度姿态控制与测量解决方案。航空遥感飞行作业时，作为载体平台的飞机受大气紊流和自身发动机振动等多重因素的影响，难以保持飞行姿态的平稳。这种姿态扰动造成以飞机作为载体平台的航空成像设备在曝光成像时始终处于动态变化的过程，使得成像系统视轴与地物目标之间存在相对运动，从而对成像造成影响。在轻小型无人机载荷姿态稳定设计中，如何优化系统设计以满足所需的轻量化和高精度指标成为必须解决的首要问题。

8.3.2 轻小型无人机成像光谱载荷数据处理关键技术

与传统成像光谱仪不同的是，轻小型无人机成像光谱仪受质量约束，原始数据质量以及检校方式有自己的特点，要实现业务化、通用化的推广应用，需要解决低精度 POS 辅助下的几何校正、数据快速处理算法、多源数据融合、多时相监测数据的辐射归一化校正、数据实时压缩、海量数据存储与管理等关键技术。

1. 低精度 POS 辅助下的几何校正

由于无人机搭载的 POS 系统精度不高，而且其平台姿态变化更加剧烈，导致图像的不规则几何畸变更加严重。在上述因素影响下，几何校正结果的精度会更低。因此，需要研究在 POS 数据低精度情况下也能达到较高地理精度的几何校正算法。目前主要有两类几何校正方法，即基于 POS 的几何校正方法和基于控制点的图像校正方法。

基于 POS 的几何校正方法未考虑 POS 的误差，在 POS 数据精度较高时效果较好。然而无人机搭载的 POS 精度有限，因此几何校正结果会出现较大的误差。基于控制点的图像校正方法首先使用 POS 数据对影像进行几何粗校正，然后在影像上选择加密控制点，将高光谱影像与辅助影像进行配准，从而达到较高的几何精度。使用 POS 得到的几何粗校正结果含有较明显的锯齿状噪声。即使通过加密控制点进行几何校正，也没有办法修复锯齿状的图像变形。可考虑基于图像辅助的扫描线瞬时姿态获取技术、基于成像光谱仪数据的自修复方法，提高数据处理结果精度。

2. 数据快速处理算法

高光谱遥感影像处理主要包括如下几个环节：①通过辐射校正和几何校正等预处理过程实现图像复原；②借助滤波、降噪、变换等操作实现图像增强；③通过光谱分析和特征提取实现地物分类识别与专题信息提取；④通过增加地理要素和地形图饰制作遥感专题图件。其中每一个环节在技术流程和处理算法上存在差异，考虑到实际工程应用中高光谱遥感影像的海量数据特性（可达 TB 级），设计相应高性能计算算法，是高光谱遥感影像处理性能优化的重要研究内容。

国外如 Antonio Plaza 研究团队主要从“基于核方法的高光谱数据分类”、“光谱和空间信息结合的影像处理”以及“并行实现”三个方面对高光谱遥感影像高性能计算进行研究。同时，基于 MPI 的集群以及基于 CUDA 的 GPU 或 CPU+GPU 混合构建两个方面是高光谱高性能计算的主要实现途径。因为基于集群的并行计算系统对于粗粒度的计算任务具有较好的性能，而 GPU 则对于细粒度的计算任务更具优势。

3. 多源数据融合技术

现有的多光谱图像与高分单波段图像的融合方法有 Brovey 算法、SCN 算法、乘积变换、比值变换、IHS 变换、PCA 变换、小波变换等，但适用于高光谱数据的融合方法只有 PCA、SCN 两类算法。

PCA（principal component analysis）主成分变换是在统计特征基础上进行的多维（多波段）正交线性变换。变换中它将一组相关变量转化为一组不相关的原始数据变量的线性组合，并按照信息相关性的强弱排列变量，然后将高空间分辨率图像替换第一主成分，再利用逆变换重构融合图像。与 IHS 变换相比，它可以处理任意波段数的图像。SCN（sharpened color normalization）算法可以用来锐化多/高光谱图像，该算法简单易用。它是利用高空间分辨率的图像与多/高光谱图像的每个波段图像的乘积，再与多/高光谱图像在高空间分辨率图像波段覆盖范围内的平均进行比值运算，来完成融合过程。

然而 PCA 与 SCN 算法依然不太适用于多光谱与高光谱数据的融合，且这些方法存在融合结果的光谱失真问题。对于光谱失真问题，可通过调整原始高空间分辨率图像与多/高光谱图像及其变换成分之间的统计差异，改进融合算法，即修正原始高空间分辨率图像，使之与代数处理中的某些成分或待替换的成分之间的统计关系相似，统计关系可以采用均值、方差来表征。

4. 多时相监测数据的辐射归一化校正

无人机载荷有限，无法为每个仪器安装 FODIS 传感器，而低空飞行的无人机速度较低，成像时间较长，不同空间/时间下成像时大气光照条件明显不同。在后期数据处理中，很难准确模拟每一个扫描点成像时的瞬时太阳辐照度，导致最终得到的反射率光谱变形，甚至有可能导致光谱数据无法应用。另外，由于光谱仪较小，成像极有可能不稳定，数据质量较差，对光谱造成影响。为了得到稳定的光谱，需要研究多时相数据归一化技术。

适用于高光谱数据的多时相数据归一化方法较少，典型的如伪不变特征法。该方法的流程是参考影像选取大气辐射校正参考影像、选取伪不变特征点、建立回归模型和结果评价，结果表明经过该方法的归一化处理后，消除了季节性地物辐射变化、太阳角度及光照条件差异和大气的吸收散射等因素的影响。该方法的优点是不受地物变化影响，不会减弱影像地物间的地物变化；缺点是选取特征点时存在一定主观性，而且该方法无法获取每一个扫描行的光照差异情况，对航空数据处理后的结果依然存在较大的辐射差异。

5. 数据压缩技术与存储管理技术

在光谱谱段很少的情况下，谱间冗余表现得并不明显，因此可以采用一些较高效率的静态图像压缩方法对多光谱图像进行实时压缩。而高光谱数据存在大量的空间冗余、结构冗余、视觉冗余，如果能充分应用这些信息，则可获得更好的压缩效果。

一种方法是在光谱谱段较多的情况下，空间和谱间冗余都比较明显，可以采用结合谱间变换的三维压缩方法对其进行压缩，以此来进一步提高压缩性能。例如，基于直方图变换的多光谱图像 3D SPIHT 压缩编码算法，该方法对多光谱图像的各波段的直方图进行分析，提出了先对图像进行直方图变换，再利用最优去相关变换 K-L 变换去相关，然后用 3D SPIHT 算法进行编码。另一种方法基于压缩感知理论、PCA 变换或 MNF 变换，对高光谱进行压缩与重构。以上算法压缩率通常在 2～50，且存在速度较慢的缺陷。在对海量高光谱影像进行压缩时，效率较低，且压缩后的数据量依然较大。美国人提出了缨帽变换的数据压缩方法，这是一种特殊的主成分分析，和主成分分析不同的是其转换系数是固定的，因此它独立于单个图像。可以将参数内置于相机中，从而能够实现图像的快速压缩。

高分辨率遥感数据的计算与存储结合得更加紧密，单独从存储或计算角度来研究解决高分辨率遥感数据的应用都会遇到瓶颈，高分辨率遥感的存算一体化研究将是趋势。因此，需要找到一种合理的高分辨率遥感影像数据组织方式，要实现对海量高分辨率遥感数据的有效索引与管理，需要设计一个灵活、可扩展的遥感影像元数据信息管理机制，以集群分布式存储数据，以进行集群计算任务调度。

8.4 小型无人机成像光谱载荷应用案例

纵观国内外，很多轻小型无人机成像光谱仪都还在实验阶段，达到大规模商业化使用还有一段距离。下面列举一个轻小型无人机成像光谱载荷在精准农业方面的应用实验案例。精准农业是当今世界农业发展的新潮流，是根据空间变异、定位、定时、定量地实施一整套现代化农事操作技术与管理的系统。其中，定量地反演地物信息是遥感科学在精准农业应用的核心。

Zarco-Tejada 等在西班牙一处柑橘园，调查了树叶级别的叶绿素荧光和光化学指标指示数据（photochemical reflectance index，PRI）（图 8.19）、树冠级别季节序列的温度（图 8.17）和 PRI 数

中

篇

据以及高空间分辨率的航空遥感图像（Zarco-Tejada et al.，2014）。航空遥感图像由搭载在无人机（由 QuantaLab，IAS-CSIC，西班牙研制）上的微型高光谱成像仪（Micro-Hyperspec VNIR model，Headwall Photonics，美国）和小型热像仪采集获得，空间分辨率为 0.4m，260 个谱段，波段范围为 400～885nm，半高全宽为 6.4nm，采样间隔为 1.85nm，可辨识出单棵柑橘树的树冠（图 8.15），能够提取纯树冠的辐射和反射高光谱曲线（图 8.16、图 8.18）。

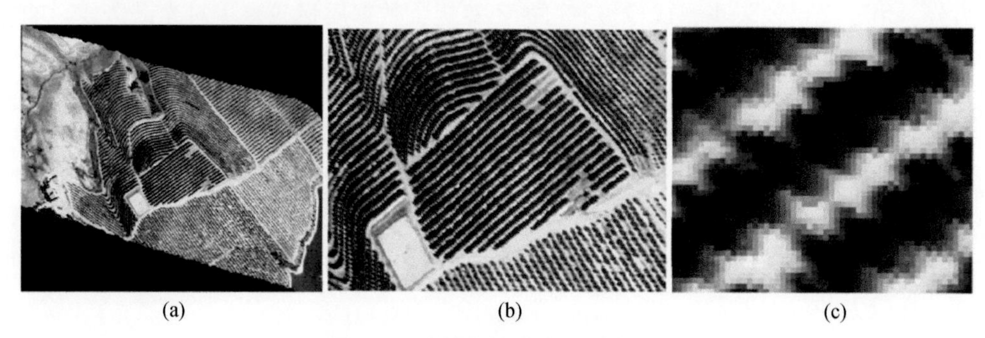

图 8.15 柑橘树的航空遥感影像

（a）空间分辨率为 0.4m，光谱谱段数为 260，FWHM 为 6nm；（b）放大图像；（c）可辨识单棵树木

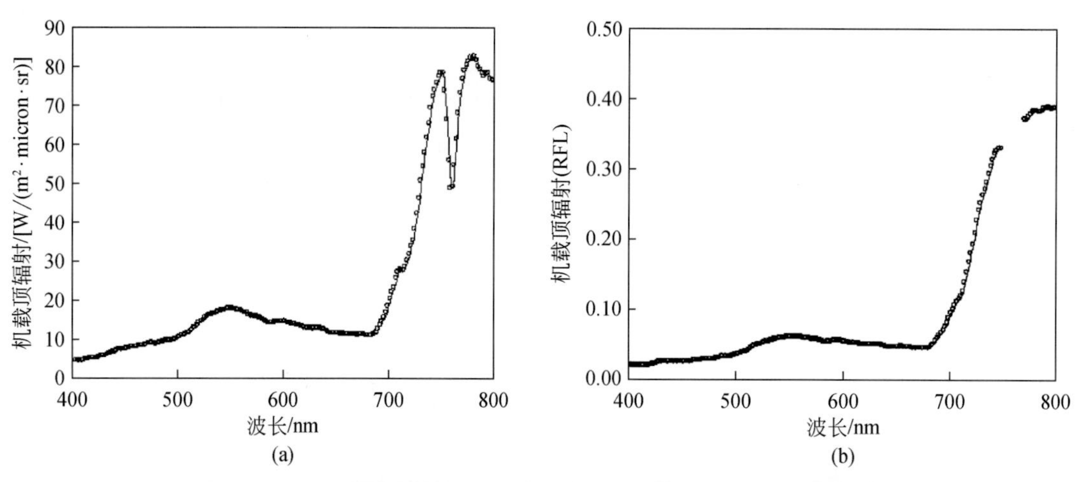

图 8.16 （a）柑橘园树冠 260 谱段的平均发射和（b）反射率曲线

图 8.17 树冠 VNIR 图像和树冠温度

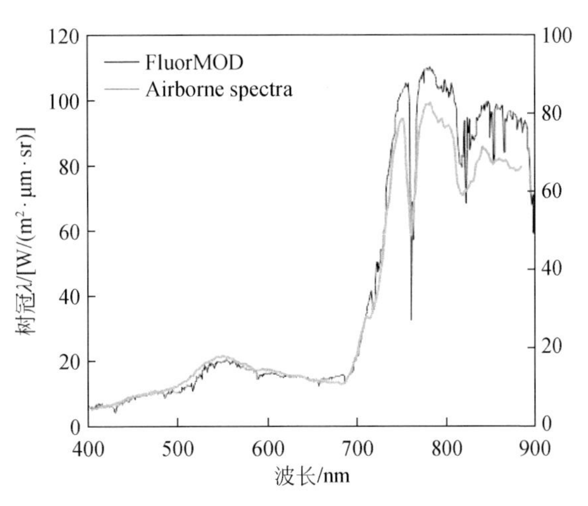

图 8.18 FluorMOD 模拟树冠辐射光谱和高光谱纯树冠辐射光谱对比

该实验案例证明了利用小型无人机搭载微型高光谱成像仪和轻量热成像仪反演温度、窄波段指数和叶绿素荧光（图 8.19）的可行性，为异质树冠的胁迫监测提供了高空间分辨率高光谱图像。

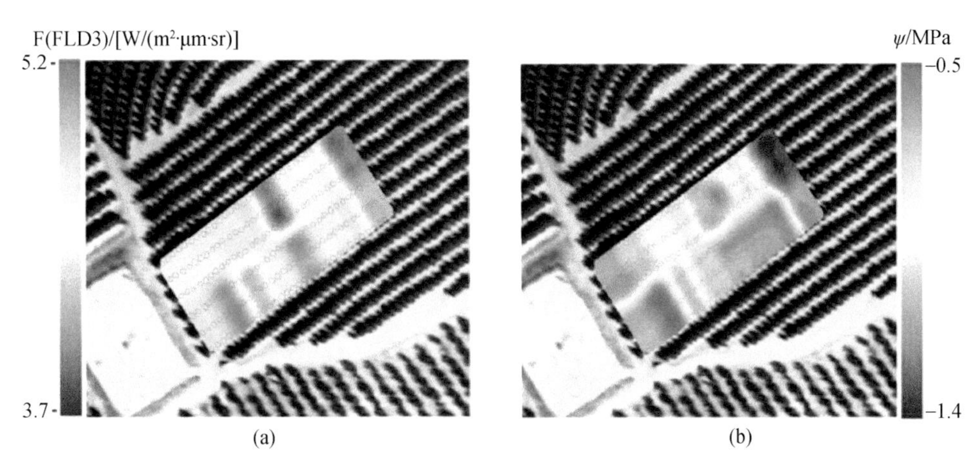

图 8.19 （a）树冠叶绿素荧光分布图和（b）水含量测量结果

第 9 章　合成孔径雷达载荷

SAR 成像具有分辨率高、全天候、全天时、多极化、多频段、可穿透等特点，其在 20 世纪中后期得到了迅速发展，广泛应用于军事侦察、地质勘查、地形测绘、海洋勘测、农林勘查等众多领域，成为人类对地观测不可替代的重要手段之一。根据载体可分为机载 SAR、星载 SAR；根据成像模式可分为条带式（Strip map）、聚束式（Spot light）、扫描式（Scan），还有逆 SAR、干涉 SAR、极化 SAR 等；根据平台分布情况又可分为单站 SAR、双/多站 SAR 等。

9.1　合成孔径雷达发展现状与趋势

随着无人机的快速发展和广泛应用，对于小型化、经济化、适用于无人机的高分辨率成像雷达的需求越来越多。这种小型化无人机载合成孔径雷达适合执行危险、条件恶劣的遥感测绘任务，在地球观测特别是军事应用中发挥着越来越重要作用，正逐步受到各个国家众多科研机构的关注。美欧军事发达国家均投入大量的人力物力研发微型 SAR 系统。我国也正在持续开展 SAR 相关研究，不断取得突破性的进展。

9.1.1　国外微型 SAR 载荷发展现状与趋势

本节主要从系统体制、工艺技术和芯片技术的进步等方面介绍国外微型 SAR 载荷发展经历和趋势。

1. 系统体制发展推动微小型化

国外微型 SAR 发展的历程如图 9.1 所示。在小型化 SAR 研究的初期，人们仅在成熟脉冲 SAR 系统的基础上开展减重工作。例如，1998 年由美国 Sandia 国家实验室和美国通用原子公司（GA）为捕食者无人机联合研制的轻型 Lynx SAR，工作于 Ku 波段（15.2 ~ 18.2 GHz），发射功率为 320 W，作用距离（斜距）为 7 ~ 30km，质量为 55kg，分辨率为 3.0 ~ 0.3 m；聚束模式的作用距离为 4 ~ 25km，分辨率为 3.0 ~ 0.1 m。从 2005 开始，美国 Sandia 实验室开始将高集成度数字、射频技术引入到第二代轻量化系统 MiniSAR 的研制中，一举将质量从几十千克降低到 13kg。与第一代 Lynx SAR 相比，MiniSAR 功能和性能指标有所提高，但由于天线尺寸、发射机功率相对变小，探测距离下降到 15km。

随着轻小型无人机的快速发展，对更轻的载荷提出了需求，然而传统脉冲体制的 SAR 载荷在质量、功耗和作用距离方面已无法满足使用要求，人们被迫从新的角度开始微型 SAR 的研究。由此，一种更具潜力的调频连续波体制 FMCW（frequency modulated continuous wave）越来越受到关注。由于其具有峰值功率低、收发系统简单、信号采集与处理系统简单等一系列有利于小型化的特点，若采用 FMCW，即调频连续波体制，结合先进的芯片技术，甚至可以实现芯片雷达。德国的 EADS 公司，基于 FMCW 技术成功研制质量仅 4kg 的 MiSAR 系统，甚至美国军方编制的“无人机 2005 路线图”也对 MiSAR 系统青睐有加。不久之后，美国研制出了以 NanoSAR 为代表的 FMCW 体制高分辨

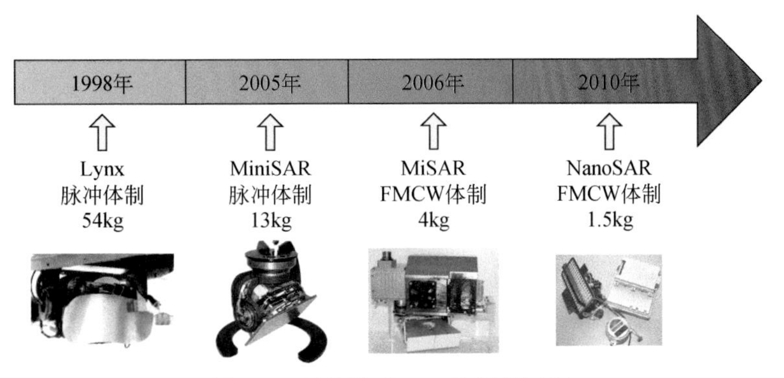

图 9.1　国外微型 SAR 发展的历程

率微型 SAR 系统，质量仅 1.5kg，于 2008 年进行首次试飞，获取了高分辨率图像，2010 年该系统投入量产。NanoSAR 的研制成功使其成为微型高分辨 SAR 的最高技术水平代表。

典型的轻微型 SAR 系统的主要参数对比如表 9.1 所示。相对于脉冲体制雷达，调频连续波体制 SAR 更易实现小型化、低功耗，还兼具调频连续波和 SAR 的特点。具体优点如下：①峰值发射功率低，可以大幅降低系统功放的设计复杂度和体积、质量，提高系统效率，减小功耗；②简化了接收机设计复杂度，可以有效减小低功率射频分机的体积、质量；③采用去调频接收体制，大大降低了对数据采集与记录系统的要求，有效减小了数字系统的复杂度，降低了对数据采集速度的要求，降低了系统功耗。与脉冲体制相比，虽然 FMCW 体制在作用距离、测绘带宽等方面不具优势，但在系统小型化方面具有突出的优势，是目前微型 SAR 的最佳体制。

表 9.1　典型的轻微型 SAR 系统的主要参数对比

名称	Lynx	MiniSAR	MiSAR	NanoSAR
体制	脉冲	脉冲	FMCW	FMCW
作用距离	30km	15km	300 ~ 2000m	1 ~ 4km
最高分辨率	0.1m	0.1m	0.5m	0.3m
质量	52kg	13.6kg	4kg	1.5kg
功耗	—	—	100W	30W
体积	0.04m^3	0.03m^3	0.01m^3	0.004m^3

2. 集成工艺进步推动微小型化

多芯片组件（multi-chip module，MCM）技术是将多个芯片和其他元器件组装在同一块多层互连基板上，然后进行封装，形成高密度和高可靠性的微电子组件。在这种技术中，IC 芯片不是安装在单独的塑料或陶瓷封装（外壳）里，而是把高速子系统（如处理器和它的高速缓存）的 IC 模片直接绑定到基座上，这种基座包含多个层所需的连接。根据使用的多层布线基板的类型不同，多芯片组件技术可以分为叠层多芯片组件（MCM-L）、陶瓷多芯片组件（MCM-C）及淀积多芯片组件（MCM-D）等，其中常用的是前两者。

1）叠层多芯片组件技术

MCM-L 技术的实现即通常所说的印刷电路板技术（printed circuit board，PCB），制作印制电路板的基板材料是覆铜箔层压板，通过将芯片焊接或绑定在 PCB 上，构成具有多种功能的电路系统。PCB 技术的优点在于可高密度化、高可靠性、可标准化生产、可标准化测试、可组装和可维护。2002 年 NASA 采用 FMCW 体制，同时采用基于 PCB 的高集成度技术研制的 SLIMSAR（图 9.2），包括射频和数字在内，雷达主机质量 3.3kg。

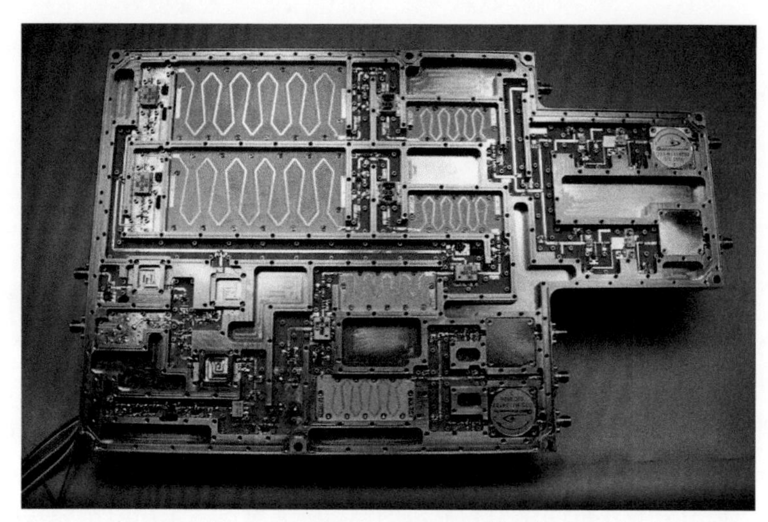

图 9.2 NASA SLIMSAR 及其硬件工艺技术

2）陶瓷多芯片组件技术

MCM-C 的一种典型实现方式为低温共烧陶瓷（low temperature co-fired ceramic，LTCC）集成技术。LTCC 技术是 1982 年休斯公司开发的新型材料技术，将低温烧结陶瓷粉制成厚度精确而且致密的生瓷带，在生瓷带上利用激光打孔、微孔注浆、精密导体浆料印刷等工艺制出所需要的电路图形，并将多个被动组件（如电容、电阻、滤波器、阻抗转换器、耦合器等）埋入多层陶瓷基板中，然后叠压在一起，内外电极可分别使用银、铜、金等金属，在 900℃下烧结，制成三维空间互不干扰的高密度电路，也可制成内置无源元件的三维电路基板。在其表面可以贴装 IC 和有源器件，制成无源/有源集成的功能模块，可进一步将电路小型化与高密度化，特别适合用于高频通信用组件。

MCM-C 技术的布线密度相对 MCM-L 技术要高，其成本也相应上升。2005 年 Sandia 采用脉冲体制及高集成度 LTCC 工艺研制了 MiniSAR（图 9.3），总质量缩减为 12.3kg，是当时最轻的脉冲体制雷达。

图 9.3 Sandia 脉冲体制 MiniSAR

2006 年 EADS 采用 FMCW 体制，同时采用先进的 LTCC 工艺技术研制的 MISAR（图 9.4），雷达系统总质量为 4kg，发射功率下降到 100W。

2009 年美国 IMSAR 公司同样采用 FMCW 体制，利用最先进的集成工艺技术研制的 NANOSAR，质量 1.5kg，总功耗 30W，Leonardo SAR 质量只有 0.9kg。

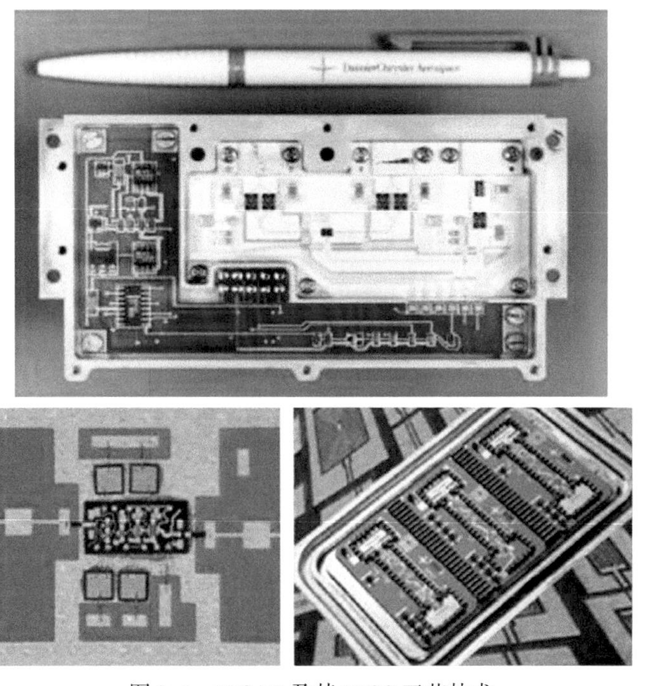

图 9.4　MISAR 及其 LTCC 工艺技术

3. 芯片化技术发展推动微小型化

近年来，随着 CMOS 工艺或 BiCMOS 工艺集成度和技术水平的不断提高，能够适应的频率也不断提高，雷达芯片化技术受到西方各国的重视，研究开发力度不断加大，得到了快速的发展。芯片化雷达在兼顾雷达威力的同时，可以大大减小雷达中功能模块的体积与质量，有利于提高集成度，实现雷达系统的微小型化。

2009 年，在 Infineon 公司的支持下，Reinhard Feger 等利用 SiGe 工艺上实现了一个 77GHz 的多输入多输出（multi-input multi-output，MIMO）四路收发阵列，利用多天线实现了测距和测角的功能。其收发芯片和系统集成照片如图 9.5 和图 9.6 所示。

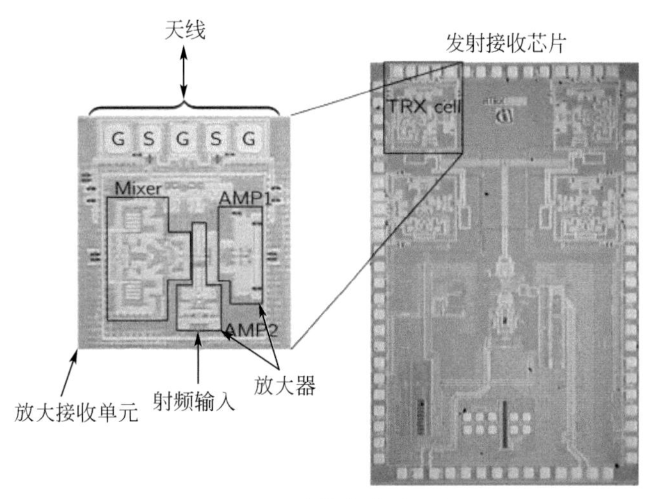

图 9.5　77GHz MIMO 四路收发阵列芯片（MTT，2009）

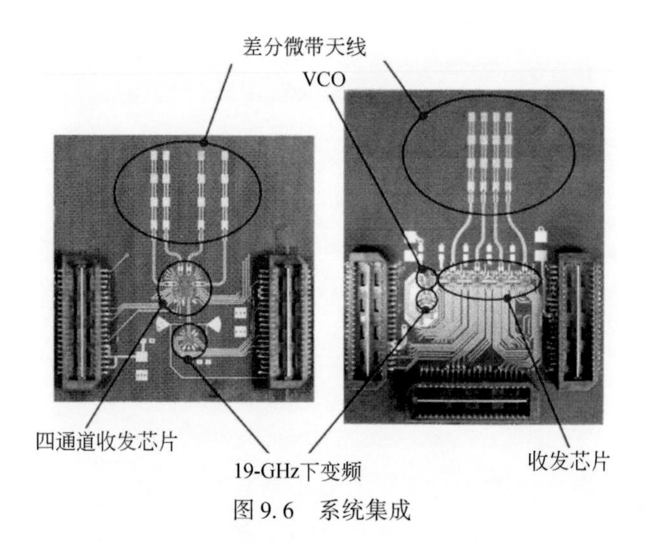

图 9.6 系统集成

2011 年由 IBM 和 MediaTek Inc. 合作设计实现了一个 16 单元相控阵接收机，用于 60GHz 超宽带通信，设计工艺为 IBM 0.12μm SiGe BiCMOS 工艺。

如图 9.7 所示，在单芯片中集成了 16 路接收通道及频率源、数字控制模块。单芯片和 16 个 patch 天线经过封装后集成为一体，固定到 PCB 上，与类似设计的 16 路发射机进行系统测试。

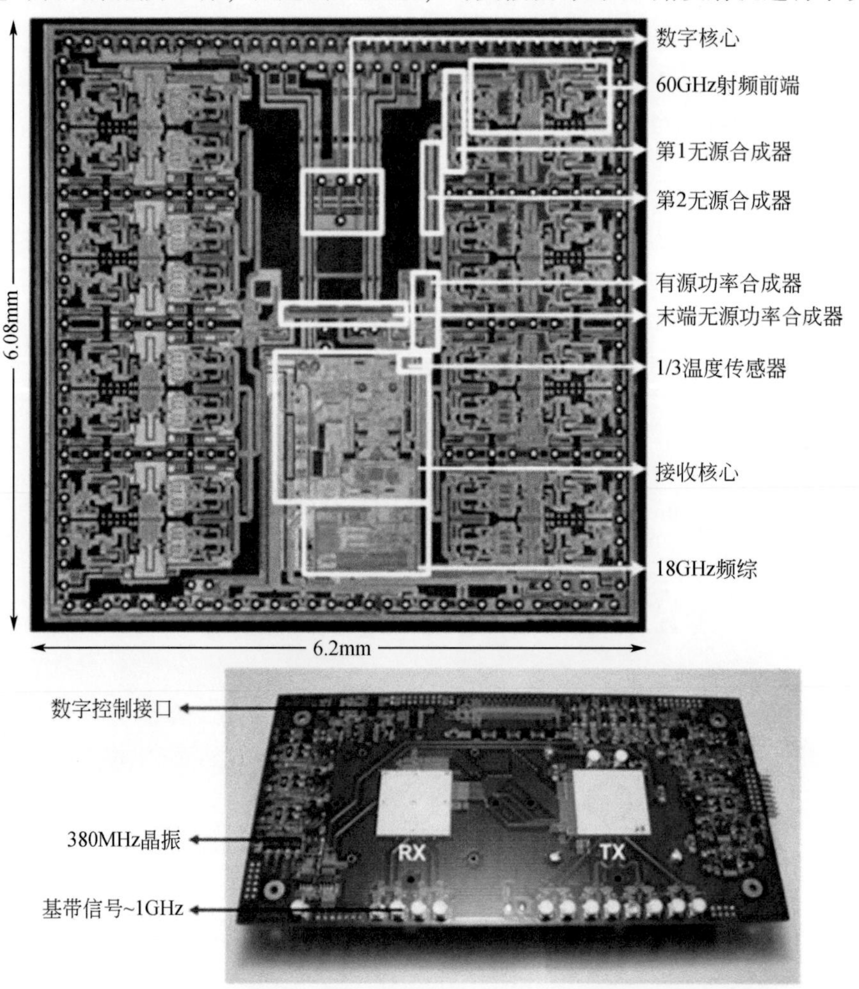

图 9.7 60GHz 16 单元相控阵接收机芯片照片及集成测试

2013 年，IBM 在 DARPA 支持下研究实现了一个工作频段为 W 波段的双极化 16 单元相控阵雷达收发机，设计工艺为 0.13μm SiGe BiCMOS 工艺，目标是高分辨率成像应用。该收发机在单芯片中实现了 8 路接收通道和 8 路发射通道，利用 C4 PAD 和 BGA 封装。同时将 64 个小天线集成在芯片封装的背面，极大地减小了相控阵系统的体积和互联的电长度。芯片照片及集成示意图如图 9.8 所示。

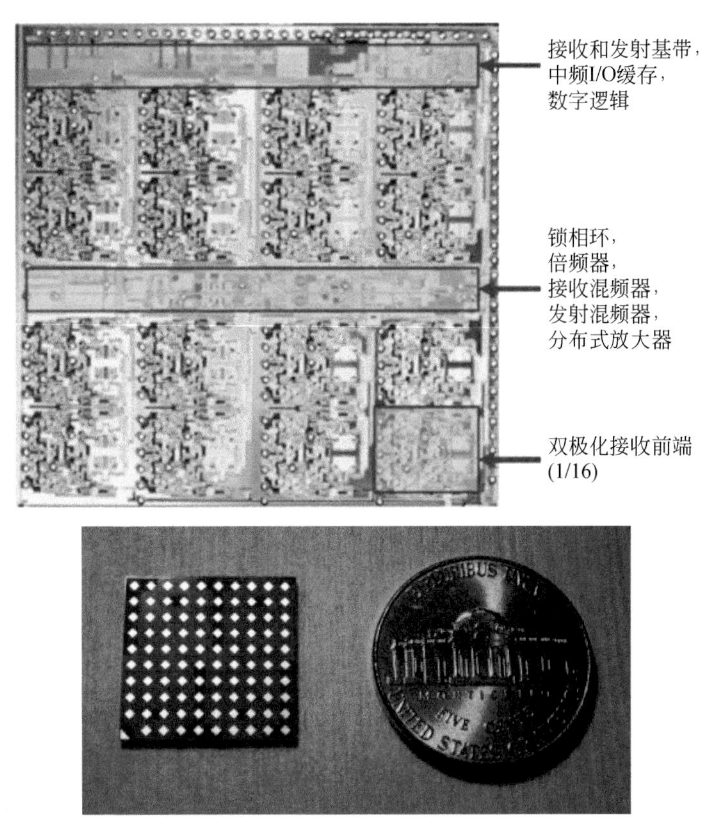

图 9.8　W 波段 16 通道收发机芯片照片及集成

4. 姿态和位置测量系统的小型化

由于微型 SAR 主要配装在轻小型无人机上，轻小型无人机受气流的影响更加明显，飞行很不平稳，严重影响 SAR 图像质量。因此，各国均采用高精度惯性测量装置（IMU）进行运动补偿，保证图像质量稳定。LynxSAR、MiniSAR、MiSAR、NanoSAR 等国外先进微小型 SAR 系统无一例外均采用 IMU 作为运动补偿设备。其中 MiSAR 系统研制初期没有采用 IMU，其成像的稳定性无法保证，在后续的改进中增加了微型高精度 IMU。而美国设计的 NanoSAR 系统，尽管质量已经压缩到 1.56kg，还是安装了一台轻型基于光纤的 IMU（图 9.9）。

微机电系统（micro-electro-mechanical system，MEMS）是一种独立的智能系统，其系统尺寸在几毫米乃至更小，其内部结构一般在微米甚至纳米量级，具有轻量化、可大批量生产、成本低的优势。近年来随着技术的快速发展，基于 MEMS 技术的加速度计、陀螺仪和微型 IMU 逐渐涌现，并得到应用，这也为轻小型无人机遥感应用中微型 SAR 载荷的应用和进一步小型化带来可能。

加拿大 Applanix 公司专为小型无人机遥感研制了 APX-15 微型位置和姿态测量系统（POS）。

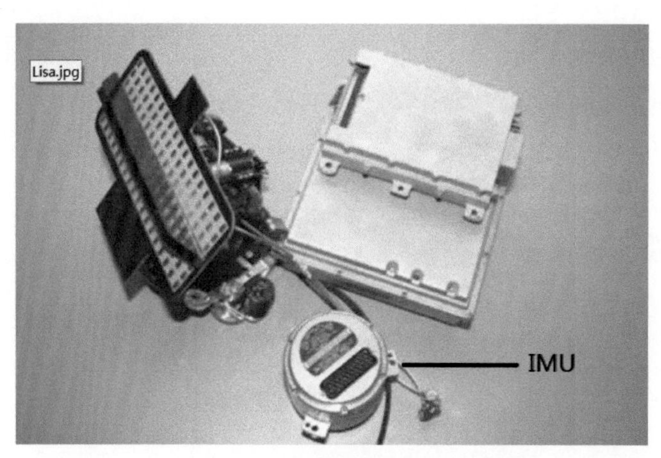

图 9.9　NanoSAR 系统配备的小型 IMU

该 POS 系统集成了微型 MEMS 陀螺仪、GPS 接收机和导航板卡，能够获得较高精度的平台运动误差。APX-15 仅重 60g，目前代表了微型 POS 的最高水平。其技术指标如表 9.2 所示。

表 9.2　APX-15 型微型 POS 测量精度

	SPS	DGPS	RTK	Post-Processed
位置/m	1.5~3.0	0.5~2.0	0.02~0.05	0.02~0.05
速度/（m/s）	0.05	0.05	0.02	0.015
横滚和俯仰/（°）	0.04	0.03	0.03	0.025
航向/（°）	0.30	0.28	0.18	0.080

除此之外，Honeywell、ADI、Novatel 等公司也陆续推出了微型 POS 产品。目前市场上典型的微型 POS 产品如表 9.3 所示。

表 9.3　典型的微型 POS 产品

编号	产品	厂家	技术参数
1	HG-1900/HG-1930	Honeywell	陀螺零偏稳定性：20°/h 加速度计零偏：4mg 系统内核：ARM7 质量：160g 功耗：5V/3W
2	ADIS-16488A PIN23 PIN1	ADI	10 自由度测量单元 陀螺零偏稳定性：5.1°/h 陀螺零偏温度（1℃）影响：9°/h 加速度计零偏稳定性：70μg 磁力计：±2.5Gs 压力传感器：300~1100mbar 对外接口：SPI+PRF 尺寸：47mm×44mm×14mm 质量：48g 功耗：3.3V/0.825W

续表

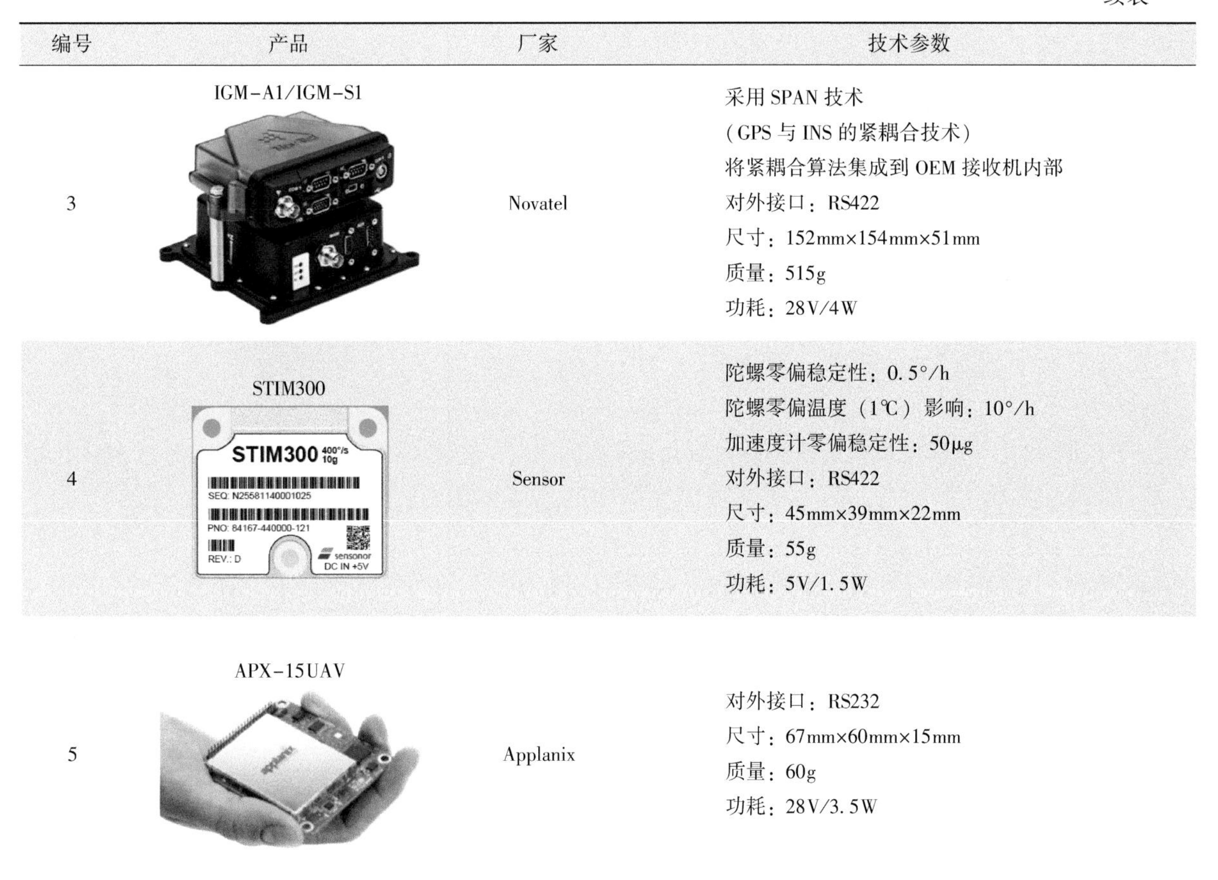

编号	产品	厂家	技术参数
3	IGM-A1/IGM-S1	Novatel	采用 SPAN 技术 （GPS 与 INS 的紧耦合技术） 将紧耦合算法集成到 OEM 接收机内部 对外接口：RS422 尺寸：152mm×154mm×51mm 质量：515g 功耗：28V/4W
4	STIM300	Sensor	陀螺零偏稳定性：0.5°/h 陀螺零偏温度（1℃）影响：10°/h 加速度计零偏稳定性：50μg 对外接口：RS422 尺寸：45mm×39mm×22mm 质量：55g 功耗：5V/1.5W
5	APX-15UAV	Applanix	对外接口：RS232 尺寸：67mm×60mm×15mm 质量：60g 功耗：28V/3.5W

9.1.2 我国微型合成孔径雷达发展现状

从国内微型 SAR 发展水平上看，雷达分辨率和作用距离等性能指标已达到国际先进水平，与国外最先进的 NanoSAR 相当。但在质量功耗上，受制于国内射频和数字小型化、低功耗工艺技术的限制，芯片化技术发展相对滞后，与国外先进系统的质量功耗相比仍有提升空间。

我国从 20 世纪 70 年代开始合成孔径雷达的研制工作。80 年代中国科学院电子学研究所研制成功了分辨率为 10m×10m 的机载 SAR 实时成像系统，其后又相继研制成功了多极化机载 SAR 系统、分辨率为 3m×3m 的 L 波段机载 SAR 系统、分辨率优于 1m 的 X 波段机载 SAR 系统（可工作在条带、聚束两种模式）。近十年，国内 SAR 技术得到跨越式发展，出现了各种形式的合成孔径雷达，频段覆盖了 P 波段，L 波段，C 波段，X 波段，Ku 波段，8mm 波段直到 3mm 波段，包括具有集中发射和有源相控阵等多种实现方法，可以满足二维成像、三维测绘、极化分类等多种应用需求。国内雷达系统从单一频段、单一极化、单一模式，逐渐向多频段、多极化、多模式、多维度、定量化的方向发展。

在微小型 SAR 方面，国内也紧跟国际研究热点，多家科研院所及高校纷纷展开了对微小型 SAR 技术的研究工作。中国科学院电子学研究所、西安电子科技大学、中国电子科技集团公司第 14 研究所、中国电子科技集团公司第 38 研究所、国防科技大学、北京航空航天大学、北京理工大学、电子科技大学、烟台海军航空工程学院等多家科研单位近年来对微型 SAR 技术进行了较为深入的研究，在 FMCW SAR 成像理论探索、技术分析、实验论证和系统研制等方面做了许多卓有成效的工作。

例如中国科学院电子所，2010 年率先成功研制出了质量为 1.8kg 的首套 Ku 波段微型 SAR 系统，并实验成功，获得了 0.5m 分辨率的微型 SAR 图像；2011 年又研制成功了国内首套 Ka 波段微型 SAR 系统，并获得了 0.15m 分辨率的 SAR 图像。

另外，由于起步较晚，当前国内微型 SAR 的功能模式相对单一，主要以单波段、单极化条带工作模式为主，微型姿态测量、伺服等技术与国外差距较大，因此数据获取和处理的能力、效率较低。对比国内外微型 SAR 的发展现状和趋势，不难得出未来我国无人机载微小型合成孔径雷达发展的启示。

（1）向高分辨率方向发展。20 世纪 90 年代，国际上雷达成像的分辨率已达到 0.3m，如美国的 TESAR 等，通过采用宽带 chirp 信号来获得高距离分辨率和聚束模式来获得高方位分辨率。当分辨率进一步提高时，以上技术在通道误差控制、数据采集等方面开始遇到了瓶颈。FMCW 技术在数据采集上具有无法比拟的优势，近年来实现了不少超高分辨率的原理样机系统，例如，德国实现了 4GHz 的超大带宽，分辨率达到了亚厘米级。因此，在未来大比例尺测绘、高精度目标检测和识别等应用的需求牵引下，高分辨率始终是微型 SAR 的一个重要且具有优势的发展方向。

（2）二维向多维度方向发展。在二维高分辨率 SAR 成像的基础上，干涉技术与 SAR 技术结合而成的干涉 SAR 可以获取观测对象的高程信息，将 SAR 的测量空间从二维拓展为三维。但是，干涉 SAR 在高程向的采样很欠缺，导致了其不具备高度向的分辨能力。在利用干涉 SAR 获取观测对象高程信息之后，通过高程向孔径合成实现真三维分辨成像，并进一步引入极化信息，以实现空间分辨、极化分辨和频谱分辨与分辨单元的有效结合，进而获取观测对象的三维空间散射特性信息。这是通过微波手段逐步走向对观测对象进行逼近物理世界重建的一个重要阶段，也是微型 SAR 领域目前和今后较长一段时间内开展探索性研究的一项重要内容。

（3）向更加轻量化、低成本发展。随着硅基工艺、陶瓷基多芯片组件集成等技术的进步和成熟，对基于砷化镓、氮化镓、传统集成工艺的雷达系统、天线、射频、数字技术都将带来革命性变革，微型合成孔径雷达将向着体积更小、质量更轻、成本更低发展。基于芯片技术的芯片 SAR 也将成为未来发展的一个方向，以满足超小型无人机的要求，实现 SAR 在军事和民事方面的大范围应用。

（4）向定量化多模态的方向发展。随着 SAR 技术的发展，对目标电磁散射特性的深入研究，SAR 在海洋、地形测绘、林业、农业、减灾、环境保护等行业得到广泛应用。从最初的雷达图像获取到定量化参数反演，对雷达系统的定量化要求越来越高。同时要求雷达具有极化、干涉、多维度联合等多种工作模式，以满足日益增长的应用需求。定量化多模态是 SAR 发展的一个必然趋势。

9.2 合成孔径雷达原理

合成孔径雷达成像是一种相干微波遥感技术，能够提供大尺度二维高分辨率地球表面反射率图像。如图 9.10 所示，SAR 是一种主动式雷达成像系统，通常工作于电磁波频谱中的微波区，即 P 波段到 Ka 波段之间。SAR 成像系统通常以移动平台，如无人机（UAV）和飞机或卫星为载体，电磁波照射方向与航迹相垂直形成侧视观测几何。系统向地球表面发射微波脉冲并且接收被照射地物的后向散射电磁信号，依靠信号处理技术将所接收到的信号合成出一幅二维高分辨率地球表面反射率图像。

凭借主动工作模式，传感器无须依赖太阳光源，从而可以昼夜成像。此外，频率低于 S 波段的微波谱段可以避免来自云、雾、雨、尘等物质的影响，且 S 波段、C 波段和 X 波段的 SAR 系统也可以在有云雾覆盖和降雨的情况下成像。因此，SAR 成像系统具备了几乎全天候的对地观测能力。

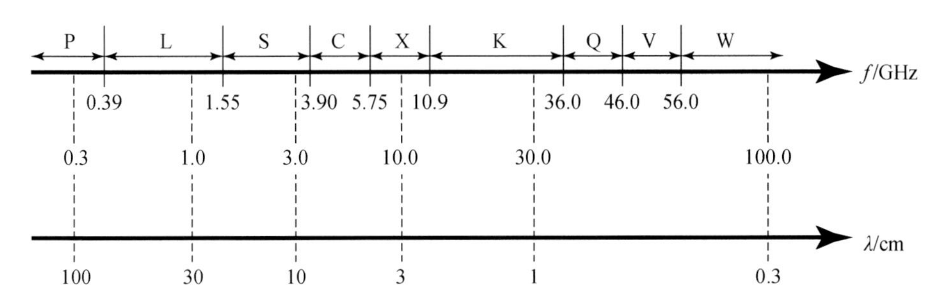

图 9.10　电磁波谱中的微波谱段

9.2.1　SAR 成像几何构型

简单地说，一部单站 SAR 成像系统包含一个脉冲式微波发射模块、一个收发共用天线及一个接收端模块。SAR 系统通常以移动平台为载体形成侧视观测几何，如图 9.11 所示。

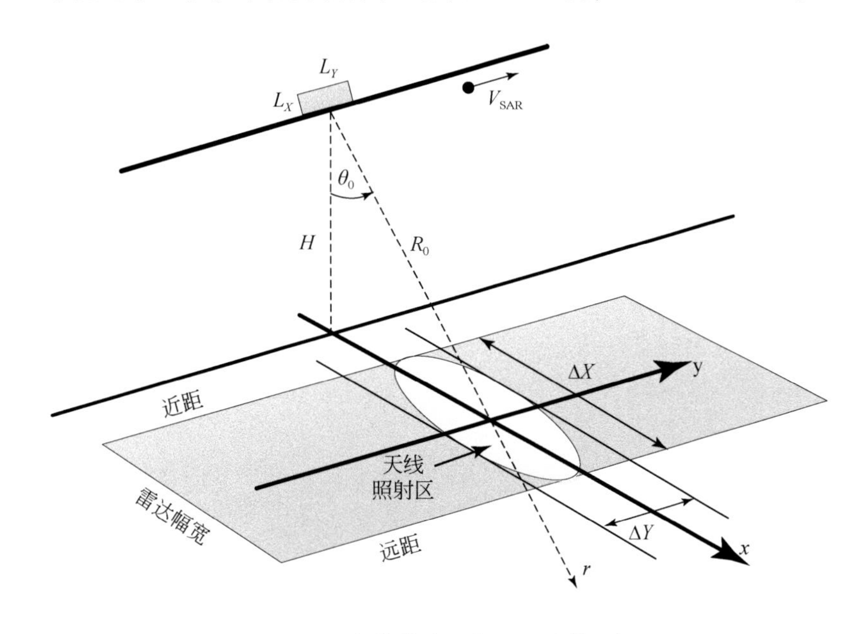

图 9.11　条带模式下的 SAR 成像几何

SAR 成像系统的高度为 H，移动速度为 V_{SAR}。天线照射方向与航迹方向即“方位向”（azimuth）（y）互相垂直，天线波速以入射角 θ_0 斜射至地面。射线轴或雷达视线（rada-line-of-sight，RLOS）为“斜距向”（slant-range）（r）。天线波束照射在由地距向（ground range）（x）和“方位向”（y）构成的平面上形成了“天线照射区”（antenna footprint），伴随着平台沿航迹方向移动扫描。天线波束扫描的范围称为“雷达幅宽”（radar swath）。天线照射区需要通过天线孔径（θ_X，θ_Y）进行定义

$$\theta_X \approx \frac{\lambda}{L_X} \text{和} \theta_Y \approx \frac{\lambda}{L_Y} \tag{9.1}$$

式中，L_X 和 L_Y 为天线的物理尺寸；λ 是与发射信号载频相对应的波长。

在图9.12和图9.13中，距离向（range）宽度（ΔX）和方位向宽度（ΔY）的近似表达式为

$$\Delta X \approx \frac{R_0\theta_X}{\cos\theta_0} \text{和} \Delta Y \approx R_0\theta_Y \quad (R_0 = \frac{R_{\mathrm{MIN}} + R_{\mathrm{MAX}}}{2}) \tag{9.2}$$

式中，R_0 为雷达到天线照射区中心处的距离；R_{MIN} 和 R_{MAX} 分别代表“近距”（near-range）（离天底点（nadir point）最近的距离）及“远距”（far-range）。

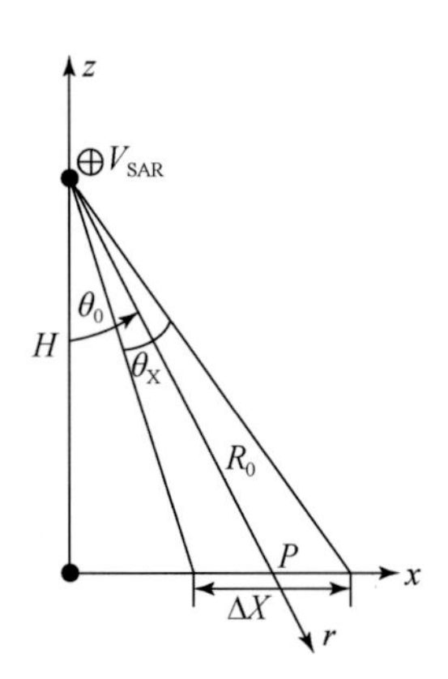

图9.12　高度与地距平面内的侧面几何关系图

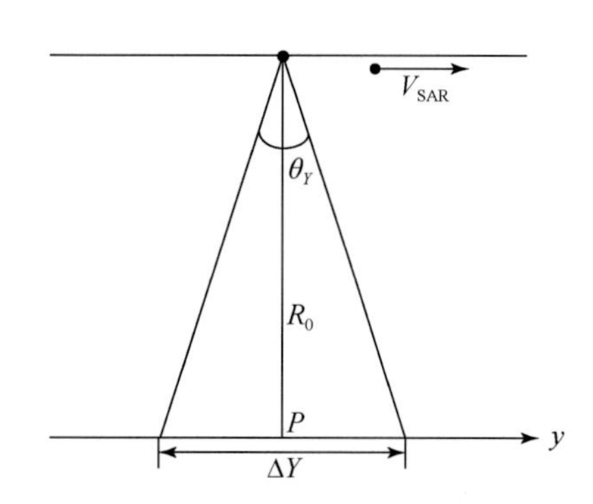

图9.13　斜距与方位向平面内的侧面几何关系图

9.2.2　SAR空间分辨率

空间分辨率是评估SAR成像系统质量的重要指标之一，它表征了成像雷达分离两个邻近散射体的能力。为了在距离向获得高分辨率，必须保证雷达发射脉冲持续时间非常短。然而，考虑到雷达系统需要在一定的信噪比（signal-to-noise ratio，SNR）条件下才能检测到反射信号，这就需要反射大功率的短脉冲信号。实际使用中受雷达硬件设备的限制，很难同时满足上述两个条件。基于以上原因，雷达设备需要在一个长脉冲内发射大功率信号，此时能量便分布在一个更长的脉冲持续时间内。为了达到与发射短脉冲相类似的距离分辨率，需要利用“脉冲压缩”（pulse compression）技术。该技术可以在脉冲持续时间 T_P 内对发射信号的频率进行线性调制，即发射信号的频率以载频 f_0 为中心，在带宽为 B 的频带范围内进行扫描。这样的信号称为“chirp”信号。接收到的长脉冲信号经过匹配滤波器后，其有效持续时间被压缩为 $1/B$。由此可得斜距分辨率为

$$\delta r = \frac{c}{2B} \tag{9.3}$$

式中，c 为光速。

由斜距分辨率 δr 可得地距分辨率为

$$\delta x = \frac{\delta r}{\sin\theta} \tag{9.4}$$

式中，θ 为入射角。由此可见，地距分辨率将在幅宽内发生非线性变化。

当沿方位向排列的两个目标同时出现在天线波束中心时，它们所产生的反射回波将同时被接收。与此相对的是，只有雷达继续前进，波束外的第三个目标产生的反射回波才能被接收到，此时前两个目标已经在照射区域以外，因此第三个目标能够被单独记录下来。对于真实孔径雷达来说，只有当两个目标沿方位向或顺轨方向的距离超过雷达波束宽度时，才能对它们进行分辨，由此可以得到距离 R_0 处的瞬时方位向分辨率为

$$\delta y = \Delta Y = R_0 \theta_Y = \frac{R_0 \lambda}{L_Y} \tag{9.5}$$

由式（9.5）可见，获得方位向高分辨率需要大尺寸的天线。而“合成孔径”概念建立了一种无须大尺寸天线就可以实现高分辨能力的解决方案。其原理是利用实际传感器天线沿方位向移动，形成比其物理尺寸更长的有效天线。合成孔径的最大长度不能超过散射体被照射期间的飞行距离，即天线照射区在地面上的投影尺寸（ΔY）。当对距离 R_0 处的散射体沿航迹方向进行相干叠加观测时，其方位分辨率为

$$\delta y = \frac{L_Y}{2} \tag{9.6}$$

值得一提的是，式（9.6）中方位分辨率仅与雷达系统实际天线的物理尺寸有关，而与距离和波长无关。响应的轨道 SAR 成像系统方位向分辨率为

$$\delta y = \frac{R_E}{R_E + H} \frac{L_Y}{2} \tag{9.7}$$

式中，R_E 为地球半径；H 为平台高度。

9.2.3 SAR 图像处理

合成孔径雷达处理的目标是利用天线所接收的大量单一散射目标（single target）反射脉冲和脉冲所对应的方位向位置来重建观测场景。SAR 图像处理是为了从所获取的原始回波数据中尽可能准确地对真实二维反射率函数进行重建。目前已建立了多种有效的原始回波信号成像处理算法。最简单的精确成像处理技术是二维匹配滤波，即“距离多普勒”（range-doppler）算法。“后向投影”（back-projection）是一种时域处理算法，需要准确地记录获取 SAR 图像数据的过程和形式，但计算代价很高。

由于原始回波数据中存在徙动效应随距离位置变化的现象，因此距离单元徙动（range cell migration，RCM）补偿在 SAR 成像过程中一个重要而复杂的步骤。“线性调变标”算法（chirp scaling，CS）通过在方位向频率时间域中乘以一个二次相位函数（Chirp 函数），将 RCM 调整到一个参考距离，从而抵消距离单元徙动。“Omega-k”是频率域处理算法中最精确的算法，也被称为“距离徙动”（range migration）算法或“波前重建”（wavefront reconstruction）算法。该算法在二维频率域中进行操作并且可以处理方位向大孔径数据。此外，对于快视图像这一类中低分辨率数据来说，可以利用 SPECAN 算法进行处理。该算法通过在压缩过程中使用单精度或短整型快速傅里叶变换，最小化所需的内存数和计算量。

到目前为止，飞行航迹被近似为一条理想的直线。对于在恒定高度轨道上运行的星载传感器而言，这是一种合理的近似。然而对于机载传感器来说，飞机的不规则运动使实际的飞行轨迹总是偏离理想航迹。运动误差包括：与理想航迹的平移误差、飞机横滚角、俯仰角、偏航角及速度变化。上述平台定位误差会影响天线的位置及其视向。考虑到传感器的非线性运动，在不稳定平台上进行 SAR 成像处理，需要在飞行过程中准确地记录天线的位置信息并且相应地调整处理方案，即运动补偿（motion compensation）。

9.2.4 SAR 复数图像

SAR 图像是由行列像素组成的二维矩阵，其中每一个像素代表了地球表面上的一个小块区域，

其尺寸仅依赖于 SAR 系统的指标。每个像素点包含一个复数（幅度及相位），该数值与 SAR 分辨单元内全部散射体的反射率总和相关。需要注意的是，表面反射率也可以用雷达后向散射系数来表示。雷达后向散射系数是雷达系统参数（频率、极化、电磁波入射角）和地面参数（地形、局部入射角、粗糙度、媒质的电属性及湿度等）的函数。

SAR 成像系统是一种侧视雷达传感器，其照射方向垂直于航线方向。由于 SAR 图像在交轨方向是通过时间进行度量的，该时间决定于雷达到地面点的直接距离（斜距），因此 SAR 图像存在三种固有的几何失真。这种失真是由斜距和水平地面距离（地距）之间的差异造成的。其中两类 SAR 特有的现象——“透视缩短”（foreshortening）和“顶底倒置”（layover），是造成几何失真的主要原因。

透视缩短现象也许是在 SAR 图像距离向上最明显的特征。在对山区成像时，透视缩短现象经常出现。特别是对入射角较大的传感器来说，山体迎坡上两点在交轨斜距方向上的距离差要比它们在平地上的实际距离更小。该效应造成迎坡区域的后向散射辐射信息在交轨方向上被压缩。由于山顶散射体到 SAR 系统的距离比山谷更近，对于陡峭的山坡而言，前坡在斜距图像中是“颠倒”的。该现象称为顶底倒置，即雷达图像元素的顺序与其在实际地面上的顺序向反。最后，当背向雷达的山体坡度比擦地角（depression angle）更大时，将会引起第三种固有的失真现象——“雷达阴影”（radar shadow）。阴影区域在 SAR 图像中表现为暗区，代表零值信号区域，但实际值还取决于雷达传感器的系统噪声水平。

9.3 微型 SAR 载荷关键技术

微型 SAR 载荷关键技术主要包括微型化、低功耗与高性能的雷达系统技术、非线性误差估计与校正、FMCW 体制成像算法研究、高隔离度全极化收发天线、微型传感器的运动补偿、微型化系统设计与加工、微型 SAR 实时成像处理等方面。

9.3.1 微型化、低功耗与高性能的雷达系统技术

实现雷达系统的微型化、低功耗与高性能是其在小型无人机上得以应用的先决条件，同时也是一个综合性的系统设计技术难题。首先需要选择合适的雷达体制，其次要采用适当的组装工艺，在实现系统微型化和低功耗的同时保证具备较高的性能。微型化、低功耗和高性能微型 SAR 系统技术主要包括以下几个方面：

（1）基于 FMCW 体制的 SAR 系统技术在微小型化上具有独特的优势，但在系统设计、指标分配方法、系统误差估计与校正方法等方面与脉冲体制 SAR 具有不同之处，需要深入研究，并进行仿真和实际数据验证。

（2）基于 LTCC 等先进微组装工艺的微小型 SAR 射频子系统和基于高集成度 FPGA 的数字系统的一体化设计技术是需要重点突破的关键技术。在射频模块中对频率源、TR 组件采用 MCM 和 LTCC 相结合的集成工艺技术，能够大大减小射频部分的质量、功耗和体积；数字部分采用高效并行算法和高集成度一体化设计技术，能够实现波形产生、采集、记录、实时成像和雷达监控等高度集成轻量化、低功耗的数字模块。除此之外，系统接口的小型化，系统电性能、散热、电磁兼容和结构安装的高密度一体化综合设计也是必须要攻克的技术难点。

（3）微带贴片阵列天线技术能够在较宽的带宽内实现高增益、方位向低副瓣，同时具有较高的极化隔离度。通过收发天线分置并采取一定的隔离措施，能够有效地抑制直达波，非常适合于微型

FMCW SAR 系统，美国 IMSAR 公司研制的 NanoSAR 就是采用了这种技术。

9.3.2 非线性误差估计与校正

由于线性调频信号产生技术的限制，线性调频信号很难达到期望的频率线性度和幅度平坦度。而在连续波体制雷达系统中，扫频线性度对雷达距离分辨率有决定性的影响。在去斜接收（Dechirp 或 Deramp）模式下，调频连续波信号的非线性问题使同一目标的回波能量大范围扩散，直接造成距离向分辨率的下降，更严重的是每个目标对应的差频信号中的非线性误差是随目标斜距变化的，与脉冲体制的系统补偿相比，对调频连续波信号非线性误差的补偿异常困难。荷兰 Delft 大学研制的 FMCW SAR 系统，由于未能有效补偿系统非线性误差，导致 SAR 图像模糊（图 9.14）。

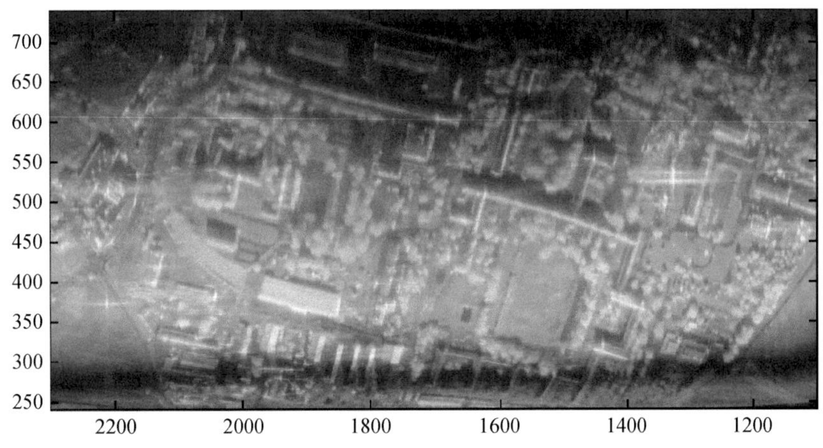

图 9.14 荷兰 Delft 技术大学获取的 FMCW 机载 SAR 图像

由于目标回波信号中系统频响非理想特性引入的幅相误差与信号本身的非线性误差的表现形式不同，对成像处理的影响也不同，不能通过相同的方法进行提取和校正，且系统失真误差与信号失真误差混叠在一起，随目标斜距而变化，使系统误差估计和提取更加复杂和困难。

在实际雷达系统中，各部件非理想特性引入的幅相失真，不仅影响雷达回波信号性能，对成像造成影响，更严重的是在调频连续波体制雷达下，该幅相误差会与信号本身的频率非线性误差叠加在一起，将给系统频率非线性误差的估计和校正带来不可忽略的影响，甚至导致系统非线性误差估计的严重失真，在成像处理过程中必须予以考虑并进行校正。

调频连续波雷达的系统框图如图 9.15 所示。

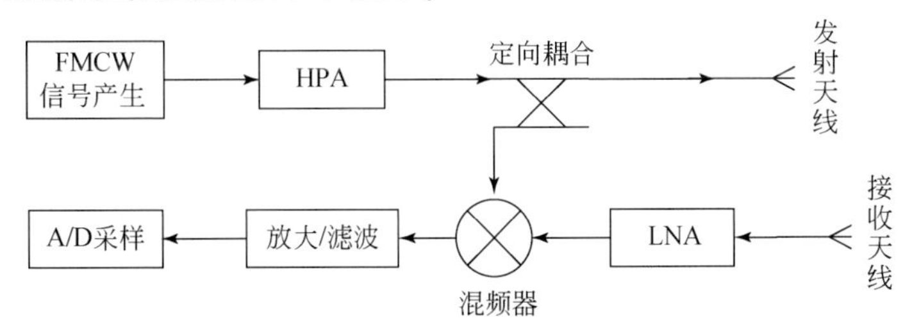

图 9.15 调频连续波 SAR 系统框图

雷达发射的信号 $s_t(t_e)$ 为

$$s_t(t_e) = A(t_e)\exp\left\{\mathrm{j}2\pi\left[f_c t_e + \frac{1}{2}k_e t_e^2 + \varepsilon(t_e)\right]\right\} \tag{9.8}$$

中篇

式中，$A(t_e)$ 为信号包络；f_c 为载频；k_e 为调频信号调频率；t_e 为距离维快时间，且有 $-\mathrm{PRI}/2 \leqslant t_e \leqslant \mathrm{PRI}/2$；$\varepsilon(t_e)$ 为扫频非线性引入的非线性误差。在去调频接收模式下，将 $s_t(t_e)$ 与回波信号做去斜处理，得到差频信号 $s_{if}(t_e)$ 为

$$s_{if}(t_e) = s_r(t_e)s_t^{\ *}(t_e) = (s_t(t_e) * h(t_e) * g(t_e))s_t^{\ *}(t_e) \tag{9.9}$$

式中，$g(t_e)$ 为目标响应函数；$h(t_e)$ 为系统响应函数，包括定向耦合、收发天线、低噪声放大器等系统特性，主要引入低频幅相误差。可见，由于系统非理想特性的影响，回波信号被系统误差函数 $h(t_e)$ 调制，信号频率非线性误差与系统失真误差相互叠加，使差频信号形式复杂化。

系统的幅相误差可以通过定标信号获取。发射信号经过设定的延时 τ_{ref} 后与发射信号混频，得到定标信号 $s_{\mathrm{if}}(t_e,\ \tau_{\mathrm{ref}})$ 。提取定标信号的相位信息，并由于定标延时 τ_{ref} 已知，去除有用信号相位信息，可以得到系统解缠绕（unwrap）的相位误差

$$\Phi_{\mathrm{if}}(t_e,\ \tau_{\mathrm{ref}}) = 2\pi\varepsilon(t_e - \tau_{\mathrm{ref}}) - 2\pi\varepsilon(t_e) + \varphi(k_e(t_e - \tau_{\mathrm{ref}})) + 2\pi m \tag{9.10}$$

式中，m 为待定整数，且第二项信号非线性相位误差与定标延时无关，通过两次定标信号相位误差的差拍处理即可消除其影响。

中国科学院电子学研究所从调频连续波雷达信号模型出发，分析了调频连续波系统误差形式以及对成像处理的影响，提出了一套基于有限次迭代反卷积的宽带系统误差估计与校正方法，补偿后的系统残留误差很小，接近理想系统。图 9.16 给出误差补偿前后点目标效果的对比。通过基于有限次迭代反卷积的补偿方法可以将系统线性度的要求从 10^{-7} 降低到 10^{-4}。并且通过 RVP 滤波的补偿方法实现全场景内补偿。

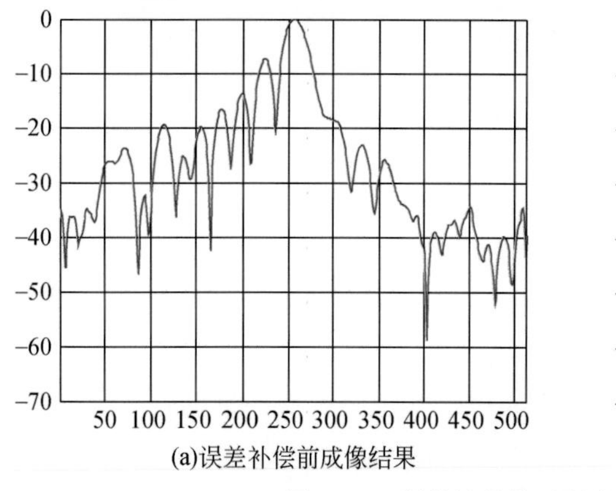

(a)误差补偿前成像结果

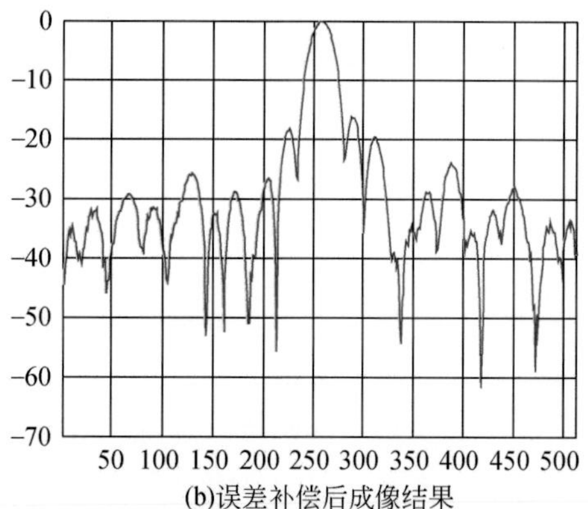

(b)误差补偿后成像结果

图 9.16　误差补偿前后距离向目标压缩结果比较

9.3.3　微型 SAR 成像处理技术

SAR 成像处理目的在于得到目标区域散射系数的二维分布，它是一个二维相关处理的过程，本质是通过二维匹配滤波实现高分辨率，通常可以分为距离向处理和方位向处理两个部分。在处理过程中，各算法的区别在于如何解决距离-方位耦合的问题以及如何进行距离徙动校正，如图 9.17 所示，由于调频连续波 SAR “stop-and-go” 近似不成立，所以引起的多普勒误差效应严重影响目标距离向和方位向成像处理结果。与脉冲体制 SAR 相比，调频连续波 SAR 系统中 “stop-and-go” 近似不再成立，各算法对在发射信号持续时间内由于载机运动所引起的多普勒频移误差的处理也不尽相同。

针对此问题，国内外许多研究人员开展了深入的研究和实验，提出了多种调频连续波 SAR 的成像算法，主要包括距离-多普勒算法、频率变标算法、波数域算法以及逆投影算法等。

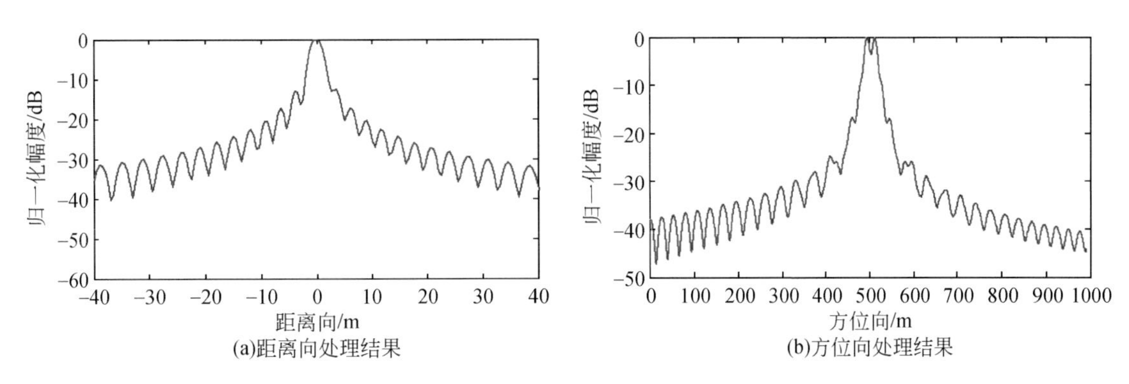

图 9.17 “stop-and-go” 近似不成立对成像处理的影响

1）距离多普勒算法

调频连续波 SAR 系统中，发射信号持续时间长，天线连续运动引起的距离频率走动不能忽略。改进的调频连续波 SAR 距离-多普勒算法充分考虑了残留视频相位误差和 “stop-and-go” 近似不成立对成像处理的影响。对去调频后的差频信号，先在距离频域完成残留视频相位误差校正，再在方

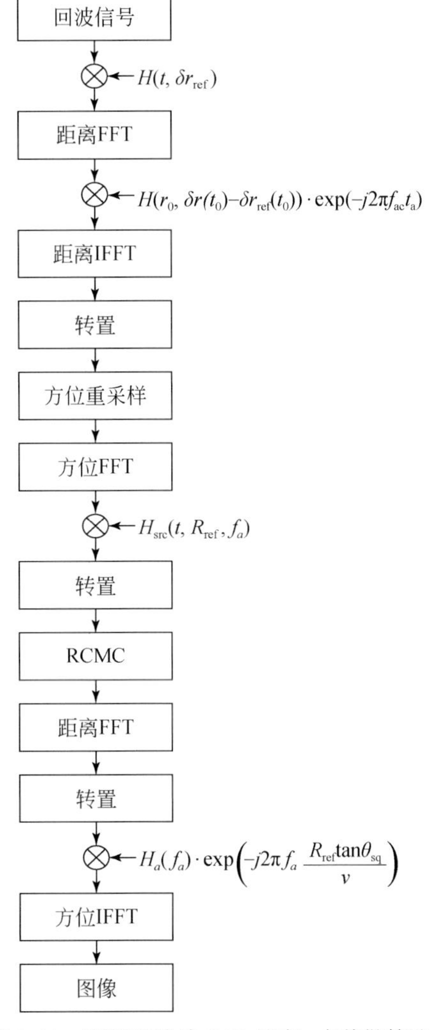

图 9.18 调频连续波 SAR 距离-多普勒算法流程

中篇

位多普勒域通过插值同时完成距离频移走动的校正和距离弯曲的校正，最后通过方位匹配滤波完成聚焦处理。该算法实现简单，易于理解。

距离-多普勒算法特别适合正侧视和距离弯曲较小的场合中，算法简单，计算量小，易于机上实时处理。调频连续波 SAR 的距离-多普勒算法流程如图 9.18 所示。主要分成四步：第一步，进行运动补偿，并补偿多普勒误差效应；第二步，进行方位重采样；第三步，完成二次距离压缩，并进行距离徙动校正和视频相位误差校正；第四步，进行方位压缩，得到聚焦图像。点目标仿真成像结果如图 9.19 所示。

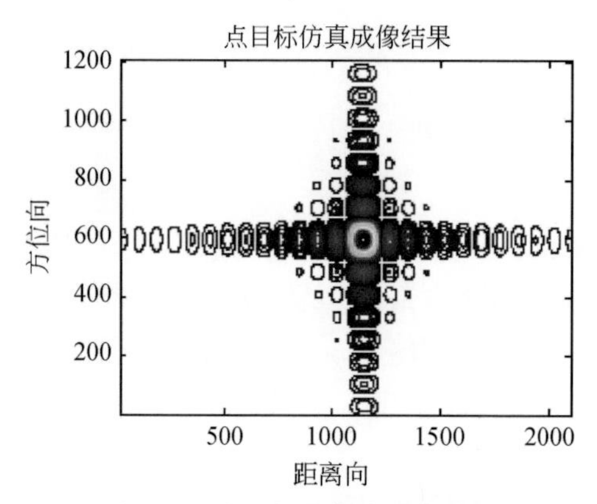

图 9.19　点目标的仿真成像结果

2）波数域算法

与常规脉冲体制 SAR 的波数域算法相比，基于 FMCW SAR 的波数域算法的实现流程的主要特点是：在成像处理之前，需要补偿信号持续时间内载机运动给回波信号造成的多普勒频移，即进行多普勒效应的补偿。其余处理方法与 Dechirp 接收的脉冲 SAR 回波信号处理方法完全相同。图 9.20 给出了包括方位重采样、一阶运动补偿、二阶运动补偿以及自聚焦等运动补偿环节的算法实现流程。点目标仿真成像结果如图 9.21 所示。

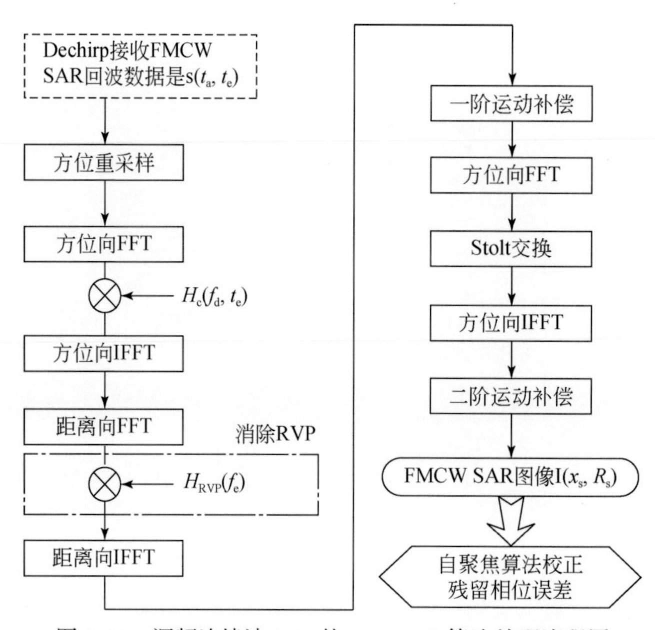

图 9.20　调频连续波 SAR 的 Omega-K 算法处理流程图

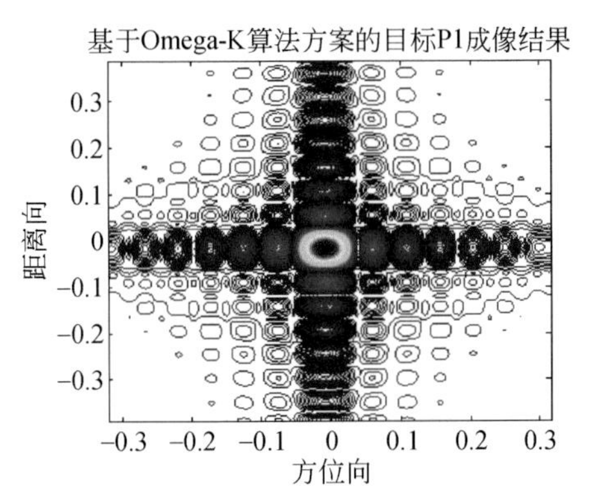

图 9.21 调频连续波 SAR 点目标仿真结果

9.3.4 高精度运动补偿技术

飞行平台在飞行过程中易受气流影响，飞行轨迹较不稳定，在成像处理时要进行运动补偿。相比于大型 SAR，微型 SAR 的高精度运动补偿技术的主要难点包括：①小型无人机由于体积小、质量轻，飞行高度低，易受地表气流的影响，飞行轨迹很不稳定。②微型 SAR 载荷常采用较高的工作频率，相对作业高度较低，因此飞行平台轨迹误差的影响与大 SAR 相比更为严重。③受限体积、质量，微型 POS 的位置和姿态测量精度无法达到高精度 POS 的水平。上述因素的存在，使得基于微型 POS 的高精度运动轨迹测量技术和运动补偿技术就成为了微型 SAR 系统和数据处理的关键所在。

1. 微小型高精度运动轨迹测量技术

飞行平台的运动轨迹测量一般有两种方法，一种是惯性测量系统，另一种是 GPS。惯性测量系统具有高的短时精度，但是在长时间内，惯性测量系统的测量结果漂移误差很大。GPS 测量结果不存在误差漂移，其长期测量精度稳定，但测量重复频率低，定位精度较低。需要综合这两种传感器的优势，利用 GPS 的长期稳定性阻尼 SINS 的误差发散。为了提高精度，GPS 测量采用差分 DGPS，合理的组合滤波，可以将高频定位误差控制在 0.5mm 以下，但是视线方向匀加速度误差很难达到技术要求。这部分误差可以通过在成像处理中采用自聚焦算法加以滤除。

运动补偿用 POS 测量微型 SAR 天线相位中心的运动参数，是微型 SAR 实现高精度运动补偿的关键。微型 POS 主要由微惯性测量单元（MIMU）、GPS 及数据处理软件三部分组成。MIMU 是微型 POS 的核心部件，与微型 SAR 天线刚性连接，测量天线相位中心的角速度和加速度信息，并将测量数据发送到微型 SAR 综合数据处理机存储。GPS 测量飞机某一点的位置和速度信息并进行存储。最后，通过后处理软件将 MIMU 数据和 GPS 数据进行信息融合，得到微型 SAR 运动补偿参数。下面介绍微型 POS 的设计。

IMU 是微型 POS 核心部件，采用三个输入轴正交配置的微型陀螺仪测量 SAR 天线相位中心的三维角速率，采用三个输入轴正交配置的微型加速度计来测量三维加速度，采用多路温度信号完成陀螺仪与加速度计的环境温度监测。通过调理电路，将检测到的陀螺仪和加速度计信号进行滤波、差分、放大等处理后，送至基于 DSP 的信号转换、采集及预处理电路模块。基于 DSP 的信号采集及预处理模块同时还接收 GPS 秒脉冲和 GPS 时间数据，实现多路陀螺仪、加速度计数据与 GPS 的时间同步，最后将同步后的数据发送到 SAR 综合数据处理机存储，如图 9.22 所示。

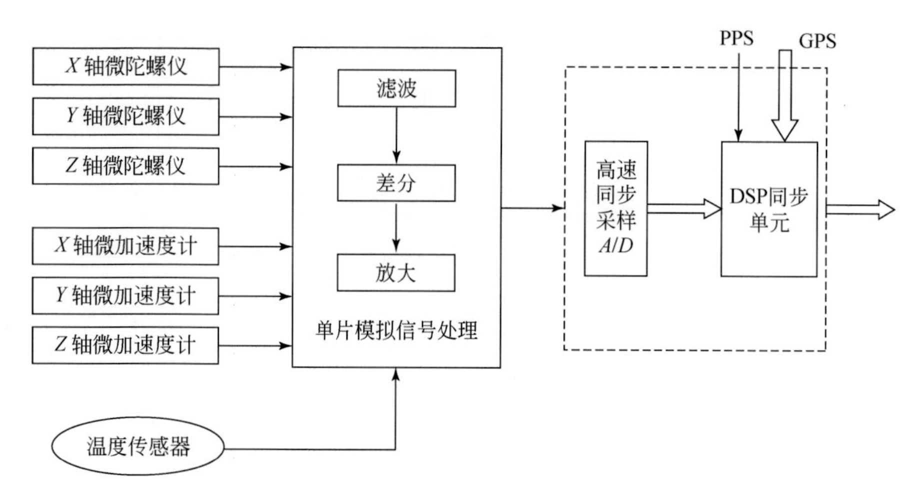

图 9.22　微型 POS 用 MIMU 方案框图

中国科学院电子学研究所研制的 1kg 小型位置姿态测量系统 MPOS 与 POSAV610 位置测量结果对比如图 9.23 所示，与 POSAV610 姿态测量结果如图 9.24 所示。

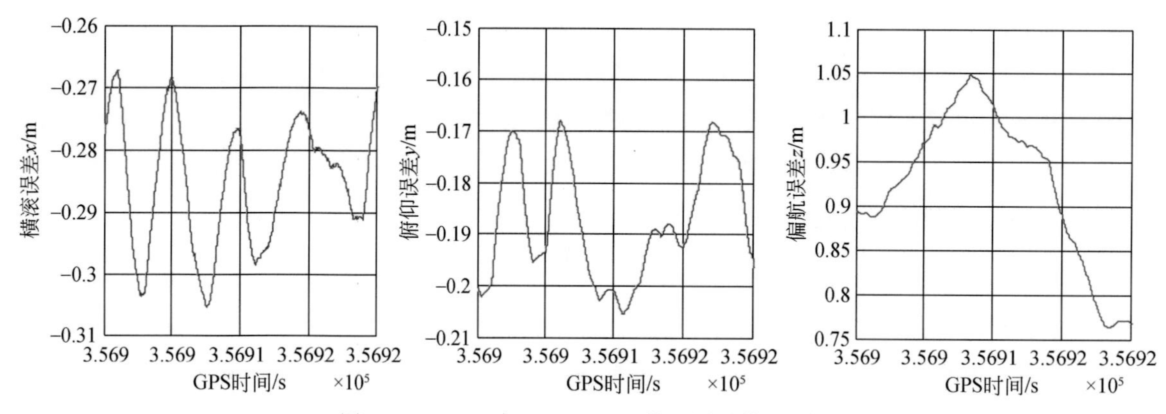

图 9.23　MPOS 与 POS AV610 位置测量结果比较

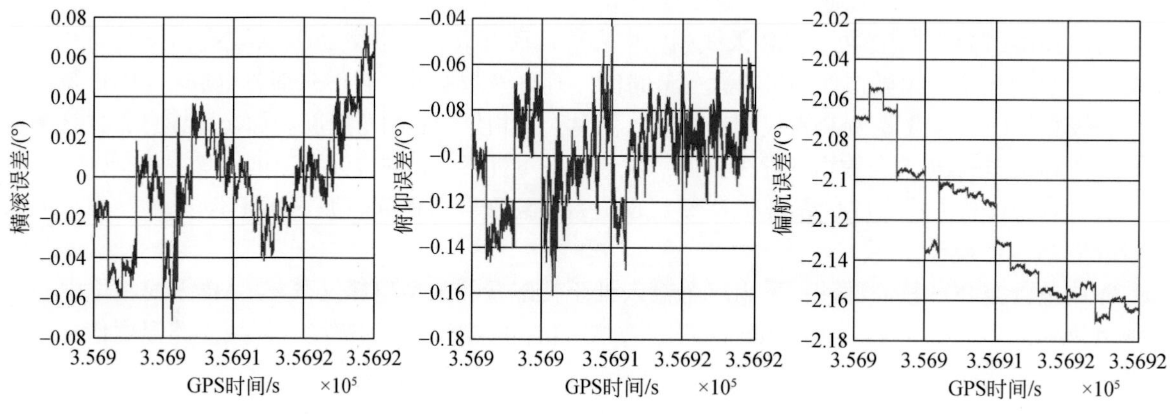

图 9.24　MPOS 与 POS AV610 姿态测量结果比较

由上图可见，中国科学院电子学研究所研制的 MPOS 与 POSAV610 测量结果相比，位置测量误差最大 0.03m，二次及以上位置误差±4mm，水平姿态角测量误差±0.06°，航向角测量误差±0.1°。

2. 基于回波数据的运动补偿技术

与传统脉冲体制SAR不同，调频连续波体制SAR中“stop-and-go”近似不再成立，脉冲持续周期内的运动误差不能忽略，而其由于临近空间浮空器速度慢，合成孔径时间长，超长合成孔径时间的运动补偿也是需要研究的一个关键问题，需要在传统的运动补偿方法和自聚焦方法上有所突破。

1）调频连续波SAR单条数据记录内部时变的运动补偿

由于调频连续波信号的占空比为100%，传统成像模型中采用的“走-停”模式假设不再成立，因此，同一条数据记录内的运动误差不再为常数，运动补偿时需要考虑单条数据记录内部的时变特性，同时还需要考虑运动误差的空变特性。采用的补偿方法为：在距离压缩前补偿单条记录数据内部的时变运动误差，距离压缩后，忽略记录内的时变特性，根据几何关系计算空变残余运动误差并加以补偿。当测绘带宽度不是很高时，上述假设可以得到很高的满足，补偿精度很高。

以本系统仿真数据为例，图9.25展示了采用单条数据记录内部时变运补的成像效果。

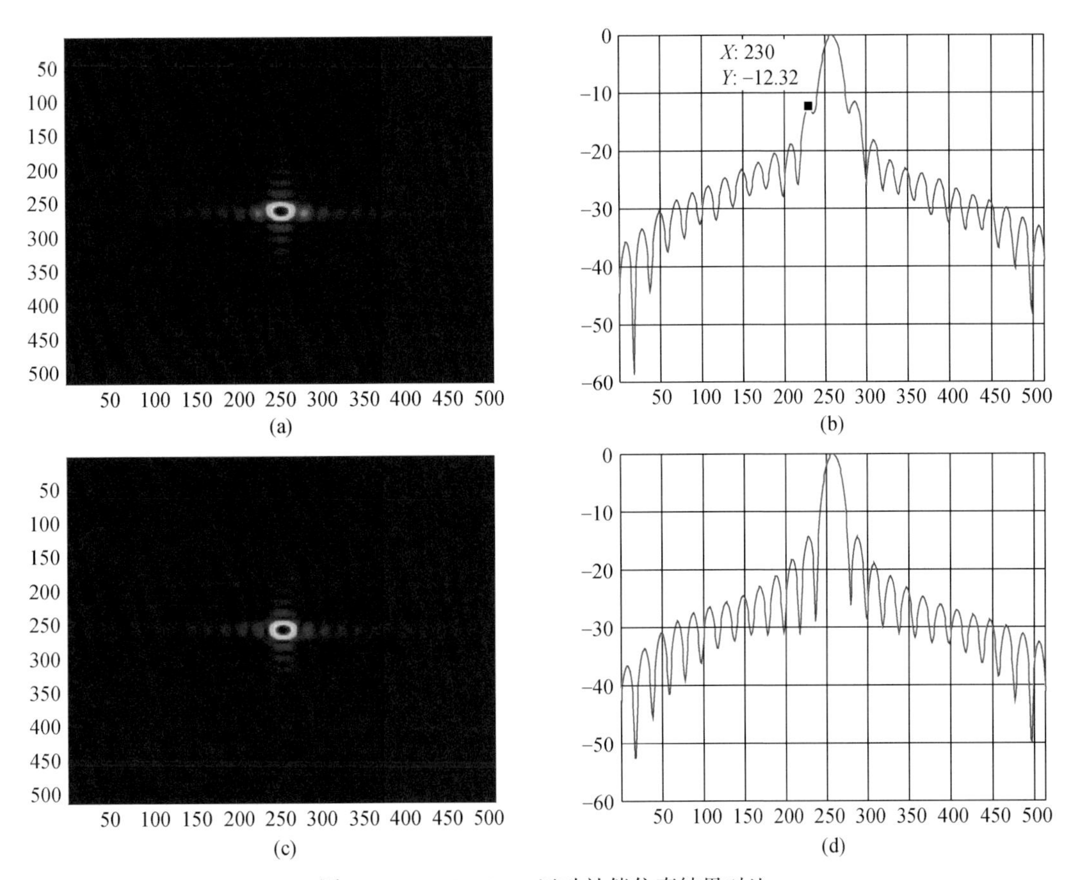

图9.25　FMCW SAR运动补偿仿真结果对比

（a）（b）只进行空变运动补偿的成像结果；（c）（d）同时进行单条数据记录内部时变运补和空变运补的成像结果

结合微型SAR系统获取的实际数据，采用传统运动补偿方法的成像结果和采用脉冲内持续运动补偿方法的成像结果对比如图9.26所示，可见，采用脉冲内部时变的运动补偿方法可以得到比传统运动补偿处理方法聚焦效果更好的图像。

(a)传统运动补偿结果　　(b)脉内运动补偿结果

图 9.26　FMCW SAR 运动补偿结果对比

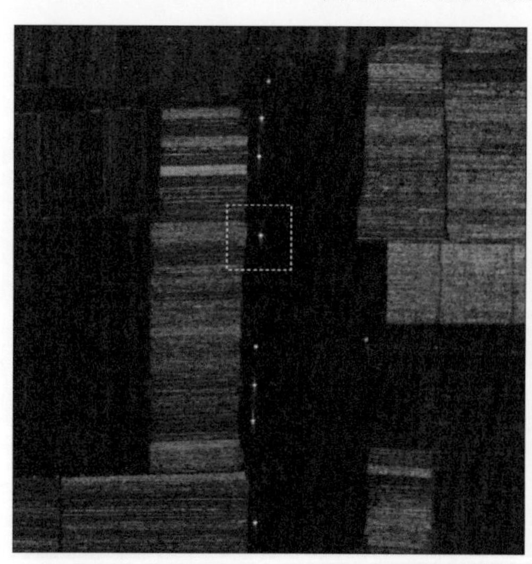

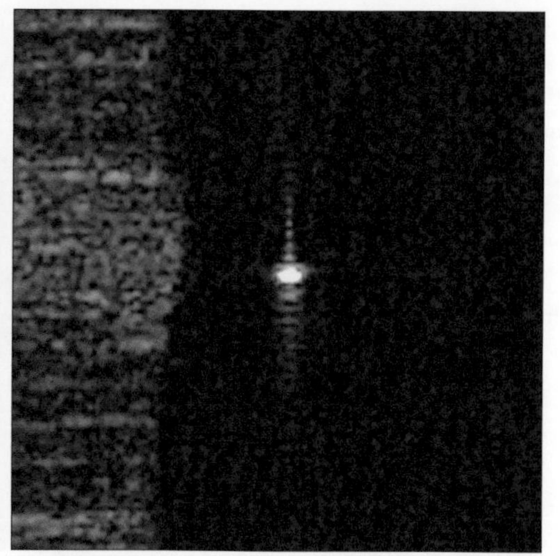

(a)MD自聚焦之前的成像结果

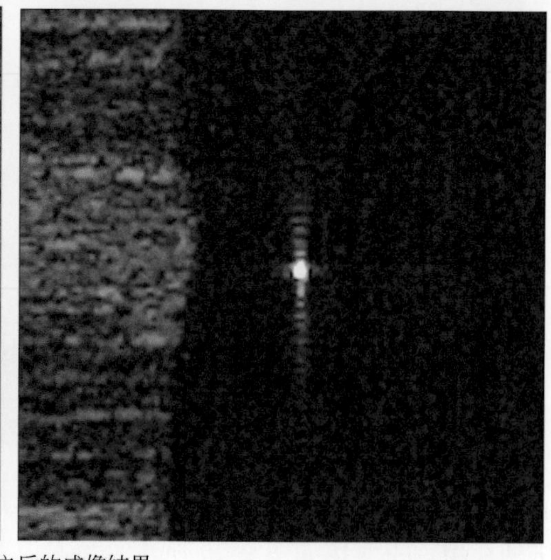

(b)MD自聚焦之后的成像结果

图 9.27　MD 自聚焦成像结果对比

2）基于回波数据的运动补偿

自聚焦算法主要针对二次残余运动误差，即对方位匹配滤波器的调频率做出更为精确的估计。将一个线性调频信号分成两块，做复共轭相乘，所得信号为线性相位信号，其频率由两块数据的时间差和调频率决定。已知两块数据的时间差，通过频谱分析可得乘积信号的频率，从而可以得到原来信号的调频率。为了提高估计精度，该方法通常迭代使用，逐步逼近实际的调频率值，从而达到良好的聚焦效果。MD 自聚焦成像结果对比如图 9.27 所示。

9.3.5 微型 SAR 的实时成像处理技术

实时成像技术需要依靠调频连续波 SAR 回波信号模型和成像处理流程，目前较为实用的解决方案是采用基于 FPGA 和高性能多核 DSP 的高集成度的微小型 SAR 实时处理技术，解决了基于微型传感器的实时运动补偿、雷达数据与运补数据的精确对齐，成像处理器处理能力与 IO 能力的匹配等关键问题，实现满足系统总体指标要求的微型实时成像处理系统。

1. 微型 SAR 的实时成像处理技术

微型 SAR 实时成像处理关键技术方案由机上实时预处理部分和地面实时成像部分两方面组成，具体实现如图 9.28 所示。

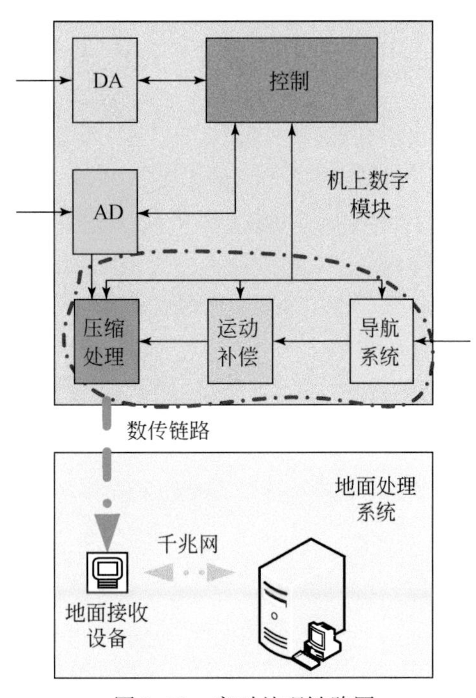

图 9.28　实时处理链路图

2. 基于 FPGA 的机上高效实时预处理技术

机上实时预处理包含两部分：数据压缩和机上运动补偿。由于 SAR 系统产生的原始回波数据量很大，而且 SAR 成像处理具有数据吞吐率高、成像复杂的特点。特别是小型运动平台的运动误差大，要实现高分辨率的实时成像处理，必须解决小型化的实时运动补偿问题，需要从基于微型传感器的实时组合滤波算法和基于回波数据的运动补偿方法进行创新，实现机上实时运动补偿。

SAR 图像数据是复数数据，具有斑点噪声大、动态范围大、包含丰富纹理而难以压缩的特点，结合实时成像处理流程，开展复数图像压缩方法关键技术攻关，实现高分辨率 SAR 数据实时快速压缩，提高压缩比、保证图像质量、保持复数图像的动态范围和图像的辐射分辨率。机上 SAR 载荷系统中的数字模块采用当前最新工艺 FPGA 实现微型 SAR 机上实时预处理，将处理结果通过机载高速串行数传链路实时下传到地面处理系统中，并实时成像。

9.4 典型载荷产品和应用实例

微型合成孔径雷达采用了调频连续波体制，具有体积小、质量轻、成本低、多功能，可灵活组合形成多种工作模式等特点，能够全天候、全天时的获取遥感数据，能够满足轻小型低空无人机飞行平台搭载安装需求，还可以满足双装载、多装载的多任务平台的安装需求，可广泛应用于国防、地形测绘、制图学、海洋研究、农林生态监控、污染和灾害估计等领域。

9.4.1 典型载荷介绍

本小节主要介绍中国科学院电子学研究所的 MSAR、美国 Lynx SAR & MiniSAR、NanoSAR、德国 MISAR、中国科学院电子学研究所和北京理工大学的微型 SAR。

1. 中国科学院电子学研究所的 MSAR

2009 年，中国科学院电子学研究所微波成像技术重点实验室就开展了以小型化平台、高分辨成像为目标的 FMCW SAR 系统设计，对该系统的各方面进行了深入的研究，并取得了一定的进展；并于 2010 年率先成功研制出了质量为 1.8kg 的国内首套 Ku 波段微型 SAR 系统并实验成功，获得了 0.5m 分辨率的微型 SAR 图像；在 2011 年又成功研制质量为 1.8kg 的国内首套 Ka 波段微型 SAR 系统，并获得了 0.15m 分辨率的 SAR 图像，之后又实现了交轨干涉功能。Ku 波段和 Ka 波段微型 SAR 系统如图 9.29 所示，主要性能指标如表 9.4 所示。中国科学院电子学研究所研制的 MSAR 系列型微型合成孔径雷达已经在 WZ-5、ASN-216（图 9.30）、中测新图等多种无人机上以及“运十二”、“奖状Ⅱ”、A2C 等多种有人机上挂飞成功，获取了大量的有效数据（图 9.31 至图 9.33）。

(a)Ku波段微型SAR

(b)Ka波段微型SAR

图 9.29 中国科学院电子学研究所研制的 MSAR 系列微型合成孔径雷达

表 9.4 MSAR 系列微型合成孔径雷达主要性能指标

名称	MSAR-Ku	MSAR-Ka
体制	FMCW	FMCW
作用距离	6km	4km
最大幅宽	3km	2km
最高分辨率	0.3m	0.15m
质量	1.8kg	1.8kg
功耗	65W	65W

图 9.30 Ku 波段 MSAR 在 ASN-216 无人机上的装机

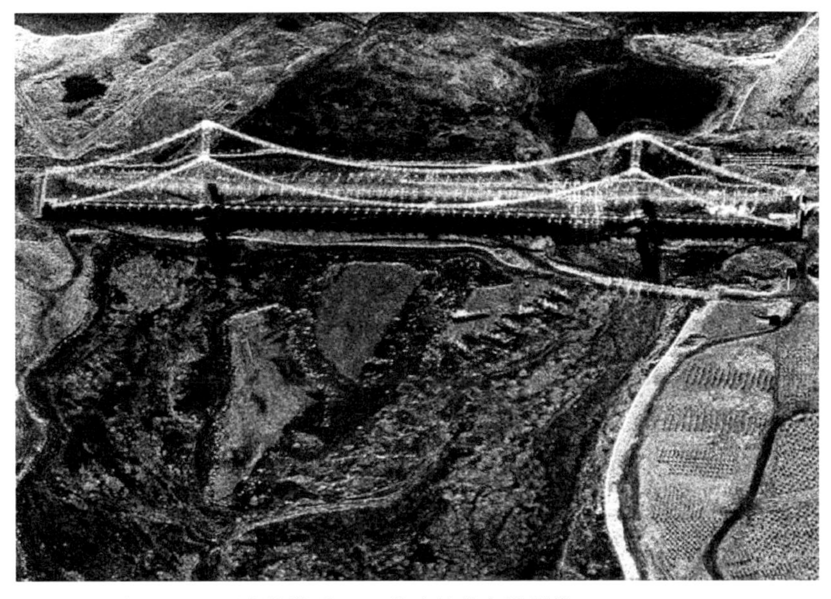

图 9.31 Ku 波段微型 SAR 获取的某大桥影像（0.3m×0.3m）

图 9. 32　Ku 波段微型 SAR 获取的某机场影像（0. 3m×0. 3m）

图 9. 33　Ka 波段微型 SAR 获取的某村庄影像（0. 15m×0. 15m）

2. Lynx SAR & MiniSAR

美国的 Sandia 实验室在 2005 年以 Lynx SAR 为原型，在空间分辨率不降低的情况下初步研制出了小型化的 MiniSAR 系统。MiniSAR 工作在 Ku 波段，同时还可以扩展到 X 波段及 Ka 波段，它在保证基本模式——聚束模式空间分辨率 0. 1m×0. 1m 的同时，总质量减少为 12. 3kg，不足 Lynx SAR 的 1/4。图 9. 34 给出了美国 Sandia 实验室 Ka 波段 0. 1m 分辨率跑道上飞机的成像结果。

图9.34　0.1m分辨率SAR对跑道上飞机成像结果

3. MiSAR

德国的EADS从2002年开始研制超轻质量，专门针对小型无人侦察机的调频连续波SAR系统——MiSAR，并于2006年升级到了第二代MiSAR系统，如9.35所示。MiSAR工作在35GHz的毫米波段，分辨率0.5m×0.5m，飞行高度300～2000m，飞行速度为10～40m/s，测绘带宽500～1000m。整个系统由机上的雷达前端和地面的信号处理器组成。机上载荷质量仅为4kg，占据空间仅为$1/100m^3$，最大能量需求100W。该系统具有地面实时成像处理能力。第二代MiSAR系统针对第一代MiSAR系统运动补偿的问题，增加了IMU以提高运动补偿精度，并对天线系统进行了设计，一方面增加了方位波束角，另一方面提高了收发天线的隔离度。第二代MiSAR系统的图像质量得到较大的改善，图9.36为MiSAR于2003年年底飞行试验得到的SAR图像，成像算法为RD算法。MiSAR系统目前装备在德国的"月神"无人机上。

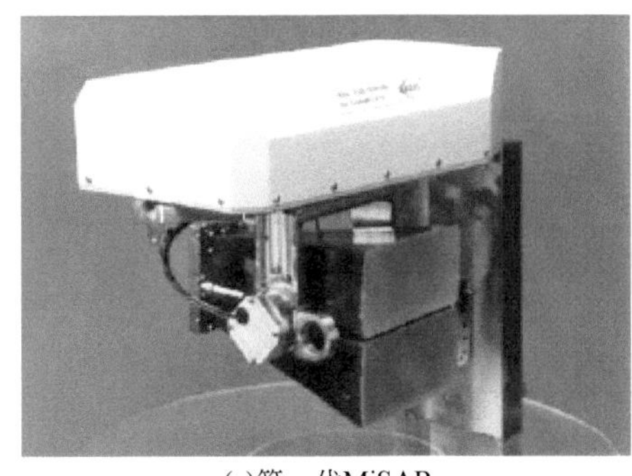

(a)第一代MiSAR

(b)第二代MiSAR

图9.35　德国MiSAR系统

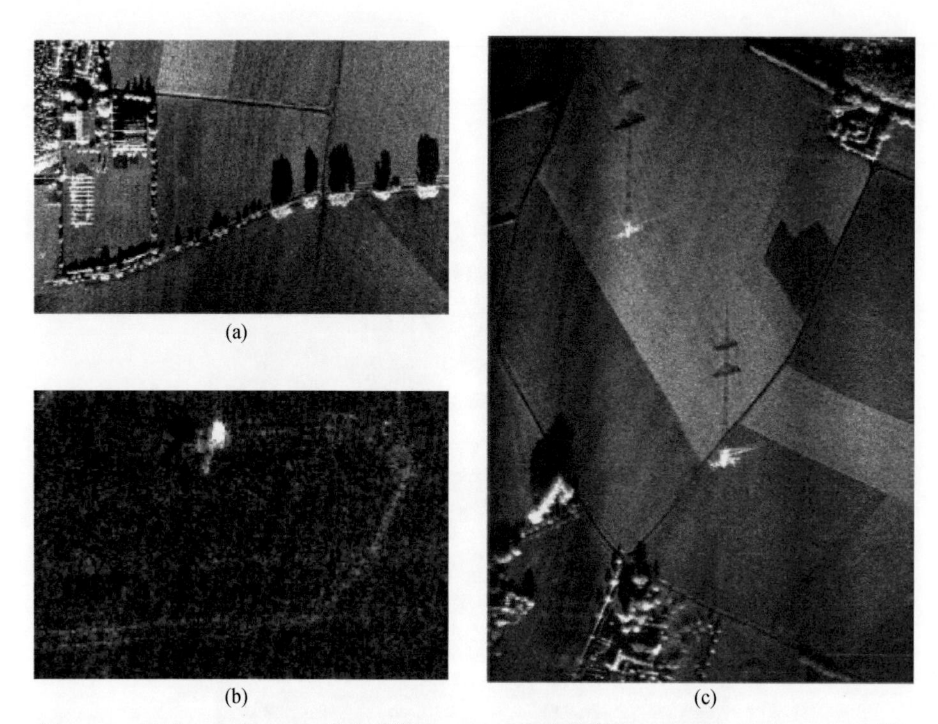

(a)

(b)

(c)

图 9. 36　德国 EADS 35GHz 毫米波段 0. 5m×0. 5m 分辨率 FMCW 无人机载 MiSAR 图像

4. NanoSAR

2009 年，美国 ImSAR 公司设计研发目前世界上最轻最小的 SAR 系统——NanoSAR，如图 9. 37 所示。系统采用 FMCW 体制，在轻小型高隔离度天线设计技术、微小型射频技术等方面取得了巨大的进步。该系统工作在 X 和 Ku 波段，总质量约 1. 5kg，总功耗小于 30W，最高分辨率达到 0. 3m，作用距离达到 4km，测绘带最大为 1km，系统发射功率为 1W。该雷达系统已装备在“扫描鹰”上进行了试验飞行，取得了较好的试验效果。该雷达系统现已开始量产。

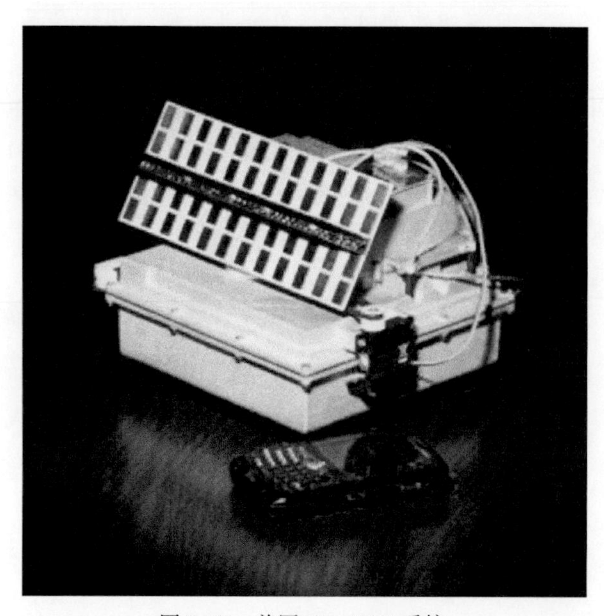

图 9. 37　美国 NanoSAR 系统

5. 北京理工大学的微型 SAR

北京理工大学采用高脉冲重复频率、调频步进频体制研制的 Ku 波段微型 SAR 原理样机，质量约为2公斤，作用距离1km，测绘带宽度300m，分辨率为0.3m。Ku 波段微型 SAR 如图9.38所示，其获取的影像如图9.39所示。

图9.38 北京理工大学研制的2kg级 Ku 波段微型 SAR

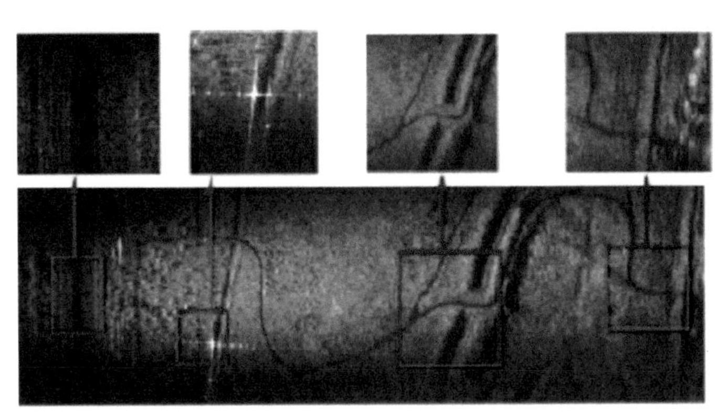

图9.39 北京理工大学2kg级 Ku 波段微型 SAR 获取的影像

9.4.2 微型 SAR 应用特点和典型应用实例

星载 SAR 受轨道的限制，无法很好地满足业务化应用对连续覆盖和快速重复性观测方面的需求。与之相比，无人机载微型 SAR 在分辨率，高程精度等性能指标、成本、机动性、可更换性等方面具有很大的优势。本小节结合轻小型无人机 SAR 的技术特点，分析了其在海洋、农林、水利、测绘和减灾等方面的应用。

1. 海洋应用

我国拥有广阔的领海水域面积，海岸线长达3.2万 km，对海洋进行有效的监测是我国的重大需求之一。合成孔径雷达 SAR 适合全天候全天时使用，在海上溢油监测、海冰监测、绿潮监测、海岸侵蚀及围填海监测、海上舰船监视监测领域均有着重大应用前景。

(1) 溢油监测。海面溢油由于具有较高的表面张力，衰减了海面的微尺度波，因此油膜覆盖的海面比较光滑，设备接收的后向散射强度较低，在雷达图像上表现为暗区域。基于溢油的以上特征，可发展溢油检测和识别算法，进行专题信息提取，实现溢油业务监测。图 9.40 显示了 L、C、X 波段的 SAR 传感器获取的波罗的海矿物油膜图像。溢油在 L 波段对比度比较差，并且油膜在 L 波段 SAR 图像上不完整。与 L 波段相比，溢油在 C 波段和 X 波段对比度都比较好，并且油膜在这两个波段 SAR 图像上表征完整而且相似。

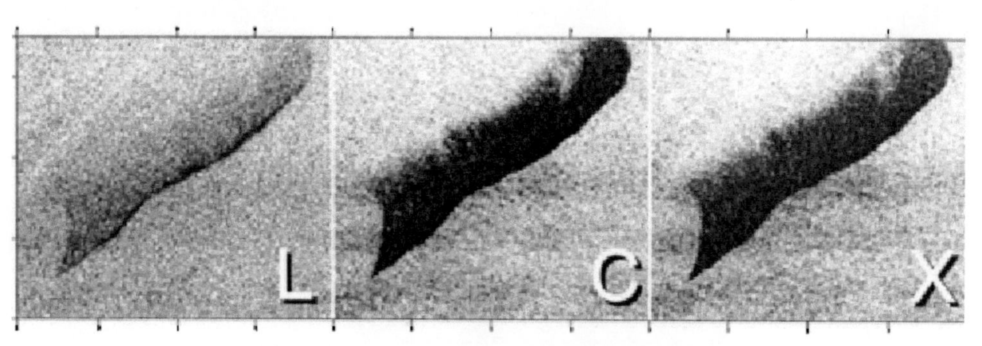

图 9.40　L、C、X 波段 SAR 的海面油膜成像

（2）海冰监测。合成孔径雷达海冰监控是利用其发射的微波照射海面，在海面发生反射、透射、折射和吸收，通过接收到的不同的后向散射强度来区分海冰和海水。利用合成孔径成像雷达的高分辨率成像特点，可实现海冰密集度精确计算和精细分类，而其远距离、大范围的特点使得海冰监测能够实现高效率大范围监测。

（3）绿潮监测。海面绿潮繁殖，使合成孔径雷达发射的微波信号在绿潮覆盖的海面发生反射、透射、折射和吸收，雷达后向散射强度发生了变化，这从雷达图像可以识别出来。可以利用 SAR 进行绿潮的监视监测。

（4）海岸侵蚀、围填海监测。中国科学院电子学研究所研制的 5kg 级微型合成孔径雷达成功地实现了对辽宁花园口区域海岸带利用情况的航空遥感监测，获取渤海湾区域 500km^2 高分辨率雷达影像数据，为海岸带监测及变化提供了可靠的依据，形成了海岸带监测专报。

（5）舰船监测。当 SAR 发射的电磁波入射到舰船目标时，由于舰船大多都有上层建筑或甲板结构，在一定方向能将雷达信号直接反射，产生很强的回波信号，并有可能形成二次散射，将大多数雷达波束的能量返回到 SAR 天线上，所以舰船目标在 SAR 影像中表现为强散射点，易于被识别和定位。同时，由于 SAR 具备较其他传感器更宽的测绘带宽，因此，采用机载合成孔径雷达进行海上舰船监视监测也是一个极其重要的应用方向。

2. 农、林业应用

目前，农业雷达遥感主要技术流程已经比较成熟，制约其发展的关键在于如何提高应用水平（广度、精度），使其能够满足行业部门的业务化要求，SAR 在实现这一目标过程中具有重要的作用。目前，SAR 在农业方面的应用主要包括农作物识别和土地覆盖类型制图、农作物长势监测和估产、土壤含盐量和含水量估计等。

林业对多维度 SAR 的主要需要：一是用于林业用地、非林业用地的识别及林业用地下各级地类的精细识别；二是用于森林资源的定量估测，也就是估测森林的垂直结构参数（树高、蓄积量、地上生物量等）。这些信息综合起来就是森林的三维结构分布信息。

3. 减灾应用

我国是一个自然灾害频发的国家，这些自然灾害包括地震、地质灾害（泥石流、滑坡等）、水灾、森林大火等。上述自然灾害的有效监测对于灾害预报、灾情评估与应急救援等均有重要的意义，它们关系到人民生命财产安全，是国家的重大需求之一。目前，SAR 在自然灾害方面的应用需求包括倒塌房屋等地震灾害评估与应急救援、道路等基础设施损毁监测、泥石流和滑坡等地质灾害监测。

4. 水利应用

合成孔径雷达具有全天候、全天时对地观测功能，可以不分昼夜和阴雨天气进行对地观测，在洪水监测、土壤含水量估算、冰凌监测等方面具有很好的应用潜力。利用星载雷达遥感数据监测洪水灾害已有许多成功案例。特别是 2013 年黑龙江大洪水期间，水利部水利信息中心利用遥感系列卫星对洪水汛情和灾情进行了持续动态监测和分析评估，准确、及时、全面地跟踪了整个流域洪水的演进过程及发展变化趋势，解决了无观测资料情况下对洪灾的监测预测难题。微型 SAR 的轻小型无人机应用将更及时应对水利应急需求。

5. 国土测绘应用

测绘应用涉及的时空基准、基础地理信息、国家系列地图等信息产品是国民经济与社会信息化建设的基础，是国家空间数据基础设施的核心组成部分。随着我国国民经济的高速发展，传统测绘技术和手段远不能满足我国信息化建设的要求，必须采用新型的技术手段，获取各种空间信息，以建立和维护我国高精度的时空基准，及时更新各种比例尺的基础地理信息，快速生产现势性强的国家系列地图。主要应用体现在困难地区基础测绘、海岛礁监测与测图、国土基础监测。

第10章 航空物探载荷

近年来对地球物理勘探工作任务要求的提高，航空物探得到了广泛的关注和发展。随着小型化技术（如自动驾驶仪）的成熟和适用，民用领域无人机应用显著增加，促进了无人机航空物探技术发展。无人机航空物探测量系统由无人机搭载平台、物探传感器载荷和相关软件系统构成，其中物探载荷部分具有小型化、智能化、质量轻、尺寸小、费用低、续航能力强等特点，便于运输和使用，目前已受到世界航空地球物理公司的广泛关注。

10.1 航空物探载荷发展现状与趋势

目前在轻小型无人机平台上使用的航空物探载荷主要有航空磁力仪、航空电磁系统、航空放射性探测仪等，这些探测器国外已经开始在轻小型无人机上进行应用，我国也已将航空磁力仪应用到中型无人机上，并推出了多旋翼半航空电磁探测系统。

10.1.1 航空磁载荷发展现状与趋势

航空磁法是一种将航空磁力仪及其配套的辅助设备装载在飞行器上，并在探测地区上空按照预先设定的测线和高度对地磁场强度或梯度进行探测的地球物理方法。航空磁法与地面磁测相比具有较高的探测效率，且不受水域、森林、沼泽、沙漠和高山的限制。同时由于是在距地表一定的高度飞行，从而减弱了地表磁性不均匀体的影响，能够更加清楚地反映出深部地质体或被测物体的磁场特征。

航磁探测的核心技术是航空磁力仪（传感器），该技术发展迅速。早期使用灵敏度为1nT的磁通门磁力仪，经过灵敏度0.1nT的核质子磁力仪，到最近灵敏度达到0.01nT的光泵磁力仪，经历三代，不但灵敏度成数量级升高，而且信噪比升高、能耗降低、操作简化、自动化程度提高、体积缩小、野外实用性大大增强。近年来，超导技术也开始应用于磁力仪高精度发展系列中，如超导磁强计（SQUID magnetometor）或超导梯度计（SQUID gradiometer）。超导航磁测量具有磁场灵敏度高（SQUID磁强计灵敏度高出其他磁强计几个数量级，达10^{-5}~10^{-6} nT）、矢量输出和总场输出、全张量一阶梯度探测以及体积小、质量轻等特点，可应用于微磁异常探测、高精度磁测等方面。目前，航空超导磁力仪处于研发测试阶段，许多关键技术仍然亟待突破和发展。

近年来，无人机技术发展不断成熟。考虑到无人机具有人员伤亡风险小、费用低、工作效率高、可预期数据的准确性高、噪声水平低、空间分辨率高等优势，无人机航空磁测系统的研发与应用日益受到世界各航空地球物理公司的广泛关注。英国Magsurvey公司于2003年研发PrionUAV航空磁测系统，其机身长1.8 m，翼展3 m，系统最大长度为3.2 m，可以携带1个铯蒸汽磁力仪（也可以在翼尖安装两个铯蒸汽磁力仪，以进行梯度测量）、1个激光高度计、实时DGPS和1个3轴磁通门磁力仪。PrionUAV是1个拥有通用机翼的组合式系统，可以用轨道或弹射器发射，并可以回收，其发射台具有可折叠功能，便于运输。

2004年，Fugro公司在Insitu公司的协助下改装了扫描鹰无人机，推出了高精度无人机航空磁力测量系统 Georanger，并于 2005 年在渥太华附近进行了一系列的测试，取得了较好的效果。该 UAV 时速可达 75km/h，能够持续飞行 10 h，并具有三维空间全自动飞行能力，可以在距测区很近的地方发射和回收。Georanger I 采集的航磁数据质量较高，有时甚至好于固定翼飞机的标准，在定位准确性和升降速度方面远超出了传统有人驾驶飞机所能达到的标准。2005 年，Fugro 航空测量公司又升级了 Georanger 高精度航空磁力系统。新的 UAV 具有 3m 翼展，重 18kg，续航时间 15h，巡航速度 100km/h，采用小支架发射和回收系统，收发场地可选择在测区附近未经整理的荒地或船只上。Georanger 技术的进步还包括地球物理数据和 UAV 姿态参数的连续遥测技术、自调节发射、回收和具有事后补偿的铯蒸汽磁力仪、自调节 3D 或沿地形起伏飞行能力、长程铱星遥控技术、雷达高度计以及从单一地面控制站操作多个 UAV 的能力等。在魁北克 Gaspé 地区用 Georanger 进行了几次测量，取得了较好的效果。

加拿大万能翼地球物理（Universal Wing Geophysics）公司 2004 年推出了 UAV 航磁系统，2005 年又对其进行了完善和测试，特别是通过替换全部铁质材料，采用了铝壳锂电池，将磁噪声水平减少到工业标准水平。该系统装备有铯蒸汽磁力仪、GPS、激光高度仪和磁通门磁力仪。只要有 70km/h 的任何一种交通工具，在移动 200 m 左右的距离后，便可以应用一种特殊的装置发射该 UAV 系统。特殊定制的自动驾驶功能可以使该 UAV 系统在离地 40 ~ 80m 的高度进行网格测量飞行。该 UAV 系统的发射地方距测区最远可达 100km，并能够在离地 20 m 的高度掠地飞行。万能翼地球物理公司还对该 UAV 进行了特殊改装，使其能在-35 ℃以下低温和 28 kn 以上大风环境下进行测量。2004 年 8 月，UAV 系统完成了 650km 的磁力测量任务。

2005 年，该 UAV 系统在位于北极的 Diavik 钻石矿区进行了飞行测量，其采集的磁数据的质量与传统方法采集的磁数据的质量相似，在金伯利岩上获得了明显的异常；完成了两次商业测量，即 Vancouver 岛的山区的小范围测量和加拿大西北地区 NormanWells 附近的测量工作。万能翼地球物理公司准备采用目前的配置取代地面磁测以及起飞和着陆地适合 UAV 飞行的各种航空测量。

2009 ~ 2012 年，加拿大卡尔顿大学研发了 Geosurv 无人机航磁系统，计划 2013 年开展测量飞行试验。2012 年，日本发展了多款基于无人直升机平台的航磁系统，应用灵活，特别适用于小区域大比例尺航磁精细测量。

基于无人机航磁测量系统经济、高效、安全的优势以及在小区域大比例尺航空物探应用领域的广阔前景，受中国地质调查局委托，中国地质科学院地球物理地球化学勘查研究所（简称物化探所）于 2013 年启动了无人机航磁测量系统的研究，在中国航天空气动力技术研究院的协助下，在较短的时间内，突破了无人机改装与系统集成、超低空自主导航及飞行控制、航磁仪远程测控、无人机磁补偿等关键技术难题，成功将 CS-VL 高精度铯光泵磁力仪和 AARC510 航磁数据收录及补偿器搭载于 CH-3 国产无人机平台上，集成了基于长航时中型无人机的航空磁测系统。

我国在无人机航磁探测系统整套装备研发方面刚刚起步，还有许多问题亟待解决。目前还没有针对无人机航磁数据进行处理的系统。如何才能使这一新兴技术能尽快业务运行是一个需要解决的问题，相关的一些关键技术难点问题也需要攻克。由于无人机获得的磁信号干扰与补偿问题没有得到很好解决，噪音过大，造成地质解释的模糊性过大，数据精度下降，与其他数据（如地震解释数据）对接和联合解释困难。航磁信息要充分应用，航磁干扰与补偿问题就需要有效解决。

10.1.2 航空电磁载荷发展现状与趋势

从方法原理上，航空电磁系统（AEM）分为航空时间域电磁系统和航空频率域电磁系统；从系统载体的角度划分，主要分为固定翼 AEM 和直升机 AEM。1948 年第一套固定翼航空频率域系统问世，1955 年第一套直升机航空频率域系统问世，1965 年第一套真正的固定翼航空瞬变电磁系统 INPUT 系统问世。虽然航空频率域电磁系统的问世时间早于航空瞬变电磁系统，但由于后者在勘探深度、应用范围以及数据采集和解释等方面的优势，其发展速度远胜于前者。时至 20 世纪 70 年代后期，固定翼 AEM 即进入到瞬变电磁时代，而直升机 AEM 的发展则相对较慢，仍停留在频率域电磁时代。

20 世纪 90 年代以后，伴随着矿产勘查投资的增加和 AEM 在环境方面的扩展应用，AEM 取得了长足的进步。在此期间，固定翼航空瞬变电磁系统从单分量（一般为 x 分量）发展为三分量（x、y、z 分量）信号测量，而且可选择测量脉冲宽度和脉冲频率。开展多分量测量可获得更多的关于地下导体的信息。在直升机航空瞬变电磁领域，此阶段研发出了多线圈对、多频率（如五个线圈对、五个频率以上）的系统。

1948 年加拿大 McPhar 公司首次进行了航空电磁法的飞行和使用频率域电磁法装置。航空时间域电磁法观测系统发展稍晚，加拿大 Selco Exploration 公司航空和技术服务部的 Anthony R. Barringer 博士于 1958 年申请了一项关于感应脉冲瞬变航空电磁系统的专利，这个系统简称 INPUT（Induced Pulse Transient）。1959 年 Selco Exploration 公司就进行时间域 INPUT 固定翼系统的作业飞行。在开始作业飞行后的 20 年间，INPUT 系统不断改进升级，发展到 INPUT Ⅵ型，在加拿大和其他国家进行了大规模的探矿飞行，发现了 20 多个矿床。1985 年 Geoterrex 公司（后来并入 Fugro 公司）将完全数字化的 INPUT 系统安装在 CASA212 飞机上，取名 GEOTEM（图 10.1），后又推出 GEOTEM DEEP 和 GEOTEM1000，现在还在继续使用，是著名的 AEM 系统。1998 年 Fugro 公司采用四引擎的 Dash-7 飞机作为测量平台，开发了 MEGATEM 系统，发射磁矩后来达到 220 万 A·m^2（MEGATEM Ⅱ），飞行高度超过 4500m。

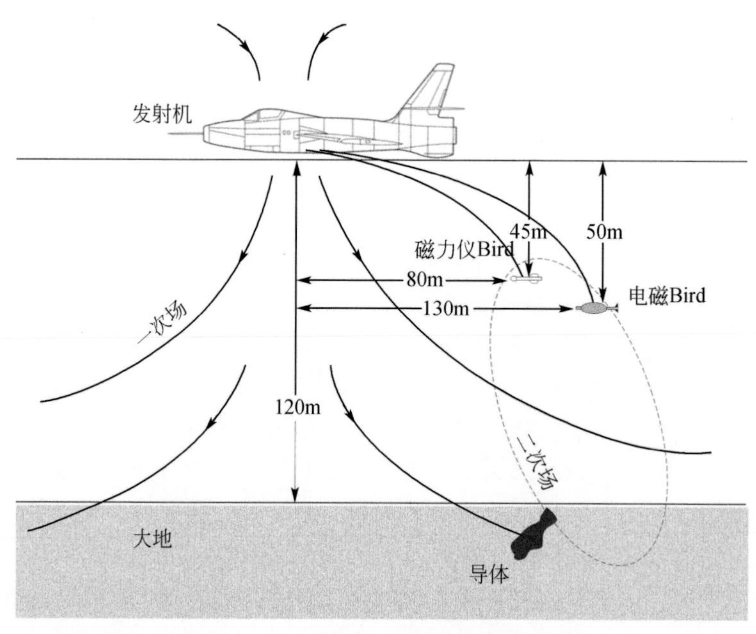

图 10.1　GEOTEM 系统工作原理示意图

1993 年澳大利亚 World Geoscience 公司推出 SALTMAP 系统，是固定翼时间域电磁法测量系统，与磁力仪、放射性测量仪和测高仪综合使用，收集风化层的电导率、厚度，基岩地质，土壤和地形等资料，供制定土地管理计划用。SALTMAP 的发射和接收装置的配置与 INPUT 相同，但是发射电流的波形和时间分配与 INPUT 有很大的差别。

2015年1月，物化探所863计划“固定翼时间域航空电磁系统实用化”课题组及地调专项“固定翼时间域航空电磁测量系统实用化与示范”项目组，与哈飞飞机设计所、哈飞航修公司、中国飞龙通用航空有限公司和试飞机组共同努力，完成了固定翼时间域飞机调整试飞工作。

航空时间域电磁法是航空地球物理探测方法中广泛使用、效果良好的方法之一。该方法技术还在不断发展提高，特别是直升机时间域电磁法系统，发展迅速。在新世纪里，固定翼时间域电磁法系统和直升机时间域电磁法系统将形成有机的组合，取长补短，成为地质调查工作中广泛使用的有力手段。

直升机电磁法始于1955年，也开始于频率域方法。到目前为止，直升机频率域电磁法系统总共出现过将近30种型号。直升机时间域电磁法系统开发稍晚。1982年，加拿大地球物理学家将INPUT系统装上直升机取名HeliINPUT，这种系统在直升机机舱底部安装一个井字形的水平支架，发射回线挂在支架的8个端点上。以后经过十几年的停顿，从1997年至今，直升机时间域电磁法系统的研究与开发进入了新的十分活跃的时期。从1968年到现在，先后共有14个型号的直升机时间域电磁法系统出现（不算派生出来的型号），其中11种型号是1997~2005年问世的，可见当今这种航空地球物理方法发展的势头强劲。

直升机时间域电磁法系统的技术，或者来自固定翼时间域电磁法系统，或者来自地面时间域电磁法系统，加以适当的改装。最近开发的直升机时间域电磁法系统，除了个别外，都是将发射机线框和接收机一起吊放在直升机下方，电缆长约60m。可以说是把一个固定翼时间域电磁法系统的发射机和回线与接收机拼装在一起，或者把一个地面时间域电磁法系统整个用直升机吊将起来，在飞行中进行测量。

近十年来问世的直升机时间域电磁法系统计有（李金铭，2005）：南非Spectrem Air公司的ExploreHEM（1997），加拿大Aerodat公司的HELIQUESTEM（1997），加拿大Geophysics公司的THEM（1998），美国Newmont Mining公司的NEWTEM（1998），澳大利亚Normandy Exploration公司的HOISTEM（1998），加拿大Aeroquest国际公司AeroTEM（1999），加拿大McPhar Geophysics公司的SCORPION（2002），美国橡树岭国家实验室的ORAGS–TEM（2003）和加拿大Fugro公司的HELIGEOTEM（2005）。

2012年3月，由国土资源航空物探遥感中心和吉林大学联合实施的国家高技术研究发展计划（863计划）“吊舱式时间域直升机航空电磁勘查系统开发集成”课题，在河南省桐柏县圆满完成试飞。这套系统的诞生对我国寻找深部有色金属矿产以及水资源，能提供很大的帮助。目前，在一些发达国家，60%左右的铜、铅、锌等有色金属矿都是运用这样的系统找出来的。

甚低频法（VLF）是利用分散在全球各地数十个频率为15~25kHz的长波电台作为场源，进行地质矿产及水资源勘查。这些长波电台是为远方的潜艇导航及通信而建立的，功率强大（500~1000kW），信号稳定。由于VLF法无需发射设备，因此装备非常轻便，工作效率高，成本低，所以很快便在许多国家得到推广应用。近30多年来，VLF法在寻找良导电的金属矿床、找水以及进行地质填图等方面取得了很好的效果。

半航空系统是一种地面发射、空中接收的测量系统。在测量条件较为复杂的地区，如地势起伏的山区等，相对于地面瞬变电磁系统而言，具有方便、高效等优势；而且相对于航空瞬变电磁系统，其信噪比更高、空间分辨率更好。最早的半航空系统出现在20世纪70年代初期，名为TURAIR系统。它属于频率域电磁系统，采用两个分开的接收机确定振幅比和相位差。进入20世纪90年代，半航空瞬时电磁系统FLAIRTEM系统和TerraAir系统先后问世。1997年12月，Fugro公司用TerraAir系统进行了试验，将其与航空TEM系统（GEOTEM）和地面TEM系统（PROTEM37）进行实测对比。结果发现，对于地下浅部导体，地面TEM系统的晚期信噪比最好（50000：1），半航空 TEM 系统次之（500∶1），航空 TEM 系统最低（仅为 25∶1）。数字模拟结果显示，随着导体埋藏加深，地面 TEM 系统的晚期信噪比优势将减弱，而且半航空 TEM 系统始终强于航空 TEM 系统。

目前国内外科研机构正在积极研发无人机航空电磁勘探系统，主要因为无人机航空物探飞行平台具有智能化、费用低、续航能力强、人员损伤风险小等特点，便于运输和使用，而且其机动性强（可做超出人体极限的大机动），并可以保持较低的飞行高度和速度，受到广泛关注。由于无人机航空物探平台能适应我国高山、丘陵、沙漠、湖泊和地形复杂地区作业，并且能够实现地形匹配飞行，为后期的地球物理数据处理带来很大便利，目前已成为国际航空物探飞行平台研究领域的一个重要发展方向。

10.1.3 航空放射性载荷发展现状与趋势

航空放射性测量始于 20 世纪 50 年代，从初期采用 NaI（Tl）探测器的四道航空伽马能谱仪，发展到如今带有自动稳谱装置、数字化程度高的多道伽马能谱仪（256 道或更多道）。航空放射性测量的特点是快速、经济而有效，最初主要用于寻找放射性矿产资源，如铀矿普查，测定岩石中铀、钍、钾的含量。固定翼航空放射性测量主要用于铀矿普查，直升机航空放射性测量主要用于铀矿详查。到了 60 年代，航空放射性测量开始广泛应用。80 年代以来，航空放射性测量引起重视，在基础地质研究和矿产资源勘查中得到了广泛的应用，利用它进行地质填图及寻找其他矿产资源，取得了丰硕的地质和找矿成果，形成了一套成熟的测量方法技术。到目前为止，我国大约有 1/3 的国土已经完成了航空放射性测量，找到了众多的大、中、小型铀矿床以及矿田。航空放射性测量因快速、经济而准确在环境辐射评价中逐步得到重视，国内外在这方面都有一些成功的实例报道，但是我国在航空放射性污染监测方面还处于刚刚发展阶段（熊盛青，2007）。

目前航空放射性测量均采用带有自动稳谱装置的航空多道伽马能谱仪（图 10.2），它由晶体探测器、能谱分析仪组成。其探测器基本上为大体积、测量效率高、较高分辨的 NaI（Tl）晶体，并配以大探测窗口、低噪声的光电倍增管，组成放射性测量的传感器，将放射射线转换成与之成线性关系的光电子流，供后续电路进行分析。能谱分析仪主要由放大器、脉冲幅度分析器、自动稳谱电路、控制电路、数据存储、数据输出和显示组成。首先光电子流转换成脉冲，该脉冲经放大器放大和整形后送到脉冲幅度分析器进行幅度分析，获得相应射线的能量，并在对应的能量道上增加计数一次（章晔，1990）。在一个采样周期内，各能量道中分别获得该能量出现的累加次数，多道伽马能谱图，当所测到的伽马能谱发生漂移时，利用天然放射性谱线中的特征峰，采用软、硬件相结合的数据化稳谱技术进行自动稳谱，确保每条晶体的能量谱都处于正确的峰位，总谱的钍峰漂移<±1 道。计算机负责整个系统的各项控制、数据存储、数据输出、数据显示和自动稳谱。

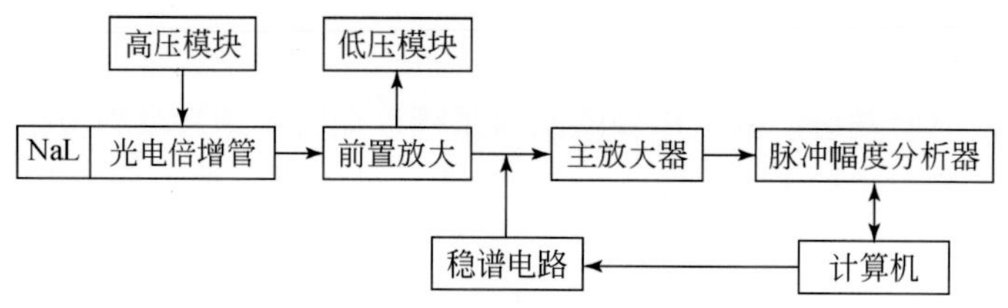

图 10.2 航空多道伽马能谱仪工作原理方框图

我国属于较早使用航空放射性测量的国家，早在 1955 年就采用苏联生产的 ACT-10M 型航测仪展开了以寻找铀矿为目的的航空伽马能谱放射性测量工作。在 1955～1972 年，ACTM-25 型和 FD-

115型航测仪也投入了我国的航空放射性测量工作中。1972～1980年我国使用了国产的FD-123能谱仪，该能谱仪采用模拟的方式将航空放射性信息记录下来。但是由于闪烁体晶体体积小、灵敏度低，得到的能谱窗数据比较差。随后，我国先后引进了5台GeoMetrics公司的GR-800D、一套加拿大MCA-2型的高灵敏度的伽马能谱仪用于航空放射性测量工作。在1999年11月引进了GeoMetrics公司的多道航空伽马能谱仪GR-820主控系统以及测量软件，用来满足我国地质大调查项目的需求。随着微电子技术的发展与航空伽马能谱测量技术进步，航空伽马能谱仪出现了轻型系统和新型系统。

2004年Exploranium公司发布了为无人机（UAV）设计的新一代航空伽马能谱仪GR-460。在2009年的文献中，介绍了采用体积为5cm^3，直径为13 mm，长为38 mm的圆柱形CsI闪烁体的手持式辐射仪，并且将该设备安放在无人机上，对受到切尔诺贝利事故影响的区域进行了辐射剂量水平的评价。此外，2004年PicoEnvirotec（PEI）公司推出的GRS10、GRS16也可以接入多个探测器，用于探测天然和人工放射性核素。在航空伽马能谱仪的基础上，为进一步评价区域中的辐射剂量水平，1998年PNLL（美国太平洋西北国家实验室）和STL实验室合作研发了ERSS系统（The Environmental Radionuclide Sensor System），该系统是由20个用于探测伽马能谱的HPGe探测器和24个用于探测中子的3He探测器组成。Fast等（2013）设计了一个由HPGe构成的用于探测伽马射线的低温恒温器探测器阵列，并且对该系统的设计方案作出了比较详细的介绍。

10.2 航空物探载荷关键技术

无人机航磁技术要解决两方面关键技术，即磁传感器的小型化技术和相应的无人机航磁数据处理技术。航磁测量系统的小型化主要是对核心部件航空磁力仪和航磁补偿仪的小型化。目前，航磁补偿技术已经实现了实时数字化多道补偿，而航空磁力仪主要有三类：历史悠久的磁通门磁力仪、基于核磁共振的光泵磁力仪和基于约瑟夫逊效应的超导量子干涉磁力仪（SQUID）。航磁数据预处理关键技术包括测线切割、测线调平和磁补偿。

航磁补偿的关键步骤是要测定磁干扰的大小并进行补偿，其原理是根据磁干扰的大小，产生一个与磁干扰大小相等、方向相反的磁补偿分量，用以抵消作用于磁探头上干扰场的影响。这就要求补偿场的时空函数形式与变化规律与干扰场一致。

小型无人机电磁线圈载荷的关键技术包括传感器体积的小型化、低功耗以及较强的电磁兼容性等几方面。一般选用高强度、质量轻、低磁复合材料、微机械电子技术和优化仪器结构设计等以实现仪器小型化。小型无人机可搭载的燃油质量或者电池容量有限，要延长无人机航空物探的作业时间，就要想方法尽量降低物探仪器的工作能耗。通过优化仪器电子线路结构，采用更多低能耗的电子元器件，使用硬件功能软件实现技术，减少硬件数量等先进技术都有利于降低仪器的能量消耗，提高无人机的作业时间。

运动噪声是影响航空物探数据精度的主要因素。运动噪声抑制的难点在于运动噪声来源多，途径未知且可能存在耦合。在噪声来源分析基础上，采用运动噪声逐次分离方法，对机械振动、电磁干扰、姿态投影等引入的运动噪声进行逐步模型与实验分析，由简单到复杂逐步摸清运动噪声规律，采取相应技术措施抑制运动噪声。

小型无人机航放载荷关键技术主要包括机载微型X射线发生器，机载微型微区野外X荧光矿物探针，全数字化射线能谱采集器等。无人机载微型X射线发生器是高精度X荧光仪的核心部件，实现该部件主要包括以下几个技术方面：微型X射线管内部电子发射、电子束聚焦、阳极和X射线管封装的设计与制作工艺、微型X射线管（图10.3）的研制。机载X荧光分析探针的机械结构设计，重点是抗冲击、抗过载，高稳定性探头的结构设计，包含高度自动探测系统、着陆缓冲系统、姿态调节系统、激发单元、探测单元及数据通信模块等几个部分。

图 10.3 微型 X 射线源

10.3 航空磁载荷典型产品与应用案例

由于磁测量的特殊性，无人机航磁系统必须是一个集成化的系统，从平台材料、传感器到控制和处理软件需要一体化设计。目前，国外已有较为成熟的产品，如加拿大的 GEM 系统公司 GSMP-35A 航空钾光泵磁力仪、德国 Mobile Geophysical Technologies 公司的 MGT 航空磁力仪和我国的 CH-3 航磁系统。本节介绍了这三类产品的组成、性能参数和具体的应用案例。

1. 加拿大的 GEM 系统公司 GSMP-35A 航空钾光泵磁力仪

GSMP-35A 航空钾光泵磁力仪（图 10.4）可适用于固定翼、直升机或无人机平台，其成功的部分原因是由于其专为高分辨率和无噪声数据设计的组件：①高灵敏度的钾光泵传感器——单个或多个单元（梯度仪）；②电子进动频率的最佳电子检测和处理；③用于连接传感器、电子单元和无人机的各种硬件；④可选信号处理器/控制台电缆。

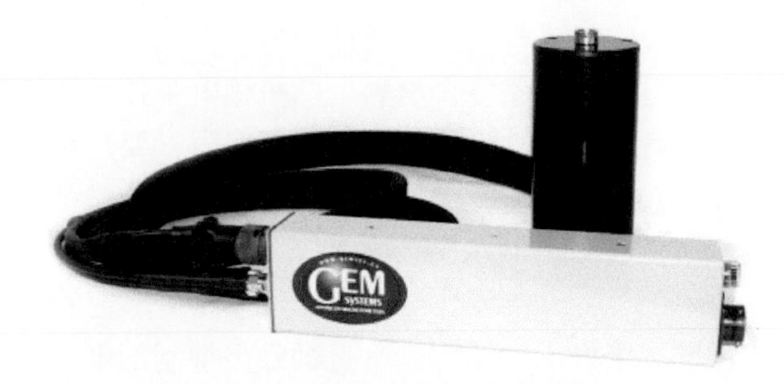

图 10.4 GSMP-35A 航空钾光泵磁力仪

GSMP-35A 航空钾光泵磁力仪有效的无人机系统的特点：①一个有效的无人机系统是指在固定翼或直升机平台可以获得超敏感的磁场数据。②无人机系统还必须有效记录位置信息，GEM 提供的 GPS 定位精度为 0.6m。根据不同的应用，也可以选择精度较低的 GPS。③无人机必须收集低噪声的数据，GEM 通过围绕飞行器进行一个重力梯度测量来确定磁热点，对这些区域进行消磁处理。也要注意无人机的旋翼噪声和螺旋桨噪声，确保平台磁安静。

GSMP-35A 航空钾光泵磁力仪的优点：

（1）便于进行牵引式与固定翼配置。

（2）在复杂地质条件与人为干扰等环境下，仍可实现全天候，高灵敏度的各种测量。

（3）最高绝对精度（各传感器之间的精度差不一，但均≤+/-0.1nT）

（4）方位误差极小，可忽略不计。

（5）高速采样。

（6）抗噪音干扰。

（7）维护便捷（无需重组）。

（8）高级基站台功能，有 Overhauser& Potassium 等两种模式。

（9）机载 GPS，实现时间精确校准的 GPS 功能。

GSMP-35A 航空钾光泵磁力仪技术规格：

灵敏度：0.0003 ~ 1 nT；

航向误差：±0.05nT/360°旋转；

分辨率：0.0001 nT；

绝对精度：+/-0.05 nT；

动态范围：15000 ~ 120000 nT；

梯度容差：50000 nT/m；

采样率：1Hz，2Hz，5Hz，10Hz，20Hz（higher optional）；

传感器（探头）：158mm×64（圆筒直径）mm。

2. 德国 MGT 航空磁力仪

设备（图 10.5）特色主要有：①可以采用起伏飞行的方式，使数据获取保持在离地固定的高度上，克服由于地形起伏带来的地磁变化，克服由于相邻航线飞行高度不一致带来的显著误差以及短波噪声，当有 DEM 支持时，效率更高。②将磁力传感器与 IMU 进行集成（图 10.6），逐条航线采集磁场数据。③后续的磁场数据后处理，有力地发现磁场异常区域，发现目标地物。基本组成：

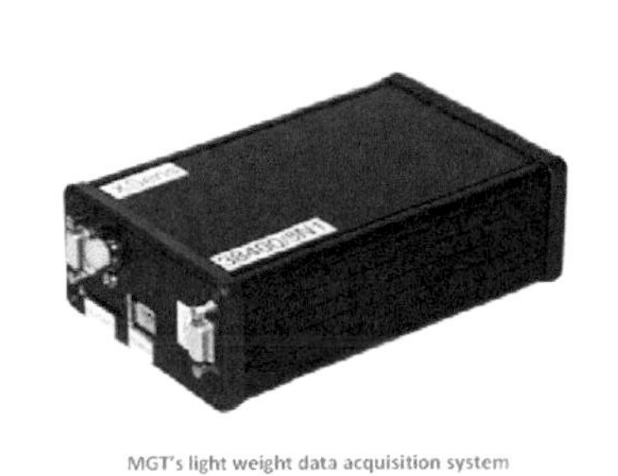

图 10.5 MGT 的轻型数据获取系统

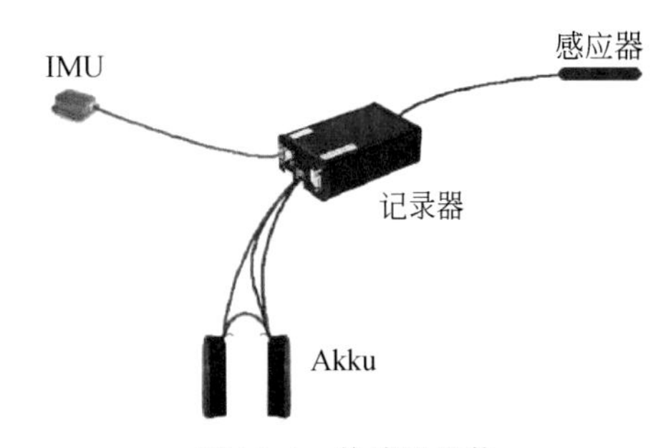

图 10.6 传感器组装

（1）飞控系统：采用电推动，四旋翼，没有排气噪声，部署迅速快捷，可自主/半自主飞行，GPS、加速度仪、角速度传感器、指向传感器（磁力计）组合而成飞行控制系统。

（2）IMU（陀螺仪与 GPS）（图 10.7）与气压计的组合，使海拔估算更加稳定，海拔高度首先由加速度仪感知获取，并被气压计所测量的海拔数据改正和增稳。

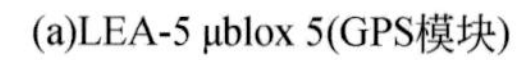

(a)LEA-5 μblox 5(GPS模块)　　(b)GPS加陀螺仪

图 10.7　陀螺仪与 GPS

（3）地面站和导航软件包括下行链路接收器，接收从无人机上传输回来的数据，显示在地面站屏幕上，包括电压、位置、海拔、飞行时间、速率、航线点、距离起始点距离、温度。

（4）正常天气条件下（风速<6m/s），GPS 绝对水平定位精度<2m，海拔精度<0. 5m。

（5）超轻量矢量磁力计系统。

（6）低成本、质量轻、低电量消耗。

（7）通过一个三轴磁通量门矢量磁力计对磁场进行采样，与 IMU 集成，使 IMU 能与磁力计的测量同步，还可以通过软件改正来提供高分辨率的全磁通量密度（TMI）方式。

3. 国产彩虹系列无人机航磁测量系统

中国地质调查局地球物理地球化学勘查研究所联合核工业航测遥感中心、中国航天空气动力技术研究院等单位联合攻关，通过实用化航磁探头搭载装置研制、导航定位接口设备改进、航磁干扰补偿技术改进（补偿结果 0. 056nT，优于规范要求的 0. 08nT）、较复杂地形超低空飞控技术和策略改进、航放测量系统标定方法研究等，2013 年研制集成了我国首套初步实用化的彩虹 3 无人机航磁测量系统（图 10. 8），其主要性能指标达到或超过了设计要求；2014 年进一步开展系统实用化工作，成功研制了我国首套实用化长航时无人机磁放综合测量系统。

图 10. 8　彩虹 3 无人机航空物探（磁/放）综合站

无人机航磁梯度测量技术初见成效。为消除区域磁场和随时间变化磁场（如磁日变等）的影响，提高数据分辨力，满足推断解释的需要，对航磁水平梯度测量系统进行了初步研究，系统已初步具备了水平梯度（沿翼展方向）的测量能力，并在新疆克拉玛依地区的试生产中取得了初步成效(图 10. 9)。

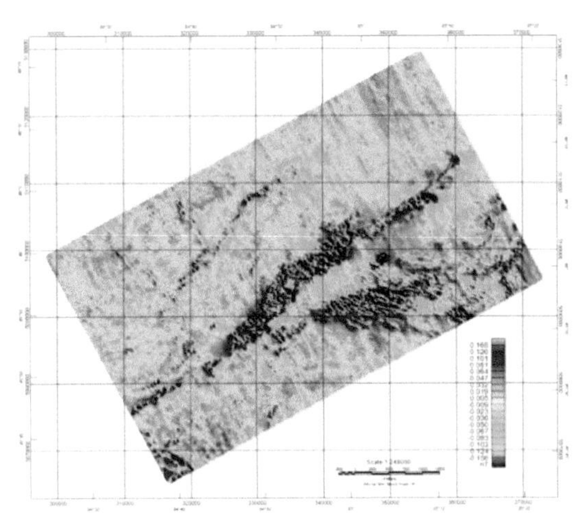

图 10.9　彩虹 3 无人机航磁梯度测量结果

10.4 航空电磁载荷典型产品和应用实例

目前市场上成熟的航电系统还不是很多。本节介绍北京 GeoPen 公司研发的 G-ATEM 地空瞬变电磁观测系统和德国 MGT 的 VLF 产品。

1. 多旋翼半航空电磁探测系统

北京 GeoPen 公司研发了 G-ATEM 地空瞬变电磁观测系统（图 10.10），用于潮间带地空瞬变电磁勘探，主要由发射部分、接收部分和无人机平台 3 部分组成，接收线圈安装在 8 旋翼无人机起落架上，发射机在地面上激发，接收机在空中接收。

图 10.10　旋翼无人机半航空瞬变电磁探测系统实物图

2. 小型无人直升机 VLF 探测

MGT（Mobile Geophysical Technologies）公司拥有德国和瑞士强大的专业研发团队。承诺向客户提供全球领先的地球物理技术及服务。作为地球物理行业的新兴事物，公司开发的低空无人机系统（UAS）为客户提供了快速、经济的浅层地球物理数据采集方案。UAS 实现了预设飞行路径、全自动飞行的数据采集模式，在预先设定飞行路径之后，飞机将自动按照预定的飞行参数（坐标、航向、高程和速度）沿途采集数据。飞机下方可悬挂三分量 VLF 探头（图 10.11）。

(a)

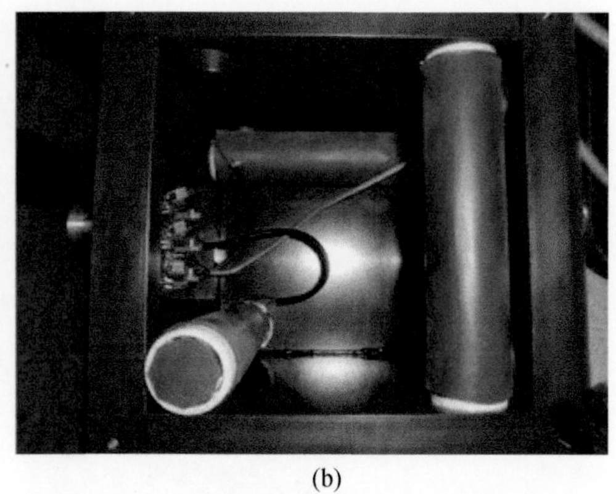

(b)

图 10.11　VLF 探头

该无人机系统的优点：

（1）高密网格数据采集。

（2）可实现超低空的近地表数据采集（距离地面 1m）。

（3）适应地形复杂的山区作业。

（4）实现全自动的数据采集，节省人力和勘探成本。

（5）全球范围内的任何地方都能很快部署勘探任务。

（6）相对于传统地面勘探施工，速度极大提高。

（7）对于水中或浅地表埋藏的磁性物体是最理想的勘探方案。

第11章 在研载荷

遥感相关载荷在大飞机上取得了成功应用，目前正在逐渐向小型化发展。本章选取微波辐射计载荷、微波 GNSS-R 载荷和大气载荷这三种典型的载荷，分别从原理、载荷研发现状和趋势以及载荷研制情况进行简要介绍。

11.1 轻小型飞机微波辐射计

微波辐射计是一种灵敏度极高的微波接收机，根据所测地物极微弱的微波辐射特性，可进行定性、定量分析。相对于传统太空和航空平台，在无人机遥感平台观测条件下，能够实现高空间分辨率、高时间分辨率、高灵敏度的对地观测，在诸多方面有着无可取代的作用。

对于微波辐射计而言，工作频率与其探测目标参数之间有着直接的联系，如表 11.1 所示，合理选择微波辐射计的工作频率、极化和观测角就可建立起微波辐射计测量结果与目标参数之间的关系。传统的微波辐射计在测量遥感海面风场时，通常使用水平和垂直两种基本极化方式，无法进行海面风向测量。全极化微波辐射计可以测量海面微波辐射全部 4 个 Stokes 参数，第 3 个和第 4 个 Stokes 参数对于粒子分布的方向非常敏感，可以实现海面风向的探测。目前全极化微波辐射计主要应用于海面风场探测的 10.7GHz、18.7GHz、37GHz 频段。

表 11.1 微波辐射计工作频率与探测参数关系表

频率/GHz	探测参数	应用领域
1.4135	海水盐度、土壤湿度	海洋监测、资源应用
6.9	海洋表面温度、海冰、雪覆盖	海洋监测、资源应用
10.7	海面风场、海冰类型、海面温度、海洋降水、雪	海洋监测、气象监测、资源应用
19.0	海面风场、海冰、雪覆盖，对下垫面地球物理特性（水陆特征、发射率）和中等程度降水有很好反映	海洋监测、气象监测
23.8	低层水汽含量、雪覆盖	海洋监测、气象监测
31.4	云水含量，与 19.0GHz 或 23.8GHz 组合能计算大气液水含量	海洋监测、气象监测、资源应用
37	海面风速、海冰、雪覆盖、海洋和陆地降水量	海洋监测、气象监测、资源应用
50～60	大气垂直温度分布	气象监测
89	强对流云团和大雨滴强降水、陆地降雨量、地表雪层、海冰	海洋监测、气象监测、资源应用
118	大气垂直温度分布	气象监测

续表

频率/GHz	探测参数	应用领域
150	地表降水、水汽含量	气象监测
183.31	大气垂直湿度分布	气象监测
220、340	地表降水、水汽含量	气象监测
380	大气垂直湿度分布	气象监测

11.1.1 微波辐射计原理

除气体和等离子体外，任何绝对零度以上的物质都向外部空间辐射电磁能量，固体和液体的辐射谱是连续的，在微波波段的电磁辐射可以利用辐射计检测出来。对于一般物而言，投射到其表面的电磁辐射能量一部分被其吸收而另一部分则被其反射。定义一种不透明的理想物质，它能够吸收来自外部的所有频率的电磁辐射能量而不会产生任何反射或者透射，我们称这种物质为黑体。当它处于热力学平衡状态时，可以吸收全部来自外界的辐射能量，同时也向外界发射等量的电磁辐射，即黑体吸收的电磁能量等于其发射的电磁能量，若不然，则黑体的温度一定发生变化。

20 世纪初，量子力学的奠基人普朗克提出了黑体辐射定律，该定律说明黑体在全部电磁波谱上都向外辐射电磁能，并且该辐射是均匀无方向性的，其表示如下：

$$B_f = \frac{2hf^3}{c^2}\frac{1}{e^{hf/kT}-1} \tag{11.1}$$

其中，B_f 被称为黑体的辐射谱亮度，单位为 W/(m^2 · sr · Hz)；$h = 6.626 \times 10^{-34}$J · s 是普朗克 (Planck) 常量；$f$ 是频率，单位为 Hz；k 是玻尔兹曼 (Boltzman) 常量，且 $k = 1.38 \times 10^{-23}$J/K；T 是热力学温度，单位为 K；c 是真空光速，其值为 3×10^8m/s 。Planck 定律表达式 (11.1) 中仅有两个变量是 f 和 T，即黑体谱亮度只由其频率和温度决定。

图 11.1 是不同温度下对应黑体辐射谱亮度 B_f 的曲线族，采用对数刻度，其纵坐标为 B_f，横坐标为频率。不难看出，随着黑体温度的升高，黑体辐射谱亮度也跟着升高并且取得最大值的频率也随之增加。

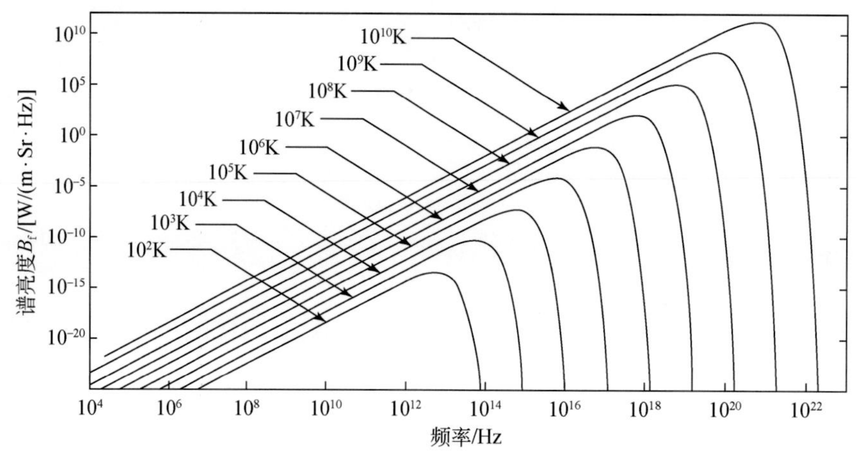

图 11.1 Planck 辐射定律曲线

在微波范围内，根据 Planck 公式近似为 Rayleigh-Jeans 公式，当黑体温度为 T 时，对于窄带 Δf，其亮度 B_{bb} 可表示为

$$B_{bb} = B_f \Delta f = \frac{2kT}{\lambda^2}\Delta f \tag{11.2}$$

通常利用亮度温度描述目标的微波辐射强度。一般情况下，天线所接收到的微波辐射包括不同目标的发射，来自不同的辐射源。如图 11.2 所示，以辐射计天线指向天空观测非降水层状云的情况进行分析，它所接收的总的辐射亮温主要包括来自经云衰减（吸收）后的宇宙背景辐射亮度温度以及目标云自身的平均辐射亮度温度等。我们称这些所有入射到天线口面的总的辐射温度为视在温度 T_{AP}。由于天线的方向图都不是理想的笔束形，所以辐射计也接收来自天线方向图旁瓣的辐射温度，由此，天线视在亮度可以通过计算主瓣与旁瓣来获得。

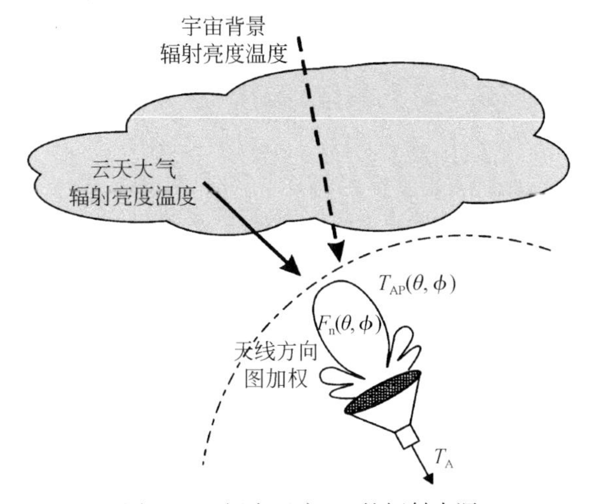

图 11.2 视在温度 T_{AP} 的辐射来源

早期的微波辐射计就是一台超外差接收机，其要求能分辨目标的 $10^{-15} \sim 10^{-20}$W 量级辐射能量，如果不施加额外的方法去抑制系统的噪声和增益变化，是无法检测出这种似噪微弱信号的。因此，长期以来研究人员一直致力于寻求最有效方法，以提高辐射计的灵敏度、绝对精度和长期稳定性，这三点也是衡量微波辐射计性能的关键指标。至今，已被应用的微波辐射计有：

（1）Dicke 型零平衡微波辐射计；
（2）噪声脉冲注入负反馈零平衡微波辐射计；
（3）Graham 相关型微波辐射计；
（4）高精度双参考温度微波辐射计；
（5）星载周期定标全功率微波辐射计；
（6）数字增益自动补偿微波辐射计；
（7）噪声耦合 Dicke 微波辐射计。

11.1.2 机载微波辐射计发展现状

空间微波遥感技术的发展需要航空微波遥感进行空间、时间的动态补充和校准。国际上在发展航天遥感系统的同时也十分重视发展航空遥感技术，建立了与其地位相符的航空遥感系统。美国航空航天管理局（NASA）Dryden 和 Ames 飞行研究中心专有一些飞机和遥感器系统用于遥感科学研

究，其目的主要是为了发展机载和星载遥感器，为先进遥感器设计及卫星模拟实验提供测试平台，开展机载科学实验项目，对地球表面和大气进行科学研究，同时也供美国在特殊情况下开展遥感飞行，获取遥感数据。美国用于环境遥感的机载遥感器实验平台联合计划（RASTER-J）的飞行平台选择的是 C-141 大型飞机。

20 世纪 90 年代以前，航空被动微波遥感器均以单频率的模式进行工作，无法满足遥感应用的需求。进入 90 年代，美国 NASA 首先建立了两套多频综合观测航空被动微波遥感集成系统 AMMR-1（包括 18GHz，21GHz，37GHz）和 AMMR-2（包括 10GHz，21GHz，37GHz，92GHz）。1990 年，英国建立了航空双频段微波辐射计系统 MARSS，1995 年为了配合空间微波遥感 AMSUB 的应用，增加了 3 个高频通道，实现了对地表多参数的探测。匈牙利布达佩斯大学也建立了用于探测土壤湿度的微波遥感系统（L，S 波段）。日本为了配合 ADEOS-Ⅱ（2001 年）的应用，建立了六个频率的航空微波辐射计观测系统 AMR，对海洋参数进行探测。2005 年，美国 NOAA 为了对海洋上空大气特性进行探测，建立了步进式扫频微波辐射计系统。为了配合 SMOS 遥感计划的开展，澳大利亚、法国和德国建立了航空被动微波遥感系统，并在 2005~2008 年期间开展了大量的航空遥感实验。瑞士也建立了用于大气探测的航空多频微波辐射计系统 AMSOS（2008 年）。俄罗斯也将航空微波遥感技术的发展作为十分重要的方向。

20 世纪 70 年代初期，在国家科技部和中国科学院遥感计划的支持下，我国开展了航空遥感器的研制工作。中国科学院东北地理与农业生态研究所遥感中心微波遥感学科组（原中国科学院长春物理所微波遥感中心）负责机载微波辐射计的研制工作，已成为国际上能独立发展这类先进技术系统的国家之一，为发展我国航天微波遥感器的研制奠定了坚实的基础。北京大学、中国科学院大气物理所、华中理工大学、山东大学、华东师范大学等单位相继研制成陆基微波辐射计，进行了大气探测和地基遥感基础理论研究。航天部 504 所研制成 10cm、8mm 微波辐射计。1990 年华中科技大学的张祖荫等同志提出了“脉冲调制恒流源噪声注入零平衡型辐射计”方案，并先后研制成功以 8mm、2cm 及 21cm 波段为代表的高精度微波辐射计系列。2000 年以来国内的主要研究工作集中于星载微波辐射计的研制，我国的 FY-3 气象卫星、HY-2 海洋动力环境卫星等都已形成微波辐射计的系列化发展，尤其是 FY-3 气象卫星上装载的微波温度计和微波湿度计，自 2008 年 5 月在轨运行后表现良好，其对大气温度、湿度的探测数据在数值天气预报中发挥了极其重要的作用。

“十五”期间，中国科学院东北地理与农业生态研究所在 863 项目“航空遥感多传感器集成与应用技术系统（2002AA633080）”中，研制成功机载 37GHz 成像微波辐射计，对海面溢油和海冰进行了有效探测（该系统仅包括单频、单极化微波辐射计）；在 863 项目“海水盐度航空遥感信息反演技术（2002AA633130）”中，研制了我国第一台高灵敏度机载 L 波段双极化微波辐射计，灵敏度为 0.06K，获得了能够分辨 0.4 盐度单位的测量结果，具有国际先进水平。2008 年 3~8 月，利用上述微波辐射计和 18.7GHz 微波辐射计参加了中国科学院西部行动计划（二期）项目“黑河流域遥感-地面观测同步试验与综合模拟平台建设”、国家重点基础研究发展计划（973）项目“陆表生态环境要素主被动遥感协同反演理论与方法”组织的航空遥感综合实验，对黑河流域的积雪、冻土和土壤湿度的变化过程进行了有效探测。由于成像微波辐射计和 18.7GHz 属于机下点的垂直探测，缺少极化信息，不能够满足高精度反演的需求。另外，微波辐射计没有与飞行航线的 GPS 信息进行实时融合，没有能够实现实时成像。此次航空遥感实验强烈表明了对多极化、多频率、实时成像航空被动微波遥感集成系统的需求。

“十二五”期间，中国航天科技集团公司第五研究院西安分院在高分重大专项的支持下，瞄准无人机载大气温湿度廓线和海洋盐度探测的应用需求，开展了大气微波温湿度探测仪和海洋盐度计的预研工作，完成了相应的关键技术攻关和样机系统研制，为无人机载大气海洋综合探测系统的发展和后续应用奠定了良好的技术基础。大气微波温湿度探测仪的工作频率为50～60GHz、90GHz、118GHz、150GHz、183GHz，系统采用周期定标的全功率型辐射计，角度分辨率优于1.2°，测温灵敏度优于1.2K，定标精度优于2K，尺寸≤1.2m×0.6m×0.6m，质量≤75kg，预期的大气温度廓线误差≤2K，大气湿度相对误差≤30%。海洋盐度计的工作频率为1.4GHz、6.6Hz、18.7Hz、23.8Hz，系统采用周期定标的全功率型辐射计，角度分辨率优于15°，测温灵敏度优于0.2K，定标精度优于1K，天线口径≤1m，质量≤100kg，预期的海水盐度反演误差≤2psu，海面温度反演误差≤2K，海面风速误差≤±2m/s（5～24m/s）。目前已完成以上两套系统的初样机研制工作，后续计划开展机载集成飞行试验验证。

虽然我国在航空被动微波遥感领域取得了技术上的突破，但是还没有建立工程化、实用化的航空被动微波遥感系统。轻小型无人机被动微波遥感器将向着小型化、集成化、多频率、多极化和多角度的方向发展，以满足遥感应用的需求。

11.1.3 机载微波辐射计载荷发展趋势

随着微波遥感机理研究的发展和探测需求的增加，被动微波遥感将向着单平台多频率、多极化、多角度的观测发展，同时也将进行多平台的同步观测。而遥感器将向着小型化、集成化、高精度发展：

（1）向集成化一体化发展，减小微波辐射计的体积、质量，以适应于更多的机载平台装载应用。

（2）向多频段多极化探测发展，以满足多种观测参数和信息的获取。

（3）向更高的测量精度发展，测量精度的高低直接决定了系统的性能优劣，同时直接影响着最终的应用性能。

（4）向细化探测通道发展，有利于更加细致地了探测对象的物理特性，特别是对于大气温度和湿度廓线探测，细化探测分层，十分有利于提高三维反演精度。

11.1.4 轻小型无人机平台微波辐射计关键技术

轻小型无人机平台微波辐射计开发与系统集成面临主要关键技术问题包括集成一体化微波辐射计系统方案、轻型天线系统、高稳定、轻量化接收机方案、有源冷场效应参考源的研制环境温度变化引起的系统稳定性等。

1. 集成一体化微波辐射计系统方案

微波辐射计是一个涉及天线、微波通道、信号处理和结构设计等专业的复杂系统，通过掌握系统的设计技术可完成对系统的优化、系统功能分解和技术指标合理分配，为工程阶段提供技术储备。首先根据应用需求，确定微波辐射计载荷的探测要素和主要功能性能指标，开展系统方案设计。同时，轻小型无人机平台不同于卫星平台，其对载荷系统在安装方式、体积、质量、功耗、工作条件、姿态稳定度等方面有着特殊的要求，因此必须根据无人机平台情况进行环境适应性分析和设计，在此基础上对多种可能的技术途径进行分析和比较，对系统进行一体化、小型化设计。

2. 轻型天线系统

目前，天线系统的尺寸和质量是影响轻小型无人机载微波辐射计应用的最主要因素。尤其是在能够有效探测土壤湿度的L波段，天线的质量已超出平台的载荷能力。为此需要：①等效孔径天线的研究：利用材料科学的研究成果，通过不同介电常数介质的分层组合，实现对电磁波的聚焦，使其波束的角分辨率相当于较大物理孔径天线具有的波束角分辨率，从而减小了天线系统的体积和质量。②数字波束形成技术的研究：高速数字控制技术的发展，能够研制出高性能的数字移相器，通过对小天线单元的辐射进行再聚焦，从而形成聚焦的波束。这种形式的天线，各辐射单元尺寸小，质量轻，关键是电磁波在空间聚焦稳定。

3. 高稳定、轻量化接收机方案

接收机的设计方案是决定系统轻量化、小型化的关键。随着微波集成技术、通信技术、高速数字采集和运算技术的发展，使得微波器部件实现了小型化、轻量化。因此，可以开展如下接收机形式的技术研究：①数字增益波动自动补偿技术；②周期性定标全功率接收技术；③全数字化L波段微波辐射计接收技术。

4. 有源冷场效应参考源的研制

在机载观测条件下，无法利用冷空背景提供的低温源或液氮制冷黑体的低温源进行实时定标，保障系统工作的稳定性。有源冷场效应技术的发展，使得在机载条件下获得接近于液氮物理温度的参考源成为可能，其遇到的关键技术是提高参考源的工作频率和工作带宽。

5. 环境温度变化引起的系统稳定性问题

小型无人机不能够提供温度稳定的工作环境，在飞机从地面起飞至有效飞行高度时，微波辐射计所处的环境温度发生快速变化，而且在飞行过程中，由于风的影响也导致环境温度的不稳定，因此，需要解决环境温度变化引起的系统稳定性问题。

11.1.5 轻小型机载微波辐射计产品

轻小型无人机微波辐射计可以应用领域包括：提高土壤湿度的探测精度和空间分辨率，满足精准农业的动态需求；高分辨率的积雪和雪灾探测，探查积雪覆盖下的生命体；快速定量获取海面溢油油膜厚度、面积和总量，为海洋监测提供技术手段；快速监测近海岸海水盐度、海面温度的变化，为渔业生产服务；利用穿透浅层和烟雾的能力，快速监测林地暗火，为林区火灾预警服务；多机多平台的同步观测为解决空间被动微波遥感像元尺度几千米至几十千米遥感产品的真实性检验难题和同步观测实验。国内外在机载和无人机载微波辐射计研制和应用方面开展了大量的研究工作，多套机载系统已成功应用，比较典型的有以下几种。

1. ARM-UAV 无人机系统

ARM-UAV 无人机系统作为美国全球变化研究计划（USGCRP）的一部分，用于大气观测，于1994年开始研制。对大气的研究，要求飞机有较高的飞行高度和较长的飞行时间。ARM-UAV 无人机系统的性能指标见表11.2，载荷选择见表11.3。

表 11.2 ARM-UAV 无人机系统的性能指标

飞行高度	20km
飞行时间	48 ~ 72h
平台体积	0.5m³
平台质量	150kg

表 11.3 ARM-UAV 无人机系统载荷选择

仪器种类	质量	体积	功耗
宽带辐射计	20kg	0.05m³	30W
窄带辐射计	20 ~ 30kg	0.02 ~ 0.05m³	30 ~ 50W

2. AutoCopter-XL 无人机系统

AutoCopter-XL 无人机系统是由亚拉巴马州大学于 2000 年左右研制，用于测量在植被覆盖情况下，土壤湿度作为深度的函数随时间的变化。AutoCopter-XL 无人机见图 11.3，平台参数见表 11.4，装载的微波辐射计见图 11.4，辐射计性能参数见表 11.5。

图 11.3 AutoCopter-XL 无人机系统

表 11.4 AutoCopter-XL 无人机平台参数

长度	3.58m
质量	22.68kg
机翼直径	2.9m
飞行范围	161km
平台质量	20.41kg

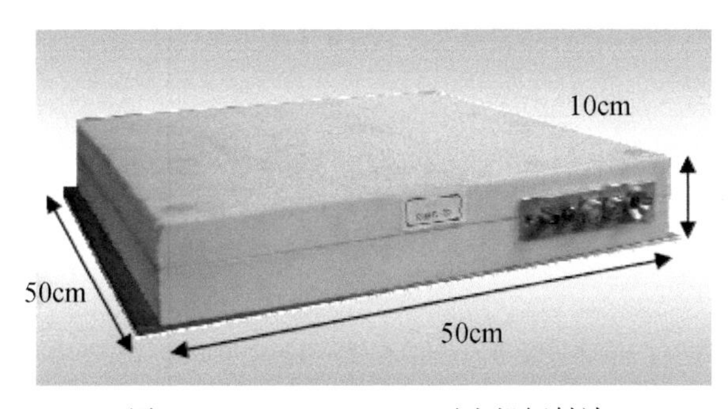

图 11.4 AutoCopter-XL 无人机辐射计

表 11.5 AutoCopter-XL 无人机辐射计性能参数

参数	单波束系统
功耗	15W
质量	5kg
灵敏度	0.5K

3. 美国 ProSenSing 公司 L 波段微波辐射计

为了适应未来无人机载荷的需求，美国 ProSenSing 公司研制了集成六通道恒温控制的轻型 L 波段微波辐射计，如图 11.5 所示，整机质量仅为 4.5kg。系统指标如下：

（1）工作频率：1.4GHz；

（2）集成的 125K 冷场效应负载，用于改良的 NEDT 和冷景的准确度；

（3）可直接单独测量或装配在其他系统中；

（4）快速负荷开关；

（5）集成的 ADC；

（6）智能高精度串口 ADC 用于控制和数据；

（7）高稳定性设计，0.05K 温度精度；

（8）总功率仅 1.5W。

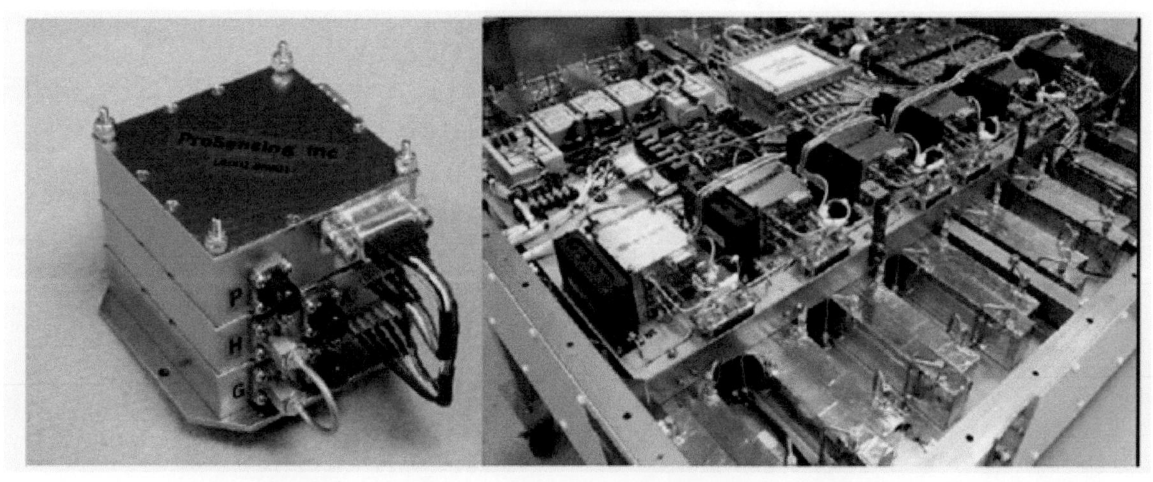

图 11.5 轻型 L 波段微波辐射计

美国在未来的海洋风矢量微波遥感探测中，采用了多频共用馈源和微波集成技术，研制多频微波辐射计，将极大地减小系统的体积、质量和功耗。

4. 中国科学院长春地理研究所研制的小型无人机载 L 波段微波辐射计

在黑河计划重点项目“黑河流域生态-水文过程综合遥感观测试验：综合集成与航空微波遥感”的支持下，中国科学院长春地理研究所研制了小型无人机载 L 波段微波辐射计，质量 10kg，进行了水面微波辐射计定标试验。现正在继续研发改进。

11.2 GNSS-R载荷

本节从GNSS卫星直射、海面散射信号特征以及GNSS-R双基雷达遥感探测几何关系出发，主要介绍了GNSS-R载荷工作原理和目前国内外研究应用现状，并根据GNSS-R载荷的工作特点和应用优势，分析了GNSS-R载荷未来发展方向和搭载在轻小型无人机平台的可能性。

11.2.1 GNSS-R载荷原理

全球导航卫星系统（GNSS）作为空间信息领域最重要的成果之一，不仅为空间信息用户提供了导航定位与精确授时信息，也为异源遥感探测提供了覆盖全球、源源不断的L波段微波信号资源。GNSS-R载荷采用双基雷达异源观测模式，与目前使用的微波辐射计、高度计、散射计、SAR同源观测微波载荷相比，由于无需信号发射装置，具有体积小、质量轻、功耗低的特点，有利于搭载在无人机平台与其他任务载荷协同对海面、陆面进行观测，提高海洋、陆面环境遥感信息采集与应用的时效性，拓展北斗二代等GNSS卫星的应用领域。

近年来，GNSS-R已成为一种新型的遥感信号源，在海洋环境信息遥感、土壤湿度监测等多个领域得到应用。GNSS-R采用双基雷达异源观测模式获取海面风场信息，接收的前向散射信号功率强度高于后向散射，并具有随海面粗糙度增大而减小的特性；同时，与散射计、合成孔径雷达、高度计的工作频段相比，GNSS-R信号为L波段，波长长于C、X和Ku频段信号，对雨云敏感性降低，可实现全天候探测；GNSS-R微波遥感在大风速海面风场反演方面具有广阔的应用前景。

1. GNSS卫星直射信号特征

GNSS卫星数量众多，包括有美国的GPS，俄罗斯的GLONASS，欧洲的Galileo，中国的北斗-2等。虽然不同系统的卫星数量、运行轨道和工作参数方面存在差异，但作为微波遥感的信号源，其结构、L波段频率、信号功率等方面相当接近。因此，能够进行GNSS多系统信号源的兼容使用。

2. GNSS卫星海面散射信号特性

GNSS卫星发射的L波段信号为右旋圆极化平面波，经海面散射后，信号强度微弱衰减并且极性由右旋翻转为左旋。直射信号的功率谱为三角形，宽度为2个码片宽度。在理想镜面条件下，信号散射功率谱形状和直射信号相同。随着海面起伏不同、海水介电常数不同，即海面粗糙度不同，信号散射的形式、方向和强度各不同。不同海况下GNSS海面散射信号功率曲线如图11.6所示。因此可以通过粗糙度遥感反演海洋环境要素。

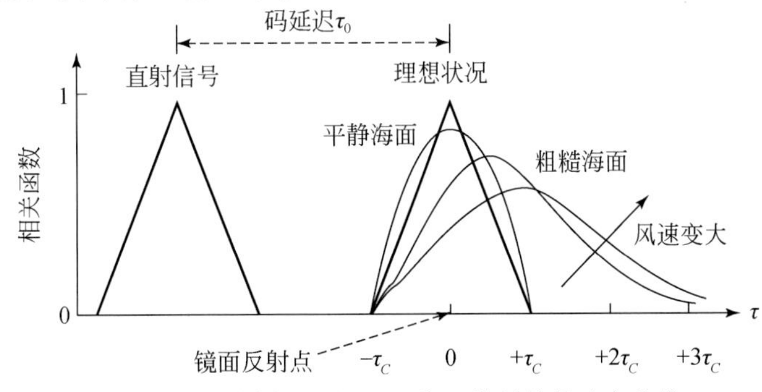

图11.6 不同海况下GNSS海面散射信号功率曲线

3. GNSS-R 双基雷达遥感探测几何关系

GNSS-R 遥感器信号采样为面采样方式，分辨单元由等延迟线和等多普勒线围合。遥感参考坐标系如图 11.7 所示，传输路径如图 11.8 所示。遥感探测几何关系随着 GNSS 卫星位置、接收机位置不同呈现动态变化。

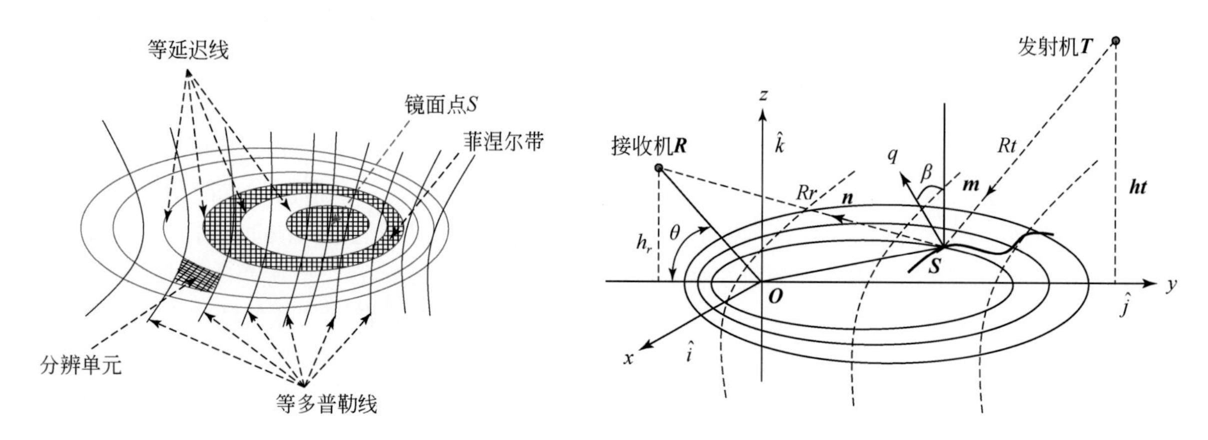

图 11.7　GNSS-R 遥感参考坐标系

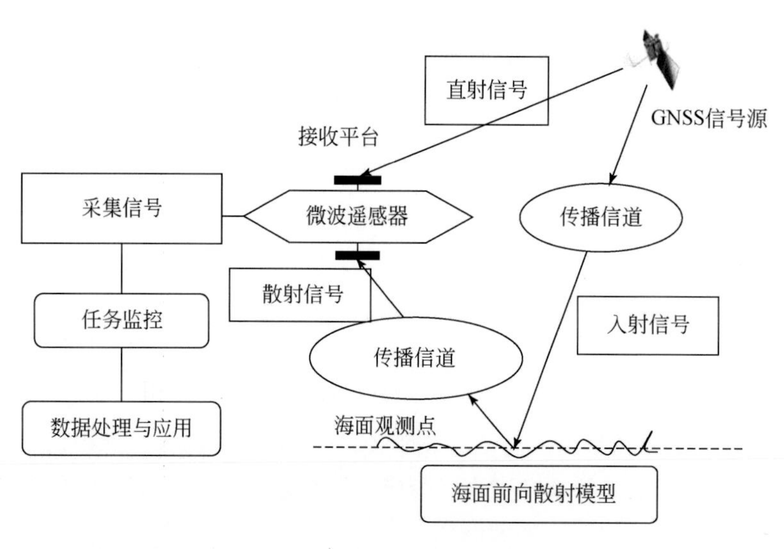

图 11.8　GNSS-R 遥感探测路径图

11.2.2　GNSS-R 载荷发展现状

GNSS-R 遥感技术始于 1997 年，已引起各国军事、海洋和气象等应用部门的高度重视。美国把该项研究计划列入最有发展前途的新技术项目之一。美国宇航局（NASA）LaRC 实验室、Colorado 大学宇宙力学研究中心、国家海洋和大气总署（NOAA）、欧洲航天局（ESA）、英国空间中心、西班牙 Starlab 等机构利用 GPS 海面回波信号在风场反演、海面测高、海冰监测等项目应用中已取得大量机载研究成果和多海域试验数据；意大利都灵理工大学对 GNSS-R 系统实现无人机载的可行性进行了初步的研究工作。美国宇航局、Colorado 大学和英国空间中心等机构还利用英国 DMC 灾害监测卫星平台（686千米轨高）首次成功获得星载试验数据。2014年，英国空间中心利用搭载在试验性卫星TechDemoSat-1上的载荷SGR-ReSI（Space GNSS Receiver-Remote Sensing Instrument）成功获取了全球大部分地区的多普勒时延图像。

1. 国外研究现状

目前，机载/星载GNSS-R遥感系统已进入业务化试运行阶段，和其他载荷协同支持全球海面风场、高程资料的快速获取和局部海域海洋动力环境要素的观测以及军事目标探测。

1）载荷技术

信号接收与处理是GNSS-R遥感器的核心技术。在信号接收技术方面，指向天顶的GNSS直射信号接收天线（右旋）技术相对成熟；由于海面回波信号极性翻转，指向天底的GNSS回波信号接收天线（左旋）一直是研究重点。目前国外已具备用于机载中低增益左旋天线和用于星载系统的多波束高增益阵列天线的研制能力。

在信号处理技术方面，前期主要研制了串行和并行DMR延迟映射接收机。近年来研究热点集中在多普勒延迟映射接收机DDMR（Delay Doppler Maping Receiver）信号处理技术。DDMR与DMR接收机相比，不仅增加了多普勒频移信息，在通道配置和信号资源利用上更具灵活性和扩展性，以支持多种应用对不同体制信号源的选择。

GNSS-R接收机设备可以分为软件接收机和硬件接收机两种，其中软件接收机结构简单，直接采集中频原始信号，所以信号包含所有有用信息，信号处理灵活方便，但数据信息量大，处理过程一般需要在标准计算机中进行，实时性差；硬件接收机可以直接输出相关波形，而且数据量小实时性高，但设备结构复杂，成本较高而且数据处理灵活性欠缺。二者各有优缺点，且两种设备都在不断开发和改进中。

GNSS-R软件接收机系统主要包括一个接收直射信号的射频前端和至少一个反射信号射频前端，系统使用相同的本地参考晶振，多个天线接收到的信号分别下变频、数模转换后进行数字采样，采样数据不经过任何的相关处理直接存入数据存储器中。从接收机硬件部分至少可以得到两个中频数据文件，一个来自接收直射信号的RHCP天线，另一个来自接收反射信号的LHCP天线，它们都是二进制文件。接收机软件部分主要在标准计算机上运行，它主要的功能是存储数据文件，进行相关处理。将直射信号和反射信号分别与本地生成的PRN码进行相关，得到带有延时标记的一维相关波形，如果需要得到延时多普勒波形，需要以估计的精确多普勒频率值为中心，计算其附近的不同多普勒频率情况下的相关函数，最后得到延时多普勒的二维相关函数波形。

从20世纪90年代开始，GNSS-R软件接收机的发展实例有：ESA设备A与设备B、JPL设备、Johnson Hopkins大学设备、西班牙空间研究院（IEEC）设备（由西班牙Polytechnic University of Catalunya设计研发）、科罗拉多大学设备、Starlab的Oceanpal接收机、SSTL（Surrey Satellite Space Center）设备（搭载在2003年发射的UK-DMC低轨卫星上）、NAVSYS公司的设备与SGR-ReSI设备（搭载在2014年发射的Tech Demo Sat-1卫星上，将于2016年发射CYGNSS卫星也将搭载该接收机）等。

硬件接收机可以直接输出二维的相关波形，其发展实例有：NASA兰利研究中心设备、德国GFZ（GeoForschungs Zentrum Potsdam）设备与IEEC的GOLD-RTR（GPS Open-Loop Differential Real-time Receiver）接收机等。

常规测量型GNSS接收机输出的信噪比数据中也包含反射信号信息，科罗拉多大学研究团队基于干涉度量（振幅、相位等）利用信噪比波形进行地表土壤水分的测量，主要使用的是美国板块边界观测计划（PBO）中的GNSS接收机，如Trimble NetRS接收机。

2）应用技术

GNSS-R 海洋遥感应用技术的研究在海面风场反演和海面测高两方面取得的成果最多；在海冰监测、海水盐度反演和军事目标探测等方面也取得了一些成功的研究成果；涉及海浪有效波高要素反演应用研究较少。GNSS-R 陆面应用研究在土壤水分、雪深、植被水分等方面取得了较多成果，另外也在探索如火山探测、冰川探测等新型应用。

2. 国内研究现状

我国 GNSS-R 海洋遥感技术于 2002 年起步，在国家 863 计划、国家重大专项、中国科学院重大科研装备项目、部级预研项目等支持下，中国科学院遥感与数字地球研究所在海洋微波遥感机理、信号接收与相关处理技术、海洋环境要素反演方法等方面进行了长期的技术储备。已研制出经过海试验证的机载 DMR 和 DDMR 接收机原理样机、一体化机载工程样机和星载初样机，并支撑航天科技集团 8 院完成了星载工程样机的研制，通过高空长航时无人机大气海洋综合探测系统项目开展了无人机载 GNSS-R 载荷的方案设计和无人机平台适应性技术研究。此外，北京航空航天大学、中国科学院空间中心、国家卫星海洋应用中心等多家单位对 GNSS-R 接收机、海洋应用技术也开展了相关研究工作。

北京航空航天大学研究团队（2004）首先在国家“863 计划”海洋监测技术主题中开展了“基于卫星导航定位系统的海面风速及风向探测技术”的子课题研究，研制了 GNSS-R 延迟映像接收机，于 2004 年在我国渤海区域利用中国海监飞机成功进行了 GNSS-R 机载测量海面风场试验。2010 年更在中国南海开展了 GNSS-R 海洋遥感机载飞行大型实验，进一步研究了 GPS-R 反演海面风场的原理和方法。在 GNSS-R 设备研制、处理算法研究及软件实现、机载 GNSS-R 海洋遥感系统研究与实现以及 GNSS 反射信号技术测高、反演海浪有效波高等方面取得大量成果。

中国气象局-北京大学生态环境遥感联合研究组与国内外相关机构合作，选择位于青藏高原东北缘的四川省阿坝州九寨沟县、若尔盖县、松潘县、茂县和汶川县以及青藏高原东南侧的成都市和德阳市，于 2012 年 7 月共同筹划建立“九若松生态环境遥感综合试验场”。利用北航研制的 GNSS-R 延迟映像接收机，连续开展多次 N+EOS 土壤水分测量试验（图 11.9），融合遥感 EOS 数据与地基 GNSS-R 观测数据进行土壤水分反演，在取得大量、丰富的数据资料基础上进行了模型与算法研究，取得了良好的反演结果。

图 11.9　GNSS-R 探测土壤水分试验场

中国科学院空间科学与应用研究中心也自主研制了 GNSS-R 延迟影像接收机，推进了 GNSS-R 遥感技术从科学研究向工程化、业务实用化发展，并联合北京航空航天大学、中国气象局以及北京大学等单位开展了一系列 GNSS-R 探测试验研究，包括：2007 年 8 月青岛奥帆赛域岸基 GNSS-R 探测海面状态试验，2009 年 5 月青岛海域机载 GNSS-R 探测海面状态试验，2012 年 1 月河南郑州地基 GNSS-R 探测土壤湿度状态试验，2014 年 5 月河南郑州机载 GNSS-R 探测黄河高度与土壤水分等。

经过十余年的研究工作，我国 GNSS-R 遥感技术已进入国际先进行列，特别是作为轻小型微波载荷将展现其广阔的业务化应用前景。国内 GNSS-R 机载设备与国际同类设备对比见表 11.6。

表 11.6　机载 GNSS-R 载荷国内外对比表

主要功能/指标	国际研究成果	GNSS-R 工程样机	GNSS-R 一体化机
信号源	GPS	GPS	GPS/BD-2
左旋天线增益	3dB	3dB	13dB
遥感器通道数	48	48	82
信号处理方式	事后处理	遥感器内部实时处理	遥感器内部实时处理
数据处理方式	地面处理	地面处理	机上实时处理
载荷质量	—	3kg	8kg
载荷体积	—	300mm×200 mm×150mm	450mm×310mm×100mm
功耗	—	20W	100W
要素反演精度	风速±2 m/s 风向≤20° 海面高程优于 5cm 裸土土壤湿度误差优于 10%	风速±2. 5 m/s 风向≤20° 海面高程优于 10cm 裸土土壤湿度误差优于 10%	风速±2 m/s 风向≤20° 海面高程优于 10cm 有效波高≤20cm 裸土土壤湿度误差优于 10%
设备集成度	遥感器与任务监控、数据处理、仿真分析软件未进行一体化集成	遥感器与任务监控、数据处理、仿真分析软件未进行一体化集成	将遥感器、任务监控和数据处理与要素反演、仿真分析软件进行了一体化集成

3. 导航卫星信号源现状

随着我国北斗二代和国际上相关 GNSS 导航卫星发射计划的实施，GNSS 卫星将由目前的几十颗迅速增长到上百颗，将为 GNSS-R 遥感系统的业务化应用提供质量越来越好、数量越来越多的信号源保障。

1）GPS 卫星导航系统

GPS 空间卫星星座目前在轨的工作卫星有 30 颗：15 颗 II/IIA 卫星，12 颗 IIR 卫星和 3 颗 IIR-M 卫星。其中工作卫星 24 颗，其余为备份星。卫星分布在 6 个轨道面上，每个轨道上有 4 颗卫星，卫星轨道面相对地球赤道面的倾角约为 55°，相邻轨道面的升交点赤经相差 60°，在相邻轨道上，卫星的升交点角距相差 30°，轨道平面距地面的高度约为 20200km，卫星运行周期 11 小时 58 分。任意地点同时有 4 颗以上可观测卫星。

2）GLONASS 卫星导航系统

俄罗斯的 GLONASS 星基无线电导航系统在全世界范围内提供三维定位、测速以及时间广播服务。系统有 24 颗卫星，星座包括 3 个轨道平面，每个平面有 8 颗卫星，轨道高 19100km。同时提供军民两种服务，各自的定位精度和 GPS 相当。GNLONASS 在许多方面非常类似 GPS，位置、速度、时间的确定也是用 PRN 测距信号完成，不同之处是 GLONASS 每颗卫星采用同样的测距码，使用频分多址技术来区分每颗卫星。

3）Galileo 卫星导航系统

“伽利略”系统的卫星星座由均匀分布在 3 个中等高度轨道上的 30 颗卫星构成，轨道高度约 2.3 万 km，运行周期为 14 小时 4 分钟。每个轨道面上有 10 颗卫星，9 颗正常工作，1 颗运行备用，轨道面倾角 56°。galileo 系统也采用 PRN 码测距和被动式导航定位原理，与 GPS 全面兼容但独立于它，主要特点是多载频、多服务、多用户。galileo 系统将提供五种不同的服务：免费的公开服务（Open Service，OS），增值的商用服务（Commercial Service，CS），生命安全服务（Safety-of-Life Service，SOL），搜救服务（Search-and-Rescue Service，SAR）以及为某些政府用户的公共特许服务（Public Regulated Service，PRS）。

4）中国北斗卫星导航系统及其他卫星导航系统

北斗二号系统由地面段、空间段和用户段组成，采用 CGS2000 坐标系，以北斗时为系统时间基准，覆盖中国及周边地区，具有报文通信能力和一定抗干扰能力，并能向全球扩展；2020 年建成由静止轨道卫星和非静止轨道卫星组成的全球卫星导航系统及相应的地面站和用户终端。其中北斗二号一期工程的空间段由 5 颗 GEO（Geostationary Earth Orbit）、3 颗 IGSO（Inclined GeoSynchronous Orbit）和 4 颗 MEO（Medium Earth Orbit）组成。每颗卫星均配备 RNSS 载荷，连续广播三个频点（B1、B2、B3）的 GNSS 导航信号，每个导航信号均正交调制有普通测距码和精密测距码。导航电文中除播发星历等导航参数外，还在 GEO 卫星播发广域差分等信息。

印度空间研究组织正在开发卫星导航定位系统。日本则计划投入 2000 亿日元，建成由 3 颗卫星组成的 QZSS 系统。

11.2.3 GNSS-R 载荷发展趋势

在载荷发展趋势方面，目前机载 GNSS-R 接收机研制已趋于成熟，国内外都已有大量成功实验案例。并已有 SGR-ReSI 卫星载荷的成功运行，能够同一时间接收 4 组有效数据进行多普勒时延图像的获取。随着可用导航卫星数量的增多，能够同时接收到的信号数量也随之增加，未来 GNSS-R 载荷会向多收多发的方向发展，快速获取多频、多角度、宽覆盖、高精度地球表面相关参量。

在卫星计划方面，2016 年由 NASA、美国密歇根大学、西南研究所联合发起由 8 颗轻小型卫星基于 SGR-ReSI 载荷组成的 CYGNSS（The Cyclone Global Navigation Satellite System）也计划升空，主要对中低纬度带飓风等极端天气多发地区进行海面风速监测与测量任务。此外，由 ESA、德国地学中心、美国喷气机实验室等联合发起的 GEROS-ISS 计划于 2019 年发射，利用 GNSS 直射信号进行大气电离层监测，同时反射信号主要进行海面测高、海冰、地面及大气方面的应用。

在机载设备方面，由于 GNSS-R 载荷具有轻小型、高性能的特点，特别有利于在各类无人机上搭载，与其他载荷协同开展对海对地观测和目标探测等应用。

11.2.4 轻小型无人机 GNSS-R 载荷关键技术

本节结合国内外已有 GNSS-R 载荷研制经验和轻小型无人机平台工作特点，给出轻小型无人机平台 GNSS-R 载荷开发与系统集成、数据处理以及数据产品验证等重要环节的关键技术，为载荷技术发展与研制提供技术支撑。

1. GNSS 海面、陆面反射信号接收技术

基于 GNSS 反射信号的极性翻转、信号强度减弱以及海洋、陆面观测要素反演对卫星数量和入射角的要求，用于反射信号接收的左旋阵列天线成为遥感器系统研制中的关键技术。信号接收天线通常依靠增大天线增益来提高微弱信号接收的信噪比，但相同情况下天线波束将变窄，覆盖范围变小，不能同时接收多颗卫星的反射信号，因此平衡增益和波束范围成为天线参数设计中需考虑的重点问题。通过单馈点结构，实现天线阵列单元的组阵；采用连续旋转馈电结构，降低各天线单元之间的互耦系数；通过旋转串行馈电技术，增加天线阻抗带宽，降低 E 面和 H 面的旁瓣并利用其寄生辐射提高天线的圆极化特性，以保证复杂背景下多源多路 GNSS 海面、陆面反射信号的有效接收。

2. 信号捕获与码环控制技术

内嵌控制软件是 GNSS-R 载荷工作机制的核心，装载在 DSP 高速处理器中，与 FPGA 专用相关器结合使用，实现通道配置、逻辑控制、码环和载波环控制、导航定位解算与时延多普勒相关功率计算功能。需研究高灵敏度信号捕获、高精度码跟踪环路和载波跟踪环路、反射信号的开环跟踪和多通道资源优化配置等核心算法，确保内嵌控制软件逻辑电路运算高效稳定。

3. GNSS 海面、陆面微弱散射信号增强技术

与 GNSS 直射信号相比，GNSS 反射信号的强度下降了 40% 左右，信号信噪比急剧恶化，为获取 GNSS 海面、陆面反射信号的相关特性，低信噪比下的微弱散射信号增强技术成为关键技术。对于低信噪比信号，通常采用长时间相关累加和非相关累加的方法进行处理，但对高动态、低信噪比的反射信号跟踪则比较困难。利用直射信号辅助的方法对反射通道信号进行开环跟踪，并采用延后处理的方法消除载波多普勒变化和导航电文数据长时间累加造成的影响。

4. 轻小型无人机 GNSS-R 载荷数据处理关键技术

遥感器内部时延多普勒相关功率信号实时相关处理通过多通道 FPGA 专用相关器实现，需设计 GNSS 兼容硬件电路，确定高精度相关处理算法，使遥感器具备多通道并行处理、高分辨率码相位跟踪的逻辑功能。不仅完成接收信号与本地信号的相关运算、直射信号原始观测量的测量以及接口传输等工作，还需要完成对反射通道信号在不同码相位延迟和载波多普勒下的相关值输出，因此需要对反射信号同时在时延和多普勒两个方向上进行相关。通过多频载波信号并行生成技术、多延迟 C/A 码生成技术和二维相关运算技术实现 GNSS-R 遥感器内部对反射信号的时延-多普勒二维实时相关处理。

5. 载荷数据产品验证关键技术

研制的无人机载 GNSS 海面反射信号接收机为新型微波载荷，信号源多、地面反射信号体制不明确、信号逻辑关系复杂，缺乏成熟的测试验证设备。需研制适用的 GNSS 直射/反射信号采集卡、上位机和信号监控、仿真分析工作站，对多源、多路、多环节信号流进行精密分析，以支持信号处理算法、逻辑电路、环路控制测试验证，保证载荷技术体制的正确性。

11.2.5 轻小型无人机 GNSS-R 载荷典型产品和应用

目前，国内外尚没有成熟的无人机载 GNSS-R 载荷产品。中国科学院遥感与数字地球研究所在

无人机大气海洋综合探测系统项目的支持下，已经完成了无人机载GNSS-R载荷的方案设计和无人机平台适应性技术研究，为GNSS-R载荷向无人机平台发展创造了良好前提。中国科学院空间中心联合清华大学、北京大学也正在进行有人机GNSS-R试验、轻小型无人机购置、无人机GNSS-R载荷观测试验等，为轻小型无人机平台GNSS-R载荷搭载提供技术支撑。中国科学院遥感地球研究所研制的机载GNSS-R一体化机已在航天集团8院用户单位使用，用于获取机载试验数据支撑星载研制。

无人机GNSS-R载荷搭载在低空固定翼/旋翼轻小型无人机平台上，获取GNSS卫星直射和地面回波信号。在海洋探测方面，用于近海或目标海域海洋动力环境探测，主要数据产品为海面风场、海面高程，可扩展的数据产品为有效波高、海冰、海啸等，并可与SAR成像载荷协同开展海洋动目标探测，为海上维权执法、海洋灾害监测、舰船安全航行以及极地海冰背景数据获取等提供信息支撑。在陆面探测方面，可用于土壤水分、雪深、植被、地形等的探测，主要数据产品为土壤水分、陆面高程，可扩展的数据产品为雪深/雪水当量、植被水分/高度等。可实现与现有土壤水分探测卫星等的协同观测。

11.3 轻小型无人机差分吸收光谱仪（DOAS）

轻小型无人机载DOAS载荷的测量原理为差分光学吸收光谱技术，光在大气中传输时会受到吸收和散射作用的影响，利用污染气体的特征光谱吸收结构可以定性、定量分析污染气体的成分和浓度，并进一步确定污染气体的区域和立体分布特征，可为大气物理、大气化学等学科的研究提供重要的数据支持。图11.10所示为机载DOAS的观测示意图。

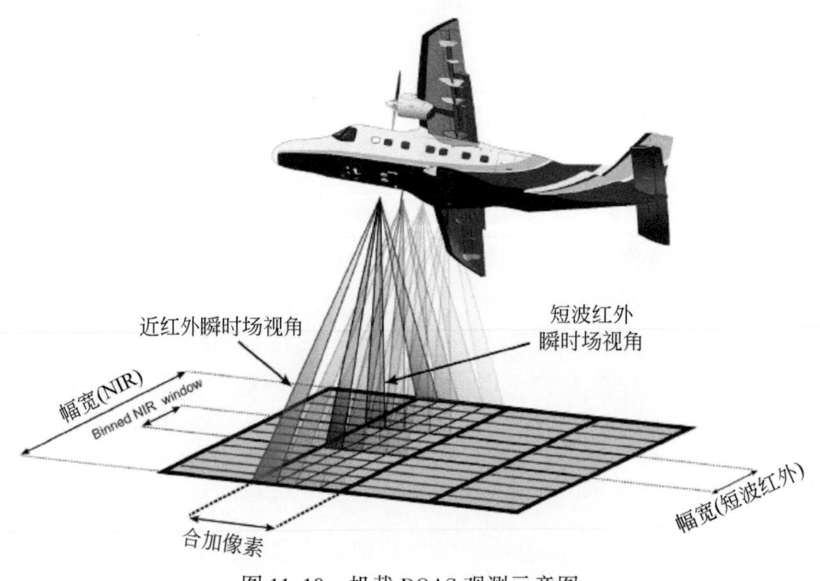

图11.10　机载DOAS观测示意图

11.3.1 差分吸收光谱技术（DOAS）原理

DOAS技术的基本原理是著名的朗伯-比尔（Lambert-Beer）定律。光在介质中传输时，会因它与物质的相互作用而发生衰减。假定介质中某位置的辐射强度为$I(\lambda)$，在其沿传播方向通过厚度

为ds的一段长度后光强度变为 $I(\lambda)+\mathrm{d}I(\lambda)$，则有

$$\mathrm{d}I(\lambda)=-I(\lambda)\sigma(\lambda)c(s)\mathrm{d}s \tag{11.3}$$

其中，$c(s)$ 为物质的浓度；$\sigma(\lambda)$ 表示对辐射波长 λ 处的总消光截面。由于在辐射传播过程中与介质的相互作用主要为吸收和散射，所以这里的 $\sigma(\lambda)$ 等于物质的吸收与散射截面之和，统称为物质的消光，一般称为消光截面，如图 11.11 所示。

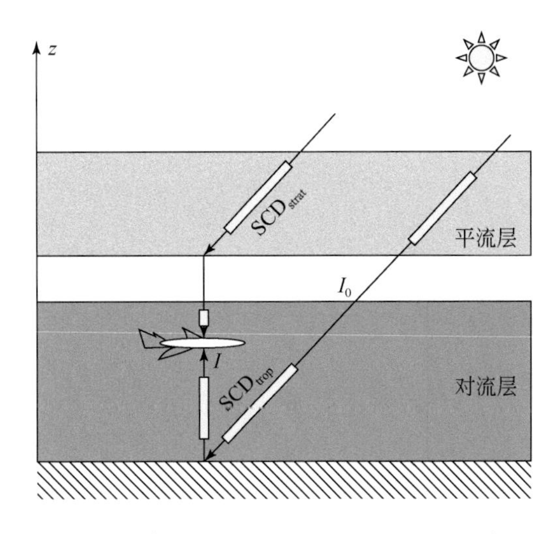

图 11.11　轻小型无人机 DOAS 观测原理示意图

假设在飞机上方的入射强度为 $I_0(\lambda)$，则在经过图中所示的距离 L 后，探测到的入射强度 $I(\lambda)$ 可由方程（11.4）积分得到

$$I(\lambda)=I_0\mathrm{e}^{-\int_0^L\sigma(\lambda)c(s)\mathrm{d}s} \tag{11.4}$$

DOAS 技术的基本原理是通过将吸收截面分为两个部分，在光谱分析中只考虑差分吸收截面 σ'_j。I'_0（λ）可以通过对测量光谱 I（λ）进行平滑去除窄带结构或者使用 n 阶多项式（$n=3$，4 或 5）来代替，但是这种方法往往由于仪器、光源的变化而引入较大误差，所以在实际应用中采用的方法是利用直接测量的灯谱（或未经大气吸收的太阳光谱）来代替。选择恰当的参考光谱，利用最小二乘法进行数据处理，就可得出各种气体浓度 c_j 的值。

被动 DOAS 使用的是自然光源，如太阳光直射光、散射光、月光、星光等。其光子的传输路径更为复杂，因而光程无法确定。因此在这里就需要对 Lambert-Beer 定律进行相应的变换，则得到

$$I(\lambda)=I_0(\lambda)\exp\left(-\int\left\{\sum_{j=1}^{n}\left[\sigma_j^b(\lambda)+\sigma'_j(\lambda)\right]c_j+\varepsilon_R(\lambda)+\varepsilon_M(\lambda)\right\}\mathrm{d}s\right) \tag{11.5}$$

由于光子路径未知，所以这里将光程和浓度合并，并令 $\mathrm{SCD}_j=\int c_j(s)\mathrm{d}s$，则上式可以写为

$$\frac{I(\lambda)}{I'_0(\lambda)}=\exp\left[-\sum\sigma'_j(\lambda)\mathrm{SCD}_j\right] \tag{11.6}$$

那么差分光学密度 D' 就可以写成

$$D'=\ln\frac{I'_0(\lambda)}{I(\lambda)}=\sum\sigma'_j(\lambda)\mathrm{SCD}_j \tag{11.7}$$

式（11.7）也可以简单写成

$$\mathrm{SCD}=D'(\lambda,\ \sigma')/\sigma'(\lambda) \tag{11.8}$$

SCD 也就是斜柱浓度（slant column density），即痕量气体浓度沿光路的积分浓度。由于在实际

计算中选取的是相对干净地区的一条测量光谱作为参考光谱 I_0，因此这里计算得到的斜柱浓度为差分斜柱浓度。

为得到反映本地实际浓度信息分布的对流层垂直柱浓度结果，利用辐射传输模型计算大气质量因子（air mass factor，AMF），利用公式

$$\mathrm{VCD}=\frac{\mathrm{SCD}_{\mathrm{trop}}}{\mathrm{AMF}_{\mathrm{trop}}}=\frac{\mathrm{DSCD}(\alpha)-\mathrm{dSCD}_{\mathrm{strat}}}{\mathrm{AMF}_{\mathrm{trop}}(\alpha)} \tag{11.9}$$

11.3.2 轻小型差分吸收光谱仪（DOAS）发展现状

在国际上，基于飞机平台的大气污染气体遥感研究已经广泛开展，但基于无人机平台的大气污染气体遥感还比较少。Constantin 等（2012）在 2012 年利用无人机 DOAS 技术开展了对大气 NO_2 气体的测量，并得到了 NO_2 的二维区域分布结果。飞机航速 80 ~ 100km/h，飞行高度 4km，总重 900g，功耗低于 20W。实物图及结果如图 11.12 和图 11.13 所示。

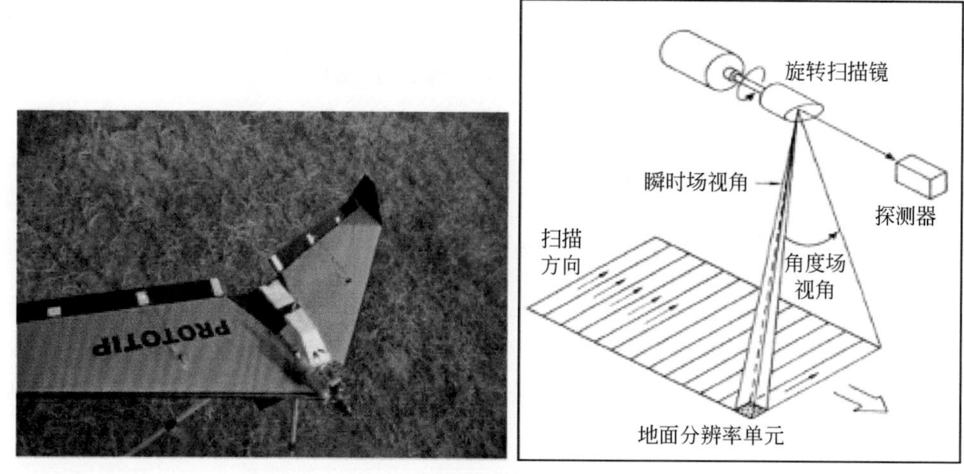

图 11.12　Constantin 无人机及推扫观测模式

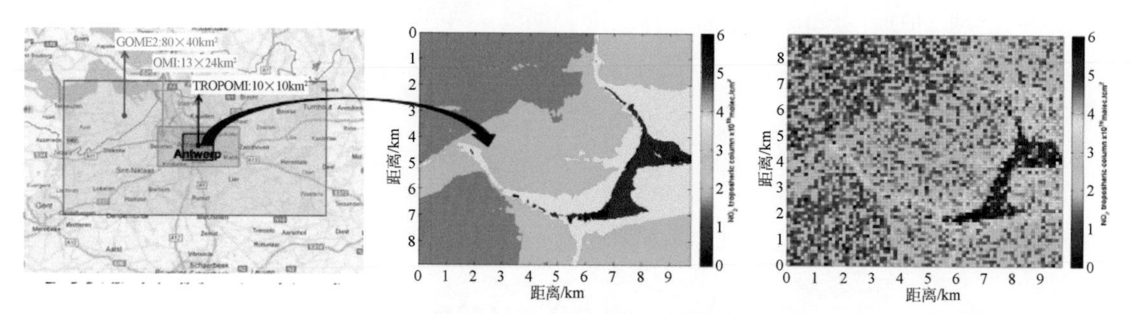

图 11.13　无人机 DOAS 观测的 NO_2 区域分布结果

目前我国在无人机 DOAS 载荷方面的研究较少。中国科学院安徽光机所率先开展了基于有人机和无人机的 DOAS 载荷测量研究，2008 年在珠三角、黄河口等地区开展了基于二维机载成像 DOAS 技术、机载多轴 DOAS 技术的有人机 NO_2 遥测研究（徐晋等，2012；徐晋等，2013），同时还在河北沙河、山东大高等地利用小型成像光谱开展了无人机载平台的 DOAS 技术测量研究。

图 11.14 和表 11.7 所示为机载 DOAS 系统结构示意图和设计参数。系统分为光谱采集单元与控制单元。系统由紫外镜头、成像 DOAS 光谱仪、面阵 CD 探测器、温度控制系统、控制计算机与二次电源等组成，控制计算机通过网络接口与总控系统连接，紫外望远镜将散射的太阳光会聚成像到入射狭缝上，入射光信号进入成像 DOAS 光谱仪中，通过光栅色散和光谱成像，由面阵 CCD 探测器完成光谱维与空间维的光谱采集工作，数字化后通过 USB 传导到计算机中存储、计算，实现对大气痕量气体垂直柱浓度空间分布的解析。

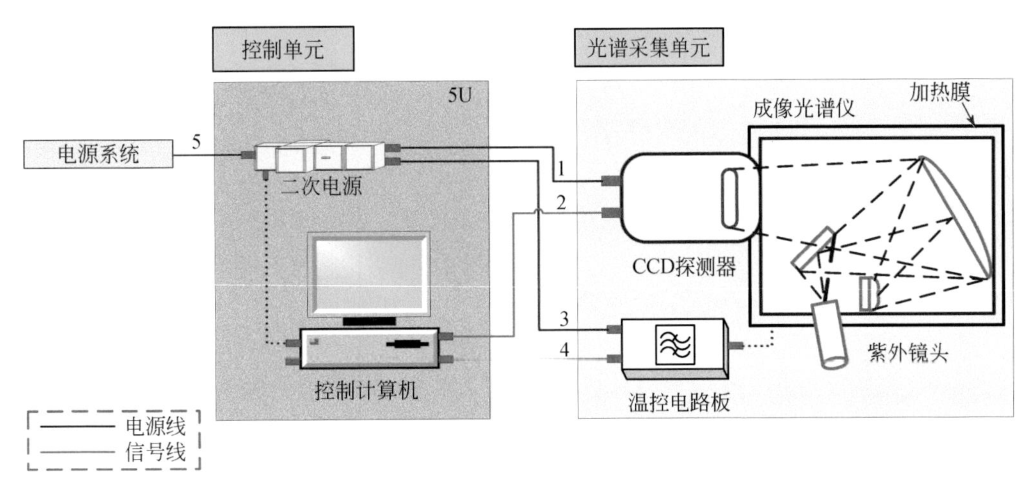

图 11.14 机载 DOAS 系统结构示意图

表 11.7 轻小型无人机 DOAS 设计参数

指标	参数
光谱范围	290 ~ 420nm
光谱分辨率	优于 0.5nm
望远镜视场角	1° ~ 20°可选
质量	小于 2kg
测量气体	O_3、SO_2、NO_2 柱浓度
测量精度	优于 5%（O_3、NO_2），优于 10%（SO_2）
温控	温度波动低于 0.1℃

11.3.3 轻小型无人机平台 DOAS 载荷关键技术

1. 高收集效率的前置光学导入系统的设计

当紫外辐射通过前置望远镜会聚到光谱仪入射狭缝上，通过前置望远镜的优化设计，从而提高系统的探测分辨率，保证测量的准确性，使得整个光学系统体积紧凑。Offner 成像光谱仪的光谱成像性能优异，尤其是畸变的改善，并且易于整个系统的小型化和轻型化，满足了紫外波段内探测高光谱分辨率和空间分辨率的要求，特别适合平台搭载的技术应用。

该 Offner 光谱仪系统与现有技术相比的优点在于：①光学系统辐射能量利用效率高；②系统能够取得最小畸变。系统的 Offner 成像光谱仪中采用的是凸面光栅，这种结构的成像光谱仪与原有的采用平面光栅或凹面光栅结构的成像光谱仪相比，具有明显的优点。首先，光谱性能远超过其他类型的光谱仪。微型 Offner 结构可以使畸变小于一个像素的 0.1%，而在原有的成像光谱仪中，如采用凹面光栅的 Dyson 结构成像光谱仪，在相同情况下能够取得的最小畸变至少是 Offner 光谱仪的几十倍。其次，Offner 成像光谱仪容易实现仪器小型化和轻型化，适合轻小型无人机载平台的发展需要；③系统体积小，质量轻。系统采用前置望远成像系统和 Offner 光谱仪的连接，使得整体的光学系统大为缩小，整体的光学体积紧凑，质量相对其他机载同类产品大为减轻，适应轻小型无人机平台。

2. 高精度温度稳定控制设计

温控箱采用全密封结构，利用贴于箱体内表面的硅胶加热片对箱体内部空间进行加热。为了保证加热的均匀性，在箱体的六个表面均加装加热片，同时加热。采用泡沫隔热材料将箱体外表面与外部环境隔离，从而减少温控箱与外部的热交换。将热电阻安装于温控箱的加热空间内，测量箱内温度，并将温度信息传送到 PID 自动温控表。温控表将根据系统的加热功率、热交换速率以及当前温度和目标温度，控制功率控制器，改变硅胶加热片的加热功率，从而使温控箱内温度稳定在目标温度附近。

3. 紫外可见光谱标定技术

采用卤素灯（如汞灯）作为光源对光谱仪进行波长-像元校准。利用卤素灯的特征发射峰识别并标定 CCD 像元对应的波长信息，从而实现对光谱的精确测量和计算。

4. 多种气体同时反演的干扰修正技术

利用不同气体的特征吸收结构，定性定量地判定气体成分和浓度，采用非线性最小二乘拟合的方法，有效克服不同气体之间的交叉干扰，并实现在同一波段对多种气体的同时反演。

下篇

第12章　遥感数据获取与处理

遥感数据获取与处理是轻小型无人机遥感应用最基本任务。作为获取和更新空间数据的有力手段，轻小型无人机遥感系统能够在云下及时简捷地获取分辨率高至厘米级的地理资源和环境数据。一般来说，轻小型无人机遥感数据获取包括任务规划、空域申请、数据质量检查与整理等几个关键过程。针对传感器的不同，对获取数据的处理技术也不尽相同。本章主要阐述当前无人机遥感数据的获取过程、相应数据处理方法、技术、流程及软件等。

12.1　遥感飞行作业与数据获取

本节从遥感数据获取过程中的任务规划、空域申请、数据质量检查与整理以及空域管理等几个方面进行描述。目前无人机遥感数据获取主要优势凸现在应急和区域应用上，遥感数据以大比例尺光学影像居多，红外、成像光谱、SAR 和 LiDAR 也开始走向行业应用。

12.1.1　遥感任务规划

无人机遥感任务规划，一般来讲包括任务的总体计划、技术设计、航线设计和组织协调等宏观规划工作。具体包括任务需求分析、航摄技术方案设计、空域申请提交、起降场选择、运输路线确定、人员食宿通信安排、地面保障事项安排、安全预案措施制定、作业现场秩序维护考虑、进度计划制订等一系列工作计划。

我国轻小型无人机遥感发展到当前阶段，航摄设计、技术方案和空域申请有明确规定和规范，各行业按照自己的规程执行。其他的任务规划内容，各自为政，没有统一模式，多数单位根据自己的机型和作业经验制定。

12.1.2　空域申请与作业流程

按照现行空域管理和作业办法，无人机遥感作业基本流程主要包括：向国家空管部门提出空域需求申请、遥感飞行作业区域空管机构的报请、飞行航线的设计和计划制定、飞行遥感作业和后期数据处理等。具体空域申请流程如图 12.1 所示。

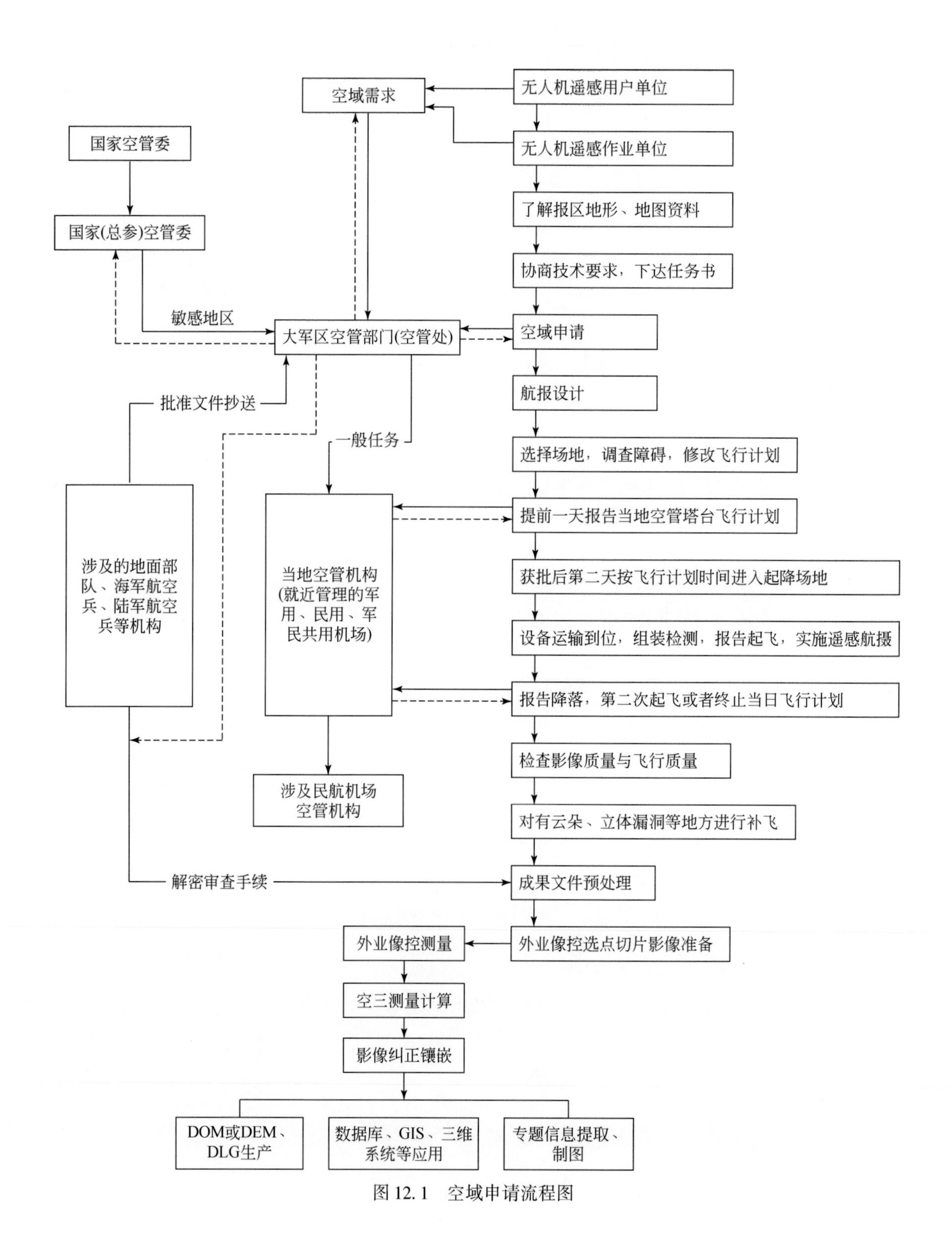

图 12.1　空域申请流程图

空域申请文件样例如下：

关于对××地点进行低空航摄的函

××军区司令部作战部：

受××单位委托，我部拟于20××年×月至×月，采用××型飞机，对××地点（坐标见附件）进行遥感摄影，面积×× km^2。

航摄仪器为××，焦距×× mm。飞行范围为任务区外扩× km，飞行高度××m。

请予审复。

附件：航摄地点及坐标示意图

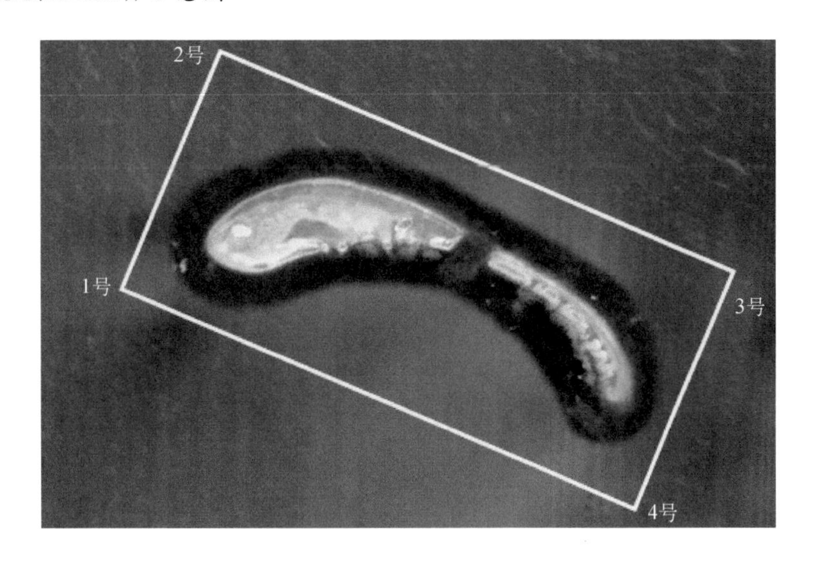

二○××年×月×日

打印：4 份

航摄地点示意图

各点坐标如下：

1 号点 N ° ′ ″, E ° ′ ″

2 号点 N ° ′ ″, E ° ′ ″

3 号点 N ° ′ ″, E ° ′ ″

4 号点 N ° ′ ″, E ° ′ ″

××遥感技术有限公司

20××年×月×日

12.1.3 数据质量检查与整理

按照任务要求，对获得遥感数据进行质量检查，主要看几何和辐射以及时相分辨率是否满足要求，重叠度和覆盖范围是否满足要求，另外还包括格式、辅助信息和成像质量等。有相关规范的，必须遵照规范规定整理成可以交接的标准成果样式。

目前测绘行业相对规范，制订了详细的无人机低空数字航空摄影规范和成果整理要求，其他行业有的参考测绘规范，有的还没有制定出台相关标准。作为遥感数据获取阶段与处理阶段衔接的部分，迫切需要加强标准规范制定，尽快总结成熟上升为国家标准，促进无人机遥感的发展。

12.1.4 空域管理

无人机空管目前尚未有成熟完善的技术、措施或法规，但在技术方面取得了一定进展，通过集成北斗和 GPRS/3G 技术开发综合管理平台，实现全国无人机资源、任务、元数据注册、飞行监管等综合业务运行，为无人机在空域的安全以及空域本身的安全奠定基础。

空中交通管制系统一般包括通信、导航、监视、目标获取和处理以及显示等设备。通信是最根本的管制手段。传统方式是空中与地面之间用无线电话，地面之间用有线电话或无线电话。现代多采用数字、卫星或雷达通信手段实现空中交通管制。

2014 年，根据《民用无人机空中交通管理办法》《中华人民共和国民用航空法》和《中华人民共和国飞行基本规则》等法规，由国家高技术研究发展计划（863 计划）“基于北斗/GPRS/3G 技术的无人机遥感网络体系关键技术研究与示范”课题，研究并设计构建了基于北斗短报文通信技术的无人机空管系统，其由无人机机载监管装置、地面飞控系统和飞行监管系统组成。

空管系统将建立无人机资源数据库、飞行任务计划数据库、飞行监管数据库、飞行管制区数据库、基础地理信息数据库等一系列数据库。资源数据库存储各型无人机信息，如型号及其主要参数、传感器型号及其主要参数、归属单位等信息；飞行任务计划数据库存储无人机执行相关任务信息，重点是飞行架次信息；飞行监管数据库存储无人机飞行诸元信息，支撑飞行监管；飞行管制区数据库存储管理空军和民航现有飞行管制区域数据，如七大军区空中管制范围、华北空管范围、重点限制飞行区域等数据；基础地理信息数据库存储行政境界、地名、道路、河流水系等基础框架信息。

空管服务流程如图 12.2 所示，包括无人机用户注册、无人机资源注册、飞行任务注册、飞行计划注册和飞行监管等步骤。其中用户注册为合法从事无人机飞行活动的单位、个人提供无人机空管系统的用户注册功能。无人机资源注册对合法无人机进行唯一标识（ID）编码。

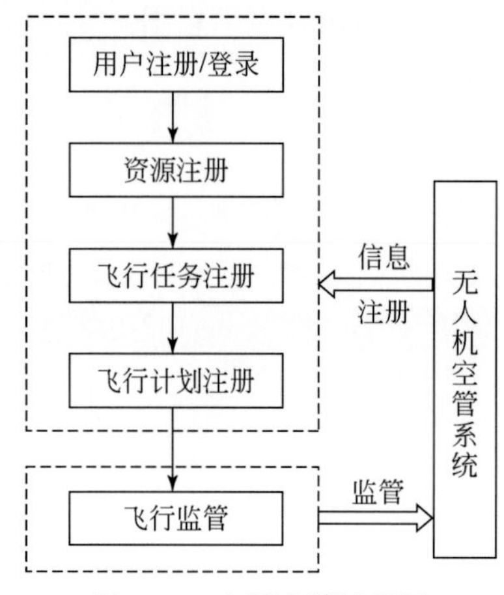

图 12.2　空域申请流程图

飞行任务的注册完成已根据《通用航空飞行任务审批与管理规定》获得批准的合法飞行任务的登记。飞行任务注册的内容主要包括：航空用户名称、任务性质、航空器型别、架数、飞行作业队联系人、无人机 ID、通信联络方法、起降机场（起降点）、备降机场、使用空域（航线）、飞行高度、执行日期和预计飞行起止时刻等。

飞行计划的注册完成已获得当地飞行管制部门批准的飞行计划的登记。同时可通过无人机空管系统向管理部门上报飞行计划注册申请。飞行计划申请应当在拟飞行前 1 天的 15 时前提出；飞行管制部门应当在拟飞行前 1 天 21 时前作出批准或者不予批准的决定，并通知申请人。

飞行计划注册的内容主要包括：航空用户名称、任务性质、航空器型别、架数、飞行作业队联系人、无人机 ID、通信联络方法、起降机场（起降点）、备降机场、使用空域（航线）、飞行高度、预计飞行起止时刻、执行日期、飞行气象条件、其他特殊保障需求等。

飞行监管完成飞行动态报告，并与本区域的空管部门开展信息映射，实时监控无人机的飞行诸元信息；在任何时间，对无人机的管制应当只由一个空中交通管制单位承担。无人机飞入相邻管制区前，飞行管制部门之间应当进行管制移交；当无人机在飞行时，出现了偏离航线或者紧急情况时，无人机管理部门应该立即对地面作业单位提供告警服务；飞行中，无人机与管理部门联络中断，从事无人机飞行活动的无人机操控人员应停止执行飞行任务，返回原起降场地或者飞往就近的备降场地降落；对于违反飞行管制规定的无人机，可以根据情况责令返航或者停止其飞行。

空管信息映射主要包括：①无人管理部门应当与有关飞行管制部门建立可靠、安全的通信联络和映射机制；②当无人机在飞行偏离航线时，无人机管理部门告警无效后，需立即通报有关飞行管制部门采取应对措施。

应急响应主要考虑当紧急救护、抢险救灾或者其他应急任务发生时，无人机管理部门应当依据就近原则，对可执行该类任务的无人机发出调度指令。飞行作业队伍应尽快提出临时飞行计划申请。临时飞行计划申请最迟应当在拟飞行 1h 前提出；飞行管制部门应当在拟起飞时刻 15min 前作出批准或者不予批准的决定，并通知申请人。

12.2 光学影像处理技术

20 世纪 80 年代以来，随着计算机技术、通信技术的迅速发展，各种数字化、质量轻、体积小、探测精度高的新型光学传感器的不断面世，相应软件处理系统也得到更新完善。根据目前市场光学传感器的使用情况，光学影像处理技术可以分为单传感器和多视立体传感器两种数据源的处理。

12.2.1 单传感器数据处理技术

无人机航空摄影时，采用单镜头相机垂下对地观测获得的数据即为单传感器数据。采用该方式获取的航空影像的处理技术，主要是基于摄影测量专业理论，通过双向立体观测，实现对地三维测量，并通过遥感影像提取相关属性信息的处理技术。一般要求遥感影像有足够的重叠度，立体观测能连续无缝覆盖任务测区。目前在单传感器数据处理过程图 12.3 中主要涉及影像预处理、空三加密、遥感影像产品制作等关键技术。

1. 无人机遥感影像预处理技术

无人机遥感影像预处理技术主要包括影像畸变差改正、影像旋偏角检查和重叠度检查以及影像旋转等。

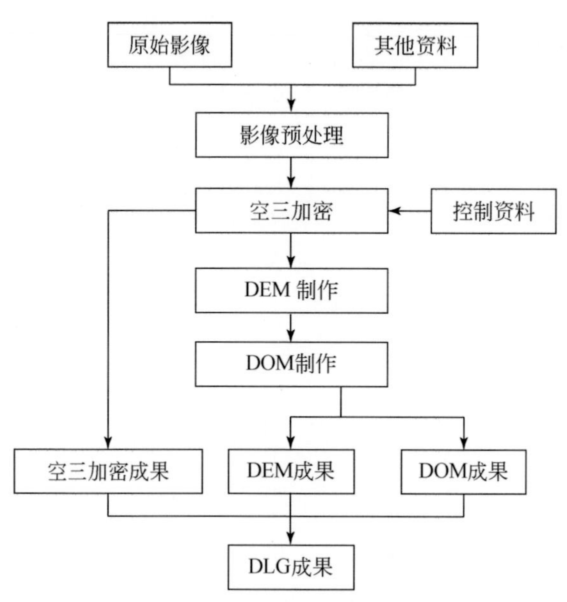

图 12.3　无人机遥感影像数据处理流程

轻小型无人机搭载的相机大多为非量测相机，相片边缘存在光学畸变（如桶形或枕形畸变），改变了景物的实际地面位置，需要对其进行畸变差改正。目前国内外使用较多的传感器畸变差标定软件，主要是 Photometrix 公司编制的 Australis 软件，该软件通过对不同角度和不同位置的空间影像，进行快速检校传感器的畸变参数。另外，该畸变参数适用于多种影像畸变差改正软件，如 PixelGrid、DPGrid、TopGrid 等。

轻小型无人机在航摄过程中易受空中气流的影响，造成影像旋偏角较大，不能够满足设计重叠度要求，或是后期数据处理难度较大，因此需要对影像进行旋偏角和重叠度检查。目前影像旋偏角和重叠度检查使用较多的软件为 Photoshop 及国内自主研发的影像质量检查软件。

在数据处理过程中由于不同的软件对影像坐标系定义不同，需要按照飞行方向将相片进行适当旋转（相邻航线的相片旋转角度相差 180°）和格式转换。目前国内外市场上用于单传感器的低空数字摄影测量一体化商业软件基本都支持该功能。

2. 无人机遥感影像空三加密技术

无人机遥感影像空三加密技术是无人机影像处理的关键，对后续成果的精度有直接影响。主要指用摄影测量解析法确定区域内所有影像的外方位元素，即根据影像上量测的像点坐标及控制点的大地坐标，求出未知点的大地坐标，测得四个及以上的已知点即可求解影像的外方位元素。

目前国内外市场上用于无人机遥感影像空三加密的软件多数是某一数字摄影测量商业软件的模块或者功能之一，国外如徕卡公司推出的 Leica Photogrammetry Suite-LPS 数字摄影测量软件、欧洲 Inpho 公司推出的 Inpho 摄影测量系统、Z/I Imaging 公司生产的 ImageStation SSK（SSK）系统、俄罗斯 Racurs 公司研发的 PHOTOMOD AT 系统及法国的像素工厂 PixelFactory。国内相关软件如适普公司推出的全数字摄影测量系统 VirtuoZo 3.5、武大张祖勋院士提出的 DPGrid 数字摄影测量网格系统、中国测绘科学研究院研发的遥感影像数据一体化测图系统 PixelGrid、中测新图（北京）遥感技术有限责任公司研发的 TOPGrid 及吉威数源公司生产的 Geoway DPS 数字摄影测量软件等。

3. 无人机遥感影像产品制作技术

无人机遥感影像产品主要包括 DEM（数字高程模型）、DOM（数字正射影像）和 DLG（数字线划图）等，如图 12.4 所示。

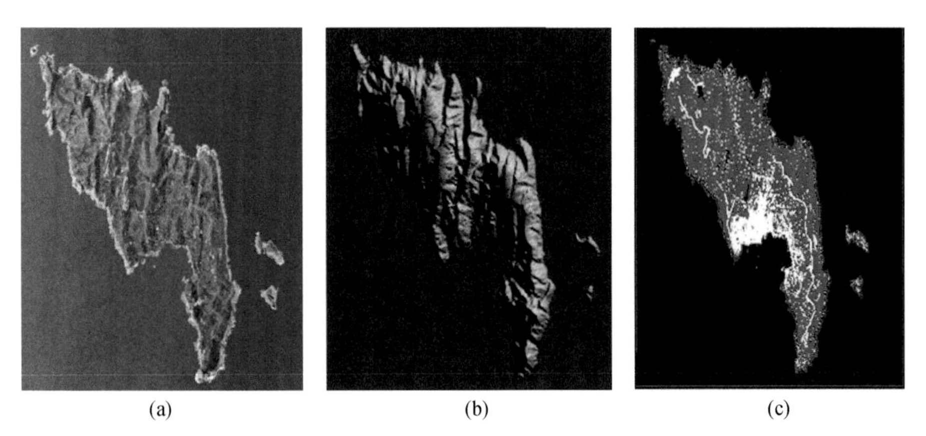

(a) (b) (c)

图 12.4 无人机遥感影像产品 DOM（a）、DEM（b）和 DLG（c）

目前国内外用于无人机遥感影像产品制作的软件与无人机遥感影像空三加密软件相同，多数为一体化数字摄影测量商业软件。

4. 国内外数字摄影测量商业软件介绍

Leica Photogrammetry Suite-LPS 是徕卡公司最新推出的数字摄影测量及遥感处理软件系列。LPS 提供了高精度及高效能的生产工具，除常用功能外，还可处理各类传感器影像的定向及空三加密，如 QuickBird、IKONOS、SPOT5 及 LANDSAT 卫星影像等及扫描航片和 ADS40 等数字影像。LPS 的应用还包括矢量数据采集、数字地模生成、正射影像镶嵌及遥感处理，它是第一套集遥感与摄影测量在单一工作平台的软件系列。

Inpho 摄影测量系统为数字摄影测量项目的所有任务提供了一整套完整的软件解决方案，包括地理定标、生产数字地面模型 DTM、正射影像生产以及三维地物特征采集。Inpho 系统为模块化组合，可以很容易地把它加入到任何其他摄影测量系统的工作流程中。Inpho 摄影测量系统支持各种数字影像，包括扫描框幅式航空相片以及来自于数字航空相机和多种卫星传感器的各种影像。

Imagestation SSK 数字摄影测量软件具备处理传统航测数据、数字航测数据、卫星影像数据，以及近景摄影测量数据能力，具备针对生产的优化设计、批命令、高效数据压缩和自动化作业能力，从空三加密到 DTM 采集到正射影像制作，贯穿整个作业流程，是涵盖摄影测量全领域的完全解决方案。它的硬件包括 3Dlabs 的 Wildcat4 7110 图形卡、StereoGraphics 的 CrystalEyes 立体眼镜和发射器，以及 Immersion 的三维鼠标。这些特点使得 SSK 成为最完整、最经济的个人 PC 级的摄影测量系统。

PixelFactory 是一套用于大型生产的遥感影像处理系统，通常具有若干个强大计算能力的计算结点，在少量人工干预的条件下，输出包括 DSM、DEM、正射影像和真正射影像等产品，并能生成一系列其他中间产品。像素工厂在国内市场尚处于起步阶段，在法国、日本、美国、德国已有许多成功的项目案例。

VirtuoZo 系统是适普软件有限公司与武汉大学遥感学院共同研制的全数字摄影测量系统，属世界同类产品的五大名牌之一。此系统是基于WindowsNT的全数字摄影测量系统，利用数字影像或数字化影像完成摄影测量作业，由计算机视觉（其核心是影像匹配与影像识别）代替人眼的立体量测与识别，不再需要传统的光机仪器，在国内已成为各测绘部门从模拟摄影测量走向数字摄影测量更新换代的主要装备，而且也被世界诸多国家和地区所采用。

数字摄影测量网格DPGrid是将计算机网络技术、并行处理技术、高性能计算技术与数字摄影测量处理技术结合，使地形图测绘速度达到目前数字摄影测量工作站处理速度的8倍以上，可以实时处理大面积高精度、多光谱遥感影像，整体技术水平上达到国际先进水平，其中数字摄影测量网格DPGrid并行处理技术、影像匹配技术和网络全无缝测图技术达到国际领先水平。

PixelGrid是国内第一套达到国际先进水平的高分辨率遥感影像数据一体化测图系统，全面实现了卫星影像、航空影像、低空无人机影像、ADS40/80推扫式航空影像数据集群分布式，能够完成遥感影像在稀少控制点或无控制点条件下从空中三角测量到各种比例尺DSM/DEM、DOM等测绘产品的生产任务。

TOPGRID软件是由中测新图（北京）遥感技术有限责任公司研发的航空遥感数据处理软件，适用于无人机和有人机航空遥感影像的DOM、DEM、DLG及DRG产品生产工具软件，具有全自动空三、DEM/DOM生成和点云生成功能，支持POS数据导入，相机参数导入，控制点文件导入，人工干预的半自动刺点和生产成果输出，在国产软件中具有处理速度快和自动化程度高等优势。

12.2.2 多视立体影像处理技术

近年来，多视立体航空摄影技术在摄影测量与遥感领域兴起，成为了2008年第21届ISPRS大会和2011年第53届德国摄影测量周的主要议题之一。该技术拓展了传统摄影测量单镜头垂直对地观测的模式，在影像获取过程中通过垂直相机与倾斜相机集成实现多角度对地观测，获取地球表面的纹理信息，通过后期数据处理技术（图12.5），可快速制作带有真实纹理信息的地形地貌、地表建筑物的三维模型，广泛适用于智慧城市、防灾减灾、小城镇新农村建设、旅游文化景点建设等多个领域。

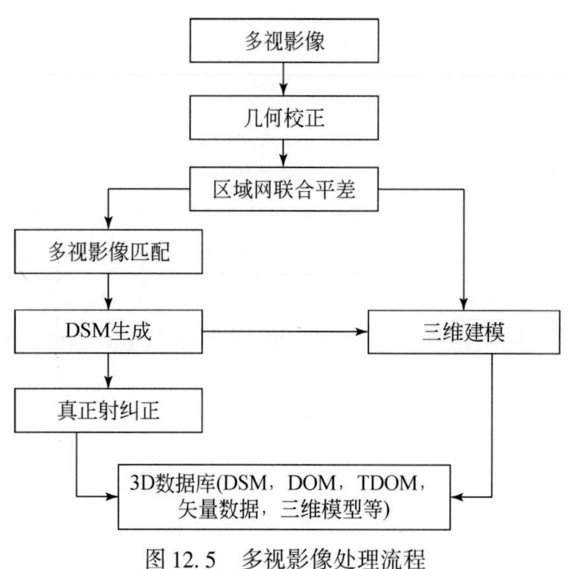

图12.5 多视影像处理流程

1. 多视影像联合平差技术

多视影像不仅包含垂直摄影数据，还包括倾斜摄影数据，而部分传统空中三角测量系统无法较好地处理倾斜摄影数据，因此，多视影像联合平差需充分考虑影像间的几何变形和遮挡关系。结合 POS 系统提供的多视影像外方位元素，采取由粗到精的金字塔匹配策略，在每级影像上进行同名点自动匹配和自由网光束法平差，得到较好的同名点匹配结果。同时，建立连接点和连接线、控制点坐标和 GPU/IMU 辅助数据的多视影像自检校区域网平差的误差方程，通过联合解算确保平差结果的精度。

2. 多视影像密集匹配技术

影像匹配是摄影测量的基本问题之一，多视影像具有覆盖范围大，分辨率高等特点。因此，如何在匹配过程中充分考虑冗余信息，快速准确获取多视影像上的同名点坐标，进而获取地物的三维信息，是多视影像匹配的关键。由于单独使用一种匹配基元或匹配策略往往难以获取建模需要的同名点，所以近年来随着计算机视觉发展起来的多基元、多视影像匹配，逐渐成为人们研究的焦点。目前，在该领域的研究已取得很大进展，如建筑物侧面的自动识别与提取。通过搜索多视影像上的特征（如建筑物边缘、墙面边缘和纹理）来确定建筑物的二维矢量数据集，影像上不同视角的二维特征可以转化为三维特征，在确定墙面时可以设置若干影响因子并给予一定的权值，将墙面分为不同的类，将建筑的各个墙面进行平面扫描和分割，获取建筑物的侧面结构，再通过对侧面进行重构提取出建筑物屋顶的高度和轮廓。

3. 数字表面模型生成和真正射影像纠正技术

多视影像密集匹配能得到高精度高分辨率的数字表面模型（DSM），充分表达地形地物起伏特征，已经成为新一代空间数据基础设施的重要内容。由于多角度倾斜影像之间的尺度差异较大，加上较严重的遮挡和阴影等问题，基于倾斜影像的 DSM 自动获取存在新的难点。可以首先根据自动空三解算出来的各影像外方位元素，分析与选择合适的影像匹配单元进行特征匹配和逐像素级的密集匹配，并引入并行算法，提高计算效率。在获取高密度 DSM 数据后，进行滤波处理，并将不同匹配单元进行融合，形成统一的 DSM。多视影像真正射纠正涉及物方连续的数字高程模型（DEM）和大量离散分布粒度差异很大的地物对象以及海量的像方多角度影像，具有典型的数据密集和计算密集特点。因此，多视影像的真正射纠正，可分为物方和像方同时进行。在有 DSM 的基础上，根据物方连续地形和离散地物对象的几何特征，通过轮廓提取、面片拟合及屋顶重建等方法提取物方语义信息；同时在多视影像上，通过影像分割、边缘提取和纹理聚类等方法获取像方语义信息，再根据联合平差和密集匹配的结果建立物方和像方的同名点对应关系，继而建立全局优化采样策略和顾及几何辐射特性的联合纠正，同时进行整体匀光处理，实现多视影像的真正射纠正。

4. 多视立体影像处理软件

随着计算机智能技术、传感器技术、通信技术和信息技术的迅猛发展，数据处理系统自动化程度越来越高，高性能倾斜摄影测量处理软件也越来越多，国内外多家科研院所和企业开展了相关的研究工作，并推出了相应的产品，如表 12.1 所示。

表 12.1 国内外多视立体影像处理软件

类别	产品名称	国家	公司
国外	Street Factory	法国	Astrium 公司
	Pixel Factory	法国	Astrium 公司
	C3	瑞典	C3 Technologies 公司（已被苹果公司收购）
	Tridicon	德国	3D Con GmbH 公司
	Image Modeler	法国	REALVIZ 公司
	Nverse Photo	美国	Precision Lightworks
	EFS/POL	美国	Pictometry 公司
	Acute 3D/PhotoMesh	美国	Skyline
	CityBuilder	美国	Skyline
国内	PixelGrid_ OIM	中国	中国测绘科学研究院
	TOPCityEyes		中测新图（北京）遥感技术有限责任公司
	JX-5		北京四维远见信息技术有限公司
	Real 3D World		武汉华正多维软件技术有限公司
	iD3City		北京四维空间数码科技有限公司

12.3 SAR 影像处理技术

目前出现了 4 种从 SAR 影像提取 DEM 的方法，即雷达角度测量（radar clinometry）、雷达立体测量（radar stereoscopy）、雷达极化测量（polarimetry）和雷达干涉测量（interferometry）。这里将分别介绍这几种方法的处理流程，从目前研究来看，雷达干涉测量是其中最具发展潜力最重要的一种提取 DEM 的方法，因此着重阐述该方法的数学模型、数据处理过程和试验结果（仇春平等，2006）。

12.3.1 雷达立体测量

雷达立体测量属于雷达摄影测量的范畴，它是利用同一地区的两幅 SAR 影像，构成立体像对，按照摄影测量的解析方法，以一定量的地面控制点进行平差解算，得到地面目标的三维信息。目前，利用立体像对自动提取 DEM 的方法已经比较成熟，众多自动化处理软件系统已经出现。该项技术整个处理包括像对自动匹配、轨道纠正及立体内插、栅格化等主要几个步骤，其中影像自动匹配是关键处理环节，决定了最终生成 DEM 的相对精度（仇春平等，2006）。

12.3.2 雷达干涉测量

合成孔径雷达技术的一个重要拓展和创新点就是雷达干涉测量技术（简称 InSAR）。它主要是基于时间测距的成像机理，采用数字图像处理方法，借助于电子技术、信号处理技术和模式识别技术提取雷达回波信号所具有的辐射相位信息，进而提取地面高程信息。其原理是通过空间不同位置，相同工作频率的雷达天线对地观测（有单轨双天线模式和重复轨道模式两种），获得同一目标的复数 SAR 影像对，提取对应像素点的回波信号的相位差形成干涉条纹图，可反映天线到目标的斜距差，从而获得目标的三维信息（图 12.6）（仇春平等，2006）。

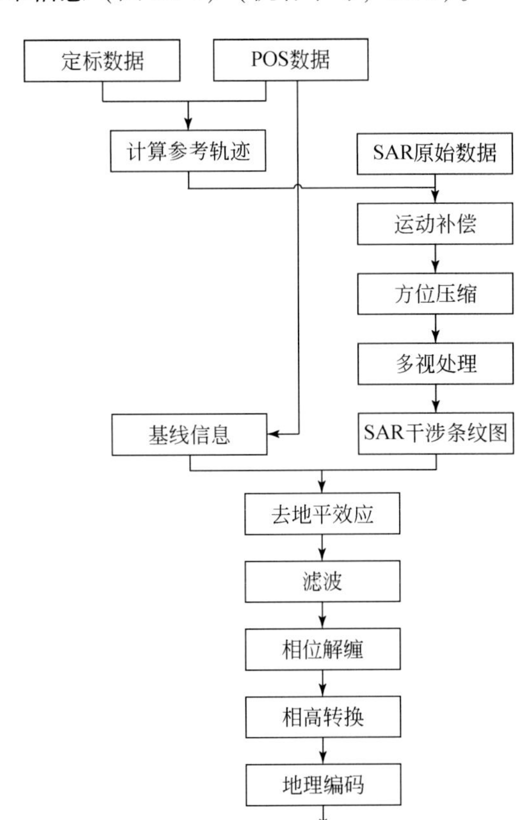

图 12.6 SAR 干涉测量提取 DEM 流程图

12.3.3 SAR 影像处理软件

由于 SAR 成像的特殊性，在干涉测量过程中噪声及地形的不连续性使得具体的实现算法比较复杂，目前已有许多不同的 InSAR 处理软件，有瑞士 GAMMA 干涉雷达图像处理软件、Doris 软件、EarthView 软件及 SARscape 等（表 12.2）。国内，中国科学院电子学研究所和中国测绘科学研究院从事相关方面的研究，并有一定的成果。

表 12.2 国内外雷达数据处理软件

类别	产品名称	公司	功能模块
国外	GAMMA	瑞士	组件式 SAR 处理器（MSP）、干涉 SAR 处理器（ISP）、差分干涉和地理编码（DIFF&GEO）、土地利用工具（LAT）和干涉点目标分析（IPTA）
	Doris	荷兰 Delft 大学	原始数据读取模块、配准和参考椭球相位计算模块、复相位图像和相干图计算模块、DEM 和形变干涉图生成模块

下篇

续表

类别	产品名称	公司	功能模块
国外	EarthView		（1）EarthView APP 模块，可将原始航天 SAR 数据转换为高质量影像产品 （2）EarthView InSAR 模块，可从处理的航天 SAR 影像生成 DEM 及变形图 CTM 模块，是 EarthView InSAR 新增了 CTM 模块，CTM InSAR 用来对连续性的目标进行变化监测 （3）EarthView Hypac 模块，高光谱处理软件包，用来进行大数据量的高光谱图像处理 （4）EarthView Stereo 模块，三维模块应用一对 SAR 影像，生成区域的数字地形高程模型
	SARscape	Sarmap 公司	提供雷达强度图像处理（SAR Intensity Image）、雷达干涉测量（InSAR/DInSAR）、极化雷达处理（PolSAR）、极化雷达干涉测量（PolInSAR）4 种处理功能
国内	SARPlore	中国测绘科学研究院	集 SAR 极化、干涉/差分干涉/极化干涉测量、空中三角测量、立体测图、面向对象分类解译于一体。能处理国际国内主流航空航天 SAR 数据、功能全面、具有 PB 级影像数据管理和并行处理解译能力，适用于单机、集群和 GPU 多个硬件平台，采用自动化处理与人工辅助相结合的方式，具备多种比例尺地形测图，植被监测等产品的能力，广泛应用于国土、测绘、林业、军事和水利多个领域

12.4 Lidar 数据处理技术

依据机载激光雷达测量的生产和应用领域，相关软件可以分为 3 大类：航摄设计控制软件、数据处理软件（包括前处理软件和后处理软件）和成果应用软件。

（1）航摄设计控制软件通常由机载激光雷达系统厂家提供，主要包括航摄设计、航摄数据采集管理等功能。

（2）前处理软件主要为数据供应（生产）商用于迅速、直观地对激光点云进行可视化查看，灵活方便地进行坐标系统和大地水准面的转换，并能输出多种文件格式；后处理软件的核心功能是对激光点云进行分类处理，利用地面的激光点点数据生成数字高程模型，如利用树木激光点数据提取森林结构信息，利用建筑物的激光点数据建立三维模型。

（3）机载激光雷达设备商都有自己的数据前处理软件，部分软件同时还具备后处理功能。仅具有前处理功能的软件如 IGI 公司的 AeroOffice/GeoCode 软件、Leica 公司的 IPAS Pro/IPAS CO 软件及 Applanix 公司的 POS Process 软件。同时具有数据前处理、数据后处理功能的软件有 Toposys 公司的 TopPIT 软件包、Rigel 公司的 RiProcess 软件包、TopEye 公司的 TopEye PP&TASQ 软件包和 Fugro 公司的 FLIP7 软件包等。

专业的激光雷达数据处理软件较少，知名度较高、应用相对广泛的是芬兰 Terrasolid 公司开发的 Terrasolid 软件包（包括 TerraScan、TerraModel、TerraPhoto、TerraSlave、TerraMatch 及 TerraSurvey 等模块），Terrasolid 软件在 Microstation 平台上运行，用户可以根据不同的需要选择相应的软件模块。德国知名的数字摄影测量软件 INPHO 推出了联络激光数据处理模块“SCOP++LiDAR”。另外，Leica 公司也发布了自己的数据处理模块，分别是“Feature Analyst for ArcGIS”、“LiDAR Analyst for ArcGIS”、“Feature Analyst for Erdas” 和 “LiDAR Analyst for Erdas”。

由于我国激光雷达测量技术起步较晚，主要由高等院校和科研院所开展一些研究和软件开发工作。目前广西桂能信息工程有限公司自主开发的LiDAR Studio系列软件中的LSC（LiDAR studio Classification）激光点云数据分类软件相对比较成熟，已完全应用于实际生产过程中，并推向市场进行销售。中国测绘科学研究院研制的机载激光雷达数据处理软件LidarStation，可对激光雷达获取的点云数据进行统一管理、三维浏览、点云编辑、数据处理和地形地物提取，生成DSM/DEM、DLG等产品。系统共分为预处理、工程管理、可视化与手工编辑、数据处理和专业应用五个功能模块，是一个能提供API支持的二次开发的跨平台、开放式、全流程及一体化的LiDAR数据处理平台（徐祖舰等，2009）。

12.4.1 航摄设计软件

航摄设计软件是用于设计飞行航线，确保遥感对地观测功能和技术指标实现。核心技术为依据飞机性能、传感器观测范围和参数及航高和地形起伏计算对地观测覆盖情况，从而推算航线敷设方向高度和曝光点位置等。主流软件为IGI公司的WinMPA、Leica公司的FPES以及中测新图的TOPPLAN（徐祖舰等，2009）。

1. IGI公司的WinMPA软件

WinMPA软件是由德国IGI公司开发的应用于航空摄影和航飞任务的规划设计软件，是IGI公司CCNS（计算机控制导航系统）数据输入端。WinMPA软件任务规划可以有路点、段、航线、多边形和图表等图形要素组成，设计人员可以通过鼠标、数字化仪或键盘输入这些图形要素，并且可以根据实际需求对颜色、样式和厚度等图形属性进行调整，支持各种栅格数据和矢量数据的导入和导出。

2. Leica公司的FPES软件

FPES（Flight Planning&Evaluation SoftWare）软件是徕卡公司的飞行规划与评估软件，无缝集成在徕卡测量系统中。FPES软件同时整合了一些实用工具，如太阳高度角计算工具，该工具能显示当地的太阳高度和方位角，帮助用户在飞行日期内设计出理想的飞行航线。

3. 中测新图TOPPLAN软件

TOPPLAN软件是中测新图（北京）遥感技术有限责任公司开发的航线设计软件，基于数字高程模型DEM精确计算曝光点坐标和敷设航线，具备根据地形起伏自动航摄分区功能，保证航摄设计质量，减少漏洞产生，保证最佳基线和对地观测精度。

12.4.2 数据预处理软件

数据预处理软件功能包括POS数据处理和激光、影像绝对定向两部分。POS数据处理软件通常由机载激光雷达系统导航控制模块的制造厂家提供，但也有部分厂商如徕卡把该模块无缝集成到了自己的整体解决方案包中。独立提供POS数据处理的软件有Applanix公司的POSPAC软件、IGI公司的AreoOffice软件、GGS公司的AreoTopol软件等；此外提供DGPS解算最知名、应用最广泛的是加拿大的NovAtel公司的Waypoint GrafNav/Grafnet软件。

12.4.3 数据后处理软件

经过数据前处理生成的激光点云数据，包含地表面的各类地物点，具有了精确空间坐标及其他属性信息，可以直接作为产品进行简单应用，如生成高精度的数字表面模型成果。但充分发挥激光点云的数据价值，还需要进行分类处理，分类出地面激光点和非地面的激光点（如树木、植被、建筑物等），制作生成地表地形数字高程模型等。数据后处理软件的最重要的功能就是激光点云分类（徐祖舰等，2009）。下面对一些主要数据后处理软件进行简单介绍：

1）TerraSolid 系列软件

TerraSolid 系列软件是一套非常成熟的商业化 LiDAR 数据处理软件。该软件基于 MicroStation 软件平台开发，因此需要数据处理人员比较熟悉 MicroStation 的操作。TerraSolid 系列软件包括：TerraScan、TerraPhoto、TerraModeler、TerraSurvey、TerraPhoto Viewer、TerraScan Viewer、TerraPipe、TerraSlave、TerraPipeNet 等模块。

2）LSC 软件

LSC 软件（LiDAR Studio Classification）是由广西桂能信息工程有限公司开发的专业激光数据可视化分类和三维浏览软件。该软件通过丰富的滤波算法、多样的显示模式和简单易学的手动编辑器，数据处理人员可以快速、准确地分离出地表数据、植被数据和建筑物数据等。

3）TLiD 软件

TLiD 软件由以色列 Tiltan 公司开发，能够对激光雷达数据进行自动数据处理，并能快速自动创建三维模型。

4）EspaEngine

EspaEngine 软件是由芬兰 ESPA System 公司开发的数字摄影测量软件 ESPA System 中用于激光数据处理的模块。

5）LiDAR Box 软件

LiDAR Box 软件为德国的 Inpho 公司的 DTMaster、SCOP++LiDAR 组合而成的 LiDAR 数据处理解决方案。该软件具备将点云快速地、全自动化地分类为地形点和非地形点，可以探测到大型的人造建筑物及较低的植被。

6）基于 ArcGIS 平台的激光数据处理软件

LiDAR Analyst、LiDAR Explorer 和 LP360 等软件是基于 ArcGIS 平台开发的专门用于激光雷达数据处理的插件。

12.4.4 激光数据处理一体化软件

部分激光雷达测量设备厂商在制造和销售硬件设备的同时，还承接激光雷达数据采集和生产项目，既是激光雷达测量设备制造商，也是激光雷达数据服务提供商。这种类型的厂商通常提供激光数据处理一体化软件，同时包含数据前处理、数据后处理功能。典型厂商有德国的 TopSYS 公司、奥地利 Rigele 公司和 Fugro 公司的 FLIP7 等（徐祖舰等，2009）。

（1）TopPIT 软件。TopSys 公司的 TopPIT（TopoSys Processing and Imaging Tools）软件包含了 LIDAR 和 RGB/NIR 数据的分析和处理功能。该软件对于 TopSys 公司的 Falcom 激光雷达系统的数据处理进行了特别优化，由于该软件是模块化结构并集成了数据输入接口，所以对其他厂商激光雷达系统的数据一样能提供高效的处理。软件模块通过图形化的用户界面连接，从而使软件使用非常便利和简单。不过该软件只能在 Linux 系统平台运行。

(2) GeoCue 软件。GeoCue 软件是第一个专门开发用于与数据处理生产软件结合使用的生产流程管理软件，该软件可以用来管理几乎任何地理空间产品生产过程，生产软件可以来自 GeoCue 公司的，也可以是其他软件供应商或者自主研发的软件。

12.4.5 激光雷达数据应用软件

1. LiDAR Studio 软件

LiDAR Studio 软件是广西桂能信息工程有限公司自主研发、面向下一代超真实数字城市三维快速构建的多角度倾斜航片纹理自动提取、纹理自动贴图及三维数据展示发布平台。

2. QT Modeler 软件包

QT Modeler 软件包是美国 AppliedImagery 公司开发的关于数字模型浏览、分析、编辑的专业软件包，可以导入影像作为浏览模型的纹理，实现较大数据量的 DEM/DTM/DSM 实时操作，其中浏览软件 QT Reader 为免费软件。

3. Global Mapper 软件

Global Mapper 软件不仅仅可以浏览光栅地图、高程地图和矢量地图，还可以实现对数据的转换、编辑和打印，可以进行 GPS 定位，实现部分 GIS 功能，软件较容易操作。

4. Skyline TerraSuite 软件

Skyline TerraSuite 软件可以集成航空影像、卫星数据、数字高程模型和其他的 2D 或 3D 信息源，包括 GIS 数据等，创建一个交互式三维虚拟环境。该软件允许用户快速融合数据、更新数据库，并且有效地支持大型数据库和实时信息流通信技术，该系统还能够快速和实时地展示给用户三维地理空间影像。Skyline 是独立与硬件之外、多平台、多功能的一套软件系统（徐祖舰等，2009）。

12.4.6 激光雷达数据免费浏览工具软件

1. PointVue LE 软件

三维激光数据的可视化浏览工具，支持 Las1.1 数据格式。

2. Las Reader for ArcGIS 9 软件

该工具使 ArcGIS 9 的 ArcCatalog 能够读入 LAS1.0 格式激光数据，激光数据点读入后作为三维点数据层，从而可以用于扩展模块如 3-D Analyst。

3. MARS Viewer 软件

该软件是 MARS 软件的免费工具，支持激光数据的浏览和三维可视化演示。

4. Pointools View 软件

该软件能对激光数据进行三维浏览显示，其 Pro 版本需要购买使用。

5. QuickGrid 软件

该工具能对离散点数据进行快速三维展示，读入三维离散点数据后构建格网，然后显示等高线图或三维场景。

6. VG4D Viewer 软件

该软件是激光数据浏览查看工具。

7. Fusion 软件

该软件能对激光数据或地形数据进行快速、高效和灵活的浏览使用（徐祖舰等，2009）。

12.5 机载视频处理技术

充分利用低空无人飞行遥感系统实时视频影像数据，通过非量测摄像机的标定，提取关键帧影像，实现无地理编码关键帧影像的快速拼接、航空视频影像无损压缩与影像无线传输等关键技术问题，开展软硬件系统的集成性能测试及示范应用，服务于重点城市低空无人遥感传感器监测网络构建、应急测绘、防灾减灾、国土监测、国防监察和电力线巡查等领域。其主要处理步骤如图 12.7 所示。

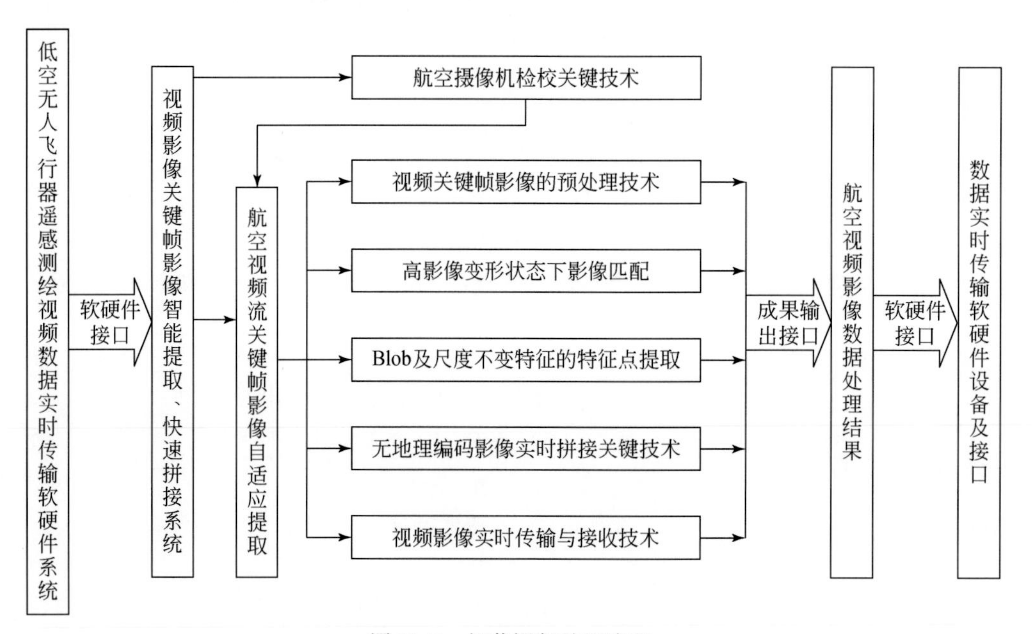

图 12.7　机载视频处理流程

12.6 遥感影像解译专题处理技术

遥感影像解译专题处理技术主要指开展各种遥感信息提取，标注各种解译信息，量算各种兴趣地物的三维几何特征和容积、体积方量等，还可以与已有基础地理信息成果进行对比量化分析等。关键技术为针对性的图像处理、标志建立、分析测算、对比结论及提取量化指标统计等。

目前影像都是数字影像，影像信息的提取方法包括人工解译、基于光谱计算机自动分类、基于专家知识的决策分类和面向对象的特征自动提取等四类方法。由于目前使用最多的影像提取方法还是人工解译，因此本节重点介绍人工解译方法。

1. 遥感图像解译

人们对地表物体的有关领域，如土地利用存在一种先验知识，在遥感图像寻找对应关系，然后根据遥感图像的影像特征推论地表物体的属性。这一过程就称为遥感图像的解译，也称遥感图像的判读。

解译的任务就是从图像上认识、辨别影像与地物的对应关系，判断、归类地物目标，并用轮廓线圈定它们和赋予属性代码，或用符号、颜色表示属性。进行图像解译时，把图像中目标物的大小、形状、阴影、颜色、纹理、图案、位置及周围的系统称为解译的八要素。

（1）大小：拿到图像时必须根据判读目的选定需要的比例尺。根据比例尺的大小，可以预先知道图像上多少毫米的物体，在实际距离中为多少米。

（2）形状：由于目标物不同，在图像中会呈现出特殊的形状。用于图像判读的图像通常是垂直拍摄的，所以必须记住目标的成像方式。因为即使同样为树木，针叶林的树冠呈现为圆形，而阔叶树则形状不同，从而可以识别出二者。此外，飞机场、港口设施、工厂等都可以通过它们的形状判读出其功能。

（3）阴影：由于判读存在于山脉等阴影中的树木及建筑时，阴影的存在会给判读者造成麻烦，甚至目标丢失。但另一方面，在单像片判读时，利用阴影可以了解铁塔及桥、高层建筑物等的高度及结构。

（4）颜色：黑白影像从白到黑的密度比例叫色调（也叫灰度）。全色影像中，目标物按照其反射率而呈现出白—灰—黑的密度变化。例如，同样为海滩的沙子，干的沙子拍出来发白，而湿沙则发黑。在红外图像上，水域拍出来是黑色的，而植被则发白。

（5）纹理：也叫结构，是指与色调配合看上去平滑或粗糙的粗细程度，即图像上目标物表面的质感。草场及牧场看上去平滑，造林后的幼树看上去像铺了天鹅绒，针叶树林看上去很粗糙。这种纹理也是判读的线索。

（6）图案：根据目标物有规律的排列而形成的图案，如住宅区的建筑群，农田的垄、高尔夫球场的路线和绿地，果树林的树冠等。以这种图案为线索可以容易判别出目标物。

（7）位置及与周围的关系：在（1）~（6）上加上各区域的地理特色及判读者的专业知识等，就可以确定解译的结果。

2. 遥感图像解译预处理

预处理主要包括：几何校正、融合、裁剪、镶嵌。除了这些传统的预处理外，为了方便目视解译，图像解译中比较重要的处理还包括了波段组合、图像增强、图像变换等。其中，多波段组合图像可提高地物的可判读性，使判读结果更为科学合理。高分辨率影像大多只有 4 个波段，波段组合常用就是真彩色和标准假彩色。有时在土壤分类或者植被分类时候，也可以把植被指数当做 G 分量。有时为了凸现某一专题，需要把其他专题信息进行弱化处理，比如植被抑制，当进行非植被解译时，会造成很大的不便，特别是在地质解译中，这可以在 ENVI 进行，如 ENVI ZOOM 中具有 processing->vegetation suppression 功能。

3. 解译标志的建立

遥感图像判读包括识别、区分、辨别、分类、评定、评价及对某些特殊重要现象的探测与鉴别。其轮廓的勾绘及其属性的赋予要有依据。依据就是判读标志。也就是说，在遥感图像上研究地表地物的种种特征的总和，就叫判读遥感图像标志。在数据预处理准备之后，要根据数据源情况、解译目标等信息确立解译标志，编写成表格文档形式（ENVI-IDL中国官方微博，2012）。

第 13 章　轻小型无人机遥感应用

随着无人机遥感技术的快速发展，轻小型无人机遥感技术的产业化应用取得较快发展，广泛应用于重大突发事件和自然灾害的应急响应、国土资源调查与监测、海洋测绘、农业植保、农业保险、环境保护、交通、能源、互联网和移动通信等领域。无人机遥感也已成功应用于反伪装、精确制导引导、侦察和目标三维建模等军事领域，考虑到其敏感性及保密性，本书不作讨论。这里重点介绍服务于政府及行业部门的专业应用。

13.1　重大突发事件和自然灾害应急响应

重大突发事件和自然灾害应急响应中，无人机遥感应用的突出贡献是能够第一时间快速反应，快速获取高分辨率灾情调查数据，辅助政府进行快速决策，是无人机应用最突出的领域。目前我国已经装备约3000 架专业无人机，是应急遥感信息获取的重要力量，极大地提升了我国应对突发事件和自然灾害的能力。未来还将继续加强，形成全国快速响应能力。

13.1.1　需求特点

我国幅员辽阔，地理气候条件复杂，是世界上自然灾害最为严重的国家。自然灾害发生频繁，灾害种类多，分布地域广，如地震、洪涝、地质、海洋和生态环境等 5 类重大灾害对我国经济社会发展和人民生命财产安全造成了重大损失。近 20 年我国因灾害导致的直接经济损失占国内生产总值（GDP）的 2.5%，平均每年约 20% 的 GDP 增长率因自然灾害损失而抵消。

随着我国遥感技术的快速发展，已经逐步形成了卫星、通用航空、无人机等高中低分辨率互补的对地观测体系，在各个行业发挥了重要作用，尤其是轻小型无人机遥感作为新兴遥感技术，在近几年的灾害救援过程中迅速地提供了有效信息，在灾害预判、灾情控制及灾后重建等方面发挥了巨大作用，高效、及时和抗云层干扰是轻小型无人机尤为突出的优势。

13.1.2　服务对象

轻小型无人机遥感应用主要内容是辅助决策信息搜集，进行灾害应急救援、灾情调查分析及灾后重建规划建设等，服务对象为政府部门中与灾害有关的民政机构、应急服务中心、解放军救灾部队和科技支持部门等。

13.1.3　经济效益

无人机遥感为灾害应急计划的制定提供了科学依据，具备卫星和通用有人机航空遥感无法比拟的高分辨率、高时效性。其对灾害应急和灾后重建具有不可替代的技术优势，应用面广泛，作用显著，目前已经成为民政部国家减灾中心灾害应急的主要手段之一。无人机高分辨率遥感影像及各类专题地图，可以为灾后提供决策服务，实现立足当前、着眼长远的科学重建规划，使社会的生产生活秩序得到尽快恢复。我国平均每年灾害的经济损失达2000亿元，灾后重建投入更多。通过无人机应用，在救灾防灾中大约有数千万元直接经济价值，而大部分经济效益则体现在灾后重建的规划、建设监理过程中。

13.1.4 发展趋势

在全球气候变化等因素影响下，我国面临的自然灾害风险进一步加剧。据预测今后10年，我国大陆将面临多次7级以上的强震威胁。而我国70%以上的城市和50%以上的人口分布在重大自然灾害频发地区，因此今后需要处置的各类应急突发事件将会异常复杂、艰巨，无人机遥感将是常备应急服务的技术力量之一。

一方面，必须建立常备的网络化应急响应无人机遥感获取队伍，形成规模化的全国应急的能力。另一方面，不断提高无人机遥感系统环境适应能力，提高响应速度，从原先数天到如今的数小时，未来努力向2h级提升，提高出勤率，提高获取数据和处理数据的效率，并建立远程传输、快速服务的能力。

13.1.5 典型案例

近年来，全国已有31个省市装备了轻小型无人机遥感系统，逐步形成了我国低空无人机遥感网络，先后在汶川地震、重庆武隆山体滑坡、舟曲泥石流、玉树地震、江西抚河唱凯堤决堤、云南盈江地震及芦山地震的应急保障工作中发挥了重要作用。汶川地震，轻小型无人机遥感得到了极大的应用并在灾后持续发挥了重大作用，引起了业内的广泛关注。雅安地震，中测新图（北京）遥感技术有限责任公司的无人机第一时间起飞，2h到达，5h内获取遥感数据，8h完成处理，在10h以内将成果灾情获取信息远程传输展现到政府部门和新闻机构。图13.1和图13.2为无人机遥感影像图。

(a)盈江县地震震前图　　(b)盈江县地震震后图

图13.1　盈江县地震前后无人机遥感影像

2013年4月20日芦山7.0级地震发生后，科技部遥感中心第一时间组建应急救灾小组，携带单兵一号电动无人机系统两套、FREEBIRD电动无人机系统一套，21日晚队员先后到达中国科学院水利部成都山地灾害与环境研究所（简称中科院成都山地所），与山地所无人机团队会合，组成5套无人机系统的救灾团队（图13.3）。

图 13.2　青木县无人机遥感影像

图 13.3　无人机联合应急组

4月22日进入芦山县城，为刚刚打通道路的双石镇获得第一手遥感影像资料，随后又相继对清平、宝兴、天全等地进行了针对性的高分辨影像和高清视频的航拍工作。此次救灾工作中，史无前例的三种机型不同高度同时飞行获取数据，以保证任务机的遥测数据实时回传。图13.4为芦山县灾后无人机遥感图。

继汶川地震后，民用无人机的稳定性和可靠性得到了很大的提高，在此次芦山地震中无人机体现出其更加灵活、反应更快速、分辨率更高等优势，在抗震救灾工作中起到了重要的作用。值得一提的是后期处理软件的快速发展，无人机获得的数据可以在很快的时间内拼接出高精度的DOM正射影像及DEM三维模型。以双石镇为例：

4月22日到达芦山县城后，前端队伍携带FREEBIRD电动无人机于下午15:00抵达双石镇，15:30在几乎没有可用起降场地、空域的情况下起飞，15:55飞机降落（撞网回收）；飞行时间25min、飞行高度500m、影像分辨率15cm、覆盖面积3km^2。约17:00队伍撤出双石镇，工作人员利用双石镇到芦山县城指挥部的路程在车上进行图像拼接，17:40队伍到达县城指挥部，18:20完成DOM正射影像的拼接工作，18:40生成DEM三维模型，如图13.5和图13.6所示。

图 13.4　雅安市芦山县宝胜乡灾后无人机遥感影像图

图 13.5　双石镇正射影像图

图 13.6　双石镇三维模型

2014 年 8 月 3 日 16 时 30 分在云南省昭通市鲁甸县（北纬 27.1°，东经 103.3°）发生 6.5 级地震，震源深度 12km，造成严重的人员伤亡和财产损失。

地震发生后，北京安翔动力科技有限公司联合武警警种学院、中科院成都山地所、北京大学数研院组成一支集数据获取、数据处理、数据解译能力为一体的无人机应急救灾小组，携带两套单兵一号电动无人机于 8 月 6 日抵达震中鲁甸县龙头山镇，配合武警黄金部队救灾工作（图 13.7）。

图 13.7　航线调整与飞行准备

无人机应急救灾小组在抗震救灾联合指挥部的指导下当即展开工作，先后完成了龙头山镇营盘村、银屏村、牛栏江堰塞湖以及牛栏江流域等重点区域的高清影像数据获取，获取的数据经过软件处理，快速形成高清正射影像图及三维模型（图 13.8），为指挥部工作部署提供了大量、及时的数据。

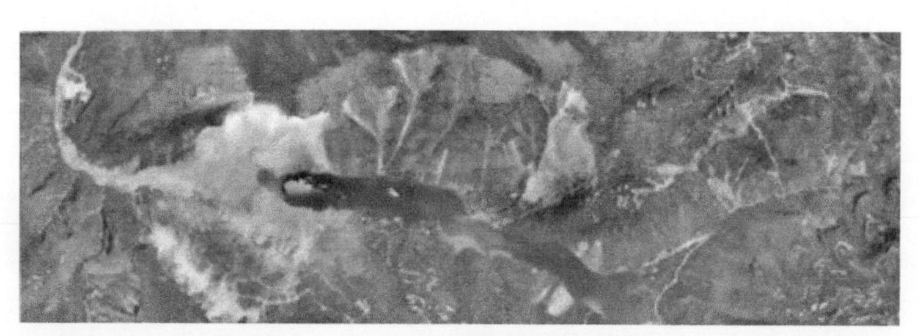

图 13.8　牛栏江堰塞湖三维模型

重庆市利用无人机遥感系统开展了应急航摄和地质调查工作，2009 年首次实施低空应急航摄，先后开展了重庆武隆鸡尾山垮塌、四川绵竹清平泥石流、四川汉源二蛮山滑坡、重庆城口堰塞湖、重庆万州曾家垭大型滑坡、重庆库区 93 个 100 万方大型地质灾害应急航摄，累计开展应急航摄无人机架次 150 余架次，实施有效面积 200 余平方千米。获取的正射影像（图 13.9）及数字高程模型主要用于灾体土石方量、影响面积等灾害体量计算，救灾指挥决策，灾损评估等。2013 年在全国首次大规模对三峡后续规划地质灾害项目进行无人机航测，共计完成 124 个规划地质灾害治理点航测，有效面积约 180 平方千米，形成正射影像与 DEM，生产地质灾害三维数据，实现地质灾害防治的三维规划设计。

武汉大学测绘遥感信息工程国家重点实验室与海洋一所联合完成了低空无人机山体滑坡形变监

测系统，提供直观、准确的图像（图 13.10）和数据信息，有效进行地质灾害监测与预警，防患于未然，将灾害损失减少到最低点。

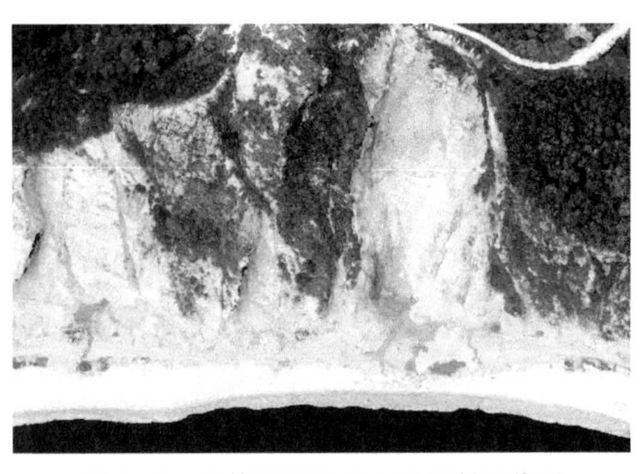

图 13.9 山体滑坡段无人机正射影像图

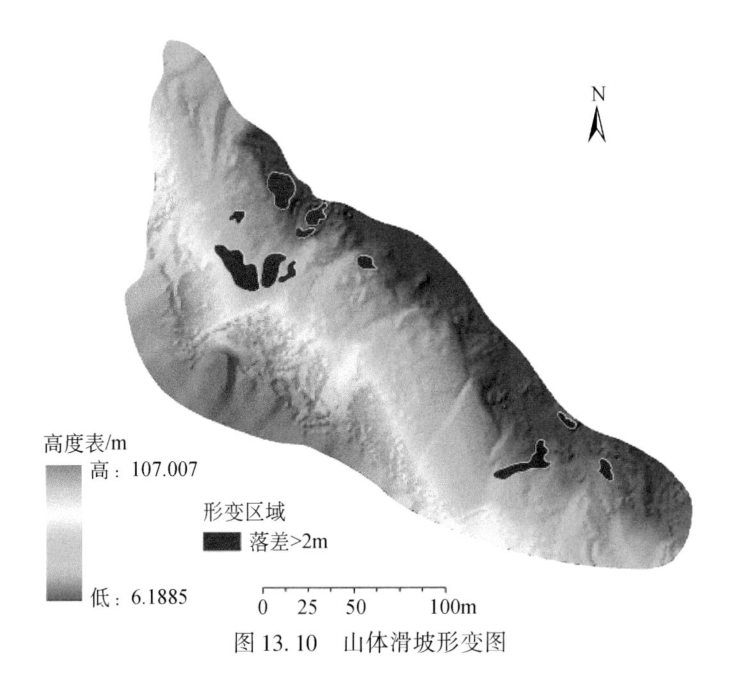

图 13.10 山体滑坡形变图

13.2 国土、测绘、城市、海洋等领域应用

轻小型无人机遥感应用于国土调查、基础测绘、智慧城市、海洋监测等领域，是对我国传统遥感基础性常备型业务的重要补充和技术提升，尤其注重精度和完整辖区覆盖度，发展势头强劲，技术和经济价值巨大，是促进轻小型无人机遥感技术进步的需求驱动源。

13.2.1 需求特点

我国是土地资源大国，土地资源总量居世界第三位，仅次于俄罗斯和加拿大，但又是人均占有资源量最小的国家之一，人均土地约为世界人均土地的 1/3，人均耕地是世界人均耕地的 42%，这一基本国情迫切需求更精细更即时的土地管理。

全国土地资源信息是制定国民经济发展规划和宏观决策的重要依据，也是国家可持续发展的需要。国土资源管理具有一定控制面上的局限性，通过现有的人工作业方式，效率不高；在城镇规划调查方面，卫星图清晰度和现势度不高，无法获取有效的当前的高空直观鸟瞰图，规划依据不足。

无人机飞行平台在国土资源调查领域发挥了自身的优势，低成本、低速、巡航距离远、高可靠性的无人机执行低空飞行任务，操作员可以在地面控制飞机的飞行路线和飞行高度。此类应用要求覆盖完整行政辖区或者城镇建成区，具有基础性和准确性，注重几何和属性精度，宏观和微观并重，关系到国民经济和社会发展各个环节和角落，属于常备基础性业务，需求海量而持续，对无人机遥感的数量和质量具有同等重要要求。

13.2.2 服务对象

服务对象主要是国土资源部门和建设部门，包括国土、地矿、建设、测绘、海洋等行业的政府机构、事业单位、厂矿企业等；应用内容主要是基础性战略性资源——高分遥感数据及其深加工的信息产品；显著特征是涉密性，为内部使用数据，不能上网，并且存在严重的行业壁垒，局面一时难以有所改观。

13.2.3 经济效益

此类应用，对无人机遥感具有常态化业务运行的需求，是建立高分辨率对地观测遥感体系的重大需求支撑；对无人机遥感来讲，是高精尖技术立足的需求土壤，是高端用户云集的领域，也是轻小型无人遥感专业应用的最重要领域。现阶段也是无人机遥感乃至遥感界最大的用户群，现阶段遥感相关应用的经济价值大约在每年 150 亿元，未来发展空间可达每年 1000 亿元以上。无人机遥感目前总的应用仅达到7000 万 ~1 亿的水平，发展空间巨大。

13.2.4 发展趋势

作为基础性常备业务，追求高精度以及覆盖的完整性，因此对无人机在全国范围内遥感作业的能力要求较高，要求具备工程化应用能力，技术体系具完备性和组网模式等，对各种地理环境都能适应，对数据成像质量、分辨率和姿态角均有较高要求，对成果的规范性、完整覆盖度以及建库信息服务程度要求也高。未来将重点集中在 1:500 ~1:2000 等大比例尺测图方面，精度和比例尺将逐步提高。

13.2.5 典型案例

利用无人机技术开展国土资源调查与土地利用监测，可及时地反映各种国土资源的具体情况，增强资源开发、环境保护与灾害防治的预见性，为国土开发与整治、环境和灾害监测、水文地质和工程勘查、工程选址和选线及城市规划提供依据。

1. 国土资源监测应用案例

无人机应用于国土资源系统具有以下功能，事先控制：城镇规划调查（铁路建设、土地利用现状更新、监测和巡查、土地变更调查、土地类型划分和土地执法）、矿产资源开发调查、煤火考察等土地资源勘测。事后评估、考察：农业土地资源和农作物资源评估。

无人机携带数码相机在城市上空飞翔，为城市开发的规划提供依据，广泛应用于建筑密度分布规律研究、在建工地调查、中心城市简易房和遮雨棚调查、施工占路情况、露天停车场调查、垃圾堆场的空间分布、污水治理和改造工程的补充论证、为建厂规划或改造提供影像资料等。除此以外，还可应用在铁路建设（图13.11）、城市的变迁、发展趋势及改造、城市图件更新上，同时还可用于城市现状调查，如土地利用现状更新、监测和巡查、土地变更调查、土地类型划分、土地执法、地籍、交通、旅游资源调查，或是绘制城市绿化分布图、烟尘污染分布图、水污染分布图以及城市环境调查，如三废污染、地质灾害和城市公共安全监测方面。

图13.11 无人机遥感影像在铁路规划中的应用

治理矿区开发所引发的生态环境破坏、监控资源规划执行、客观科学的矿产开发等急需灵便及时的轻小型无人机遥感，可检测矿区的矿产开采点位置（井口位置）、开采状态（开采或关闭）、开采矿种（煤、铁等）、开采方式（露天）、占地范围与土地类型、固体废弃物堆积范围和占用土地类型（图13.12）等。无人机还可以观测矿产资源开发引发的灾害，包括地面沉陷范围、地裂缝长度、塌陷坑位置、山体陷裂（垮塌）范围、崩塌位置、滑坡位置、泥石流位置、河道淤塞长度

图13.12 矿产资源开发监测

（位置）及煤田（煤矸石）自燃范围等。探测矿山生态环境信息包括破坏土地范围、受损植被范围、粉尘污染范围、水体污染范围、荒漠化范围、土地复垦范围及矿山环境治理效果。无人机低空遥感配合地面管理软件亦可为矿产资源开发整体状况提供决策支统。

煤层自燃是中国北方煤田中普遍存在的灾害之一，损失了大量的煤炭资源。据已有资料介绍，许多煤田都存在煤层自燃现象，全国每年损失煤炭约 2 亿 t，占目前全国年总开采量的 20%，同时释放出大量的有害气体。如 CO_2、H_2S、CO 等，严重污染了大气环境，造成地面塌陷，威胁着矿井的安全生产。无人机煤火调查的目的在于提供具体矿区煤层燃烧资料及数据，为制订具体灭火计划、估算灭火费用、预测燃烧趋势及检查灭火效果服务。

2. 国土土地整治应用案例

甘肃东部地区位于我国黄土高原中部，属中国西部大开发的战略区域，是甘肃农业生产的主要地区之一。为进一步加大耕地保护力度，提高粮食综合生产能力，促进东部地区经济发展，甘肃省人民政府决定申请实施甘肃省东部百万亩土地整治重大项目。项目建设以改善农业生产条件和农村生活环境为目标，以坡旱地整理、生态建设工程为重点，以生态移民工程和新农村建设为依据，大力实施土地整理重大工程项目，推动甘肃社会经济全面协调可持续发展。

此项目属运用航空摄影测量技术提供 1∶2000 数字地形图和数字影像资料。项目区范围较大，仅 2013 年、2014 年两年间就提供项目区数字地形图 $314km^2$，数字影像图 $1020km^2$；项目区分布较零散，分别在庆阳、平凉、天水、定西 4 个市，22 个县区；项目区地形较复杂，多为山区和沟壑区。此项目如果用常规测量方法，全站仪加棱镜或者 GPS-RTK 方法，由于工作量大时间紧张，根本无法在规定的时间内完成任务，另外还需投入大量的人力、物力和财力；但由于此次项目片区比较分散，大飞机申请空域也比较麻烦；项目需要大比例尺地形图，高空航空摄影精度难以保证。于是运用无人机航空摄影测量技术，在时间紧任务量大的压力下，从外业飞行到内业完成出图，历时 3 个月。与常规测量相比，大大节省了人力、物力、财力。

重庆市国土资源无人机遥感系统于 2009 年依托重庆市国土资源和房屋勘测规划院建立，作为重庆市首次建立低空无人机遥感应用系统，也是全国国土资源管理系统中较早建立低空无人机遥感系统之一。在开展重庆市 6 个市级投资土地整治中使用低空无人机航摄（图 13.13），实施规模 $75km^2$，生产整治前正射影像作为整治规划设计基础底图。2012 年开展两个村土地整治项目 1∶1000 低空航测审核，实施面积 $20km^2$，实现了 1∶1000 低空航测平面与高程数据的获取，对土地整治实施后项目区进行航测，生产整治区正射影像图与数字高程模型，与整治规划图与施工图对比，审核项目施工执行情况与土地石方量。2013 年开展了全市市级投资土地整治项目低空航测，实施项目 8 个，实施规模 $50km^2$，生产正射影像图与数字高程模型，建立了低空航测成果应用土地整治规划技术路线，基本实现了基于低空航测成果的土地整治三维规划。

图 13.13　国土规划与整治无人机野外作业

大理市利用无人机航拍监测以管理海西土地，把海西片区的现状真实反映在影像上，实现对海西基本农田、优质耕地以及建设用地现状的全面覆盖监管。大理州要求在严格控制海西重大建设项目用地准入审批的同时，以最坚决的态度，采取最直接、最严厉、最有效的措施，以最快的行动打一场保护海西田园攻坚战。

中国测绘科学研究院利用无人机航摄系统，辅助国家土地督察上海局完成金山、慈溪2个地市4个违法违规可疑地块的低空航摄任务。这是2015上海局首次利用无人机航摄技术辅助土地督察，实时查看可疑区域视频影像，并获取航空影像241张，面积12.13km^2。无人机航摄系统具有航空影像快捷、分辨率高的特点，为土地督察部门及时发现或复查违法违规用地提供了技术手段，极大地提高了土地督察实地的工作效率，取得了很好的效果。

3. 国土勘测应用案例

巴州国土勘测设计院2014年采用自由鸟电动无人机（图13.14），累计安全航飞40000余千米，共计完成各种分辨率共计12000余平方千米的无人机数据采集工作，目前，共计处理数据量约1T，航飞相片约18万张，完成各种比例尺挂图43幅，各种比例尺分幅测绘用图643幅。

(a)

(b)

图13.14 遥感飞行作业及准备

4. 智慧城市建设应用案例

智慧城市实质是利用先进的信息技术，实现城市智慧式管理和运行，进而为市民创造更美好的生活，促进城市的和谐、可持续成长。精细了解城市地表的设施与功能则是构建智慧城市前提之一。

根据2012年政府工作报告，我国已有3个直辖市、6个省、10个副省级城市、41个地级市明确提出要建设智慧城市，而全国各地目前正在设计或建设实施的各种智慧城市项目则达到数百个。2013年1月，住建部正式确定了首批90个国家智慧城市试点，其中地级市37个，区（县）50个，镇3个，标志着一场大规模的智慧城市升级运动已经开始。据估计，按照中国2050年实现70%城市化率目标，以平安城市、数字城管、数字社区和智慧医疗等内容为核心的智慧城市的市场规模将在万亿以上。

在国家层面，自2011年起，智慧城市多次被写入住房和城乡建设部、国家测绘地理信息局、工业和信息化部的相关政策法规。城市规划建设部门主要从新一代信息技术应用于城市规划建设的角度开展智慧城市建设，信息化主管部门主要从工业化、信息化相互融合角度去规划智慧城市建设。据统计，工业和信息化部制订的与智慧城市相关规划已达十多个。

近年来，北京、上海、广州、深圳、青岛、南京、无锡、宁波、台州、荆州和武汉等城市纷纷出台了智慧城市的相关制度，并积极落实行动计划和具体方案，如《智慧北京行动纲要》《上海市推进智慧城市建设2011—2013年行动计划》《南京市“十二五”智慧城市发展规划》《宁波市委市政府关于建设智慧城市的决定》和《深圳智慧城市发展规划纲要》等。

无人机遥感系统作为指挥城市信息获取手段之一，用于智慧城市的建设在国内外许多地区已经展开，并取得了一系列成果，国内的如智慧上海、智慧双流，国外的如新加坡的“智慧国计划”、韩国的“U-City计划”等。

2015年年初，住建部公布全国首批智慧城市试点名单，温江区名列其中。引进无人机航摄系统与智慧城市的建设密切相关。通过先进的无人机航摄技术，采集高精度的影像数据，充实到全区公共信息平台中，可实时对区域地形地貌、道路交通、土地利用、城市布局、违章建设、拆迁评估等方面的地理区情进行监测。通过无人飞机摄影监测，可快速、直观地发现全区范围内有无违章搭建、乱堆乱放的行为，为执法部门打击违章搭建行为提供精确的量化依据，从而使违章搭建不再难以取证。无人机航摄采集的影像数据，通过处理后将输入区公共信息平台，这个平台对全区各部门都是开放的，因此全区任何部门都可运用。

无人机对重大项目进展情况进行实时监测，过去靠工作人员到现场去勘查、拍照，现在依靠无人机，定期获取重大项目范围遥感影像数据，并出具监测报告。以监测报告作为依据，可以对全区年度实施的重大项目建设的储备、审批、建设、竣工、效益等整个“生命周期”进度进行动态监管，跟踪督查，并实现监管全覆盖。以最坚决的态度，采取最直接、最严厉、最有效的措施，以最快的行动打一场项目攻坚战。

中国科学院遥感地球所遥感地学图谱分析研究室虚拟地理环境团队初步完成了四光学相机无人机遥感系统的原型设计与试验验证。四光学相机无人机遥感系统利用倾斜摄影测量，打破了传统正射摄影垂直拍摄建筑物屋顶的局限性，可以从多个角度完整地获取建筑物表面的纹理信息，为智慧城市建设提供基础地理信息支撑服务。

为验证该系统的可行性，在智慧城市建设较为领先的苏州、嘉善进行试验飞行。遥感地学图谱分析研究室提出了基于WebGL和云计算的倾斜摄影三维城市网页发布模式，对倾斜摄影三维模型建立层次细节模型，并依托自主研发的云计算平台进行发布，实现海量三维城市的WebGL跨平台浏览器渐进式流传输与交互可视化（图13.15），为智慧高新园区的建设奠定三维空间信息基础，在城市管线规划、功能布局和内涝预警等方面发挥了基础作用。

图13.15　无人机三维立体数据图

重庆市利用无人机遥感系统开展重点城镇规划区低空航摄工作，2010～2011年，开展全市32个郊县县城区（含部分重点开发区）低空航摄，实施规模2025km^2，生产县城区正射影像图。航摄成果广泛应用于城市规划、土地勘丈、建设用地集约利用评价、地质灾害调查、基础地形图修测等。

5. 海岸带动态监测与管理

对于我国海岸带测绘，缺乏高效、快速的技术装备与解决方案。随着我国海洋开发力度的不断增加，未来我国经济发展将越来越多地依赖于海洋。党中央、国务院历来高度重视海洋经济和海洋科技的发展。在《国民经济和社会发展第十二个五年规划纲要》中将发展海洋经济和海洋科技提升到前所未有的战略高度。海洋产业更是成为培育和发展战略性新兴产业的重要领域。

海岸带具有地物破碎、反差小、高动态、潮汐瞬变等特点，地表信息获取一直是个难题。特别是当前我国围填海等近海活动日益频繁，对海域使用、海洋资源利用和保护造成了一定的危害。与此同时，海岸带蜿蜒曲折，待测区域往往面积较小、分布零散，人工测量登岛困难，在技术和装备上都给海岸地形测绘提出了新的需求。因此，急需机动性好、体积小、成本低、适合小区域测绘的无人机测绘系统，以实现海岸带、海岛礁地形高效、快速测绘目的。

中国国家海洋局海域管理司负责人表示，将在11个沿海省（区市）各建设1个无人机基地，每处至少配备1架无人机，该系统的无人机将利用高分辨率摄像设备监视非法土地开垦、采集沙土及其他改变海洋环境的行为（图13.16）。

图13.16 港区围填海工程监测与管理

自2012年国家海洋局建立海域无人机基地以来，国家海洋环境监测中心、国家海洋技术中心、海南省海洋监测预报中心联合安翔动力、中测新图等公司，利用多种型号的轻小型无人机先后完成了辽宁、天津、山东、江苏、广东、浙江、海南等沿海省市主要围填海项目动态监管工作（图13.17～图13.20）。

(a)

(b)

图13.17 海岸监测与围填海监管

图13.18 围填海工程进度监测

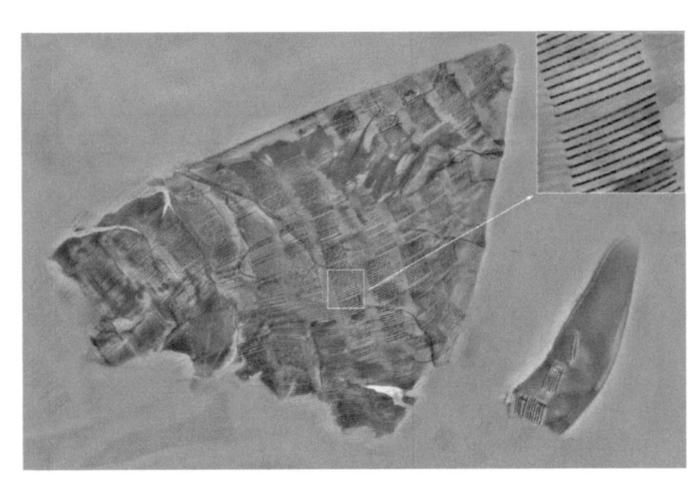

图13.19 滩涂养殖监测

图13.20 江苏海岸带南通段航摄正射影像

媒体报道，2011年年底在辽宁省大连，海事部门率先成功尝试无人机对面积为980km²的地域实施航拍。江苏省海洋部门也启用了无人机海域三维立体监管平台。

6. 钓鱼岛及南海岛礁动态监测

我国海岸周边遍布岛礁，面积大于500m²的就超过6500个，并且多数岛礁远离大陆，登岛难，很多岛礁面积小，卫星或航空因分辨率低难以获得岛上地物信息，轻小型无人机则可以从陆地起飞完成岛礁遥感任务。

党的十八大提出“海洋强国”的建设目标。由于历史原因及技术限制，我国海岛（礁）精确的基础地理信息仍有空白。尤其重要的是，一些岛礁直接涉及国家领海基线划定，直接与国家主权和海洋权益相联系。特别是东海的钓鱼岛和南沙海域的岛礁，处于敏感区域，难以通过登岛或有人航空的方式获取地理信息。

目前，地面测绘技术已实现了传统模拟测绘向数字化时代推进的数字化改造，并可及时更新数字资料。然而，相对比之下，海洋测绘技术则处于刚刚起步不久的状态，技术水平等各个方面都相对滞后，跟发达国家相比较更是起步晚、发展缓慢，特别是远离本土的岛礁测绘，更对我国高水平、高技术含量的海洋测绘学科提出了全新的要求。

我国于2009年6月5日应用轻小型无人机，从浙江苍南起飞，奔赴367km达到钓鱼岛上空，完成了钓鱼岛首次航摄（图13.21），获得了地面分辨率0.1m的遥感影像，完成了影像图制作。期间拍摄到日本军舰。2012年4月27日~5月27日，搭载双频GPS飞控，获得了钓鱼岛及其附属岛屿全覆盖的0.1m分辨率遥感数据，通过稀少无控制测图技术，完成了1:2000大比例尺地形图测图，填补了钓鱼岛及其附属岛屿无大比例尺地形图的历史空白。该成果供14个国家部委使用。并且首次公开编制出版了《中华人民共和国钓鱼岛及其附属岛屿》立体影像图及地形图（图13.22~图13.23）。

2014年7月28日从浙江省苍南县霞关镇起飞和回收，实际飞行870km航程，持续飞行9小时，成功获取了钓鱼岛主岛和南北小岛（总面积约12 km²范围）0.05m高分辨率遥感影像和POS数据，开展了遥感无控制测图技术及对岛上人工地物的识别和定位技术研究。

2011年5月13日从海南万宁市起飞（图13.24），持续飞行9个小时，返回万宁降落，完成西沙东岛航测，测制1:2000大比例尺地形图。航摄面积10km²，陆地面积2km²，地面分辨率0.1m。2011年6月，由西沙永兴岛机场起飞，获取了永兴岛0.1m分辨率航空影像，并测制完成永兴岛数字高程模型、正射影像图等测绘产品（图13.25）。2014年5月29日海南万宁起飞，飞行时间9小时，开展西沙七连屿试验，获取0.1m影像和POS数据100km²（图13.26）。

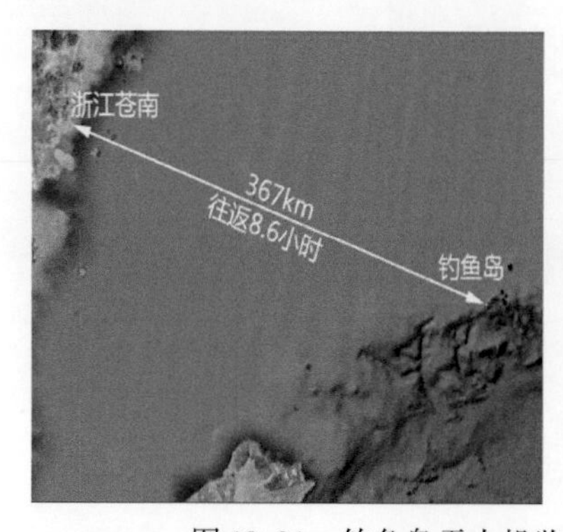

图13.21　钓鱼岛无人机监测飞行路线与影像成果

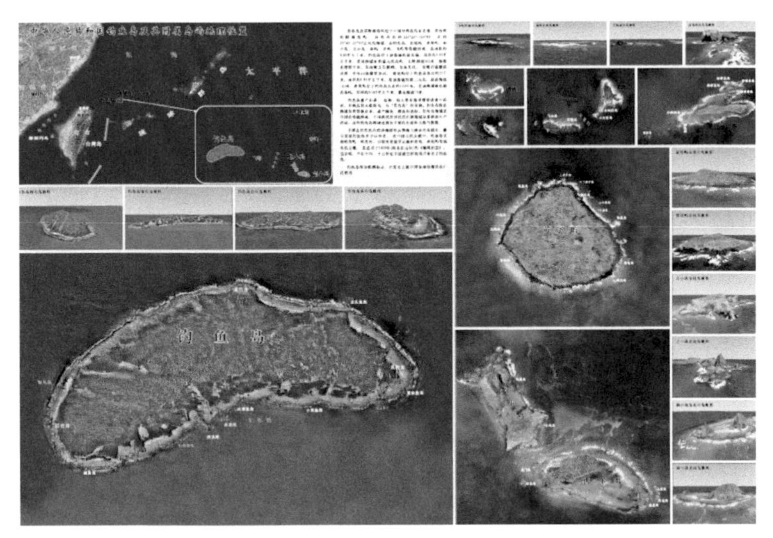

图 13.22　钓鱼岛无人机遥感立体影像

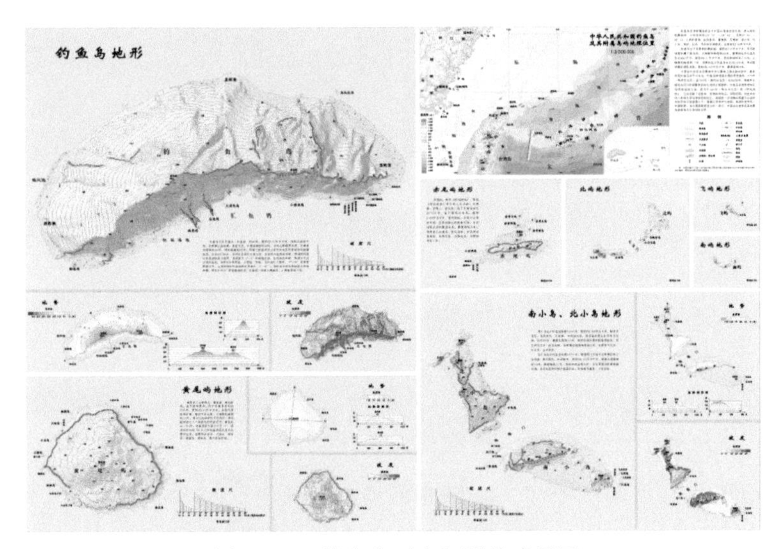

图 13.23　钓鱼岛无人机测绘成果图

(a)　　(b)

图 13.24　西沙东岛遥感飞行路线及准备

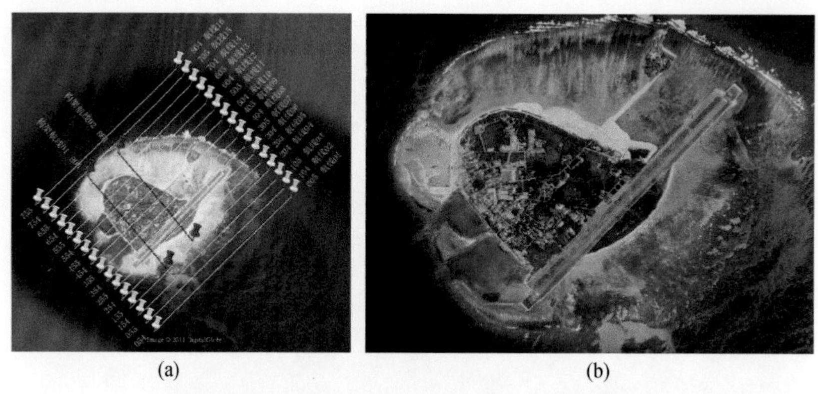
(a) (b)

图 13.25 永兴岛摄区航线设计及正射成果图

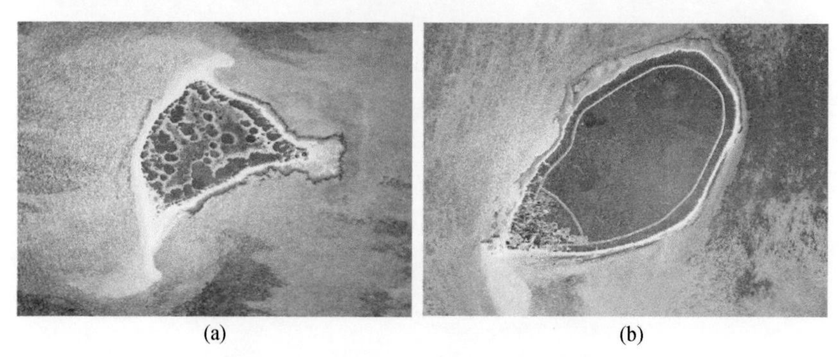
(a) (b)

图 13.26 西沙七连屿无人机遥感影像

13.3 农林、环保、科教文化等领域应用

无人机遥感在农林行业的应用主要以调查、取证、评估为主，更注重现状调查和地理属性信息，如作物长势、病虫灾害、土壤养分、植被覆盖、旱涝影响等信息，对绝对定位精度、三维坐标观测精度要求较低。在农业领域，我国无人机遥感在农业保险赔付、小面积农田农药喷施以及农田植被监测等方面已有了一定的应用；在林业领域，无人机遥感在森林调查中的应用还很少，主要应用在林火监测。根据现有农业生产和林业监管、环境保护的需求以及我国低空即将开放等政策优势，我国轻小型无人机遥感的蓬勃发展将极大地加快现代农业、信息农业、精准农业的发展，应对我国耕地面积少、水资源短缺及环境压力大等问题。

在环保领域，由于无人机具有时效性强、机动性好、巡查范围广等优点，能快速获得企业污染的证据，使污染黑点无处可藏，极大地提高执法效率，是对日常环保执法的重要补充，市场需求广阔。

在教育、科研、文化等方面的轻小型无人遥感应用也取得了一定成效，尽管目前投入相对较少，应用规模较小且比较零散，但具有广阔市场前景，尤其在培养新型专业技术人才、推介人才、示范性广告认知度等方面作用显著，对未来无人机产业发展意义重大。

13.3.1 农林应用

农业是国民经济的基础，作为农业大国，我国有 18 亿亩基本农田，每年病虫害和自然灾害的发生对主要粮食作物产量造成不可估量的损失，严重制约我国粮食安全生产发展。目前随着无人机遥感技术的发展，可以利用该技术对农作物长势实施诊断研究、农情监测、草地产量估测以及森林动态监测、灾害保险理赔等多层次和多领域的应用与服务，使农业生产和研究从过去的粗放经验式管理进入定量化精准决策的阶段。

当前美国、日本等国家已广泛使用无人机进行植保，日本是农用无人机应用最成熟的国家，已有20~30年历史。目前登记在册的田间作业无人机2346架，操作人员14163人，防治面积96.3万hm^2，无人机施药已占总施药面积的50%以上。美国无人机主要是精准农业航空遥感技术，并且农药喷洒已进入尝试阶段，全国目前在用农用飞机4000多架，全美65%的化学农药采用飞机作业完成喷洒，其中水稻施药作业100%采用航空作业方式。除此之外，南非、澳大利亚、智利、阿根廷、巴西等国家都已经将无人机应用于农业植保作业。（山鹰，2015；农用植保无人机技术白皮书，2015）

虽然我国的植保无人机应用起步较晚，但是近年来国家在逐渐加强植保无人机政策扶持。2014年中央1号文件首次提出加强农用航空建设。2013年农业部出台《关于加快推进现代植物保护体系建设的意见》，提出鼓励有条件地区发展无人机防治病虫害。目前河南和湖南都已将无人机列入农机购置补贴范围，有效刺激了无人机的推广应用。2004年开始由科技部863计划、农业部南京农机化所等开始无人机植保的研究和推广，2007年开始植保无人机的产业化探索，2010年第一架商用的植保无人机交付市场，正式掀开了中国植保无人机产业化的序幕。

随着绿色农业、有机农业、精准农业技术革命的不断发展，采用无人机进行植保作业已成为中国农业的发展趋势，植保无人机市场已然蓄势待发。按照中日年农药使用量进行测算，如果中国达到日本目前植保无人机的普及率和使用频次，年更新量约为30 000架，按50万元/架测算，年市场规模可达150亿元。以目前中国大田作物18亿亩平均年施药5次计算，共需90亿亩次施药作业。植保无人机施药每亩次10元服务费，年总服务产值为900亿元，并且这个市场是持续增长的刚性需求，是国家粮食安全及农业生产的基础保障。

农业植保无人机通过地面遥控或GPS飞控实现喷洒作业，可喷洒药剂、种子、粉剂等。与人工作业相比，农业植保无人机的优势有：

（1）安全性高，规避农药中毒。人工喷洒农药对作业人员的危害性非常大，据中国植保咨询网报道，我国每年农药中毒人数有10万之众，致死率约20%，农药残留和污染造成的病死人数至今尚无官方统计，想必是更加庞大的数字。植保无人机可远距离遥控操作，避免了喷洒作业人员暴露于农药的危险，保障了喷洒作业的安全。

（2）效率远高于人工植保。使用植保无人机规模作业能达到每小时80~100亩，其效率要比常规喷洒至少高出100倍。另外，植保无人机作业高度低，旋翼产生的向下气流加速形成气雾流，增加了药液雾滴对农作物的穿透性，减少了农药飘失程度。药液沉积量和药液覆盖率都优于常规，因而防治效果比传统的好，还可以防止农药对土壤造成污染。

（3）节约资源，降低成本。农业植保无人机喷洒技术采用喷雾喷洒方式，至少可以节约50%的农药使用量，节约90%的用水量，极大地降低了资源成本，而且无人直升机折旧率低、油量消耗小、单位作业人工成本不高、易于维修。

（4）飞控导航自主作业。无人直升机喷洒技术的应用不受地形和高度限制，采用远距离遥控操作和飞控导航自主作业功能。只需在喷洒作业前，将农田里农作物的GPS信息采集到，并把航线规划好，输入到地面站的内部控制系统中，地面站对飞机下达指令，飞机就可以载着喷洒装置，自主将喷洒作业完成，完成之后自动飞回到起飞点。而在飞机喷洒作业的同时，还可通过地面站的显示界面做到实时观察喷洒作业的进展情况。

图 13.27　无人机喷洒作业

极飞科技公司已经在新疆库尔勒、尉犁县等十几个地区完成了万亩棉田地的叶面肥与农药喷洒验证和试运营（图 13.27），其农业无人机小型机每天可以喷洒 600 亩棉花地，而大型机每天可以喷洒超过 1500 亩的棉花地，并且只需要收取每年 50 元的服务费用。2015 年年初极飞公司将全面在巴州地区和阿克苏地区率先推动无人机在棉花生长周期内叶面肥与病虫害药物的喷洒作业服务，为广大棉花种植农户提供廉价的植保服务，真正实现高效率、低成本、专业化的无人机植保目标（山鹰，2015）。

无人机遥感技术除了可以应用在农业植保外，也可以在农业保险方面发挥重大作用。农业保险可以无人机遥感影像为主，并结合农作物多年的长势数据进行定量分析、建立模型，解读农作物是否缺肥、缺水，有无虫害等以及预测后期产量大致是多少、品质如何等，掌握农业保险标的空间分布特征和逐年动态变化规律。通过深入研究区域历史灾情序列评定模型进而提出农业保险中的风险评估体系与模型，采用现代统计数学方法和计算机模拟方法建立起区域农业保险风险评估体系，从而有效降低农业保险机构的经营风险。同时可以根据自然灾害前后的遥感影像，对比发现灾害的影响程度等。国外农业保险行业已经较为成熟，形成了由政府牵头，由大学、研究所、咨询公司等第三方机构在政府和农民中衔接的一种模式，一方面为政府提供损失报告，政府为其买单；另一方面农户可以从第三方机构中寻求建议等。国内的农业保险处于起步阶段，但是随着 2012 年《农业保险条例》的颁布，本着健全政策性农业保险制度的目的，需要在农业保险中引入现代科学技术来衡量、规范农业保险中的理赔范围、责任界定等，无疑会进一步促进国内利用无人机遥感技术或者其他科技手段第三方机构的发展。

目前国内已有多家保险公司推出了无人机遥感保险业务，为生产企业和客户提供专用保险产品。在 2011 年，安华公司曾向全辖所有县级公司配发了 450 架 AH 型便携式无人机（图 13.28），用于小型种植业灾害面积查勘，避免了保险公司动用大量人力到现场对损失程度进行查验。太平洋保险公司也推出了无人机专用保险，这款专用保险产品提供机身损失保险和第三者责任保险两种保障，基本涵盖无人机作业中的主要风险。通过参加农用无人机推广现场会等活动深入接触客户、政府、渠道、农户，对农用无人机保险产品的市场潜力和风险状况作专业调研，满足了客户的特定需求。

(a)

(b)

图 13.28　AH-20 型无人旋翼机和 AH-17 型无人机

中国农科院资源区划研究所利用自由鸟等无人机，构建了集成定位系统的多光谱无人机遥感平台，实现了农田信息（作物识别、地块分布、作物长势等）的高精度获取与分析（图13.29），在河北廊坊、衡水、北京顺义、河南新乡、陕西杨凌、新疆玛纳斯等地应用。

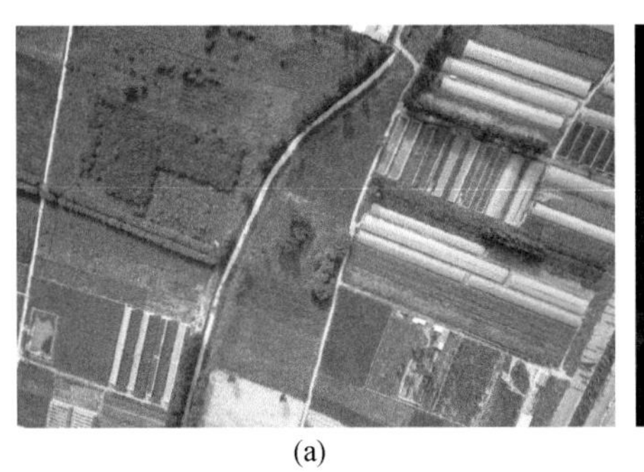

(a)

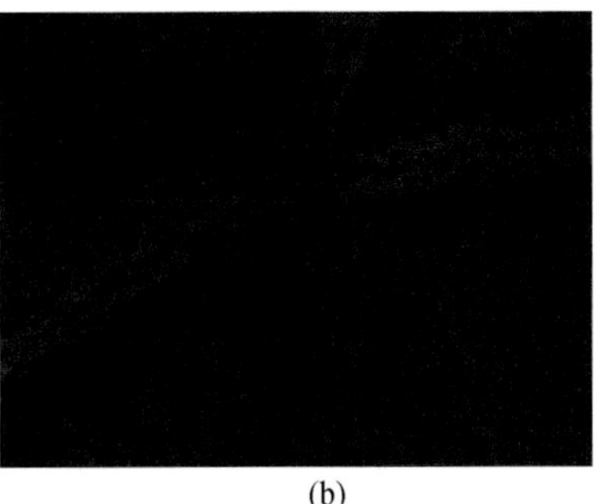

(b)

图13.29 农作物长势监测及估产

农用无人机代表着未来的发展趋势，不仅将人从繁重的农业劳动中解放出来，缓解农村劳动力短缺，同时也将提高农业机械和植保的现代化发展水平，为现代农业的蓬勃发展创造良好的社会效益和经济效益。

13.3.2 环保应用

目前我国正处在工业化和城镇化高速发展的新时期，随之而来的环境压力越来越大，环境保护任务也日趋繁重。环境基础数据资料的获取是做好当前环境保护工作的前提，随着环境保护工作要求的不断提高，环境基础数据资料的精确性、可靠性和时效性也迫切需要提高。无人机通过遥感技术可快速获取地理、资源、环境等空间遥感信息，完成遥感数据采集、处理和应用分析。无人机具有机动、快速、经济等优势，将其应用于环境保护领域，可有效地提高环境基础数据资料的精确性、可靠性和时效性，为环境保护工作提供重要的技术支持，从而为环保部门准确、合理、高效地做出决策打下良好基础。

1）在建设项目环境保护管理中的应用

在建设项目环境影响评价阶段，环评单位编制的环境影响评价文件中需要提供建设项目所在区域的现势地形图，在大中城市近郊或重点发展地区能够从规划、测绘等部门寻找到相关图件，而在相对偏远的地区便无图可寻，即便有也因绘制年代久远或图像精度较低而不能作为底图使用。如果临时组织绘制，又会拖延环境影响评价文件的编制，无人机遥感系统能够有效解决上述问题，它能够为环评单位在短时间内提供时效性强、精度高的图件作为底图使用，并且可有效减少在偏远、危险区域现场踏勘的工作量，提高环境影响评价工作的效率和技术水平，为环保部门提供精确、可靠的审批依据。

2）在环境监测中的应用

传统的环境监测通常采用点监测的方式来估算整个区域的环境质量情况，具有一定的局限性和片面性。无人机遥感系统具有视域广、及时、连续的特点，可迅速查明环境现状。借助系统搭载的多光谱成像仪生成多光谱图像，直观全面地监测地表水环境质量状况，提供水质富营养化、水华、水体透明度、悬浮物排污口污染状况等信息的专题图，从而达到对水质特征污染物监视性监测的目的。无人机还可搭载移动大气自动监测平台对目标区域的大气进行监测，自动监测平台不能够监测的污染因子，可采用搭载采样器的方式，将大气样品在空中采集后送回实验室监测分析。无人机遥感系统安全作业保障能力强，可进入高危地区开展工作，也有效地避免了监测采样人员的安全风险。

3）在环境应急中的应用

无人机遥感系统在环境应急突发事件中，可克服交通不利、情况危险等不利因素，快速赶到污染事故所在空域，立体查看事故现场、污染物排放情况和周围环境敏感点分布情况。系统搭载的影像平台可实时传递影像信息，监控事故进展，为环境保护决策提供准确信息。

无人机遥感系统使环保部门对环境应急突发事件的情况了解得更加全面、对事件的反应更加迅速、相关人员之间的协调更加充分、决策更加有据。无人机遥感系统的使用还可以极大地降低环境应急工作人员的工作难度，同时工作人员的人身安全也可以得到有效的保障。

4）在生态保护中的应用

自然保护区和饮用水源保护区等特殊保护区域的生态环境保护一直以来是各级环保部门工作的重点之一，而自然保护区和饮用水源保护区大多有着面积较大、位置偏远、交通不便的特点，其生态保护工作很难做到全面细致。环保部门可采用无人机遥感系统，每年同一时间获取需要特殊保护区域的遥感影像，通过逐年影像的分析比对或植被覆盖度的计算比对，可以清楚地了解到该区域内植物生态环境的动态演变情况。无人机遥感系统生成高分辨率遥感影像，甚至还可以辨识出该区域内不同植被类型的相互替代情况，这样对区域内的植物生态研究也会起到参考作用。区域内植物生态环境的动态演变是自然因素和人为活动的双重结果，如果自然因素不变而区域内或区域附近有强度较大的人为活动，逐年遥感影像也可为研究人为活动对植物生态的影响提供依据。当自然保护区和饮用水源保护区遭到非法侵占时，无人机遥感系统能够及时发现，遥感影像也可作为生态保护执法的依据。

5）在环境监察中的应用

当前，我国工业企业污染物排放情况复杂、变化频繁，环境监察工作任务繁重，环境监察人员力量也显不足，监管模式相对单一。无人机遥感系统可以从宏观上观测污染源分布、排放状况以及项目建设情况，为环境监察提供决策依据；同时通过无人机监测平台对排污口污染状况的遥感监测，也可以实时快速跟踪突发环境污染事件，捕捉违法污染源并及时取证，为环境监察执法工作提供及时、高效的技术服务（全球无人机网–环境保护无人机（环境监测、环境监视、生态保护），2014）。

近年来，我国环境污染事故频发、环境应急监测任务繁重。我国的环境质量监测主要是根据环境的需要，依靠环保部门在各地设定监测站点，采用定点采样的物理或化学分析测量的方法，对各环境参数指标进行监测。然而，这种常规监测手段监测周期长、监测范围小、缺乏时空上的连续性，且投入大、效率低，需要专业的人员和专门的设备。尤其在对大范围的环境进行监测时，现有测点数量稀少、代表性不够强，难以全面及时地反映环境质量状况及其动态变化情况。针对我国环境污染事故频发的现状和环境监测中存在的难点和弊端，“环境污染事故航空遥感应急监测关键技术研究与应用”项目开展了无人机飞行平台选型、无人机有效载荷和地面监控系统的研究，开发了无人机遥感应急监测的图像处理和信息提取软件，编制了《环境污染事故无人机遥感应急监测技术与规范》等7项技术文件建议稿，形成了“环鹰一号”无人机飞行及数据处理系统，建立了集无人机平台、载荷、数据处理和应用于一体的无人机环境污染事故应急监测系统（全球无人机网–环境保护无人机（环境监测、环境监视、生态保护），2014）。

无人机遥感监测可以在环境污染发生前对污染源分布、重点风险源和事故隐患区域进行预警。一旦污染事故发生，环保部门就能及时接警、迅速响应。此外，还能对污染事故发生现场状况、污染事故范围、污染种类、污染浓度、扩散迁移等及时监测。通过航空遥感信息分析，环保部门可以对污染事故的发展趋势、影响和事故损失等做出迅速判断和评估，极大地弥补了常规监测手段的缺陷（邢飞龙，2015）。

2015年3月中旬，甘肃武威荣华工贸公司向沙漠排污事件引起社会广泛关注，经事件调查组用无人机航拍和 GPS 定位（图 13.30），确定共有大小不等污水坑塘 23 处，污染面积 266 亩，排向沙漠的污染物主要是荣华公司通过 2、3、4 号泵站排出的生产废水。据事件调查组环保部专家判断，荣华公司在环保设施没有完全建成的情况下，未经批准擅自投入调试生产，私设暗管向沙漠排放生产废水。在此事件调查中，无人机遥感技术为环境保护部污染事故应急处置和管理工作提供了及时、有效的技术支撑，也是土地管理部门参与环境执法的典型案例（陈发明等，2015）。

(a)

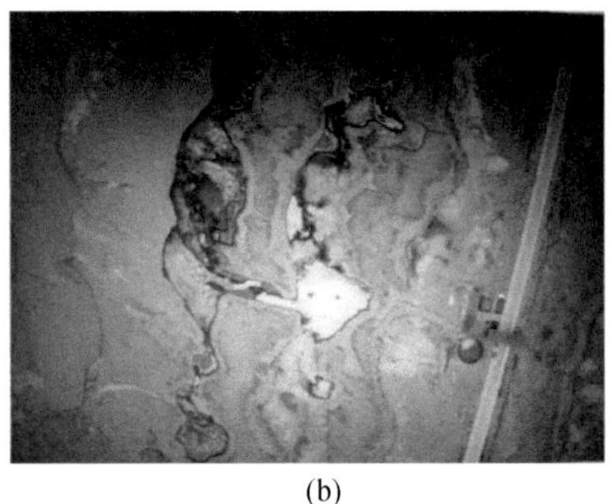
(b)

图 13.30　生产废水排放监测

13.3.3　科教文化应用

在科研教育领域，主要是开展航空科技与遥感等技术理论方法研究，通过无人机遥感实践来从事理论教学和技术验证、科研创新，并在影视文化旅游等方面开展一些文化创意、多元素结合融合的活动，内容包括无人机教学、竞赛表演、影视纪录、广告宣传、科考探险等。在该领域，对精度和地理属性要求不高，注重的是活动的过程、蕴含的科技文化内涵以及这些相关事务带来的社会影响等。目前，一些院校开设了无人机遥感相关专业，如北京航空航天大学、中国南方航空股份有限公司、西北工业大学等。

受中国国家博物馆遥感与航空摄影考古研究中心和内蒙古自治区文物考古研究所委托，中国测绘科学研究院中测新图公司首次采用无人机低空数码遥感系统，进行内蒙古浑河遗址低空遥感考古。考古区域位于内蒙古自治区呼和浩特市清水河县境内，这里常年风沙，气候干燥。按照航空考古技术要求，无人机需要在上午十点以前和下午四点以后作业，以保证获取有阴影的航空影像，以利于遗址判别。中测新图公司无人机航摄机组克服风力大、气流不稳定等诸多不利因素，成功获取了约 $400km^2$，0.2m 高分辨率航空影像（图 13.31），处理并制作了连续立体模型展示分析系统，供考古人员观测分析使用。

图 13.31　内蒙古浑河遗址无人机遥感考古

13.4 矿业、能源、交通等领域应用

轻小型无人机遥感已被广泛应用在矿石开采、电力和石油管线的选址与巡检、交通规划、路况监测等各项工作中。在矿业领域，利用无人机遥感技术获取矿区数据资料，实现矿区的有效监测，从而为矿区的开采工作提供保障；在电力与石油管线等能源领域，对重大工程的选址、选线、巡线、运行、管理等作用显著，能够满足施工建设过程的持续监测需求；在交通领域，无人机遥感技术能够从微观上进行实况监视、交通流的调控，构建水陆空立体交管，实现区域管控，确保交通畅通，应对突发交通事件，实施紧急救援。

13.4.1 矿业应用

随着我国国民经济的迅速发展，矿产资源的需求越来越大，矿产资源对国民经济发展的瓶颈制约凸显。面对经济发展的迫切需求，找矿的难度越来越大。无人机遥感是地质找矿的重要新技术手段，在基础地质调查与研究、矿产资源与油气资源调查、矿山开采等方面都发挥了重要作用。无人机遥感技术可以为矿山的开采和管理提供非常有益的数据和信息资料，为矿山的安全作业提供有力的保障，同时还有利于保护矿山周围的生态环境，主要体现在以下三个方面。

（1）提供数字矿山建设所需的信息资料。数字矿山的建设能够为开采者提供矿山的地质构造、周边环境等数据，从而指导矿山开采安全作业。但是建设数字矿山所需要的数据资料的采集过程是相当困难的。由于无人机技术采取低空飞行的探测方法，可以克服矿山所处偏僻地区、地理环境复杂恶劣等困难，因此在数据采集方面具有很大的优越性。

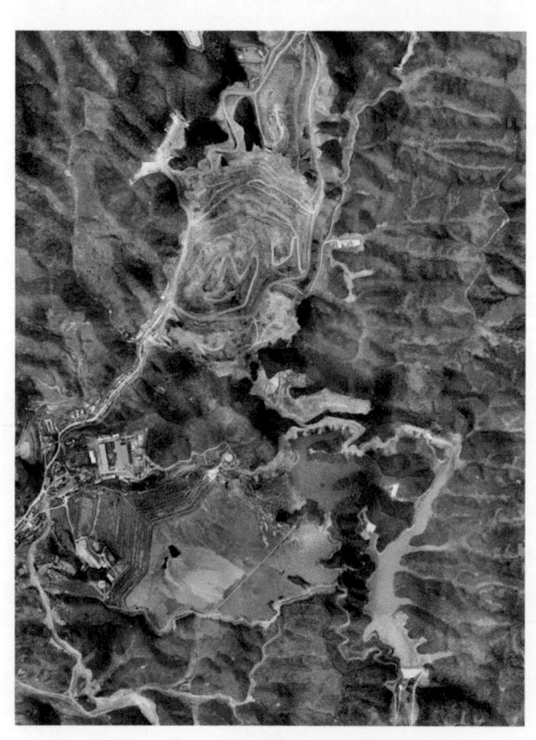

图 13.32　矿山调查无人机影像图

（2）保护矿山周边的生态环境。在矿山开采时，通常会对周边的生态环境造成伤害，所带来的负面作用也是巨大的。由于矿山一般处在地形恶劣、地质条件复杂的偏远地区，所以环境保护起来相对困难。无人机遥感技术可以在较短时间内快速获取采集区域的遥感数据，为矿区环境的保护和整治提供最详尽的数据资料。

（3）保护矿山资源合理开发和利用。由于执法部门的监管不力和开采者追求利益的心理，我国还存在许多胡乱开发的现象，如大量的非法小煤矿，这些为我国的不可再生资源带来了巨大的损失。无人机遥感技术不仅可以获取矿区的数据资料，还能够对开采工作进行实时监控，为执法人员的监管工作提供有效的证据，实现资源的保护和合理利用的动态监测。自 2012 年起，安翔动力公司联合中国国土资源航空物探与遥感中心利用 AF1000 油动无人机、单兵一号电动无人机完成了吉林、江西等地的矿山调查工作（图 13.32）。

13.4.2 能源领域

无人机遥感在能源领域有广阔的应用前景，如能源选址（太阳能、风能、电力线路和石油管线等)、能源勘测（各种矿藏)、能源监测（城市热环境、能源相关的污染等)，可大幅降低成本并提高效率。特别地，电力线路或石油管道的设计选线选址、施工测量监测、管理运行维护巡线等均可以灵活运用轻小型无人机遥感手段进行。

我国目前已形成华北、东北、华东、华中、西北和南方电网共 6 个跨省区电网；110kV 以上输电线路已达到近 51.4 万 km。随着电网的日益扩大，巡线的工作量也日益加大，100km 的巡线工作需要 20 个巡线人员工作一天才能完成。因此，传统的人工巡线方式已经满足不了现代电力系统的广泛需求，使用卫星遥感数据，又因为线状地物观测效率低下，尤其东西方向长距离线路更加困难。使用无人机遥感技术，将极大地减轻人力巡线压力，提高运管的效率。

无人机电力巡检指用无人机携带摄像头、红外线传感器等设备，检查高效输电线是否有接触不良、漏电、过热、外力破坏等隐患。与传统巡线方式相比，无人机巡检优势在于：

（1）大幅提高效率。传统巡线距离长、工作量大，步行巡线效率非常低下，使用无人机巡线速度快，准确性高，巡视不留死角，比人工巡线效率高出数十倍。

（2）安全性高。冰雪、地震、滑坡等自然灾害天气以及高山、峡谷、河流等复杂地理环境使得巡线具有高风险性，时刻威胁巡线人员生命安全。使用无人机巡线，不受气象、地理条件的影响，降低人工劳动强度、减少作业风险。

（3）提供信息更加及时。无人机具有巡线速度快、应急瞬速的特点，能够及时发现缺陷，及时提供信息，避免了线路事故导致高额损失的风险。

2013 年 3 月，国家电网公司出台《国家电网公司输电线路直升机、无人机和人工协同巡检模式试点工作方案》。该方案指出，建立直升机、无人机和人工巡检相互协同的新型巡检模式是智能电网发展的迫切需要，目前公司系统直升机巡检作业正在逐步向规范化、制度化方向发展，为此公司选定山东、冀北、山西、湖北、四川、重庆、浙江、福建、辽宁和青海十个检修公司作为试点单位，利用 2 ~ 3 年时间开展新型巡检模式试点工作。2014 年 6 月，中国电力企业联合会标准化中心对外发布名为《架空输电线路无人机巡检作业技术导则》的电力行业标准草案，公开征求意见（东方无人机研究组，2015）。

2003 年开始，中国石油工程设计有限公司西南分公司、中国石油集团东方地球物理勘探有限责任公司等，采用低空无人机遥感监测技术开展了四川省肖石线、卧渝线、南干线，仪陇龙岗气田管线规划，河北深州石油管线选址等多项工程化应用。2008 年后，中国水利水电第四工程局、中国电力建设集团昆明勘察设计院、广东省电力设计研究院等单位与无人机遥感公司合作，先后在向家坝水电站坝体建设、昆明安宁市风电场建设前期规划、广东省江门至顺德 550kV 输电线路工程选线等大型电力选线工程方面开展了无人机应用工作。

在巡检维护方面，我国具有前瞻性工作基础。2003 ~ 2005 年 863 项目“机载多角度多光谱成像技术在电力系统应用的研究”，组织北京师范大学等多家科研单位进行技术攻关，研制了多角度电力巡线系统的软硬件，并成功试飞。电力巡线的一项主要工作是进行电力线路走廊的测图及相关信息提取，包括线路走廊地形地貌的确定、电力线路的提取和三维重建、植物及其他可能威胁电力线路的目标提取与三维重建。随着 LiDAR 的出现与发展，国内外均有文献研究从 LiDAR 的点云数据中提取电力线路走廊以及线路本身的三维信息。

除科研外，国内外也一直致力于巡检维护的日常作业实用化。山西亚太遥感列举了两个 LiDAR

电力巡线的案例（500kV 源霸线电力巡线项目和 500kV 榆电一线电力巡线项目），但未见相关详细报道和文献。国外有直升机公司搭载相机、摄像机（可见光、热红外等）提供电力巡线服务，也有无人机巡线的实验。近几年，随着成本降低和性能提高，无人机平台搭载消费级的相机、摄像机辅助人工巡线，已有多家单位进行实验，并已接近实用阶段。目前国内已有多省市、公司和科研单位进行无人机巡检开发，进行了多次实验或试点业务化运行（北京、山东、湖北、冀北、江西等，详见表 13.1）。例如，2009 年长庆油田巡视无人机系统试飞成功，该系统配置摄像机、高分辨率照相机、红外摄像头和图像传输等任务设备，在巡视中实时传回视频图像，存储高清照片返回地面处理，红外摄像头能满足夜晚巡视要求，为油田矿权维护和场站巡护提供了很好的技术手段。

表 13.1　近年无人机应用情况举例

年份	地点	任务	链接
2009	长庆	油田巡视	oil. nengyuan. net/2009/0220/18735. html
2010	中石油	石油管道巡线及油井勘测	www. 81tech. com/news/wurenjiminyong/123584. html
2010	江西	电力巡线	jiangxi. jxnews. com. cn/system/2010/09/28/011487513. shtml
2012	山东	电力巡线	roll. sohu. com/20120727/n349192463. shtml
2012	青海	电力巡线	www. guancha. cn/indexnews/2012_ 11_ 22_ 110826. shtml
2012	鄂尔多斯	电力巡线	www. northnews. cn/2012/0702/833125. shtml
2013	温州	电力巡线	info. 1688. com/detail/1131605218. html
2013	四川	电力巡线	scnews. newssc. org/system/2013/04/23/013767108. shtml
2013	冀北	电力巡线	power. nengyuan. com/html/2013-05-21/240427. html
2013	北京	电力巡线	ggaq. beijing. cn/ggcsaq/n214137243. shtml

中测新图（北京）遥感技术有限责任公司利用 ZC-7 型无人机机动、灵活、便捷的优势，顺利完成了湖北最大风电项目随州电场二期工程的航摄任务（图 13.33）。自 2010 年以来，国家电网华北高压使用单兵一号电动无人机先后完成了万顺一线、万顺二线线路走廊巡检工作。

图 13.33　风电电场无人机起飞前准备工作

(a)

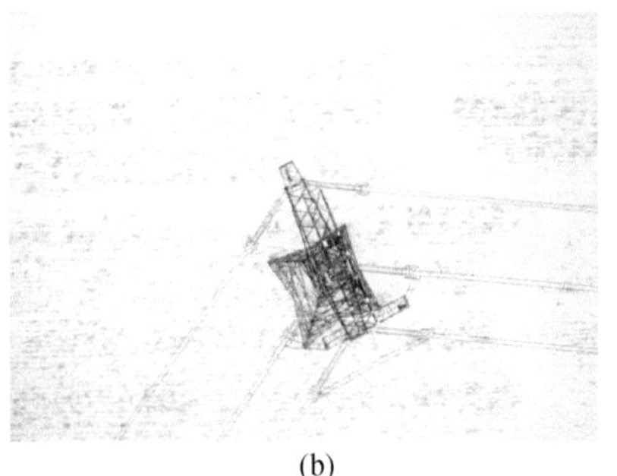
(b)

图 13.34 国家电网无人机监测

2011 年 12 月国家电网工作人员携北京安翔动力有限公司的单兵一号无人机一套，自由鸟无人机一套前往西藏那曲，进行 400kV 柴拉输电线路巡检工作（图 13.34），创立了无人机电力巡线海拔高度 4700m 纪录。

下面从平台、传感器和数据处理方式三方面对无人机遥感在能源领域的现状及发展趋势进行分析。

1）从卫星平台趋向于小型无人机平台

常见的遥感平台为卫星平台（航天遥感）、飞机平台（航空遥感）以及无人机和飞艇等小型无人飞行器平台（低空遥感）。卫星平台获取数据范围大，但时间和空间分辨率较低。航空遥感可以兼顾高分辨率和大范围，但飞行成本较高。低空遥感的优势则在于低成本和较好的机动灵活性，可以获得高时间和空间分辨率数据，但目前续航时间和载重量方面有所限制。以无人机为代表的低空遥感平台发展迅速，近几年在电力和石油等能源领域也得到了重视，应顺应这一趋势，加强无人机遥感在能源领域的研究和应用。此外，传统的卫星和航空遥感也有较大的进步，可考虑综合不同平台，使其取长补短，得到更好的应用效果。

2）传感器从光学设备向微波和激光设备发展

能源遥感可使用多种传感器，目前数码相机和摄像机较为常用，红外摄像机和紫外摄像机也有所应用。而微波和 LiDAR 则应用较少，除设备成本因素外，体积和质量也限制了它们的应用，特别是在无人机平台上的应用。尽管如此，可搭载于无人机平台的 LiDAR 等新型传感器已经引起人们的重视，具有很好的应用前景。

3）数据处理从人工向批量自动化发展

能源遥感可以获得影像（可见光相机或摄像机）、温度（热像仪）或三维点云（LiDAR）等遥感数据，根据数据对故障或威胁进行识别和判断，可分为人工或自动化两种方式。目前，在电力巡线方面（特别是无人机辅助的故障巡线或常规巡线），可实用化与业务化的主要是人工判别，而自动化处理则多见于研究论文中。由于数据量很大，如果完全由人工判读则效率低下、工作量大，会阻碍遥感在能源领域的业务化，因此自动处理算法的研究和开发应给予足够的重视。

尽管无人机遥感已在能源领域应用，但依然存在一些问题，具体如下：①虽然目前有较多单位进行无人机巡检的尝试，但各自为阵，有一定的重复性，缺乏沟通与合作。②科研与应用脱节。多家科研单位进行遥感自动化研究，发表不少论文，业务单位进行无人机巡线试验却仍停留在人工目视判别上。③规范化、标准化不足，相关标准规范的建设滞后，不成体系。④科技含量不足。体现在以人工目视判读为主，LiDAR 等新型传感器应用较少。

13.4.3 交通应用

交通行业每年新增公路里程约10万km，铁路约1000km，每项市场空间也在数十亿元，对无人机的遥感应用需求旺盛。目前在选线和巡线阶段应用较为突出，但因安全考虑，对运管期间使用比较谨慎。

传统交通监控主要依赖于交警路面巡逻、定点摄像头监控等，所呈现的视角比较狭隘，图像不够清晰，当事故现场周边发生交通堵塞时，很难获取到第一手现场的图像资料，同时还存在着众多的监控漏洞及死角。如果派遣载人直升机巡逻，则每次出动仅机油消耗就需支付高昂的费用。昂贵的成本大大削弱每日进行实时勘察的可能性；加上庞大的机身无法深入狭小街道上空进行拍摄或调查，更让其可实施性几乎为零。无人机参与城市交通管理能够发挥自己的专长和优势，帮助公安城市交管部门共同解决大中城市交通顽疾，不仅可以从宏观上确保城市交通发展规划贯彻落实，而且可以从海陆空立体角度和微观上进行实况监视、交通流和应急救援等调控。

铁路建设里程长，沿线敏感信息多。目前铁路采用人工踏勘方法，工作量巨大，同时受自然灾害、地形、天气等条件限制，特殊地段难以开展调查，造成工程验收不完整、不准确等后果。在进行铁路选线、铁路地址勘测及生态评价时，无人机具备网络实时远程视频传输功能，可将无人机视频影像实时传输至全球任何地点的手机终端或指挥中心，为铁路建设提供大量数据，极大地提高了工作效率。无人机机身轻巧可靠，结构紧凑、性能卓越，使用不受地理条件、环境条件限制，可在点多面广、地点分散、现场环境复杂的铁路及其沿线飞行。在地面站输入坐标后，无人机即通过地面控制站进入预定飞行轨道，可远程将铁路及其沿线的影像清晰回传，及时发现危险隐患，保障通信设备的安全和信息的通畅，减轻日常人员巡视的工作量，提高劳动生产率，更好地为铁路安全运输生产服务。

公路运输中，采用无人机系统，是智能交通建设中监控的重要科技手段。无人机系统可实现对路面的实时监控，及时发现路面的交通事故、动态查处路面违停等各类交通违法行为，提高交警监控管理效率，确保道路通畅。与传统航摄方式相比，无人机测绘不仅能增强数据的精度，还能提高效率。无人机系统提供全新的公路交通监控方式，搭载高清摄像机对公路进行全程全方位拍摄，不仅能较好地满足相关部门对于公路航拍资料的需求，还能为公路建设中的勘测、设计工作，提供强有力的技术保障。

水上运输主要采用船舶巡航、空中固定翼飞机定期巡航、卫星遥感监控等传统手段。与船舶巡航、空中固定翼飞机定期巡航、卫星遥感监控等传统手段相比，无人机拥有成本低、造价小、实时性强等优势。无人机具备防雨水功能，可在大雨、大雪天气飞行，飞行过程中防水等级达到IPX4，不受海上多变天气影响。无人机装配高精度的机载GPS设备，可设定航线自动飞行。使用无人机定时定点监控，对违规操作的船舶也会形成震慑作用。

航空运输业快速发展，对机场的安全管理提出了更高的要求。机场安全引起了各国政府的高度重视和国际社会的极大关注。机场，特别是大中型航空枢纽机场，就像一座独立的“城池”，区域大、客流大，仅靠人工进行安全监测与管理很难奏效，使用无人机巡航监测，可发现普通视频监控无法监测的区域，通过无人机网络实时远程视频传输功能，极大地提高了机场安全工作的时效性（全球无人机网-交通监视，2014）。

2015年，沪昆高速724km处（南昌县境内）发生一起货车侧翻事故（图13.35），辖区内的江西交警总队一支队四大队迅速出动一架无人机，无人机飞抵拥堵现场，对拥堵原因、拥堵长度、拥堵车辆进行全局性、准确性的快速勘察，交通指挥中心根据无人机实时回传的影像资料为援救提供了及时有效的方案（罗娜等，2015）。

(a)

(b)

图13.35 无人机航拍交通拥堵和交通事故

13.5 公共安全领域应用

无人机遥感在公共安全领域的应用主要是提供了一种轻便、隐蔽、视角独特的工具，确保安全领域工作人员人身安全的同时能够得到最有价值的线索和情报，对获取时效性和图像分辨率要求较高，对无人机系统的出勤率要求较高。目前电动多旋翼机的使用最多，其次是跨境特殊任务的长航时高隐蔽性无人机（郑攀，2013）。

13.5.1 需求特点

近十年来，随着计算机技术、无线电技术等电子信息产业及电池燃料等应用材料技术的迅猛发展，无人机开始从功能单一的遥控指挥逐渐向多功能多用途智能化控制发展，并且开始从单纯的军用转向民用。目前的无人机技术已经在侦察、反恐等公共安全领域展开广泛应用。从公共安全领域的适用范围看，中小型、短/近程无人机适合在公共安全领域的应用，特别是小型固定翼无人机和小型旋翼无人机更适合在突发事件中使用。

13.5.2 服务对象

小型无人机可用于反恐冲突等传统公共安全领域，在边防、消防、海事等领域也可以发挥作用。

1）公共安全领域应用

发生恐怖袭击、人质劫持等情况时，无人机可以替代警力第一时间接近事发现场，通过可见光视频和热成像观测等机载设备，将第一现场情况实时回传指挥部，为指挥人员制定行动方案提供决策依据。发生群体性事件时，小型无人机能发挥快速响应、空中机动灵活的优势，实时跟踪事件的发展态势，搜索发现地面可疑人员、车辆，提供强有力的空中情报保障。加装空投装置后，小型无人机还能进行特殊物品的投送，如播撒传单，向地面人员传递信息；小型旋翼无人机通过加装高音喇叭，可以进行空中喊话，传递政府信息。此外，小型无人机还可用在对特定目标区域、特定人员的搜索行动中。

2）边防领域应用

我国陆上疆界从中朝边界的鸭绿江口起，到中越边界的北仑河口止，陆地边界全长约2.28万千米，是世界上陆地边界最长的国家之一。利用小型无人机具有高机动性、长航时等特点，通过地面站软件设置飞行路线，可实现高效的边境线巡逻或对重点海域的缉私巡逻。此外，在我国的四川、云南及一些偏远山区，还存在着种植罂粟等非法农作物的情况，运用小型固定翼无人机搭载光谱分析设备对相关区域进行定期扫描式监测飞行，能快速高效地实现对特殊地区的监管目的。

3）消防领域应用

搭载红外热成像视频采集设备的无人机，能对林区中热源有敏感反应，通过采集到热成像图片，能快速分析地面的小微火点或热源，做到提前发现提前控制，把灾害损失降到最低。当高层建筑发生火灾时，地面人员往往无法观察到建筑物里面的人员情况，在这种情况下，用多旋翼小型无人机飞抵起火楼层，可通过机载视频系统实时观察建筑物内部状况，引导消防人员实施有效搜救。发生地震、洪灾等自然灾害时，小型无人机能够快速部署，实时传回高清视频和高精度图片，帮助指挥员了解灾情，引导地面搜救力量及时解救被困人员，为抢险救灾争取宝贵时间。

4）海事领域应用

我国有渤海、黄海、东海、南海及台湾以东太平洋等辽阔的疆域，当发生海难时，与传统的海面船只搜索相比，无人机具有不可比拟的优势。搭载实时高清视频采集传输设备的无人机，以海难出事地点为中心，根据气象及水文情况，通过地面导航设置扫描飞行路线，能及时发现漂浮的生还者，引导海面船只前往营救。针对重点航道、重点水域，海事部门可以用无人机来监测过往船只的排污情况，对非法排污的船只及时发现并进行取证。

此外，我国有2856个县级行政区划单位，每个县级单位都有公安局。面对近年来严峻的反恐、维稳形势，加强公安系统的快速反应能力、提高装备质量迫在眉睫。按照每个县级公安局平均配备两架无人机计算，潜在需求量约为6000架（郑攀，2013）。

13.5.3 应用案例

尼巴、江车两村从20世纪发生草场纠纷而引发村民世代结怨和矛盾冲突，至今已60年，成为长期影响甘南藏区稳定的重大问题。本次无人机航测（图13.36）始于2014年11月20日，共飞行两架次，航拍面积100km²，经过短时间紧张的内业处理工作，完成区域内正射影像图，面积92.7637km²，及时的为该地区提供了清晰、准确、高分辨率的影像资料，便于该地区发展规划编制工作。

图13.36 无人机进藏

13.5.4 社会意义

低空轻小型无人机遥感系统具有机动灵活、受天气影响小、成本低、影像获取分辨率高、快速三维建模等特点，已逐步成为继卫星遥感和通用航空遥感之后我国在公共安全领域遥感监测数据获取的重要手段。且无人机遥感系统对雷达探测具有隐蔽性，不需要人员到达现场，从而避免人员伤亡等特点，对邻近国界等敏感地区获取地理信息数据具有极大的现实意义，因此对突发事件的监测、评估及救援起到了关键作用。

这种技术可以针对公共安全领域突发事件的突发性、复杂性、多样性及多变性等特点，可以快速、有针对性地构建目标地区的三维实景地理信息模型，为公共安全领域处理突发事件等提供强有力的地理信息数据及技术支持，为事件的处理提供决策依据。

13.6 互联网、移动通信和百姓娱乐应用

无人机在互联网、移动通信和百姓娱乐行业中的应用以面向大众服务为主，通常以数据采集及共享方式体现，热点应用主要有无人机无线网络、无人机物流、影视拍摄等。互联网、移动通信相继介入无人机业务，扩大市场，利用无人机作为载体实现区域无线网络覆盖，提供更智能、便捷的服务。

13.6.1 互联网应用

无人机遥感在互联网领域的应用具有良好的规模效应和百姓认知度，在高分遥感数据获取、街景数据采集、影像和电子地图导航、旅游餐饮娱乐场所数据采集、广告图像等方面应用较多，利用无人机产生的各种创意新业态方面也初现端倪。

无人机作为一种快速发展的空间立体数据获取平台，能够获取大量的、覆盖面广的、时效性强的数据，服务于互联网领域的导航、旅游等多个方面。无人机遥感与互联网领域的结合，有利于主动打破无人机局限于航拍的功能，实现了“互联网+无人机”的新的发展思路和模式，进一步放大无人机的平台效应，为无人机的发展潜能创造更多的想象和开发空间（胡军，2015）。中国互联网快速发展，提供的业务不断丰富，网络需求日益增高，随着互联网+的提出和实施，无人机遥感与互联网结合将进一步紧密，其主要趋势包括：

（1）无人机与拍客。拍客借助无人机航拍视频短片在网络上分享，网友可以在网上寻找前所未有的、丰富的航拍视频和图片资源而不必付费。在国内优酷土豆和深圳大疆公司已开展相关合作的探索，这种合作可能会改变现有航拍产业的格局，使得这个产业不再是专业人士的专利；改变现有视频网站业务模式，专业级的航拍视频也许会给视频网站带来新的流量和利润增长点；还将使得农业、地质、矿业、城建等行业更多地通过航拍上传网络走进大众的视野，促进科技传播。这必将促进无人机和互联网更为广泛的结合。

（2）无人机与新媒体。无人机的出现将使得媒体在报道新闻时未必非要“到现场去”，可以利用无人机在灾难或突发事件现场传回照片、音频和视频，而在现场的记者也可以利用无人机查看他无法进入的地点，并获取第一手资料。特别是诸如地震、核泄漏、海啸等重大灾害，无人机的应用将使得新闻更加客观与及时。

（3）无人机与空中网络热点。谷歌很早就公布了利用热气球在某些地区实现互联网接入，而Facebook则更进一步。有媒体报道，Facebook提出了一个利用太阳能无人机在全球提供互联网的项目。他们预计，大约1000架这样的无人机就能让整个地球时刻保持着高速的互联网联接。随后，谷歌也更新了他们的计划，将利用无人机充当“Wi-Fi基地台”，为全球数十亿人提供无线网络服务。

（4）无人机与云计算。云计算和大数据服务需要大量的数据节点来服务，特别是在没有网络覆盖的区域，相关工作极为不便。因而，廉价的无人机可以充当空中数据资源节点，将相关信息源源不断地传向下一个节点。由于无人机价格低廉，数据节点可以模块化，极大地降低了使用成本。

（5）无人机与快递。无人机充当诸如快递员的角色，国内外具备快递服务的公司已开展了相关

的飞行试验，如亚马逊、京东、阿里巴巴、顺丰等。这项技术有助于打通电商整合社区服务的“最后一千米”，推进相关O2O企业的发展，在未来有很大的发展空间。

尽管目前受限于一些技术难题以及相关制度的制约，无人机正式商用尚需时日，但不可否认，属于无人机的时代即将到来，而它和互联网的结合无疑还有更多可能（长弓，2015）。

13.6.2 移动通信领域

无人机遥感在移动通信领域的集成应用以移动通信智能手机为主要渠道，目前利用手机控制无人机、传输遥感数据以及开发有关APP，做调查分析和外业核查数据采集编辑等工作，偏于局部细节，但是可极大地提高作业效率。

近年来，移动通信在全球范围内迅猛发展，数字化和网络化已成为不可逆转的趋势。我国移动通信制造业的生产规模比较大，生产技术与管理水平比较高，保持了快速健康的发展势头。2015年国务院办公厅印发《关于加快高速宽带网络建设推进网络提速降费的指导意见》，指出到2017年年底4G网络全面覆盖城市和农村，移动宽带人口普及率接近中等发达国家水平。

无人机遥感技术与移动通信技术的结合无疑是，无人机遥感平台可以利用移动通信技术解决遥控遥测数据远程传输，利用基于移动通信技术的移动终端进行飞行控制，利用无人机搭载无线Wifi设备，为移动终端创建无线热点信号，实现无人机与移动通信技术的优势互补，相互促进。同时，无人机遥感平台可以继承基于GPRS/3G/4G技术的无线通信设备，实现无人机遥感平台控制信息的远程传输，实现在全国范围内对无人机遥感平台的控制和监管，合理调度资源，保证飞行安全，为空管部门实现对无人机的监管提供技术手段。

互联网+时代将对无人机遥感应用具有放大作用，向社会普及知识，普及影响力，推介兴趣点，引起广泛关注，以极高的效率推进无人机的公众认知程度，推进产业化。“十二五”期间，科技部国家遥感中心立项了“基于北斗/GPRS/3G技术的无人机遥感网络体系关键技术研究与示范”的863专项课题，研究了基于GPRS/3G技术的无人机遥感系统飞行监管关键技术与装备，实现无人机遥感系统飞行诸元的远程传输和飞行目标的网络化监视。

13.6.3 文化娱乐活动

目前无人机遥感用于百姓娱乐活动，主要是采集影视文化资源，获得视觉冲击力和艺术效果，用于提升文化领域的商业价值。

无人机技术的快速发展，使得无人机进入日常生活变得日益简单。在日常生活中，影视剧拍摄、广告制作、旅游文化、游戏场景制作、带有摄像摄影初级遥感功能的无人机玩具和快递投送等日常生活的多个方面均可采用无人机进行。满足人民日益增长的物质和文化生活需要是这类应用的重大意义。

随着百姓物质生活生平的提高，对文化产品和服务的关注度和需求越来越高。根据半月谈社情民意调查中心于2011年12月~2012年2月的调查结果显示，百姓最喜爱的日常娱乐活动，看电视以78.8%的比例排在了第一位（田野，2012）。因此，国内居民文化需求的提升将进一步推动影视剧和电视节目的制作。据广电总局统计，2013年电影生产总量达到824部，电视剧产量15000集，无人机航拍具备拍摄灵活、图像清晰等特点，在电视节目制作的拍摄制作中具备一定优势，因此在各类影视节目制作中正逐步深入应用，具备较大的市场潜力。目前每年销售的轻小型无人机至少有40亿~50亿元的市场空间。随着电视节目制作形态的变化，对节目拍摄器材要求也越来越高，高端技术装备开始在电视节目拍摄中崭露头角，如无人机航拍在各类影视节目制作中的应用正逐步深入。例如美国监管部门批准了电影拍摄过程中使用无人机，这使得在美国影视领域无人机航拍合法化，有效地推动了无人机在影视拍摄中的应用。

美国《时代周刊》不仅在2014年度Top 10 Gadgets中将DJI Phantom Vision+（主要面向高端消费群体）位列其中，也把DJI最新款Inspire 1（主要面向专业人士）选入其最近公布的年度科技产品设计TOP 10中。

第14章　信息服务技术系统

无人机信息服务技术需围绕无人机遥感行业服务，把握数据的高分辨率、高时效性和详实精细真切的用户体验感，对大数据量管理效率要求较高，目前提供数据信息量较大，还存在涉密情况，服务方式和范围有限。目前我国部分公司或行业机构的网站上有一些局部的轻小型无人机遥感系统或成功案例的介绍。国家遥感中心则从全国和整个轻小型无人机遥感行业的角度，依托在中国科学院地理科学与资源研究所的资源与环境信息系统国家重点实验室，建立了轻小型无人机遥感系统信息库、操控师信息库和遥感成果数据信息库。

14.1　轻小型无人机遥感系统及操控师信息库系统

目前，全球范围内无人机研发制造企业数以千计，不同类型、用途的无人机产品更是层出不穷，无人机操控人员也在日益增多。但是一直以来，我国没建立起一个完善的无人机信息管理系统和信息库，来适应当前无人机行业快速发展的现状。在国家遥感中心组织下，中科院地理所和中测新图公司等合作研建了一个无人机信息库，截至2015年6月底，已收录160多种型号无人机的详细资料以及全国160名无人机遥感操控师14项信息，包括姓名、证件号、联系方式、培训机构、培训证书授予类型等。以下简要介绍该系统。

14.1.1　系统结构

根据全国轻小型无人机遥感系统信息库管理系统的建设目标，制定的总体技术路线如下图14.1所示。最底层为数据层，主要针对无人机信息、无人机操作师信息、无人机专家信息设计相应的数据表，实现对各种数据的有效存储，以满足用户对数据的不同查询检索需求。数据层之上为服务层，主要服务有数据查询服务、数据访问服务、空间数据检索服务、空间分析服务、数据综合分析服务。服务层之上为服务支持层，包括门户网站、数据安全和用户管理。服务支持层之上为服务应用层，主要是对用户不同的检索请求提供技术支持。建立包括无人机信息库、无人机操作师库、无人机专家库、系统维护库以及地名空间数据库等数据库。

14.1.2　系统访问与更新机制

系统访问主要针对用户权限设定数据访问限制，具有特定权限的用户才能访问特定的数据。在无人机信息库管理系统中，用户角色分为三种：访客、登录用户、超级用户。访客用户无需注册，但只能浏览无人机的基本信息，如型号、生产单位、承担的任务类型等；登录用户通过注册就能浏览无人机更多的飞控参数信息，并且还能够使用查询功能；超级用户由系统管理员分配，除了具有登录用户的所有权限外，还能够在地图上查看无人机生产装备单位的分布、全国无人机拥有量及覆盖范围等信息，具体访问流程见图14.2。

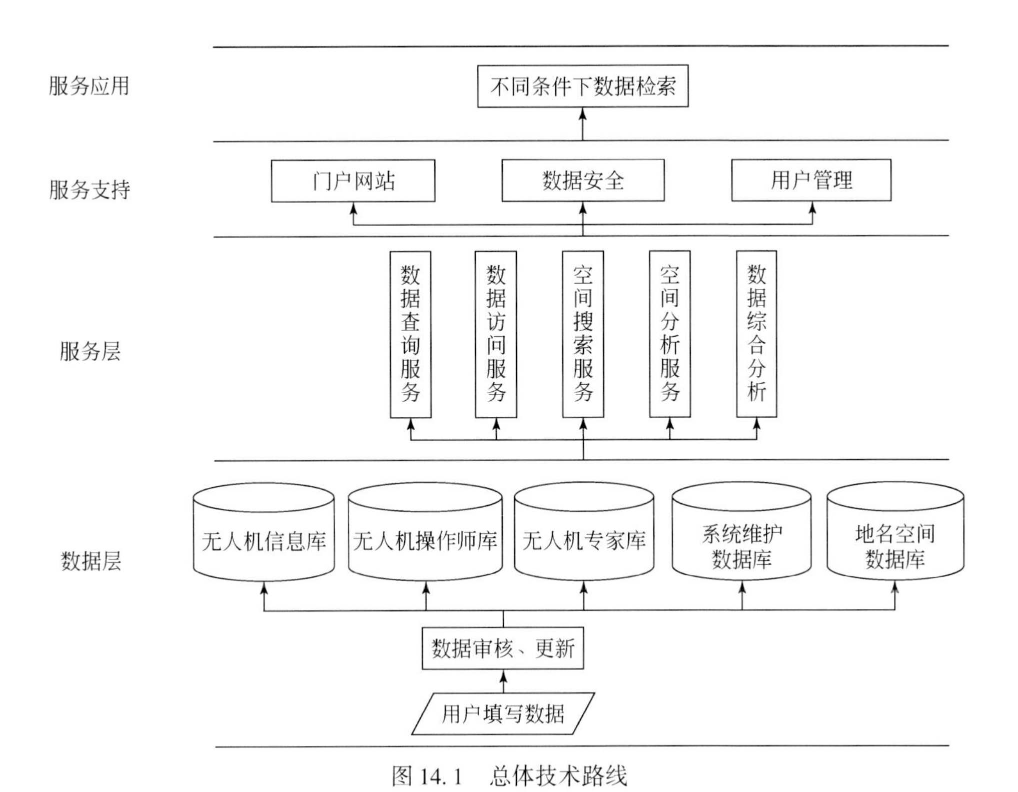

图 14.1　总体技术路线

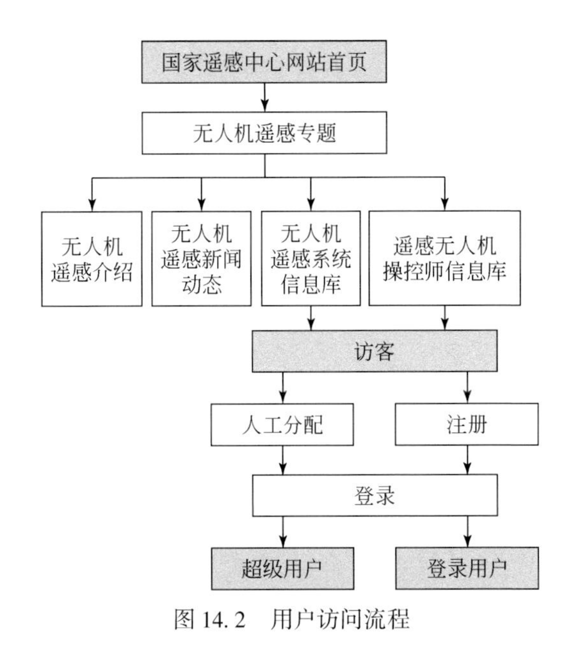

图 14.2　用户访问流程

在用户向数据库中提交新的无人机相关数据时，需要系统管理员对用户数据进行审核，审查通过后方能把用户新提交数据录入到数据库中，并在系统中记录相应的数据操作，见图 14.3。

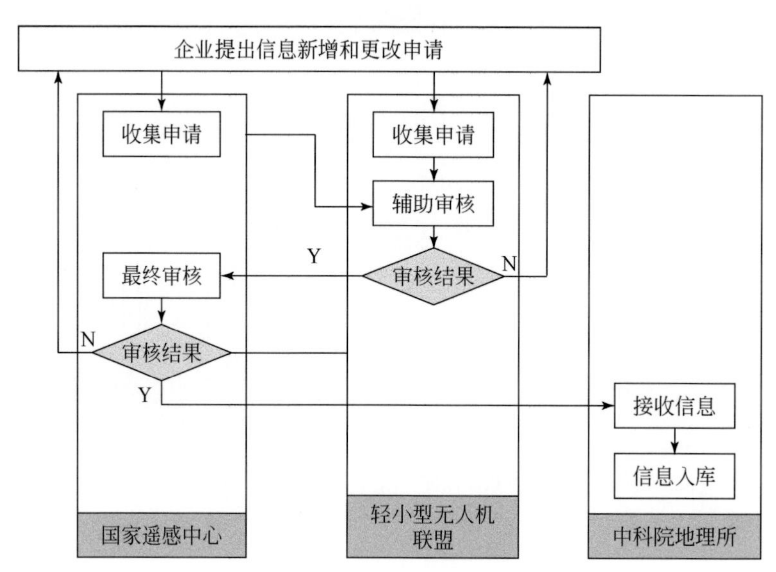

图 14.3　数据更新流程

14.1.3　系统功能模块

无人机信息库管理系统功能主要包括数据查询、数据访问、空间分析、数据综合分析、系统管理等功能。

1）数据查询功能

数据查询功能根据用户需求进行不同条件下的数据检索，包括依据传感器类型、无人机作业半径、无人机最大飞行距离、无人机生产厂商等信息进行条件检索，返回用户需要的无人机信息。

2）数据访问功能

数据访问功能是依据用户不同权限，设计访问指定权限下的无人机数据。系统最大设计权限是能访问到系统内部的所有数据信息，并具有插入、修改和删除数据的权限，而针对一般用户对数据只有只读权限。

3）空间分析功能

空间分析功能是方便用户查看已有无人机的作业半径以及无人机飞行距离，以选择满足自身需求的无人机型号。

4）数据综合分析功能

数据综合分析服务是利用用户空间分析的检索条件，考虑无人机飞行成本、无人机总体作业覆盖范围、无人机调度等因素，向用户推荐合适的搜索结果。

5）系统管理功能

系统管理功能是指管理人员对系统前台、后台的维护和管理。管理人员应及时对网站中的信息进行更新、对过时的信息进行删除，增添新信息并及时发布，维护数据库，对系统进行定期或不定期的用户管理、日志维护和安全管理。设定用户访问权限只限本地用户节点。访问用户还可以通过该网站系统链接访问其他业务网页。

14.1.4 用户界面

1. 数据浏览

根据访客、登录用户、超级用户三类用户的角色不同，其对无人机信息访问的权限也不尽相同，如图 14.4 ~ 图 14.6 所示。

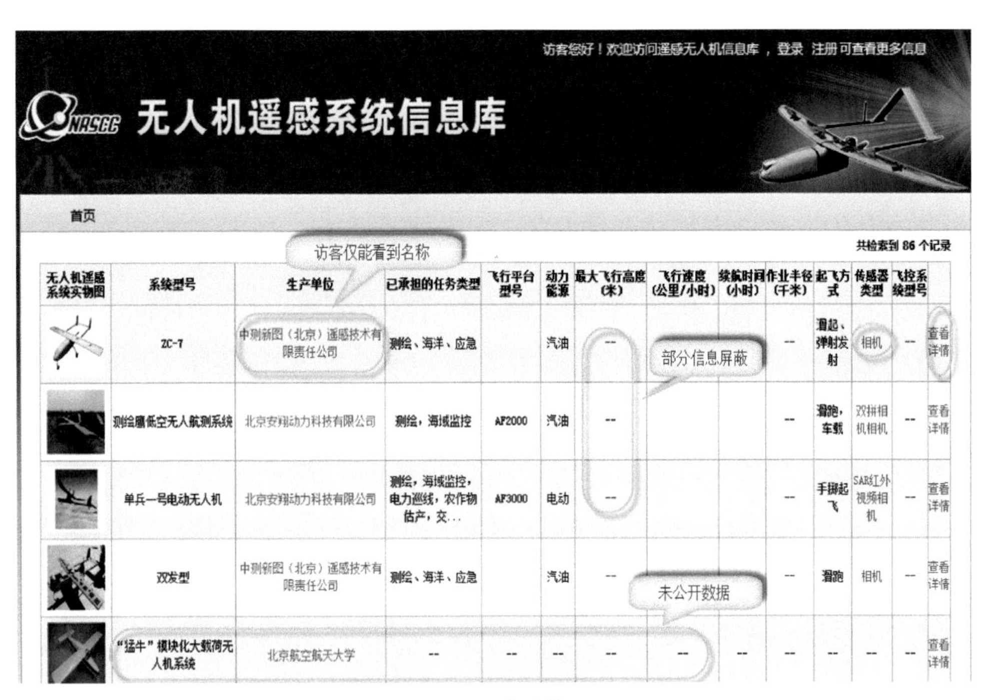

图 14.4 访客系统界面

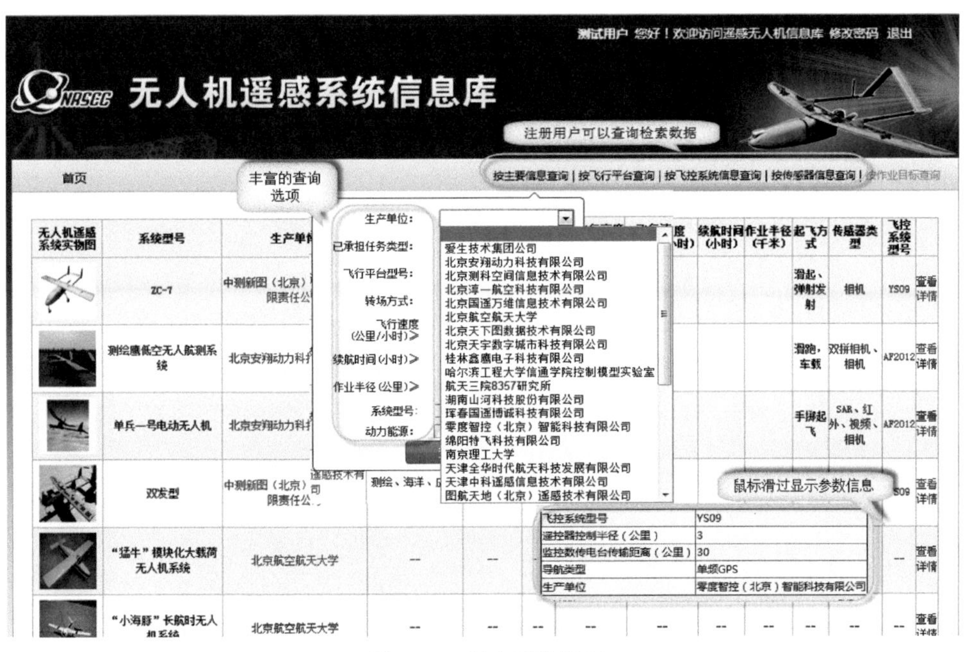

图 14.5 用户系统界面

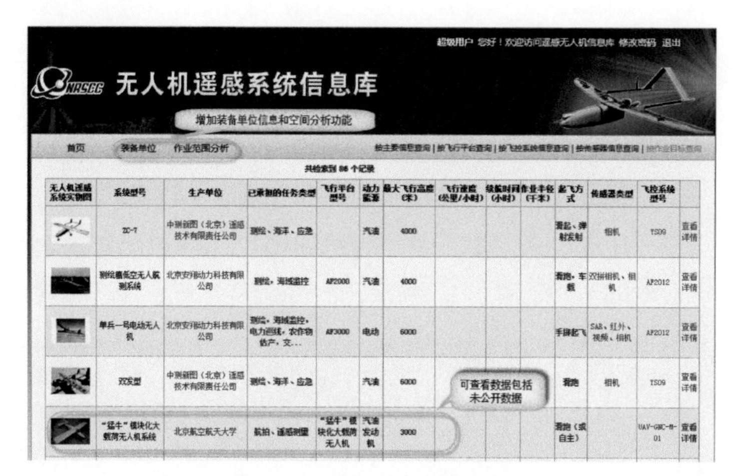

图 14.6　超级用户系统界面

2. 数据查询

当访客在无人机遥感系统信息库注册后，便可以进行条件查询，查询方式包括：

（1）按照主要信息查询，查询条件有生产单位、已承担任务类型、系统型号、起飞方式、降落方式、动力类型、飞行速度、续航时间、作业半径和最大飞行高度。

（2）按飞行平台查询，查询条件有飞行平台型号、机身长、翼展、舱体尺寸、机身材料、有效载荷、起飞方式、降落方式、起降场地、动力类型和气象条件。

（3）按飞控系统信息查询，查询条件有生产单位、飞控系统型号、导航类型和监控数传电台、传输距离。

（4）按传感器信息查询，查询条件有传感器类型、传感器型号、分辨率、焦距、外形尺寸和受限项库存。

3. 装备单位分布与作业范围分析

系统提供对装备单位的地理位置查询，提供用户按地理范围查询是否装备有无人机，查询各装备单位不同类型无人机具备的作业能力和作业范围，有助于在全国或区域上布设无人机装备，如图 14.7所示。

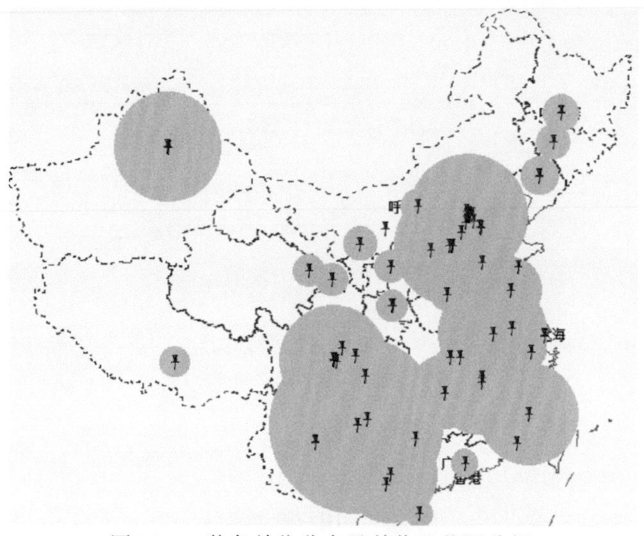

图 14.7　装备单位分布及其作业范围分析

14.2 轻小型无人机遥感成果信息服务系统

由于目前未经解密处理的高分辨率影像尚不能通过网络进行共享，为了有效利用已获得数据，避免重复飞行，国家遥感中心依托中国科学院地理科学与资源研究所资源与环境信息系统国家重点实验室建立了全国轻小型无人机遥感成果信息服务系统，系统以 GIS 平台为基础，采用组件接口开发，云端部署的方式，实现基础信息数据、航线数据、等高线数据、无人机遥感影像数据目录等多种数据的统一集成、管理、分析，以及共享应用。

该系统建立了一个全国无人机遥感数据的元数据查询系统。作为描述各数据拥有者及其所拥有数据集的内容、质量、表示方式、空间参考系、管理方式，以及其他特征的数据，无疑是解决重复飞行和高效利用成果这一问题的关键，是实现数据共享和分布式信息计算的核心技术之一。

14.2.1 系统结构

无人机遥感成果信息服务系统（图 14.8）采用局域网（LAN）内部的客户/服务器（C/S）结构，整个系统由数据库层、开发平台层、业务逻辑层和用户界面层等四层结构组成，如下图所示。

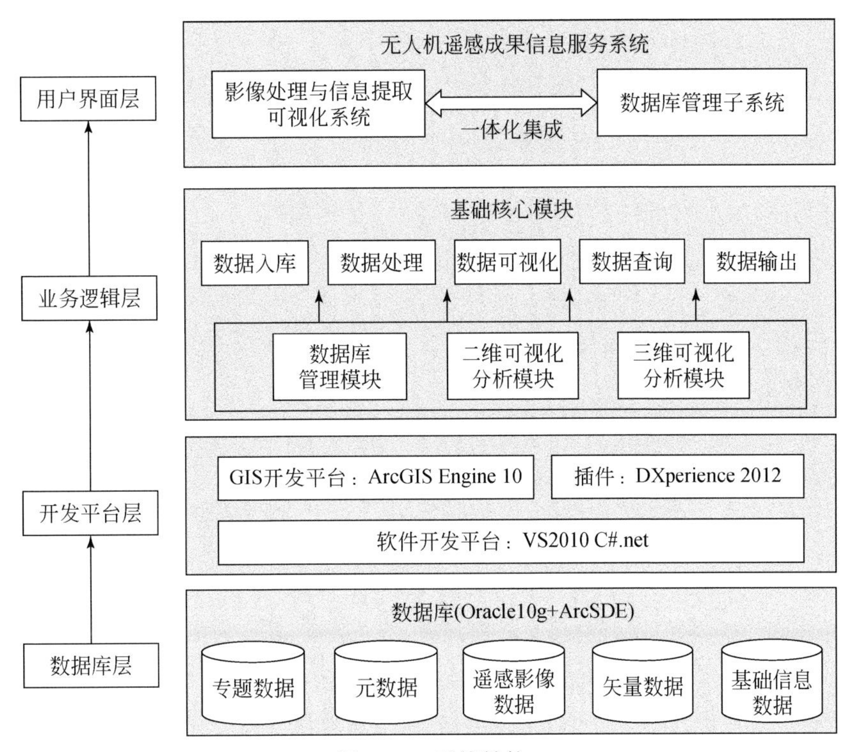

图 14.8　系统结构

数据库层，后端或服务器端为数据库实体，由 Oracle 10g 关系数据库存储和管理，即数据库层，存储数据内容包括专题数据、元数据、遥感影像数据、矢量数据和基础信息数据。开发平台层，由 GIS 软件开发包和 VS 软件开发平台构建起开发平台层，提供基础的开发语言及开发工具集，利用 ArcGIS 二次开发包提供的各类标准化组件及控件接口，编写 C#语言的系统代码，系统界面设计采用贴合用户体验的 DXperience 界面库，实现界面的基本美化效果。业务逻辑层，由数据入库、数据处理、数据可视化、数据查询、数据输出构建基础核心模块。用户界面层，整个管理系统可分为影像处理与信息提取可视化系统与数据库管理子系统，影像处理与信息提取可视化系统提供对各类影像数据和矢量数据的基础操作，数据库管理子系统提供对各类影像数据和矢量数据的管理功能，两者间由 SDE 空间数据库引擎负责前端与后端或客户端与服务器端的交互。

14.2.2 系统功能

系统包括五个主要的功能模块：数据入库、数据处理、数据可视化、数据查询和数据输出模块。

1）数据入库模块

数据入库模块支持对通用格式影像数据和矢量数据的导入，通过指定需要导入的数据路径，以及在空间数据库中的文件名称，实现数据的导入功能。

2）数据处理模块

数据处理模块支持对影像数据的处理，实现对无人机影像的几何校正、辐射校正、影像拼接等处理操作。

3）数据可视化

数据可视化模块支持对影像数据和矢量数据的二三维显示，通过在三维球面上添加高程数据，实现无人机飞行区域及其周边情况的直观印象。

4）数据查询

数据查询模块支持在不同条件下，针对数据库中影像数据和矢量数据的查询检索，根据查询条件返回相应的结果集合。

5）数据输出

数据输出模块支持对数据库中影像数据和矢量数据的导出，通过指定导出的文件路径及文件格式，实现数据的导出功能。

14.2.3 用户界面

对于矢量数据的查询检索主要有四种查询模式：新选择集、递增模式、在选择集中选择、在选择集中去除。在选择任意一种选择模式后可实现对矢量数据的多种查询和检索：①按空间范围查询（实现矩形、圆形、多边形的空间查询，并可以缩放到已选择的对象）；②按照属性查询（先选择图层，给出过滤条件，然后执行）；③按照空间关系查询（点击任意图层的任意要素，关系种类进行）。

由于无人机遥感数据库系统采用 Raster catalog 的方式来存储影像数据，对于这种方式管理的影像进行查询和检索的方式相对较多，也非常灵活。在该系统中采用了三种查询检索方式：①按空间范围进行查询，可以针对任意投影类型的影像图层，任意给出一个矩形范围，就可以查询到数据库中所有遥感影像在该范围内的影像个数，点击详细资料则可以看到详细的影像数据列表，再任意选取一景影像，可将影像选择结果显示在视图中；②按属性进行查询，任意选取一个影像的 Catalog 图层，可以根据 Raster Catalog 表格中的字段名称进行查询，结果显示在当前视图中；③按要素查询，根据绘制几何图形的空间范围进行影像查询。

数据导入界面包括遥感影像的 Catalog 方式批量导入以及矢量数据的批量导入，实现将批量数据文件导入到所选数据集中，此操作是将外部数据导入至物理数据库中，数据导入对话框如图 14.9

所示。

数据导出界面引导将当前所选图层数据导出至 personal GeoDataBase、File GeoDataBase、或者导出为指定格式的单个文件（影像数据为 tif、img 格式，矢量文件为 shp 格式），数据导出对话框如图 14. 10 所示。

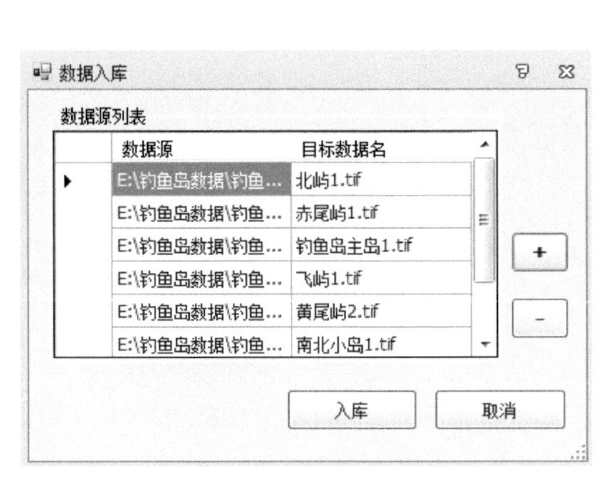

图 14. 9　影像数据入库界面

图 14. 10　子库导出设置对话框

14. 3　国内外相关影像管理数据系统或软件

轻小型无人机的高分辨率数据要进行网络共享，在政策管理等方面尚有一段时日，这里仅仅从技术层面对当前以卫星遥感影像服务为主的数据服务系统进行概述。正如前面所言，目前专门针对轻小型无人机遥感数据的服务系统在业务上尚没有成熟的运转机制。而与此同时，随轻小型无人机的快速发展，其遥感影像数据的应用遍布各行各业，如气象、军事、农林和城市规划等，数据越积越多，数据量越来越大。这些海量的影像数据，给影像的存储、管理、传输和数据共享等都带来了巨大的挑战。

面对大规模的海量遥感影像数据，如何进行有效管理，如何从中寻找和获取有用的数据，各个应用单位都会面临着巨大的困难和挑战，都迫切需要一个切实可行的大规模遥感影像管理系统。随着信息技术的快速发展，数据管理前沿技术也不断提高，为人们处理大规模数据提供新的思路和解决方案，尤其是近年来提出的 Hadoop 分布式文件系统和 MapReduce 编程框架，对于某些特定的大规模数据，有很好的处理能力。

而对于遥感影像数据的管理方面，近年来采用大型关系数据库管理影像数据的问题已日益受到关注，其主要是利用大型关系数据库技术进步所带来的高效、安全、稳定、可靠、协同和并发操作等优势，实现各种空间数据的后台统一管理。但是大多数关系数据库系统本身对遥感数据的支持十分有限。现有的系统主要采用三种方式在数据库中实现存储：①利用现有的商业化关系数据库支持二进制大对象（BLoB）的特点，把影像数据直接入库存储与管理，但是由于传统关系数据库的存取方法主要适合于整型、实型、布尔型和字符型，而未提供对影像数据这类复杂数据类型的快速存取访问，效率较低。②利用第三方厂商基于中间件技术开发出的空间数据库引擎（SDE），将遥感影像分解成关系数据表，实现对遥感影像的管理。③利用基于扩展的对象关系型数据库，对遥感影像进行组织和管理，并针对海量数据的显示效率问题，提出了优化方法，但是基于关系数据库技术的遥感影像数据库管理，都会受到数据库本身的限制。

如何管理这些海量遥感影像数据，并在巨大的数据源中快速查询到感兴趣的影像，需要具有高效的检索机制。国外在海量空间数据管理领域起步较早，在遥感影像管理系统方面的研究取得较多的成果，相关机构也研发了许多用于遥感影像的管理平台，其中著名的是谷歌公司的 GoogleEarth 和美国国家航空航天局（NASA）开发的开源 Worldwind。

Google 主要使用 Kevhole 提供的快鸟影像和其他卫星数据，影像预先按照金字塔进行处理，Google 总共提供了 18 级影像金字塔，所有的卫星影像处理为 256×256 的瓦片，按照四叉树方式对每一个瓦片进行索引编码，然后根据用户请求的地理范围拼接显示所有的影像地图。NASA 的 Worldwind 与 GoogleEarth 相似，是一个全球空间数据三维表现软件。它的数据组织采用金字塔影像、分块存储索引的方式，支持 WMS 开放标准技术。类似的平台还有 Microsoft Virtual Earth 和 Skyline Globe 等。

ImageServersystem（ISS）是分布式并行存储系统（Distributed Parallel Storage Systems，DPSS）构架的一种实现，全球三维可视化系统 TerraVision 由 ISS 提供数据服务。TerraVisionls 涵盖广阔的地理范围，支持海量空间数据和多种数据类型。Teraserver 是微软公司在线发布遥感影像的网站，结合 Termserver. NET 使用户很容易地将 Terraserver 数据集成到各种应用系统。Lockeed Martin 公司的 IntelligentLibrary system（ILS）采用先进的分级存储架构，并利用算法预测数据需求，用户在网络带宽有限的条件下也能快速获取数据。

ImageMapLibrary（IML）是解放军信息工程大学研发的遥感影像信息库，是由 Oracle 数据库管理系统，ImageMapLibrary 服务器（包括一个辅助的 Web 服务器）、APache1. 3web 服务器、ImageMaPLibrary 的客户组件、ImageMaPLibrary 的 ApPlet 组件包组成，主要包括分布式多级海量数据存储体系，图像的检索策略与方法、数据压缩与传输等。此外，EIH（EarthinHand）是北京大学研制的三维地形浏览原型系统，还有中国地质大学研制的 MSIDB（多源影像数据库）等。这些系统都涉及了海量遥感影像存储与管理的一些重要技术，并取得了一定的成果。

只有对海量的影像数据采用有效的管理方法，才能使数据为社会服务。虽然海量影像管理系统的研究还处于初始阶段，海量遥感影像数据管理涉及诸多技术，特别是前沿的信息技术，但是在海量遥感影像管理系统的设计与实现方面有很多学者进行研究，相信结合各种前沿技术的深入研究，海量遥感影像数据定能得到有效的存储和管理，更好地服务于人类（黄飞鹏，2011）。以下列出部分构建影像数据服务系统可参考或采用的技术系统。

1. EOSDIS

在 1997 年，随着一系列对地观测卫星的发射，美国航空航天管理局（NASA）建立起来自己的对地观测系统（EOS），并随之建立起了数据与信息系统（EOSDIS），成为世界上最大的数据系统（存储有超过 10 个 TB 的数据）。在这么大数据量的情况下，对数据的访问、处理与分发成为一个重要课题。面对这个问题，NASA 提出了一个对数据管理、处理以及交流与服务的体系框架，起初该框架是建立在一个分布式存储，集中管理的模式上，后来该框架成为一个在各个分站点能够自动控制归档和分发数据产品的联合的系统。

在该框架中有五个重要的组成部分，分别为：DAACS（Distributed Active Archive Centers）分布式活动档案中心；ECS（EOSDIS Core System）EOSDIS 核心系统，它又包括三个重要的组成部分，即 SDPS——科学数据处理部分，CSMS——通信与系统管理部分，FOS——快速处理部分；SCFs（Seience Computing Facilities）科学运算工具，EDOS（EOS Data&Opeartion System）EOS 的数据和操

作系统，Ecom（EOS Communication System）EOS 通信系统（刘鹏，2005）。

2. TerraServer

目前，基于 Intenret 影像数据库较著名的是 Microsoft TerraServer。1998 年 6 月，美国微软公司借助其网络化数据库管理软件 SQL Server 和综合研发能力，聚集美国地质调查局、美国航空影像局和俄罗斯空间署，在 Internet 上建立面向城市地区的地理信息网站——TerraServer。它们开始是想综合几方面的技术、资料和硬件设备优势，把美国和俄罗斯数十年由高精度卫星拍摄的卫星照片在 Internet 上展示给全世界，供感兴趣的人查询和使用。这些照片的最高精度可以达到每像素覆盖 1 ~ 1.56m^2。而数据库的信息容量达到了 5TB，并且每月都在增加，仅在美国，这些卫星照片就已经覆盖了 30% 的国土。

TerraServer 采用了金字塔的图查询机制，将处理后的图象进行了无缝拼接，通过 Internet，访问者可以在其中自由漫游、缩放和查询。微软还将自己的电子百科全书的虚拟地球与卫星照片有机地结合，组建了数据库。访问者通过地名也可以搜寻到目标。SQL Server 企业版和 WindowNT 服务器管理着巨型磁盘阵列，航片数据被存入磁盘，编制索引，再按照要求进行查找。

3. ESRI 公司 ArcGIS 系列产品

ESRI 公司是目前国内外地理信息领域的领头羊，所推出的 ArcGIS 系列产品已经成为业内的首选系统之一。ESRI 公司在地理信息领域具有举足轻重的地位，其开发的产品与相应的数据格式与规范已成为业界的标准。ESRI 公司推出了 ArcSDE 空间数据引擎，该引擎能将空间数据和属性数据集成存放在关系数据库或对象关系型数据库管理系统中，其数据模型和查询语言能支持空间数据类型和空间索引，并且提供空间查询和其他空间分析的方法。

ArcSDE 同时支持遥感影像数据的存储，将影像数据进行分块存储于关系数据库中，通过元数据构建模块，可添加有关该数据的元数据信息。

4. 加拿大（CCRS）遥感影像数据库

这个 WEB 数据库主要存放卫星图像的相关元数据信息，包括快视图像（quick look）。用户也可以输入关键词进行查询、选择感兴趣区域浏览、放大、缩小等。为了减少传输数据量，它传输到客户端的图像数据都是 JPEG 文件格式进行实现的，因此其下载的图像只能用于那些对分辨率要求不高的领域，比如植被覆盖研究，森林火灾检测以及用于有新闻价值的热点地区报道。

5. 美国农业部产品外销局（AFS）卫星磁带档案和检索系统（ITARS）

美国农业部产品外销局（AFS）卫星磁带档案和检索系统（ITARS）也是一个比较大的基于互联网的影像数据库系统，这一系统是 LNK 公司根据与美国农业部产品外销局（AFS）的合约开发的，农业部产品外销局（AFS）自 1995 年 1 月起就一直在其遥感处使用这一 ITARS，为农作物分析人员提供一个必要的分析工具，以便管理它们在分析中使用的大量卫星图像，ITARS 主要对卫星图像磁带建档和进行检索，并提供检索图像的快视（quick view）图像，真正的影像数据在数据库中存放。

6. ImageCatalog（图像库管理）

ImageCatalog（图像库管理）是 Erdas 公司的 IMAGE 系列软件之一，用于图像库及图像信息管理，包括与矢量地图结合的图像库索引查询管理和存放。ImageCatalog 是基于文件型的数据库管理系统，其图像管理功能比较简单，主要用于显示影像文件的相关信息和简单地显示浏览功能。在具体实现上，除可用于对各类遥感影像的数据管理和快视图像的浏览，也可构建不同专业的影像库系统，如医学图像的数据库系统等。

许多开发者探讨了如何有效检索分布式影像库，指出检索响应时间和影像数据库的可伸缩能力是建立成功的分布式影像数据库的两个关键因素，该软件将影像用影像文件的方式进行存储与管理，元数据同影像数据分开管理（刘鹏，2005）。

7. Geostar 公司

GeoImageDB 影像数据库是武汉测绘科技大学 Geostar 公司的产品，是国内第一个成型的影像数据库管理系统，就建库和一般操作而言需要有较强的专业知识，其对多尺度影像的管理采用了图像工程、子工程、图像工作区的概念，同一尺度的影像数据为一子工程，子工程管理本尺度的各个影像文件，各个尺度的影像对应的子工程构成图像工程，即影像数据库，由于 GeoImageDB 引入图像工程、子工程、图像工作区的概念，使得基于文件的影像数据库建库具有层次性。

8. MapGIS

武汉中地信息公司 MAPGIS 也有对海量影像数据管理的功能。主要特点是：利用压缩技术、金字塔技术，解决大数据量的影像图的存储、管理、缩放、漫游等，具备了影像库功能，比较适合管理纠正后的影像。

9. 影像中国系统

面向高分辨率遥感影像管理与服务，中国科学院地理科学与资源研究所暨资源与环境信息系统国家重点实验室研发了“影像中国”平台。这是一套“硬件-数据-服务”一体化的海量遥感影像管理与共享服务平台，其底层采用分布式文件系统和并行计算架构以实现对海量遥感数据的高效管理并提供服务。采用存储-计算一体化的分布式架构，打破网络传输瓶颈。集群中每个节点都配备有存储设备和计算资源，使计算本地化，减少数据在节点间的迁移。在空间数据计算中，通过最优的任务调度方案，尽可能地将计算任务分配到计算所需数据所在的节点，减少节点间的数据迁移。实时动态可视化渲染，统一了底层实时渲染和前端交互式操作。该系统的背景影像以 ZY3 和 GF 为主要数据源，进行了自主产权的有效数据处理，拥有超大数据量的影像产品，为智慧城市、一带一路等国家发展提供了重要的影像管理和共享服务。

10. GeoBeans

国产地理信息系统平台软件地网 GeoBeans，是中国科学院遥感应用研究所和北京中遥地网信息技术有限公司开发的具有自主版权的网络地理信息系统（WebGIS）平台软件。GeoBeans3D 是 GeoBeans 的三维数字地球软件，是我国最早的大型三维网络地理信息系统。早在 2004 年，就在军队有关人员的合作下完成“数字地球军事版”的研发，这是一个建立在多级全球数字高层模型（DEM）基础上，以海量卫星数据为主体、海量地理数据和军事文本数据为支撑的服务于我军实际作战指挥需求的交互式数字地球三维网络信息系统。经过十几年的研发，GeoBeans3D 已经发展成集海量多级遥感影像、矢量、北斗定位、倾斜摄影测量、三维模型、文本、音频、视频等多源数据为一体的三维数字地球平台，支持 TB 级全球多级遥感影像数据快速无缝漫游，海量空间数据查询、三维空间分析、专题分析、动态军事标绘、方预案制作、态势推演、数据采集等功能，可支持上万三维模型动态加载和无缝漫游。目前 GeoBeans3D 已经在公安、国安、部队、数字城市等众多领域得到成功应用。

11. 北京大学遥感影像发布系统

北京大学数字地球工作室于 1998 年开发了一个遥感影像发布系统。该系统采用了福建省县界和邮路及 TM 抽点影像数据，可对福建省的邮路、县界进行详细遥感影像实际观察。该系统把影像存成多个文件，每个文件以一定方式组合到整幅图像中，根据图像的位置特点建立相应的图像索引文件，仅把索引文件放入空间数据库中，浏览时根据空间索引查找到当前用户访问所涉及的图像文件，再根据查询结果调用相应的图像文件，并以相应的格式读入到内存中，最后以用户窗口大小对涉及的文件进行实时的抽点采样，生成刚好为用户窗口大小的文件。

12. 首都电子政务系统

首都电子政务系统中有一个北京市遥感影像数据库系统，于 2002 年 6 月 26 日通过一期项目的验收。该工程是将 1999 年北京市 1799 幅 1:2000 数字影像图按文件管理的形式建立的单机版和网络版的影像库，其他部门也有一些提供此类服务的站点，如中科院卫星地面站提供卫星快视图像的检索，它的数据库中存储了影像的相关数据及快视图像，真正的影像数据在磁带库。然而该系统其目的主要是用于满足 GIS 领域中的矢量数据的存储而设计的，对于栅格影像数据只是提供支持，并没有对其进行详细功能的设计，故其对于影像的查询、检索、浏览、发布等均不理想，且其影像元数据与影像数据的管理不紧密。

13. 适普公司影像数据库系统

适普公司是国内专门研究遥感影像及其应用的公司之一。它开发了一套遥感影像数据库系统，该系统基于网络提供遥感影像数据的浏览、查询、检索及共享等功能，采用基于文件管理方式。

14.4 国外遥感影像元数据管理

遥感影像元数据管理技术主要包括元数据检索和 3D 可视化技术。而对遥感影像元数据检索技术的研究的基础就是对元数据的研究。地球空间元数据的内容比其他元数据更复杂，一般而言，地球空间信息的元数据模型所需拥有的信息如图 14.11 所示。然而，在现实应用场景中，常会出现一种观测平台、一种载荷，便会一种不同元数据结构。由此，产生很多的数据标准制定机构和标准，难以列举，这里仅举例图 14.11（陈亮，2013）。

1. 美国联邦地球数据空间数据委员会（FGDC）

美国联邦地理数据委员会（Federal Geo-data Commission，FGDC），其任务之一是致力于美国国家地理空间数据标准的研究制定。根据美国联邦地理数据委员会网站提供的最近一次更新（2005 年 10 月）的资料显示，FGDC 已签批的地理空间数据标准有 20 项，已完成公开复审的标准有 7 项，草案阶段的标准有 5 项，提案阶段的标准有 6 项，已暂停的标准有 3 项。

2. 目录交换格式（DIF）

DIF（Directory Interchange Format）由美国 NASA 组织开发。1989 年开始在 NASA 使用，该标准是为卫星及其他遥感数据而设计的，它提供了描述数据的元数据要素、规范所选要素的内容值，并为元数据在不同系统之间交换提供一种数据结构。之后该标准的内容根据 FGDC 的元数据标准的内

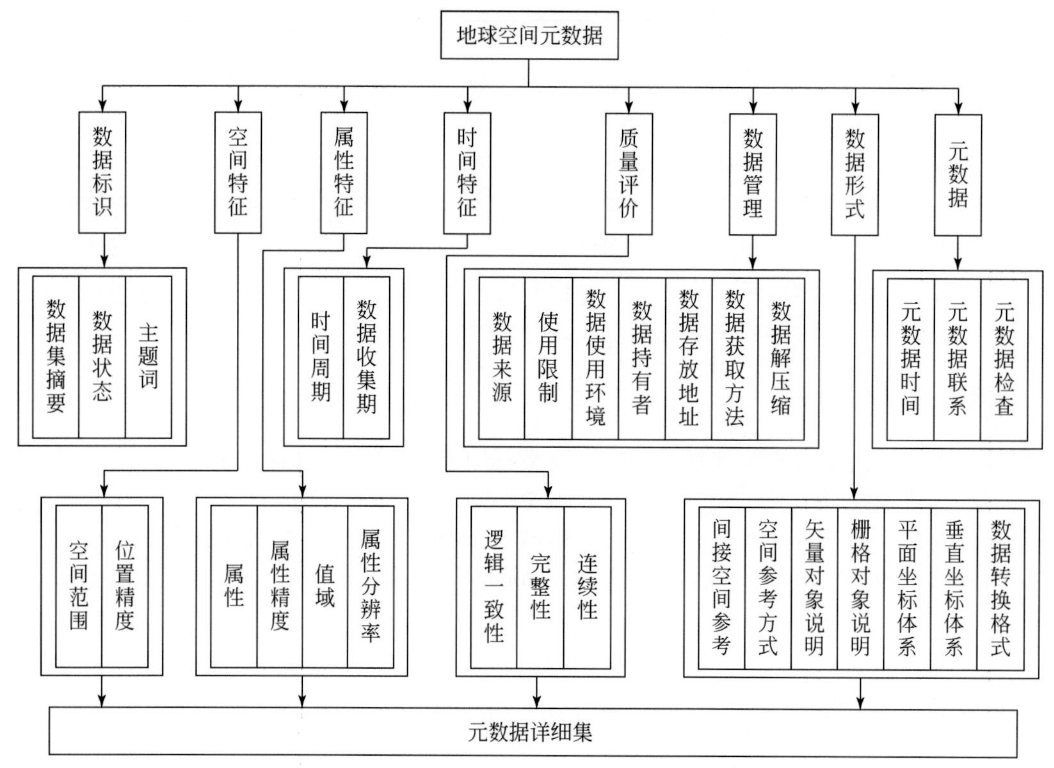

图 14.11　地球空间信息的元数据模型举例

容做了些改动。

3. 科学数据库元数据标准（SDBCM）

SDBCM（Scientific Database Core Metadata）是由中国科学院所提出的，为科学数据库元数据提供的标准。SDBCM 为覆盖范围信息元数据、联系信息元数据服务元数据、数据集连接服务元数据等众多元数据提供了标准，具有模块性、可扩展性、互操作性等特点。

4. ISO/TC211

ISO/TC 211 元数据标准由国际标准化组织（International Organization for Standardization）第三工作组组织研究，项目编号为 15046-15，于 1997 年 1 月 20 日发布 210 版标准（ISO/TC211，1997）。

参 考 文 献

北京富斯德科技有限公司 . 2015. RIEGL 机载激光雷达应用于高速公路改扩建项目 . http：//www. fs3s. com/about. aspx？ ac=case&Id=482/2015-06-12.

北京数字绿土科技有限公司 . 2015. 数字城市建设 . http：//www. lidar360. com/？ p=116/2015-06-30.

毕凯，李英成，丁晓波，等 . 2015. 轻小型无人机航摄技术现状及发展趋势 . 测绘通报，3：27-31.

曹丽剑，苏建，王江峰，等 . 2010. 无人机遥感载荷数据存储系统设计 . 计算机测量与控制，18（10）：2400-2402.

长弓 . 无人机+互联网，你能想到多少可能？［EB/OL］. http：//tech. 163. com/15/0410/08/AMQV2T47000948V8. html，2015-04-10.

陈兵，朱纪洪，孙增圻 . 2002. 基于 PC 机的无人机仿真系统 . 系统仿真学报，14（5）：613-616.

陈纯 . 2003. 计算机图像处理技术与算法 . 北京：清华大学出版社 .

陈发明，李琛奇 . 谁对八十里大沙负责 . 经济日报，2015-04-12（3）.

陈建胜 . 2012. 基于无人机数据的城市建筑物三维信息提取 . 北京：中国科学院遥感应用研究所 .

陈黎 . 2013. 军用无人机技术的发展现状及未来趋势 . 航空科学技术，（02）：11-14.

陈亮 . 2013. DartEarth：一种面向遥感影像数据的检索及 3D 可视化引擎 . 浙江大学硕士学位论文 .

陈铭 . 2009. 共轴双旋翼直升机的技术特点及发展 . 航空制造技术，（17）：26-31.

程龙，周树道，叶松，等 . 2011. 无人机导航技术及其特点分析 . 飞航导弹，（2）：59-62.

淳于江民，张珩 . 2005. 无人机的发展现状与展望 . 飞航导弹，（2）：23-27.

崔敏 . 2009. 大面阵 CMOS 相机电路设计 . 长春理工大学硕士学位论文 .

刁德权 . 2014. 无人机操控员培训模式研究 . 无线互联科技，（12）：123-123.

东方无人机研究组 . 天空才是我们的极限！［EB/OL］. 2015-03-09.

董苗波，孙增圻 . 2004. 基于 PC 机的无人机仿真系统开发 . 系统仿真学报，16（7）：1460-1462.

方宝瑞 . 1997. 飞机气动布局设计 . 北京：航空工业出版社 .

《防空兵器靶标》编委会 . 1997. 防空兵器靶标 . 北京：航空工业出版社 .

冯密荣 . 2004. 世界无人机大全 . 北京：航空工业出版社 .

高劲松，王朝阳，赵春玲 . 2008. 在对抗自然灾害中无人机的应用 . 会议论文

耿则勋，张保明，范大昭 . 2010. 数字摄影测量学 . 北京：测绘出版社 .

龚建华 . 2014. 遥感科学国家重点实验室仪器设备研制类项目工作报告 .

顾诵芬 . 2001. 飞机总体设计 . 北京：北京航空航天大学出版社 .

桂德竹，林宗坚，刘召芹，等 . 2009. UAV 载特轻小型组合宽角数字相机拼接模型 . 红外与激光工程，（5）：905-909.

郭大海，王建超，郑雄伟 . 2009. 机载 POS 系统直接地理定位技术理论与实践 . 北京：地质出版社 .

郭经 . 2010 国内外遥感标准现状分析 . 航天标准化，（4）：38-42.

韩杰，王争 . 2008. 无人机遥感国土资源快速监察系统关键技术研究 . 测绘通报，（2）：15-46.

何辉明 . 2004. 数字高程模型 DEM 的建模及其三维可视化研究 . 南京：东南大学 .

胡军 . 互联互联网+无人机 打响天空商业争夺战［EB/OL］. http：//www. ccn. com. cn/news/yaowen/2015/0408/619958. html，2015-04-08.

黄爱凤，邓克绪 . 2012. 民用无人机发展现状及关键技术 . 航空航天创新与长三角经济转型发展论文集 .

黄飞鹏 . 2011. 海量遥感影像管理系统的设计与实现 . 华东师范大学硕士学位论文 .

黄俊 . 2013. 基于无人机平台的可见光和红外图像拼接算法研究 . 安徽大学硕士学位论文 .

季斌南 . 1991. 发展中的无人驾驶飞机 . 北京：北京航空航天大学出版社 .

贾建军，舒嵘，王斌永 . 2006. 无人机大面阵 CCD 相机遥感系统 . 光电工程，08：90-93.

贾鹏宇，冯江，于立宝，等 . 2014. 小型无人机在农情监测中的应用研究 . 农机化研究，（4）：262-264.

蒋文丰，万永伦 . 2011. 无人机数字视频图像传输技术 . 电讯技术，51（8）：36-40.

金伟，葛宏立，杜华强，等 . 2009. 无人机遥感发展与应用概况 . 遥感信息，（1）：88-92.

康风举 . 2001. 现代仿真技术与应用 . 北京：国防工业出版社 .
莱茵船长 . 2015. 军用无人机的前世今生 . AFWing. com
李传荣等 . 2014. 无人机遥感载荷综合验证系统技术 . 北京：科学出版社 .
李德仁，李明 . 2014. 无人机遥感系统的研究进展与应用前景 . 武汉大学学报：信息科学版，39（5）：505-513.
李登亮，叶榛 . 2006. 无人机载荷图像仿真平台的设计与实现 . 计算机工程，32（6）：266-268
李红波，舒嵘，薛永祺 . 2002. PHI 超光谱成像系统及其海洋遥感应用前景分析术 . 红外与毫米波学报，2（6）：429-433.
李金铭 . 2005. 地电场与电法勘探 . 北京：地质出版社 .
李孟麟，朱精果，孟柘，等 . 2015. 轻小型机载激光扫描仪设计 . 红外与激光工程，44（5）：1426-1431.
李迁 . 2013. 低空无人机遥感在矿山监测中的应用研究 . 中国地质大学（北京）硕士论文 .
李相迪，黄英，张培晴，等 . 2014. 红外成像系统及其应用 . 激光与红外，44（3）：229-234.
李跃 . 2008. 导航与定位（第 2 版）. 北京：国防工业出版社 .
林宗坚 . 2011. UAV 低空航测技术研究 . 测绘科学，36（1）：5-9.
林宗坚，苏国中，支晓栋 . 2010. 无人机双拼相机低空航测系统 . 地理空间信息，04：1-3.
刘波，张洪涛，管明森 . 2011. 无人直升机技术的发展 . 舰船电子工程，31（3）：18-21.
刘鹏 . 2005. 基于元数据的遥感影像数据库研究 . 山东科技大学硕士学位论文 .
刘文 . 2008. 基于数学形态学原理和 TerraScan 的 Lidar 点云数据分类方法研究 . 国家海洋局第一海洋研究所 .
刘小龙 . 2013. 基于无人机遥感平台图像采集处理系统的研究 . 浙江大学硕士学位论文 .
刘宇清 . 2009. 小型无人机综合性能测试台的设计与优化 . 西安建筑科技大学硕士学位论文 .
刘玉亮，夏学知，沈迎春 . 2006. 海战场态势实时三维显示系统研究与实现 . 计算机应用，(1)：056
刘毓，邹星 . 2010. 地形辅助导航技术的研究 . 电脑与电信，7：29-31.
刘召芹 . 2008. UAV 载特轻小型组合宽角数字相机系统研究 . 山东科技大学博士学位论文 .
刘仲宇，张涛，李嘉全，等 . 2013. 超小型无人机相机系统关键技术研究 . 光电工程，(4)：80-85.
柳煌，夏学知 . 2008. 无人机航路规划 . 舰船电子工程，28（5）：47-51.
娄博，耿则勋，魏小峰，等 . 2013. 基于 Pictometry 倾斜影像的三维城市模型纹理映射 . 测绘工程，01：70-74.
吕游 . 2014. 无人机系统适航现状及发展研究 . 航空制造技术，22：033.
罗娜，帅筠 . 2015. 江西：高速公路发生交通事故 无人机升空勘察现场［EB/OL］. http：//jx. people. com. cn/n/2015/0324/c186330-24265081. html，2015-03-24.
马滢 . 2006. 国内外无人机标准现状及思考 . 航空标准化与质量，3：011.
倪绍起，张杰，马毅，等 . 2013. 基于机载 LiDAR 与潮汐推算的海岸带自然岸线遥感提取方法研究 . 海洋学研究，3：55-61.
聂志彪 . 2009. 小型无人机导航与制导关键技术研究 . 南京航空航天大学硕士学位论文 . DOI：10. 7666/d. d076549.
农用植保无人机技术白皮书 . 2015. 中国无人机应用技术创新中心 .
钱伯章 . 2010. 聚合物锂离子电池发展现状与展望 . 国外塑料，28：12.
仇春平，王坚 . 2006. 从 SAR 影像提出 DEM 的方法研究 . 测绘通报，6：6-9.
全球无人机网 . 环境保护无人机（环境监测、环境监视、生态保护）［EB/OL］. hhttp：//uav. 81tech. com/uav-coptic/wurenjiyingyong/169. html，2014-11-10.
全球无人机网 . 交通监视［EB/OL］. http：//uav. 81tech. com/uav-coptic/wurenjiyingyong/166. html，2014-11-9.
燃料电池成功用于无人机试飞 . wenku. baidu. com.
山鹰 . 深度：植保无人机现在就是最好的时代［EB/OL］. http：//www. wrjzj. com/wrjyy/kxtc/664. html，2015-03-23.
佘炜超，王天一，等 . 2015. 无人机研究系列之-天空才是我们的极限 . 上海：东方证券股份有限公司 .
史硕，龚威，祝波，等 . 2012. 基于 Labview 实现的多光谱激光雷达数据采集与处理系统 . 光学与光电技术，7（10）：39-42.
舒嵘 . 2014. 激光雷达成像原理与运动误差补偿方法 . 北京：科学出版社 .

宋建社，郑永安，袁礼海．2008. 合成孔径雷达图像理解与应用．北京：科学出版社．
孙丽卿，张国峰，王行仁．2006. 无人机仿真训练系统．计算机仿真，23（2）：44-46
孙敏，马蔼乃，陈军．2002. 三维城市模型的研究现状评述．遥感学报，6（2）：155-159.
谭仁春，2007. 三维城市模型的研究现状综述．城市勘测，3：42-46.
田国良．2006. 热红外遥感．北京：电子工业出版社．
田野．文化民生建设如何对接百姓需求［EB/OL］．http：//www. banyuetan. org/jrt/120330/65396. shtml，2012-03-03.
汪骏，夏少波，王和平，等．2015. 基于直升机激光点云的分裂导线重建研究．遥感技术与应用（排版中）．
王斌永，舒嵘，贾建军，等．2004. 无人机载小型多光谱成像仪的设计．光学与光电技术，2（2）：18-20.
王成，Menenti M，Stoll M，等．2007. 机载激光雷达数据的误差分析及校正．遥感学报，11（3）：390-397.
王成，习晓环，骆社周，等．2015. 星载激光雷达数据处理与应用．北京：科学出版社．
王春生，苏多，刘道庆．2010. 浅析无人机系统适航性．2010 年航空器适航与空中交通管理学术年会论文集．
王刚．2011. IMU 辅助的无人机光学影像提取 DSM 关键技术研究．北京：中国科学院遥感应用研究所．
王国锋，许振辉．2012. 多源激光雷达数据集成技术及其应用．北京：测绘出版社．
王利民，刘佳，杨玲波，等．2013. 基于无人机影像的农情遥感监测应用．农业工程学报，29（18）：136-145.
王洛飞．2014. 无人机低空摄影测量在城市测绘保障中的应用前景．测绘与空间地理信息，37（02）：217-219.
王适存．1985. 直升机空气动力学．北京：航空专业教材编审组．
王巍．2004. 惯性基复合制导技术．定位/导航技术专题研讨会论文集．
王伟，黄雯雯，镇姣．2011. Pictometry 倾斜摄影技术及其在三维城市建模中的应用．测绘与空间地理信息，34（3）：181-183.
王细洋．2005. 航空概论．北京：航空工业出版社．
王新，陈武，汪荣胜，黄志行．2010. 浅论低空无人机遥感技术在水利相关领域中的应用前景．浙江水利科技，06：27-29.
韦崇岭．2012. 小型无人机视频传输系统的设计与实现．华南理工大学硕士学位论文．
卫征．2006. 多模态 CCD 相机系统（MADC）构想方式和数据处理研究. 中国科学院研究生院博士学位论文.
魏瑞轩，李学仁．2014. 先进无人机系统与作战运用．北京：国防工业出版社．
吴文升．2012. 基于小型无人直升机的机载激光雷达数字地形测绘系统设计与实现．华南理工大学硕士学位论文．
吴云东，张强，王慧，等．2007. 无人直升机低空数字摄影与影像测量技术．测绘科学技术学报，24（5）：328-331.
习晓环，姜小光，唐伶俐，等．2009. 我国遥感技术标准化工作及规划．遥感信息，5：023.
夏盛来，何景武．2005. 无人机的民事应用与展望．会议论文
夏盛来，何景武．2014. 无人机的民事应用与展望．北京航空航天大学
相里斌，赵葆堂．1998. 空间调制干涉成像光谱技术．光学学报，18（1）：18-22.
肖勇，王成，习晓环，等．2014. 基于机载 LiDAR 数据的建筑物三维模型重建研究．测绘科学，39（11）：37-41.
邢飞龙．无人机监测避免“事后诸葛”．中国环境报，2015-03-30（8）．
熊盛青．2007. 国土资源遥感技术进展与展望．国土资源遥感，4：002.
徐晋，谢品华，司福祺，等．2012. 机载多轴差分吸收光谱技术获取对流层 NO_2 垂直柱浓度的研究．物理学报，61（2）：282-288.
徐晋，谢品华，司福祺，等．2013. 基于机载平台的 NO_2 垂直廓线反演灵敏度研究．物理学报，62（10）：104214.
徐秋辉．2013. 无控制点的无人机遥感影像几何校正与拼接方法研究．南京大学硕士学位论文．
徐志强，杨建思，姜旭东，等．2013. 无人机获取区域全景图试验．地震地磁观测与研究，34（3）：208-212.
徐祖舰，王滋政，阳锋．2009. 机载激光雷达测量技术及工程应用实践．武汉：武汉大学出版社．
许德新．2011. 无人机光电载荷视轴稳定技术研究．哈尔滨工程大学博士学位论文．
晏磊，刘跃生，唐洪钊，等．2010. 高分辨率遥感成像指标判定新途径：无人机遥感载荷综合验证场技术 //遥感定量反演算法研讨会．
晏磊，吕书强，赵红颜，等．2004. 无人机航空遥感系统关键技术研究．武汉大学学报（工学版），37（6）：67-70.

杨青山．2015. 抗战阅兵：解放军三款新型无人机亮相阅兵．中国青年网．http：//news. youth. cn/gn/201509/t20150903 7077345. htm.
杨晓莉，徐伯夏．2006. 微小型无人机的关键技术．中国无人机大会．
杨彦．大疆创新中国无人机飞行世界（中国品牌 中国故事）．人民日报，2015-05-04（01）．
姚金良．2010. 机载面阵三维激光雷达运动成像的特性分析浙江：浙江大学硕士学位论文．
叶振华，陈奕宇，张鹏．2014. 碲镉汞红外探测器的前沿技术综述．红外，35（2）：1-8
以光衢等．1987. 惯性导航原理．北京：航空工业出版社．
张保明，龚志辉，郭海涛．2008. 摄影测量学．北京：测绘出版社．
张彩仙，宁小琴．2004. 浅析数字正射影像图的生产．三晋测绘，1:007.
张春熹．2004. 光纤陀螺的应用．定位/导航技术专题研讨会论文集．
张国宣，韦穗．2001. 虚拟现实中的 LOD 技术．微机发展，（1）：13-15.
张敏，刘军，罗颖．2014. 无人机航拍合成球面全景图技术研究．警察技术，3：63-66.
张明廉．1984. 飞行控制系统．北京：国防工业出版社．
张嵘，陈志勇，周斌．2004. 微机电惯性仪表的发展前景和应用．定位/导航技术专题研讨会论文集．
张维续．2008. 光纤陀螺及其应用．北京：国防工业出版社．
张伟．2008. 航空发动机．北京：航空工业出版社．
张小红．2007. 机载激光雷达测量技术理论与方法．武汉：武汉大学出版社．
张雄，叶榛，朱纪洪，等．2002. 基于虚拟现实的无人驾驶飞机仿真训练系统．系统仿真学报，14（8）：1022-1025
张衍飞．2015. 环球无人机揭秘：抗战阅兵无人机方队．www. huanqiu. com.
张钟林，张铁钧，刘宁．2002. 国防科技名词大典航空卷．北京：航空工业出版社．
章晔．1990. 放射性方法勘查．北京：原子能出版社．
赵大伟，裴海龙，丁洁，等．2015. 无人机载激光雷达系统航带拼接方法研究．中国激光，42（1）：0114002-1-8.
赵桂华．2012. 大面阵 CCD 数字航空相机影像预处理技术研究．解放军信息工程大学硕士论文．
赵莹，王小平．2014，（12）：113-115. 无人机遥感在抗震救灾中的应用
郑攀．2013. 小型无人机在公共安全领域的应用前景展望．Police Technology，4：53-55.
郑辛．2004. 国内外惯性技术发展趋势分析与对策．定位/导航技术专题研讨会论文集．
支晓栋．2011. UAV 摄影测量系统关键技术研究．武汉大学博士学位论文．
中国 2015 年量产石墨烯锂电池或颠覆电动车行业．wenku. baidu. com.
中国电子技术标准化研究院．2014. 无人机遥感系统标准化白皮书
中国减灾编辑部．2014. 抗震救灾插上“科技之翼”．中国减灾，（17）：44.
中华人民共和国科学技术部国家遥感中心．2015. 国家遥感中心无人机遥感信息库．http：//159. 226. 110. 196/uva/Default. aspx
周张琪．2012. 浅谈无人机低空遥感技术在国土资源行业中的应用．浙江国土资源，（06）：47-48.
朱纪洪，夏云程，郭锁凤．1998. 基于 GPS 某无人飞机的导航与制导算法．弹道学报，10（1）：1
朱精果，张珂殊．2010. 轻小型机载激光雷达（LairLiDAR）技术能力浅析．北京：第一届全国激光雷达高级学术研讨会论文集，15-16.
祝小平，向锦武，张才文，等．2007. 无人机设计手册．北京：国防工业出版社．
3sNews，2013. http：//conews. 3snews. net/2013/1030/3913. html.
Alain M，Laurent R，Yann R，et al. 2013. Improved IR Detectors to Swap Heavy Systems for SWaP. SPIE，8353：835334.
Applanix Corp. 2007POS AV V5 Installation and Operation Guide. http：//www. docin. 2007. com/p-736179595. html/2007-06-01/2015-06-20.
Axelsson P. 1999. Processing of laser scanner data-algorithms and applications. ISPRS Journal of Photogrammetry and Remote Sensing，54（23）：138-147.
Berger C，Voltersen M，Hese S. 2013. Robust extraction of urban land cover information from HSR multi-spectral and Lidar data. Selected Topics in Applied Earth Observations and Remote Sensing，6（5）：2196-2211.

Bo L, Jingchao L, Yiming W. 2006. Design and realization of UAV ground navigation station system. Computer Measurement & Control, 12: 042.

Busck J, Heiselberg H. 2004. Gated viewing and high- accuracy three- dimensional laser radar. Applied Optics, 43 (24): 4705-4710.

Colomina I, Molina P. 2014. Unmanned aerial systems for photogrammetry and remote sensing: A review. ISPRS Journal of Photogrammetry and Remote Sensing, 92: 79-97.

Constantin D E, Merlaud A, Van Roozendael M, et al. 2012. DOAS monitoring of tropospheric NO_2 from an UAV. EGU General Assembly Conference Abstracts, 14: 862.

Cui H X, Lin Z J, Sun J. 2005. Research on UAV remote sensing system. Bulletin of Surveying and Mapping, 5: 12-15.

Dagalakis N G. 2002. Micro- mirror array control of optical tweezer trapping beams. Proeedings of the second IEEE Conference on Nanotechnology, Washington D C, August, 26-28.

DARPA. Sweeper demonstrates wide- angle optical phased array technology. http://phys. org/news/2015-05- sweeper- wide-angle- optical- phased- array. html [2015-05-22]

Eisenbeiss H. 2009. UAV Photogrammetry. Ph. D. Thesis. ETH-Zürich. Zürich, Switzerland.

ENVI-IDL中国官方微博. 影像信息提取之——目视解译 [EB/OL]. http://blog. sina. com. cn/s/blog_ 764b1e9d01014ifv. html, 2012-12-14.

Eugene V R. Vladimir L. 2002. Efficient eye- safe intracavity KTP optical parametric oscillator San Jose, CA. SPIE, 4630: 1121-1127

Fast J E, Aalseth C E, Asner D M, et al. 2013. The multi-sensor airborne radiation survey (MARS) instrument. Nuclear Instruments and Methods in Physics Research Section A: Accelerators, Spectrometers, Detectors and Associated Equipment, 698: 152-167.

Gravrand O, Destefanis G, Bisotto S, et al. 2013. Issues in HgCdTe research and expected progress in infrared detector fabrication. Journal of Electronic Materials, 42 (11): 3349-3358.

Greiwe A, Gehrke R, Spreckels V, et al. 2013. Aspects of dem Generation from Uas Imagery. ISPRS-International Archives of the Photogrammetry, Remote Sensing and Spatial Information Sciences, XL-1/W2: 163-167.

Hartley R I, Zisserman A. 2004. Multiple View Geometry in Computer Vision, 2nd ed. Cambridge University Press, ISBN: 0521540518.

Herwitz S R, Johnson L F, Arvesen J C, et al. 2002. Precision agriculture as a commercial application for solar- powered unmanned aerial vehicles · Portsmouth VA: 1st AI AA UAV Conference.

Hulley G C, Hook S J, Baldridge A M. 2010. Investigating the effects of soil moisture on thermal infrared land surface temperature and emissivity using satellite retrievals and laboratory measurements. Remote Sensing of Environment, 114: 1480-1493.

Israel M. 2012. A UAV- based roe deer fawn detection system. ISPRS- international archives of the photogrammetry. Remote Sensing and Spatial Information Sciences, XXXVIII-1/C, 22: 51-55.

Jensen A M, Neilson B T, McKee M, et al. 2012. Thermal Remote Sensing with an Autonomous Unmanned Aerial Remote Sensing Platform for Surface Stream Temperatures. IGARSS, 5049-5052.

Jong L A, de Steven M, Darren T. 2014. Mapping landslide displacements using Structure from Motion (SfM) and image correlation of multi- temporal UAV photography Progress in Physical Geography, 38 (1): 97.

Li W, Niu Z, Huang N, et al. 2015. Airborne LiDAR technique for estimating biomass components of maize: A case study in Zhangye City, Northwest China. Ecological Indicators, 57: 486-496.

Li Z L, Tang B H, Wu H, et al. 2013. Satellite- derived land surface temperature: Current status and perspectives. Remote Sensing of Environment, 131: 14-37.

Luo S Z, Wang C, Zhang G B, et al. 2013. Forest leaf area index (LAI) estimation using airborne discrete- return LiDAR data. Chinese Journal of Geophysics, 56 (3): 233-242.

Luo S Z, Wang C, Zhang G B, Pan F, et al. 2014a. Estimation of wetland vegetation height and leaf area index usingairborne laser scanning data. Ecological Indicators, 48: 550-559.

Luo S, Wang C, Xi X, et al. 2014b. Estimating FPAR of maize canopy using airborne discrete-return LiDAR data. Optics Express, 22 (5): 5106-5117.

Ma D, Yang S. 2004. UAV Image Transmission system based on satellite relay//Microwave and Millimeter Wave Technology, ICMMT 4th International Conference on, Proceedings. IEEE, 874-878.

Mallick J, Singh C K, Shashtri S, et al. 2012. Land surface emissivity retrieval based on moisture index from landsat tm satellite data over heterogeneous surfaces of delhi city. International Journal of Applied Earth Observation and Geoinformation, 19: 348-358.

Miyatsuka Y. 1996. Archaelogical real time photogrammetric system using digital still camera, In: The International Archives of the PNE. Refhotogrammetry, Remote Sensing and Spatial Information Sciences, XVIII ISPRS Congress, Vienna, Austria, XXXI-B5, 447-452.

Molina P, Parés M, Colomina I, et al. 2012. Drones to the rescue unmanned aerial search missions based on thermal imaging and reliable navigation. InsideGNSS 7: 36-47.

Newcome L R. Unmanned Aviation: a brief history of unmanned aerial vehicles. http: //arc. aiaa. org | DOI: 10. 2514/4. 868894

Novatel Inc. SPAN MEMS technology integrated with powerful OEM615™ receiver. http: //www. novatel. com/products/span-gnss-inertial-systems/span-imus/span-mems-imus [2014-05]

OFweek 激光网. 2014. 国产机载双频激光雷达产品项目正式启动. http: //www. docin. com/p-919188722. html [2015-08-25]

Pullen S. 2013. Managing Separation of Unmanned Aerial Vehicles Using High-Integrity GNSS Navigation, 2013. Proc. EIWAC, 19-21.

Ramanathan V, Ramana M V, Roberts G, et al. 2007. Warming trends in Asia amplified by brown cloud solar absorption. Nature, 448: 75-578.

Remondino F. 2011. Heritage Recording and 3D Modeling with Photogrammetry and 3D Scanning. Remote Sensing, 3 (12): 1104-1138.

Rufino G, Moccia A. 2005. Integrated VIS-NIR Hyperspectral/thermal-IR Electrooptical Payload System for a Mini-UAV. American Institute of Aeronautics and Astronautics, Arlington, VA, USA, 647-664.

Schumann L W, Lomheim T S. 2002. Infrared hyperspectral imaging Fourier transform and dispersive spectrometers: comparison of signal-to-noise-based performance. International Symposium on Optical Science and Technology. International Society for Optics and Photonics 1-14.

Shan J, Charles K. 2008. Topographic Laser Ranging and Scanning: Principles and Processing, CRC Press/Taylor & Francis Group.

Sithole G, Vosselman G. 2004. Experimental comparison of filter algorithms for bare-Earth extraction from airborne laser scanning point clouds. ISPRS Journal of Photogrammetry & Remote Sensing, 59: 85-101.

Southampton. 2015. UAV (Unmanned Aerial Vehicle) Archaeological and Cultural Heritage Recording. https: //digitalheritagerecording. wordpress. com/2015/03/20/uav-unmanned-aerial-vehicle-archaeological-and-cultural-heritage-recording/ 2015-06-15.

Sun J, Timurdogan E, Yaacobi A, et al. 2013. Large-scale nanophotonic phased array. Nature, 493 (7431): 195-199.

Thorne P, Gordon J, Hipwood L G, et al. 16 Megapixel 12 μm Array Developments at Selex ES [C]. SPIE, 2013, 8074: 80742M.

Tina C. 2009. Lidar Market: Status and Growth Trends. http: //www. caryandassociates. com/downloads/cary_lidar_market_status_and_growth_trends. pdf[2009-11-06]

Unmanned aircraft systems (UAS). 2005. Roadmap 2005-2030: report of Office of the Secretary of Defense (USA). Washington DC: Department of Defense (USA).

Vasileisky A S, Zhukov B, Berger M. 1998. Automated image coregistration based on linear feature recognition. Proceedings of the Second Conference Fusion of Earth Data, Sophia Antipolis, France, 59-66.

Wan Z, Li Z L. 1997. A physics-based algorithm for retrieving land-surface emissivity and temperature from EOS/MODIS data. Geoscience and Remote Sensing. IEEE Transactions on, 35 (4): 980-996.

Woodhouse I H, Nichol C, Sinclair P, et al. 2011. A multispectral canopy LiDAR demonstrator project. Geoscience and Remote Sensing Letters, IEEE, 8 (5): 839-843.

Wyatt E C, Hirschberg M J. 2013. Transforming the Future Battlefield: The DARPA/Air Force Unmanned Combat Air Vehicle (UCAV) Program//AIAA/ICAS International Air and Space Symposium and Exposition: The Next 100 Years, 1-8.

Yang A, Sun R, Xu K. 2010. The acquisition of aerial photography images based on the fixed-wing unmanned plane and application discussion. Geomatics & Spatial Information Technology, 5: 049.

Yu L. 2008. Vehicle extraction using histogram and genetic algorithm based fuzzy image segmentation from high resolution UAV aerial imagery. ISPRS. Beijing, 529-533.

Yun M, Kim J, Seo D, et al. Application possibility of smartphone as payload for photogrammetric UAV system, 2012. International Archives of the Photogrammetry, Remote Sensing and Spatial Information Sciences, 39 (B4): 349-352.

Zheng P W. 2011. Primary Study on Application of UAV Low-Altitude Remote Sensing System with Dual-camera. Urban Geotechnical Investigation & Surveying, 1:25.

附录一　典型无人机遥感应用机型介绍*

1. ZC-5

附图 1

附表 1

性能参数	技术指标	性能参数	技术指标
生产单位	中测新图（北京）遥感技术有限责任公司	重量/kg	11
尺寸/m	2.1×3.5×0.8	巡航速度/（km/h）	110
机体材料	高强度碳纤维复合材料	起飞重量/kg	22
导航方式	单频 GPS	最大升限/m	5000
动力	汽油	有效载荷/kg	5
续航时间/h	30	起飞方式	弹射架或车载弹射
传感器	佳能 5D MARK Ⅱ	降落方式	机腹擦地降落

2. ASN-216

附图 2

* 摘自国家遥感中心无人机遥感系统信息库

附表 2

性能参数	技术指标	性能参数	技术指标
生产单位	爱生技术集团公司	巡航速度/（km/h）	90
重量/kg	14	起飞重量/kg	25
尺寸/m	2.2×3.2×0.7	最大升限/m	6000
机体材料	复合材料	有效载荷/kg	4
导航方式	DGPS/小型惯导	起飞方式	滑跑，弹射
动力	汽油	降落方式	滑降，撞网
续航时间/h	4	传感器	佳能 5D MARK Ⅱ

3. 刀锋 460

附图 3

附表 3

性能参数	技术指标	性能参数	技术指标
生产单位	航天三院 8357 所	有效载荷/kg	15
尺寸	翼展 4.6m	最大升限/m	4000
导航方式	组合导航	起飞方式	滑跑
动力	汽油	降落方式	滑跑/应急伞降
续航时间/h	6	巡航速度/（km/h）	100～120

4. 蝠鲼

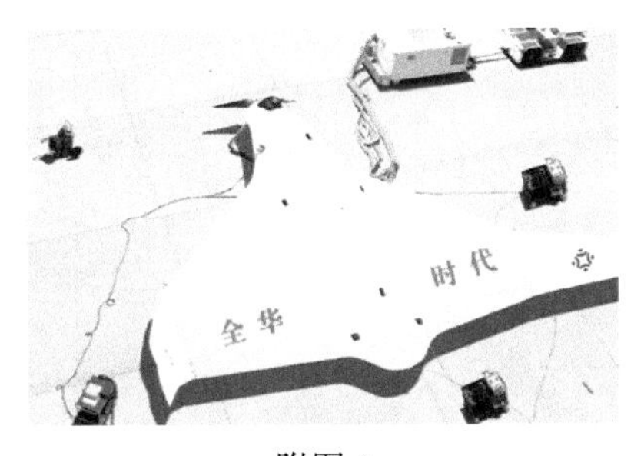

附图 4

附表 4

性能参数	技术指标	性能参数	技术指标
生产单位	天津全华时代航天科技发展有限公司	重量/kg	9.5
最大平飞速度	120	巡航速度/（km/h）	100
尺寸/m	1.28×1.8×0.393	起飞重量/kg	12
机体材料	复合材料	最大升限/m	3500
导航方式	GPS（可选配北斗系统加惯导系统）	有效载荷/kg	3.5
动力	汽油	起飞方式	车载起飞
续航时间/h	5	降落方式	伞降/气囊减震
传感器	Tau 2 Lens Data 红外		

5. HST 要塞

附图 5

附表 5

性能参数	技术指标	性能参数	技术指标
生产单位	珲春国遥博诚科技有限公司	续航时间/h	24
重量/kg	50	起飞重量/kg	120
尺寸/m	4×7×7.5	最大升限/m	5000
机体材料	碳纤维复合材料	有效载荷/kg	80
导航方式	GPS	起飞方式	滑跑
动力	汽油	降落方式	滑跑
巡航速度/（km/h）	120		

6. Soar hawk 飞鹰

附图 6

附表 6

性能参数	技术指标	性能参数	技术指标
生产单位	湖南山河科技股份有限公司	巡航速度/（km/h）	320
重量/kg	55	起飞重量/kg	70
尺寸/m	3×2.74×0.5	最大升限/m	4000
机体材料	复合材料	有效载荷/kg	15
动力	汽油	起飞方式	气动弹射
续航时间/h	2	降落方式	伞降

7. ZC-7

附图 7

附表 7

性能参数	技术指标	性能参数	技术指标
生产单位	中测新图（北京）遥感技术有限责任公司	重量/kg	13
续航时间/h	3	巡航速度/（km/h）	110
尺寸/m	2.1×2.6×0.5	起飞重量/kg	18
机体材料	玻璃钢	最大升限/m	4000
导航方式	单频 GPS	有效载荷/kg	5
动力	汽油	起飞方式	滑起、弹射发射
传感器	佳能 5D MARK Ⅱ	降落方式	伞降、滑降

8. IRSA Ⅱ

附图 8

附表 8

性能参数	技术指标	性能参数	技术指标
生产单位	天津中科遥感信息技术有限公司	最大平飞速度	130
重量/kg	10	巡航速度/（km/h）	120
尺寸/m	1.8×2.6	起飞重量/kg	14
机体材料	玻璃钢、凯夫拉、碳纤维	最大升限/m	5000
导航方式	GPS	有效载荷/kg	4
动力	汽油	起飞方式	弹射、滑跑
续航时间/h	2	降落方式	伞降、滑跑
传感器	佳能 5DMARK Ⅱ、红外摄像仪、		

9. 信天翁

附图 9

附表 9

性能参数	技术指标	性能参数	技术指标
生产单位	天津全华时代航天科技发展有限公司	重量/kg	10.5
续航时间/h	20	巡航速度/（km/h）	110
尺寸/m	2.56×4×0.545	起飞重量/kg	21.5
机体材料	复合材料	最大升限/m	5000
导航方式	GPS（可选配北斗系统加惯导系统）	有效载荷/kg	5
动力	汽油	起飞方式	滑跑/车起
传感器	Tau 2 Lens Data 红外	降落方式	滑跑

10. 勘察者 3

附图 10

附表 10

性能参数	技术指标	性能参数	技术指标
生产单位	桂林鑫鹰电子科技有限公司	续航时间/h	3
重量/kg	11.5	起飞重量/kg	24
尺寸/m	2.07×3	最大升限/m	5000
巡航速度/（km/h）	80	有效载荷/kg	5
导航方式	GPS	起飞方式	弹射
动力	汽油	降落方式	伞降

11. KC1600

附图 11

附表 11

性能参数	技术指标	性能参数	技术指标
生产单位	武汉智能鸟无人机有限公司	巡航速度/（km/h）	65
尺寸/m	1×1.64×0.3	起飞重量/kg	4
机体材料	蜂窝复合	最大升限/m	6000
导航方式	GPS+INS	有效载荷/kg	0.5
动力	电动	起飞方式	皮筋弹射
续航时间/h	0.75	降落方式	伞降
传感器	SONY nex-7		

12. F1000

附图 12

附表 12

性能参数	技术指标	性能参数	技术指标
生产单位	深圳飞马机器人科技有限公司	重量/kg	
尺寸/m	1. 6×1. 1×0. 5	起飞重量/kg	3
导航方式	GPS 组合导航	最大升限/m	5000
动力	电动	有效载荷/kg	0. 8
续航时间/h	1. 5	起飞方式	手掷起飞
传感器	SONYa5100	降落方式	伞降

13. FREE BIRD

附图 13

附表 13

性能参数	技术指标	性能参数	技术指标
生产单位	北京安翔动力科技有限公司	重量/kg	2. 5
尺寸/m	1. 2×1. 68×0. 3	起飞重量/kg	3. 3
机体材料	EPO	最大升限/m	5000
导航方式	GPS	有效载荷/kg	0. 8
动力	电动	起飞方式	手掷起飞
续航时间/h	1. 5	降落方式	滑降/撞网
传感器	SONY nex-7		

14. INSPIRE 1 T600

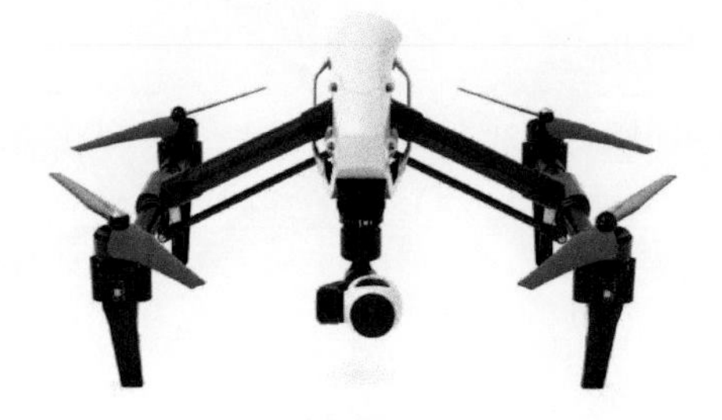

附图 14

附表 14

性能参数	技术指标	性能参数	技术指标
生产单位	深圳市大疆创新科技有限公司	有效载荷/kg	0.4
重量/kg	2.935	起飞重量/kg	3.4
尺寸/m	0.438× 0.451×0.301	最大升限	4500
导航方式	GPS	动力	电动
续航时间/h	18	传感器	FC350 相机

15. Phantom3

附图 15

附表 15

性能参数	技术指标	性能参数	技术指标
生产单位	深圳市大疆创新科技有限公司	重量/kg	1.28
尺寸	对角线距离（含桨）590 mm	最大升限/m	6000
导航方式	GPS/GLONASS 双模	起飞方式	自动起飞
动力	电动	续航时间/h	0.38
传感器	1/2.3in CMOS		

16. F100

附图 16

附表 16

性能参数	技术指标	性能参数	技术指标
生产单位	深圳一电航空技术有限公司	重量/ kg	7.8
尺寸（mm）	对称电机轴距 1070mm	起飞重量/kg	11.8
机体材料	螺旋桨尺寸/材质 2850 碳纤维	动力	电动
导航方式	GPS、北斗	降落方式	垂直降落
续航时间/h	0.67	起飞方式	垂直起飞
最大升限/m	2000		

17. F600

附图 17

附表 17

性能参数	技术指标	性能参数	技术指标
生产单位	深圳一电航空技术有限公司	重量/kg	17
尺寸（mm）	对称电机轴距 1500mm	起飞重量/kg	25
机体材料	螺旋桨尺寸/材质 2850 碳纤维	动力	电动
导航方式	GPS、北斗	降落方式	垂直降落
续航时间/h	0.67	起飞方式	垂直起飞
最大升限/m	2000		

18. E-EPIC

附图 18

附表 18

性能参数	技术指标	性能参数	技术指标
生产单位	零度智控（北京）智能科技有限公司	重量/kg	12
尺寸/m	对称电机轴距 1320mm	起飞重量/kg	18
机体材料	螺旋桨尺寸/材质 1885/碳纤维	动力	电动
降落方式	伞降		

19. 亿航旋翼

附图 19

附表 19

性能参数	技术指标	性能参数	技术指标
生产单位	桂林鑫鹰电子科技有限公司	续航时间/h	0.25～0.38
动力	电动	起飞重量/kg	1
尺寸	飞机轴距350mm高度90mm，整体尺寸455mm×200mm	起飞方式	垂直起飞
机体材料	高强度复合型材料	降落方式	垂直降落
导航方式	亿航高精度GPS并集成磁罗盘		

20. V750 无人直升机

附图 20

附表 20

性能参数	技术指标	性能参数	技术指标
生产单位	桂林鑫鹰电子科技有限公司	尺寸/m	8.53×7.24×2.11
起飞重量	757	机体材料	铝
最大升限	3000	导航方式	GPS
有效载荷	120	续航时间/h	6
起飞方式	垂直起飞	巡航速度/（km/h）	145
降落方式	垂直降落	传感器	五镜头倾斜相机

21. RSC-H2（橙）

附图 21

附表 21

性能参数	技术指标	性能参数	技术指标
生产单位	天津中科遥感信息技术有限公司	巡航速度/（km/h）	100
尺寸/m	2.9×3.3×0.8	起飞重量 kg	90
机体材料	玻璃钢	最大升限	3000
续航时间/h	2.5	有效载荷	35
动力	煤油	起飞方式	手动、平衡模式、全自主模式
传感器	尼康 D800	降落方式	手动、平衡模式、全自主模式

22. SSC-系列无人飞艇

附图 22

附表 22

参数	SSC-11D	SSC-13D	SSC-GS16D	SSC-20D
全长/m	12	13	16	20
直径/m	2.5	3.1	3.8	4.5
全高/m	3.3	4.3	5	5.7
起飞重量/kg	37	58	132	235
充气种类	氦气	氦气	氦气	氦气
有效载荷/kg	7	15	30	50
巡航速度/（km/h）	35	40	40	45
续航时间/h	2～3	2～4	2～4	2～5
用途	1. 战场监视；2. 灾害评估；3. 应急处理；4. 森林防火；5. 电力架线；6. 科学试验			

附录二　无人机遥感应用大事记

随着无人机遥感技术的快速发展，轻小型无人机遥感技术的产业化应用取得较快发展，广泛应用于重大突发事件和自然灾害的应急响应、国土资源调查与监测、海洋测绘、农业植保、农业保险、环境保护、交通、能源、互联网和移动通信、国防军事等领域。下面为轻小型无人机遥感应用的重大事件。

1. 第一个民用无人机遥感国家科技项目

2008 年国家科技部在“十一五”期间地球观测与导航技术领域部署了国家“863”计划重点项目“无人机遥感载荷综合验证系统”（附图 23），支持中国科学院光电学研究院、北京大学地空学院、中电科技集团 54 所及总参有关研究单位联合攻关，以解决我国对地观测技术与应用快速发展中载荷航空飞行验证环节缺失的问题。该项目旨在实现对天基遥感载荷严格验证的常态化、低成本运行，提高对地观测数据质量和应用效益，并在国家应急响应和对地观测基础数据获取等方面发挥重要作用。该项目是国家立项民用无人机遥感第一个重大科技项目，2012 年 10 月 9 日顺利通过由科技部高新司组织的项目验收。

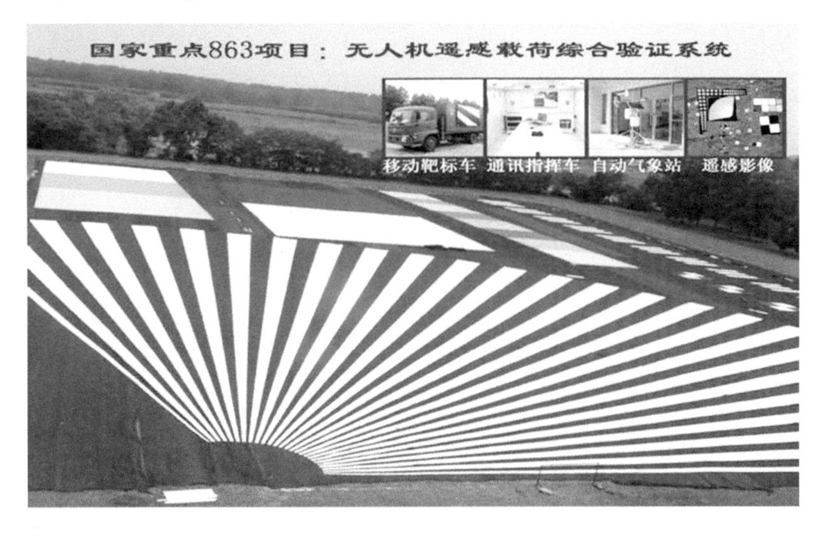

附图 23　无人机遥感载荷综合验证系统

2. 第一次在抗震救灾中获得无人机遥感影像

2008年5月12日，汶川特大地震发生，全国启动应急响应机制，多批无人机遥感力量赶赴灾区，其中由中国科学院遥感应用研究所组织的无人机遥感队伍于5月15日中午12点41分获取德阳市绵竹汉旺镇首张无人机遥感影像（附图24），第一时间反映灾情信息，拉开了无人机遥感应急应用的大幕，具有划时代意义。

附图24 德阳市绵竹汉旺镇无人机遥感影像

3. 第一次在地震发生当天获得无人机遥感影像

2013年4月20日上午8时2分，四川省雅安市芦山县发生7.0级地震。下午2时15分，国家测绘地理信息局紧急派往雅安市芦山县的无人机成功获取到芦山县灾区中心太平镇的首批高分辨率航空影像（附图25），技术人员在第一时间赶制出了第一张芦山县太平镇震后无人机航拍影像图，分辨率达到0.16m，该影像图迅速通过卫星远程传输给国务院应急办、国家减灾委、国土资源部、中国地震局和四川省有关部门等，用于指挥决策和抢险救灾。

4. 钓鱼岛遥感成像及持续监测

2009年6月5日，中测新图（北京）遥感技术有限责任公司联合沈阳航天新光集团有限公司完成钓鱼岛首次航摄，地面分辨率0.1m，制作完成钓鱼岛主岛航空影像图，这期间拍摄到日本军舰。

2012年4月27日~5月27日，搭载双频GPS飞控，获得了钓鱼岛及其附属岛屿全覆盖的0.1m分辨率遥感数据（附图26），通过稀少无控制测图技术，完成了1:2000大比例尺地形图测图，填补了钓鱼岛及其附属岛屿无大比例尺地形图的历史空白。该成果供14个国家部委使用。

2014年7月28日从浙江省苍南县霞关镇起飞和回收，实际飞行870km航程，持续飞行9h，第三次成功获取了钓鱼岛主岛和南北小岛（总面积约12 km^2范围）0.05m高分辨率遥感影像和POS数据，使得钓鱼岛监测进入常态化。

2012年10月1日，北京天下图数据技术有限公司获取了钓鱼岛主岛和南北小岛的无人机遥感影像。

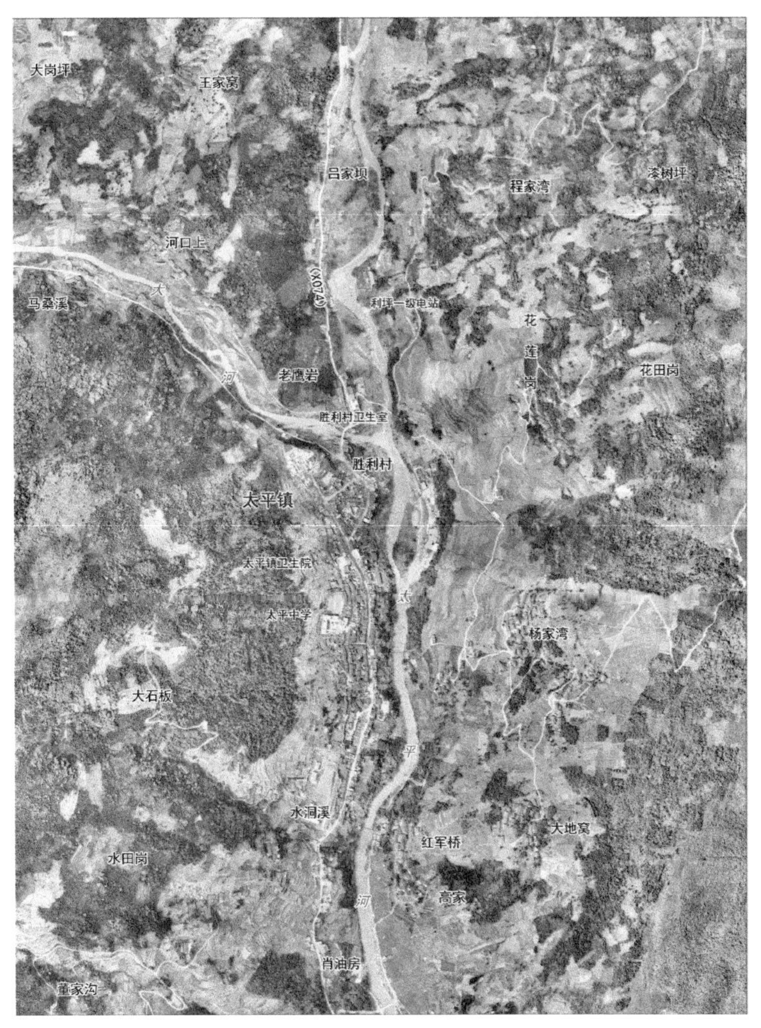

附图 25　灾区地震当天影像

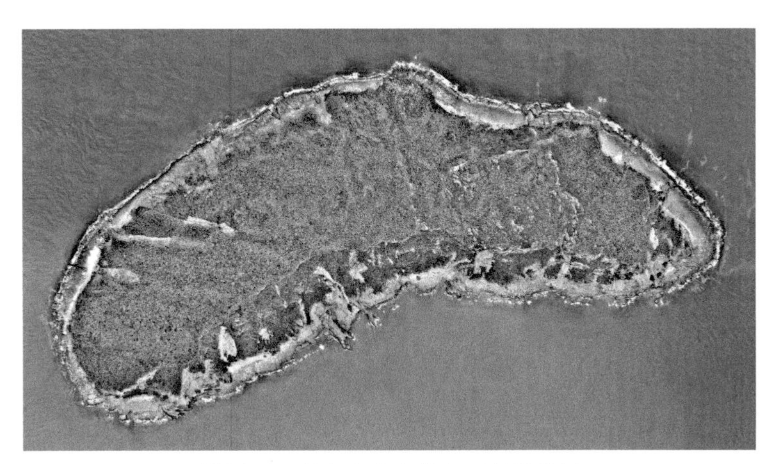

附图 26　钓鱼岛主岛航空正射影像图

5. 第一个轻小型无人机综合验证场

随着无人机遥感技术在大面积高分辨率测图、灾害实时监测。抢险救援等方面的迅速发展和发挥的卓越作用，无人机遥感综合验证场及面向全国的无人机遥感网的建设已经成为继卫星遥感、通用航空遥感技术之后的新兴发展方向。为进一步深化警民合作，推动无人机遥感在武警部队各领域的科技创新应用，2014 年 12 月，科学技术部国家遥感中心联合武警警种学院签署推动无人机遥感警民应用战略合作协议（附图 27），在北京建立了首个警民共用的轻小型无人机综合验证场。并建立以基层武警部队作为无人机遥感布设点的遥感网，通过有效检测与评估无人机系统功能、特性与作业能力，为武警部队无人机装备及应用提供科技支撑，为规范、健康可持续发展警民无人机遥感应用提供保障和平台。

附图 27　第一个轻小型无人机综合验证场合作签约仪式

6. 第一次跨国应急救援

2015 年 4 月 25 日 14 时 11 分，尼泊尔（北纬 28.2 度，东经 84.7 度）发生 8.1 级地震，造成大量人员伤亡，中尼公路受灾中断。武警警种学院无人机地质侦测分队第一时间接到上级命令，即刻奔赴灾区救援（附图 28），利用携带的近、中、远程无人机系统，完成境内公路 55.7km，境外公路 157.2km 的侦测建立重要灾害点的高清三维影像，快速量测灾害体体积，通过点、线、面结合的现场空间信息和灾前卫星影像对比分析，及时进行地震灾害链、应急救援行动和承灾体风险的“三位一体”现场综合研判。为现场救援力量应急响应和科学指挥提供了可视化技术支持。

7. 南极无人机遥感成功首飞

2007 年 12 月，北京航空航天大学“雪雁”无人机成为我国首次在南极作业的无人机系统，获取了中山站附近 10km^2 的正射影像。2014 年 12 月，“大白鲨”无人机对中山站以南 50km×10km 的区域开展详细遥感作业（附图 29），同步获取皮温、粗糙度和航拍数据。国家“863”计划“十一五”到“十二五”期间，连续支持北京航空航天大学。

无人机地质侦测分队4月30日一早抵达重灾区樟木镇后，立即展开作业，顺利完成樟木镇至境外共14.3km第一次航拍作业，随后输出此次救援行动第一幅无人机高清正射影像，迅速上报总部和前指。

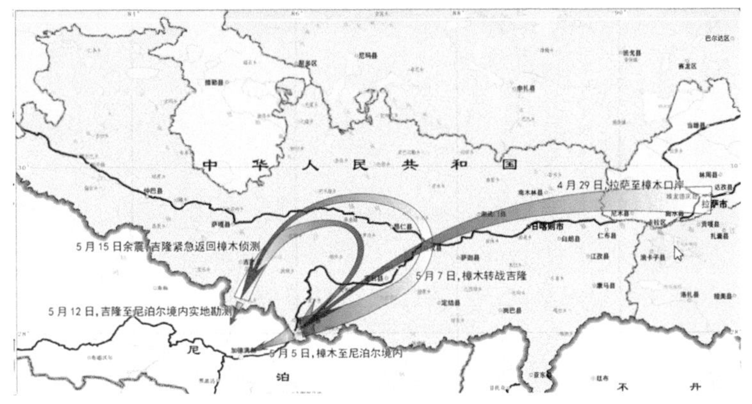

附图 28　航测准备与路线

附图 29　无人机在南极的遥感作业

8. 北极无人机遥感成功首飞

由于受极端天气（低温、大风）、磁场及场地等因素的限制，北极地区的航空遥感作业具有很大的局限性和危险性。2014 年 8 月，北师大团队在北极新奥尔松地区（北纬 79 度）对黄河站周边多条冰川进行了航拍（附图 30）。此次作业共飞行两个架次，总飞行里程超过 150km，获取航空影像107景。本次飞行是我国民用遥感无人机作业中纬度最高的一次。

附图30　飞行准备与航拍照片

9. 第一个有世界影响的无人机企业

深圳市大疆创新科技有限公司（DJI-Innovations，DJI），成立于2006年，是全球领先的无人飞行器控制系统及无人机解决方案的研发和生产商，客户遍布全球100多个国家。公司致力于为无人机工业、行业用户以及专业航拍应用提供性能最强、体验最佳的革命性智能飞控产品和解决方案。公司产品包括商用飞行控制系统、ACE系列直升机飞控系统、多旋翼飞控系统、筋斗云系列专业级飞行平台S1000、S900、多旋翼一体机Phantom（附图31）、Ronin三轴手持云台系统等产品，近几年营销收入增长百倍，产品占据全球小型无人机市场份额的半数以上；2014年不同系列产品先后被英国《经济学人》杂志评为“全球最具代表性机器人”之一；被美国《时代周刊》评为“十大科技产品”；被《纽约时报》评为“2014年杰出高科技产品”（杨彦，2015）。

附图31　大疆创新科技有限公司研发的四旋翼无人机

10. 海拔最高的无人机遥感作业

由于受自然环境、装备条件和技术水平等方面的限制，长期以来西部约200万km^2的国土一直没有国家基本图——1:5万地形图。在西部测图工程中，部分区域受到天气、地形等因素影响，难以采用卫星、有人机航空遥感或者人工采集的方式获取数据，中国测绘科学研究院利用高原型无人机航摄系统完成了30个县城区域的0.2～0.3m分辨率航空摄影获取，飞行42架次，获取影像12030张。其中革吉县飞行高度为海拔6000m，实现了雪域高原历史上首次无人机测绘遥感应用，制作了30个县城区历史上首张高分辨率正射影像（附图32）。

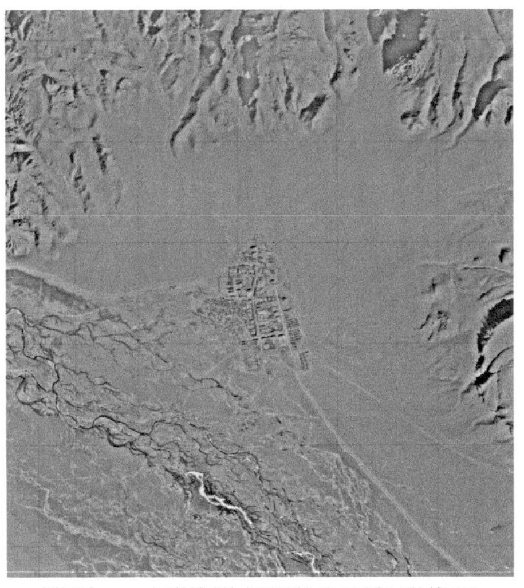

附图32 西藏革吉县航空正射影像图